Meister von Raum und Zahl

Thomas Hellweg

Meister von Raum und Zahl

Mathematikerporträts aus drei Jahrtausenden

2. Auflage

Thomas Hellweg
Titisee-Neustadt, Deutschland

ISBN 978-3-658-47522-2   ISBN 978-3-658-47523-9 (eBook)
https://doi.org/10.1007/978-3-658-47523-9

Die Deutsche Nationalbibliothek verzeichnet diese Publikation in der Deutschen Nationalbibliografie; detaillierte bibliografische Daten sind im Internet über https://portal.dnb.de abrufbar.

© Der/die Herausgeber bzw. der/die Autor(en), exklusiv lizenziert an Springer Fachmedien Wiesbaden GmbH, ein Teil von Springer Nature 2010, 2025

Das Werk einschließlich aller seiner Teile ist urheberrechtlich geschützt. Jede Verwertung, die nicht ausdrücklich vom Urheberrechtsgesetz zugelassen ist, bedarf der vorherigen Zustimmung des Verlags. Das gilt insbesondere für Vervielfältigungen, Bearbeitungen, Übersetzungen, Mikroverfilmungen und die Einspeicherung und Verarbeitung in elektronischen Systemen.
Die Wiedergabe von allgemein beschreibenden Bezeichnungen, Marken, Unternehmensnamen etc. in diesem Werk bedeutet nicht, dass diese frei durch jede Person benutzt werden dürfen. Die Berechtigung zur Benutzung unterliegt, auch ohne gesonderten Hinweis hierzu, den Regeln des Markenrechts. Die Rechte des/der jeweiligen Zeicheninhaber*in sind zu beachten.
Der Verlag, die Autor*innen und die Herausgeber*innen gehen davon aus, dass die Angaben und Informationen in diesem Werk zum Zeitpunkt der Veröffentlichung vollständig und korrekt sind. Weder der Verlag noch die Autor*innen oder die Herausgeber*innen übernehmen, ausdrücklich oder implizit, Gewähr für den Inhalt des Werkes, etwaige Fehler oder Äußerungen. Der Verlag bleibt im Hinblick auf geografische Zuordnungen und Gebietsbezeichnungen in veröffentlichten Karten und Institutionsadressen neutral.

Planung/Lektorat: Andreas Ruedinger
Springer ist ein Imprint der eingetragenen Gesellschaft Springer Fachmedien Wiesbaden GmbH und ist ein Teil von Springer Nature.
Die Anschrift der Gesellschaft ist: Abraham-Lincoln-Str. 46, 65189 Wiesbaden, Germany

Wenn Sie dieses Produkt entsorgen, geben Sie das Papier bitte zum Recycling.

Vorwort

Was sind das für Meister, die Meister von Raum und Zahl? Welches ist ihr Gewerbe? Ihr Werkzeug ist ihr Kopf, und was sie damit hervorbringen, ist für die meisten Menschen in einem Buch mit sieben Siegeln verschlossen. Dennoch wäre unsere heutige Zivilisation ohne das Wirken dieser Meister undenkbar. Die Ergebnisse ihres Denkens sind in viele Dinge eingeflossen, die wir ganz selbstverständlich in unserem Alltag benutzen, natürlich in den Computer, aber auch in den Fernseher, das Handy, die Digitalkamera, das Auto, das Flugzeug, technische Systeme jeder Art, leider auch in Waffen.

Der geneigte Leser hat natürlich schon erraten, um welche Meister es hier geht: um diejenigen der geheimnisumwitterten Zunft der Mathematiker. Mathematiker gelten als eigentümlich, versponnen, ihr Zuhause ist eine Welt der Symbole und Formeln, die fast wie Zauberformeln anmuten. Womit sie sich genau beschäftigen, bleibt dem normalen Menschen verborgen.

Grund genug, sich einmal mit der faszinierenden Entwicklung der Mathematik von einfachen Anfängen bis zu ihrer heute nicht mehr überschaubaren Vielfalt zu beschäftigen. Und mit den Menschen, die diese Entwicklung Schritt für Schritt vorwärtsgetrieben haben, mit ihren Errungenschaften und ihren Schicksalen. Womit haben sich die großen Meister in den letzten 2500 Jahren beschäftigt, was haben sie herausgefunden? Wer eintaucht in diese Geschichte, der wird einen spannenden Roman vorfinden, in dem viele Protagonisten sich gegenseitig die Bälle zuwerfen, miteinander kooperieren, aber auch konkurrieren und dem gewaltigen Bau der Mathematik einige Steine hinzufügen. Er wird sehen, dass die Themen, die vor über 2500 Jahren im griechischen Kulturkreis angeschlagen wurden, über die Jahrtausende hinweg ihre Aktualität behalten haben und zu immer weiter reichenden Folgerungen führten. Er wird Denker kennen lernen, die in der Tiefe ihres Denkens und ihrer Kreativität mit jedem Philosophen mithalten können, ja die meisten sogar übertreffen. Er wird erfahren, wie von alters her die Mächtigen dieser Welt die Meister der Zunft hofiert haben, weil sie sich von ihrem Wirken die Festigung ihrer Macht erhofften. Er wird ein über zweitausend Jahre währendes Ringen um das immer bessere Verständnis der Grundbegriffe beobachten können, ein Ringen um den Begriff der Zahl, um die Grundlagen der Geometrie, später um den Begriff der Funktion. Der Antrieb ist immer eine konkrete Aufgabenstellung, meist die Lösung von Gleichungen, mit denen zunächst nur unbekannte Zahlen gesucht wurden, später auch unbekannte Funktionen. Der Leser wird den Einfallsreichtum der Meister bewundern können, mit dem sie an ihre Aufgaben herangegangen sind.

Der Leser wird erfahren, wie seit Beginn der Neuzeit die Mathematik sich internationalisierte, wie sie in friedlicher Zusammenarbeit von Forschern verschiedener Nationalitäten entwickelt wurde, aber er wird auch auf den verderblichen Einfluss der totalitären Systeme des 20. Jahrhunderts stoßen, den des Nationalsozialismus und des Sowjetkommunismus.

Es wird den Leser überraschen, dass es vor gut einhundert Jahren so schien, als sei das Gebäude der Mathematik mit wackligem Fundament auf Sand gebaut, so dass einige befürchteten, es könne einstürzen. Er wird von den fast verzweifelten Rettungsarbeiten erfahren, an denen viele Meister mit unterschiedlichen Konzepten beteiligt waren. Am Ende werden einige der sieben Siegel gelöst sein und der Leser wird zumindest einen Eindruck davon gewonnen haben, welche aufregenden Dinge in dieser geheimnisvollen Zunft behandelt werden.

Die Auswahl der vorgestellten Meister ist rein subjektiv und stützt sich auf die Vorlieben des Autors. Aber die anerkannt Großen sind auf jeden Fall dabei. Einen Schwerpunkt bilden die Mathematiker des Mittelalters in der islamischen Welt, nicht etwa, weil ihnen ein großer Durchbruch gelungen wäre, sondern weil sie das griechische Erbe gepflegt und in einigen Bereichen weiterentwickelt haben, vor allem in der für die Astronomie und Landvermessung wichtigen Trigonometrie. Hauptsächlich verdanken wir ihnen aber das für das praktische Rechnen wichtige Dezimalsystem mit den arabischen Ziffern, den Gebrauch der Null und der negativen Zahlen, die sie ihrerseits aus Indien übernommen hatten. Die meisten der muslimischen Mathematiker waren Universalwissenschaftler, die sich auch mit Astronomie, Physik, Geografie, teilweise auch Rechtswissenschaft, Medizin und Theologie auskannten. Erstaunliche Fortschritte sind ihnen in der Physik gelungen. Ihr Wissenstand speziell in der Optik wurde im Abendland erst 600

Jahre später erreicht. Auf die griechische Phase folgt in diesem Buch also die Phase der islamischen Mathematik, mit einigen Einsprengseln aus Indien und China. Danach übernimmt Europa die Führung, wo man ganz grob drei weitere Phasen unterscheiden kann:

- Die Zeit vom Hochmittelalter bis zur Erfindung der Infinitesimalrechnung
- Die zwei Jahrhunderte danach, in denen das ungeheure Potential der Infinitesimalrechnung ausgeschöpft wurde und
- Die moderne Mathematik ab Entwicklung der Mengenlehre

In den meisten Büchern ist der Anfang schwer, in diesem nicht. Wenn wir in der Zeit zurückgehen, können wir vor Thales von Milet keine wirklich bedeutsame Leistung an einer Person festmachen. Also beginnen wir mit Thales. Dafür ist hier das Ende schwer. Der Verfasser hat schon früh den Entschluss gefasst, keine lebenden Personen aufzunehmen. Aber wer soll der letzte sein? Nach reiflicher Überlegung hat sich der Verfasser für Kurt Gödel entschieden, der 1978 starb. Kurt Gödel deshalb, weil er einige der drängendsten Fragen, die sich Anfang des 20. Jahrhunderts stellten, in unglaublich scharfsinniger Weise beantwortet hat. Seitdem weiß man in der Mathematik wieder, woran man ist, nachdem ihre Grundfesten Anfang des 20. Jahrhunderts wankten. Kurt Gödels Hauptresultat bedeutet aber auch, dass die Mathematik unerschöpflich ist, es wird also mit immer neuen Erkenntnissen weitergehen, und die Zunft ist nicht vom Aussterben bedroht. Dieser versöhnliche Abschluss mit Kurt Gödel bedeutet auf der anderen Seite leider auch, dass einige große Persönlichkeiten des 20. Jahrhunderts und auch einige der aktuellen Entwicklungen nicht mehr vorgestellt werden. Aber irgendwann muss man in den sauren Apfel beißen und Abschied nehmen.

Oft ist auch die Abgrenzung schwer, ob ein bestimmter Wissenschaftler eher den Mathematikern, den Physikern oder Astronomen zuzuordnen ist. Ist nun Isaac Newton eher Mathematiker oder Physiker? Oder Archimedes, der die Hebelgesetze und den Auftrieb entdeckte? Oder al-Haytham (Alhacen), der grundlegende Erkenntnisse in der Optik gewann? Oder Gauß, der den Magnetismus erforschte? Oder Kepler, Ptolemäus, Einstein? Auf jeden Fall gehören Astronomie und Physik zu den Triebfedern, die die Entwicklung der Mathematik entscheidend vorangetrieben haben. Daher ist in den Kurzgeschichten neben dem Ringen um die Begriffe Zahl und Raum auch das Ringen um das am besten zutreffende Weltbild zu verfolgen. Dieses beginnt mit der Vorstellung, dass die Erde eine Scheibe ist, über die sich die

Himmelsschalen wölben, in denen Fixsterne und Planeten aufgehängt sind, und endet mit der Allgemeinen Relativitätstheorie Einsteins. Bei diesem Ringen haben wir die beiden Eckpfeiler Ptolemäus und Einstein weggelassen, weil ihre unsterblichen Leistungen ganz überwiegend im Bereich der Physik oder Kosmologie lagen. Aber sie kommen natürlich vor, durch ihre Kontakte mit Mathematikern und durch die mathematische Ausarbeitung ihrer Ergebnisse.

Ein weiterer Faden, der durch die Erzählungen läuft, ist das Bemühen, das praktische Rechnen zu erleichtern, das den modernen Computer hervorgebracht hat. Seine wichtigsten Vorläufer werden in den Artikeln über Wilhelm Schickard, Blaise Pascal, Gottfried Wilhelm Leibniz, Charles Babbage, Ada Lovelace vorgestellt. Aber auch die Entdeckung der Logarithmen durch Michael Stifel und Jhone Neper (oder in heutiger Schreibweise John Napier) gehört dazu.

Dieses Buch ist kein Lehrbuch, es ist kein Geschichtsbuch, kein Lexikon, es ist auch kein Roman. Am ehesten kann man es als eine Folge miteinander verwobener anekdotischer Kurzgeschichten charakterisieren. Jede dieser Geschichten handelt von einem Meister oder einer Meisterin von Raum und Zahl und schildert, was er/sie in seinem/ihrem Leben getrieben hat, soweit wir das überhaupt wissen. Und es werden seine/ihre wichtigsten Beiträge zur Entwicklung der Mathematik vorgestellt. Dies geht nicht ganz ohne Formalismus. Die Mathematik hat ihre eigene Sprache entwickelt, und wer einen Einblick bekommen möchte, kommt nicht umhin, sich zumindest mit den Grundzügen dieser Sprache zu beschäftigen. Der Autor hofft aber, die Mathematiksprache maßvoll eingesetzt und alles Wesentliche in gewohnter Umgangssprache erklärt zu haben. Wenn die vielen Fragen, die offen bleiben müssen, dazu führen, dass der eine oder die andere Leser(in) sich ausgiebiger mit der Mathematik beschäftigt, ist der Autor glücklich. Er glaubt daran, dass die Mathematik-Phobie vieler sonst hoch gebildeter Menschen nicht naturgegeben ist, sondern häufig auf unsachgemäßem Unterricht beruht. Mathematik zu verstehen und zu betreiben ist wie die Sprache eine Grundfähigkeit des Menschen, die allerdings verschüttet werden kann. Wenn dieses Buch dazu beiträgt, ein bisschen davon wieder auszugraben und ein Gefühl für die Faszination zu vermitteln, die die Mathematik auf ihre Jünger ausübt, ist viel gewonnen.

Thomas Hellweg

Inhaltsverzeichnis

Am Anfang war die Geometrie	1
Die natürlichen Zahlen und die Harmonie der Welt	5
Raum ist Zahl	9
Grundlagen der Geometrie	13
Ein Pionier der Infinitesimalrechnung	19
Die Kegelschnitte	21
Die Berechnung der Quadratwurzel	23
Der Vater der Algebra	27
Ein Schritt in Richtung auf die projektive Geometrie	29
Das Ende der griechischen Mathematik Hypatia von Alexandria	31
Das Reich der Mitte	33
Indien – auf den Spuren von Diophant	35
Die Zahl Null und die negativen Zahlen	37

Die Pflege des griechischen Erbes im Kalifat von Bagdad	39
Primzahlen und befreundete Zahlen	43
Polynome und Gleichungen höheren Grades	47
Dezimalbrüche	49
Der Sinus – Beginn der Trigonometrie	51
Der Additionssatz der Sinusfunktion	55
Die vollständige Induktion	57
Ein Universalgelehrter im frühen Mittelalter	61
Ein muslimischer Galilei	65
Die Gleichung dritten Grades	67
Arithmetische und geometrische Folgen	71
Die ganzen Zahlen	75
Klassifikation der Gleichungen 2.und 3.Grades	79
Die Rückkehr der Mathematik nach Europa	81
Das Ende der muslimischen Mathematik	87
Erstes Lehrbuch der Trigonometrie in Europa	91
Die doppelte Buchführung	95
Die Lösung der Gleichung 3.Grades	97
Mathematik in der Kunst	99
Der Abschied vom geozentrischen Weltbild	103

Potenzrechnung und Logarithmen	107
Der Mann, der den Deutschen das Rechnen beibrachte	111
Streit um die Gleichung 3. Grades	115
Das Wagnis, neue Zahlen einzuführen	117
Die Faktorisierung des Polynoms 2. Grades	121
Die Popularisierung der Dezimalbrüche	125
Noch einmal der Logarithmus	127
Ein glänzender Kommunikator	129
Emanzipation der Wissenschaft	131
Die neue Harmonie des Kosmos	137
Ein Katalysator der Wissenschaften	143
Die erste Rechenmaschine	145
Spätfolgen von Diophant: ein schwer lösbares Problem	147
Eine wissenschaftliche Methode	153
Anfänge der Wahrscheinlichkeitsrechnung	157
Mechanik und Infinitesimalrechnung	163
Die beste aller Welten	169
Die Anwendungen der Infinitesimalrechnung	175
Funktionen als Potenzreihe oder „unendliche Polynome"	179
Ein mathematisches Universalgenie	183

Ein streitbarer Kreativer	189
Die mathematisch elegante Formulierung der Mechanik	193
Ein begnadeter Geometer	197
Die Berechenbarkeit der Welt	201
Elliptische Integrale, quadratische Reste und der Primzahlsatz	205
Trigonometrische Reihen	211
Eine Amateurin beschämt die Profis	215
Der Fürst der Mathematiker	219
Die Einführung der Strenge in die Mathematik	227
Ein Vorläufer des Computers – aus Zahnrädern	231
Die nicht-Euklidische Geometrie	235
Ein Genie aus dem hohen Norden	239
Nicht-Euklidische Geometrie, Teil 2	243
Die elliptischen Funktionen	247
Die Analytische Zahlentheorie	251
Eine großartige Erfindung	255
Ideale Zahlen	261
Ein revolutionärer Geist	265
Die Algebra der Logik	273
Der Konstrukteur der Funktionen	277

Die Poetin der Mathematik	285
Koordinaten für abstrakte Räume	289
Die Gruppentheorie	293
Die erste transzendente Zahl	299
Der Papst der Mathematik	303
Geometrische Funktionentheorie und die Geometrie des Weltraumes	307
Reelle Zahlen	313
Die Struktur endlicher Gruppen	319
Die Gruppentheorie in der Geometrie	323
Die Mengenlehre	327
Ein Leuchtturm der skandinavischen Mathematik	335
Ein umfassendes System der Logik	339
Die Gründung der mathematischen Hochburg Göttingen	343
Die erste Mathematikprofessorin	349
Der letzte Universalist	353
Das Axiomensystem der Arithmetik	359
Der Großmeister des mathematischen Wissens	365
Der Beweis des Primzahlsatzes	373
Integralgleichungen	377
Die mengentheoretische Topologie	381

Ein Schachmeister	385
Die Legitimierung des Rechnens mit Differentialen	389
Maß und Wahrscheinlichkeit	393
Die Principia Mathematica, eine logische Begründung der Mathematik	397
Ein Differentialkalkül für die Relativitätstheorie	403
Ein Wanderer zwischen den Welten	407
Eine Alternative zum Riemann-Integral	411
Drei große britische Mathematiker	415
Ein Meister der Klarheit	421
Die abstrakten Räume	425
Die Anfänge der Funktionalanalysis	429
Der Intuitionismus	433
Die Mutter der Algebra	439
Ein Mathematiker, der fremd ging	445
Ein Förderer der amerikanischen Mathematik	449
Ein Geometer im Spannungsfeld der Politik	451
Ein Ästhet der Mathematik	455
Ein Mathematiker auf Abwegen	459
Ein Großmeister aus Indien	465
Algebraische Kurven	471

Der Ausbau der Funktionalanalysis	475
Mathematik der Knoten	481
Die Kybernetik	485
Ein Leben für die Mathematik	489
Der tragische Unfall eines jungen Genies	493
Die Lösung zweier Hilbertscher Probleme	497
Die Axiome der Wahrscheinlichkeitsrechnung	501
Die Architektur des Computers	505
Die Gruppe Bourbaki	513
Die Unerschöpflichkeit der Mathematik	519
Stichwortverzeichnis	527

Am Anfang war die Geometrie
Thales von Milet (ca. 624–546 vor Christus)

Thales stammte vermutlich aus dem wohlhabenden Bürgertum der damaligen Weltstadt Milet an der Mündung des Mäander in Kleinasien. Er wandte sich der Philosophie zu und war mit seinem jüngeren Zeitgenossen und Schüler Anaximander von Milet (610–546 v. Chr.) und dessen Schüler Anaximenes von Milet (585–525 v. Chr.) Vertreter der Ionischen Philosophie, der ältesten Richtung der vorsokratischen griechischen Philosophie. Den ionischen Philosophen ging es darum, den Urgrund des Seins zu ergründen und die Ordnung der Welt zu verstehen. Thales betrachtet das Wasser der Urgrund des Seins, da Wasser ein sehr wandlungsfähiger und beweglicher Stoff ist und zudem von allen Lebewesen benötigt wird. Weiter glaubte Thales, dass in allem Götter steckten. Von diesem Grundsatz aus kam er zu der Erkenntnis, dass es nicht auf das Sichtbare in der Welt ankommt, sondern auf das Innere der Dinge oder ihr Wesen. Damit hat er ein Motiv angesprochen, das in der Philosophie in unterschiedlicher Darstellungsform immer wieder auftritt.

Im alten Griechenland gehörte die Beschäftigung mit mathematischen und astronomischen Fragestellungen zur Philosophie, so auch bei Thales. In Ägypten soll er sich mit den Grundlagen der Geometrie vertraut gemacht haben. Sternenkunde betrieb er am Hofe des Lyderkönigs Sardes. Dort hat er eine Sonnenfinsternis für den 28.5.585 vor Christus korrekt vorhergesagt und soll einen Krieg zwischen Lydern und Medern beendet haben, indem er das lydische Heer über die bevorstehende Sonnenfinsternis informierte und den Soldaten erklärte, dass daran nicht Bedrohliches sei und die Dunkelheit nicht lange andauern werde. Als während der Schlacht sich die Sonne verfinsterte, blieben die Lyder gelassen, während die Meder darin einen Fluch der Götter sahen, die Waffen niederlegten und flohen.

Thales kannte die Grundlagen der Geometrie, wie sie heute noch an den Schulen gelehrt werden, etwa den Satz über die Gleichheit gegenüberliegender Winkel am Schnittpunkt zweier Geraden, den Strahlensatz und Grundlegendes über Dreiecke und Dreieckskonstruktionen. Sein Name ist jedoch verewigt im „Thaleskreis". Der Thaleskreis wird um den Mittelpunkt der Grundseite eines rechtwinkligen Dreiecks geschlagen, so dass er durch die beiden Endpunkte der Grundseite hindurchgeht. Sein Radius ist demnach die halbe Länge der Grundseite. Auf diesem Kreis liegt, so die Erkenntnis des Thales, auch der dritte Eckpunkt des rechtwinkligen Dreiecks. Es gilt auch die Umkehrung: Jedes Dreieck, dessen Eckpunkte so auf einem Kreis liegen, dass eine Seite Kreisdurchmesser ist, hat einen rechten Winkel. Dies bedeutet, dass die rechtwinkligen Dreiecke sich dadurch von allen anderen Dreiecken unterscheiden, dass ihre drei Eckpunkte auf einem Kreis liegen, dessen Mittelpunkt der Mittelpunkt der Grundseite ist, oder etwa anders formuliert: der Mittelpunkt ihres Umkreises fällt mit dem Mittelpunkt ihrer Grundseite zusammen.

Anmerkung: Alle Dreiecke haben einen Umkreis, auf dem ihre drei Eckpunkte liegen. Dessen Mittelpunkt ist der Schnittpunkt der Mittelsenkrechten auf ihren drei Seiten. Dieser Schnittpunkt liegt normalerweise im Inneren des Dreiecks. Nur bei rechtwinkligen Dreiecken liegt er auf einer Dreiecksseite, der Grundseite. Die Grundseite eines rechtwinkligen Dreiecks heißt in der Mathematik *Hypotenuse*, während für die beiden anderen Seiten, die den rechten Winkel einschließen, der Name *Kathete* eingeführt ist.

Nach einer Anekdote soll Thales die Höhe der Pyramiden in Ägypten dadurch bestimmt haben, dass er einen Stab senkrecht in die Erde steckte, seine Höhe und die Länge seines Schattens maß, sowie auch die Länge des Schattens der Pyramide. Er ging davon aus, dass die Höhe der Pyramide zur Länge ihres Schattens in demselben Verhältnis steht, wie die Höhe des Stabes zur Länge seines Schattens, eine praktische Anwendung des Strahlensatzes. Wenn diese Geschichte nicht stimmen sollte, ist sie doch zumindest gut erfunden.

Im Gegensatz zu den Mesopotamiern und Ägyptern, die schon lange mathematische Faustformeln für praktische Zwecke nutzten, hielt Thales es für erforderlich, seine Sätze zu beweisen, das heißt: auf einfachere Grundsätze zurückzuführen. Damit gilt er als Begründer der mathematischen Wissenschaft.

Obwohl Thales an Gottheiten in den Dingen glaubte, war er doch bestrebt, Vorgänge in der Natur natürlich zu erklären. So erklärt er Sonnenfinsternisse – zutreffend – dadurch, dass der Mond zwischen Sonne und Erde tritt, Erdbeben – nicht zutreffend -, dadurch, dass die Erde auf Wasser schwimmt und wie ein Schiff schwanken kann. Die bis dahin geläufige Erklärung war aber noch mysteriöser: danach stieß der leicht erzürnbare Meeresgott Poseidon seinen Dreizack in die Erde und führte so Erschütterungen herbei.

Thales ist der erste Mensch, von dem wir wissen, dass er sich nicht mit übernatürlichen Erklärungen natürlicher Phänomene zufriedengab. Daher wird er mit Fug und Recht als der Urheber wissenschaftlichen Denkens angesehen.

Nach einer weiteren von Aristoteles berichteten Anekdote wollte Thales beweisen, dass auch Philosophen reich werden können, wenn sie nur wollen. Aufgrund seiner Naturbeobachtungen war er in einem Winter sicher, dass der kommende Sommer eine reiche Olivenernte bringen würde. Er mietete sämtliche Ölpressen von Milet und der vorgelagerten Insel Chios für ein geringes Entgelt. Als im Sommer tatsächlich die Olivenbäume sich unter der Last ihre Früchte bogen, konnte er die Ölpressen mit hohem Gewinn untervermieten.

Die natürlichen Zahlen und die Harmonie der Welt
Pythagoras von Samos (ca. 570–510 vor Christus)

Um das Leben und Wirken des Pythagoras ranken sich Legenden, so dass es schwierig ist, den Kern der Wahrheit herauszuschälen. Als gesichert gilt, dass er auf der griechischen Insel Samos um 570 vor Christus als Sohn eines erfolgreichen Kaufmannes geboren wurde und im Jahre 510 noch am Leben war. Als junger Mann hielt er sich ungefähr 20 Jahre lang in Ägypten und Babylonien auf, studierte dort Mathematik, Astronomie, Naturphilosophie und lernte verschiedene religiöse Lehren kennen. Währenddessen ergriff auf Samos der durch Schillers Ballade („Der Ring des Polykrates") bekannte Tyrann Polykrates im Jahre 538 v. Chr. die Macht und übte sie so aus, dass Pythagoras es vorzog, nicht auf seine Heimatinsel zurückzukehren, sondern sich um 530 v. Chr. in Kroton (Crotone) in Kalabrien niederließ, wo er eine Philosophenschule gründete, die sich als eine Art Mönchsorden mit enger Gemeinschaft, einfacher Lebensführung, gegenseitiger Treue und Verschwiegenheit etablierte. Die Anregungen dazu brachte Pythagoras höchstwahrscheinlich aus Ägypten mit.

Pythagoras soll ein hervorragender Redner gewesen sein, der in Kroton politischen Einfluss gewann. In einem Konflikt mit der Stadt Sybaris trat Pythagoras für eine harte Haltung seiner Heimatstadt ein und sorgte dafür, dass der Forderung der Sybariter nach Auslieferung von Oppositionellen, die in Kroton Zuflucht gesucht hatten, nicht entsprochen wurde. Die Sybariter antworteten mit Krieg, erlitten eine vernichtende Niederlage, und ihre Stadt wurde zerstört. In Kroton brach ein Streit über die Verteilung der Kriegsbeute aus, bei dem die Pythagoräer in Misskredit gerieten. Pythagoras übersiedelte nach Metapontion (Metaponto) in der Basilikata, wo er fast wie ein Gott verehrt wurde und in hohem Alter starb.

Pythagoras ist uns in erster Linie durch den nach ihm benannten Satz bekannt, nach dem die Fläche des Quadrats über der Hypotenuse (siehe Thales) eines rechtwinkligen Dreiecks gleich der Summe der Flächen der Quadrate über den Katheten ist. Oder in der bekannten Formel, in der a und b die Längen der Katheten und c die Länge der Hypotenuse bedeuten:

$$a^2 + b^2 = c^2$$

Pythagoras hat diesen Satz nicht entdeckt, denn er war – zumindest in Spezialfällen – in Ägypten und Mesopotamien wohlbekannt. Vermutlich war er aber der erste, der es nötig fand, den Satz zu beweisen.

Höchstwahrscheinlich kannte Pythagoras auch die so genannten pythagoräischen Zahlen, das sind natürliche Zahlen, die als Seitenlängen eines rechtwinkligen Dreiecks in Frage kommen. Das einfachste Beispiel geben die Zahlen a = 3, b = 4 und c = 5

$$3^2 + 4^2 = 5^2$$

$$9 + 16 = 25$$

Die *natürlichen Zahlen,* also die Zählreihe 1, 2, 3, …., hatten für die Pythagoräer fundamentale Bedeutung. Sie glaubten, dass die Ordnung der Welt auf Verhältnissen natürlicher Zahlen basiert – wir nennen diese Verhältnisse heute *Brüche* oder *rationale Zahlen.* Diese Weltsicht wird kurz und treffend in dem Satz „Alles ist Zahl" zusammengefasst. Die Pythagoräer stellten sich das Himmelsgewölbe aus konzentrischen Kugelschalen (Sphären) zusammengesetzt vor, deren Abstände von der Erde die Folge der natürlichen Zahlen durchlaufen. Ist also der Abstand der innersten Sphäre von der Erde 1, so hat die nächste den Abstand 2, die übernächste 3, und so fort.

Diese Sicht des Kosmos brachten die Pythagoräer in Verbindung mit der Musik. Sie fanden heraus, dass die Höhe eines auf einem Saiteninstrument erzeugten Tones von der Länge der Saite abhängt. Halbiert man diese, so erhält man den Ton, der genau eine Oktave höher liegt, drittelt sie, so erhält man die Quinte über der Oktave. Auch hier treten Verhältnisse natürlicher Zahlen auf. Die Analogie zwischen den Verhältnissen der Tonhöhen und den Verhältnissen der Sphärenabstände führte die Pythagoräer zu dem Glauben, dass die Himmelssphären Töne erzeugen, deren Höhe von ihrem Abstand zur Erde abhängt, die Sphärenmusik.

Es schien sich also vieles durch Verhältnisse natürlicher Zahlen erklären zu lassen. Daher waren die Pythagoräer schockiert, als sie herausfanden, dass es in der Geometrie Längenverhältnisse gibt, die sich nicht durch natürliche Zahlen ausdrücken lassen. Schon wenn man den Satz des Pythagoras auf die Aufgabe anwendet, die Länge der Diagonalen eines Quadrats mit der Seitenlänge 1 zu ermitteln, stößt man auf ein solches inkommensurables Verhältnis (*inkommensurabel* bedeutet: es gibt keine gemeinsame Maßeinheit, mit der man die Seitenlänge und die Länge der Diagonalen in natürlichen Zahlen abmessen kann), denn es gilt für die Länge d der Diagonalen:

$$d^2 = 1^2 + 1^2 = 2$$

Sollte nun die Länge d mit 1 kommensurabel sein, so müsste sie durch eine rationale Zahl auszudrücken sein, was nicht möglich ist, wie Euklid in einem klassischen Beweis gezeigt hat (siehe Euklid). Aber auch den Pythagoräern muss diese Tatsache bereits bewusst gewesen sein, wurde jedoch geleugnet. Eine Legende besagt, dass Pythagoras seinen Schüler Hippasos ertränken ließ, als dieser inkommensurable Längenverhältnisse entdeckte. Eine andere geometrische Figur, in der inkommensurable Längenverhältnisse auftreten, ist das regelmäßige Fünfeck, das für die Pythagoräer mystische Bedeutung hatte. Hier ist das Verhältnis der Diagonalen zur Seitenlänge keine rationale Zahl. Möglicherweise ist Hippasos auch dieser Umstand zum Verhängnis geworden.

Für den Satz des Pythagoras gibt es mehrere hundert Beweise. Wir zeigen hier einen besonders einfachen, der unmittelbar einleuchtet.

Die Abbildung zeigt zwei gleich große Quadrate mit der Seitenlänge a + b, die unterschiedlich aufgeteilt sind. In beiden Quadraten gibt es 4 kongruente rechtwinklige Dreiecke mit den Katheten a und b (*kongruent* bedeutet: man kann die Dreiecke durch Drehungen, Verschiebungen und Spiegelungen an einer Geraden zur Deckung bringen). Im rechten Quadrat befindet sich innen ein weiteres Quadrat, dessen Seite die Hypotenuse c der Dreiecke ist und dessen Ecken auf den Seiten des großen Quadrats liegen und diese im Verhältnis der Kathetenlängen a und b teilen. Das linke Quadrat enthält zwei weitere Quadrate, deren Seiten die Katheten. der rechtwinkligen Dreiecke sind. Lässt man in beiden großen Quadraten die 4 Dreiecke weg, so müssen die Restflächen übereinstimmen – und das heißt: Die Fläche des Quadrats über der Hypotenuse ist gleich der Summe der Flächen der Quadrate über den Katheten.

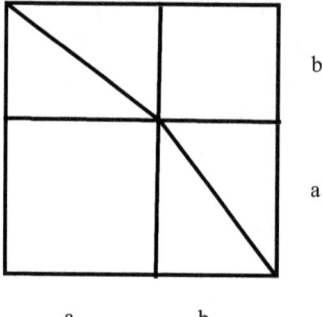 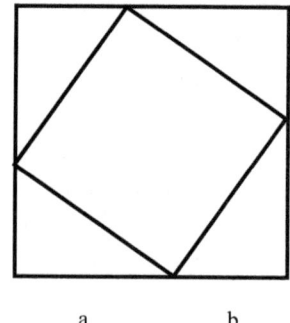

Dieser Beweis ist bei aller Einfachheit außerordentlich kreativ. Die grundlegende Idee besteht darin, die Quadrate über den Dreiecksseiten in einem großen Quadrat unterzubringen, dessen Seitenlänge der Summe der beiden Kathetenlängen entspricht, und dabei das Hypotenusen-Quadrat schräg aufzustellen. Wie kommt man auf solche Ideen? In der Regel stellen sie sich plötzlich bei andauernder intensiver Beschäftigung mit der Aufgabenstellung ein, bei der unterschiedliche Ansätze ausprobiert und wieder verworfen werden. Dieser Prozess kann außerordentlich mühsam und langwierig sein, aber wenn er zum Erfolg führt, fühlt man sich reich belohnt. Dies ist einer der Gründe für die Faszination, die die Mathematik auf ihre Liebhaber ausübt.

Der Satz des Pythagoras spielt eine wichtige Rolle in der modernen *analytischen Geometrie*, wo er dazu dient, die Längen von Strecken aus den Koordinaten ihrer Endpunkte zu ermitteln. Er ist ausgedehnt worden auf unterschiedliche abstrakte Räume, in denen er in der vorliegenden oder in verallgemeinerter Form dazu dient, eine *Metrik* einzuführen, d.i. eine Methode, mit der man Abstände zwischen Punkten definiert und berechnet.

Raum ist Zahl

Eudoxos von Knidos (ca. 410–350 vor Christus)

Über Eudoxos Leben wissen wir wenig. Er war Mathematiker, Astronom, Geograf und Arzt und unterhielt enge Kontakte mit der Schule von Platon (427–347 v. Chr.), die ihn anregten, eine Variante der platonischen Ideenlehre zu entwerfen. Für seine mathematischen Überlegungen fand er in der Schule Platons zwar Ermutigung, aber nur wenige Gesprächspartner, die ihm folgen konnten, so dass wir davon ausgehen müssen, dass er seine revolutionären Ideen im Alleingang entwickelt hat. Er hat das Dilemma der Pythagoräer, die keine anderen Zahlen als rationale akzeptieren wollten, gelöst, indem er die bis dahin völlig getrennten Begriffe der Zahl (arithmos), der Länge (gramma) und der räumlichen (sterea) und zeitlichen (chronos) Ausdehnung unter dem Oberbegriff *Größe* (megethos) zusammenfasste. Der Begriff der Größe kommt unserer Vorstellung von der *reellen Zahl* nahe. Mit reellen Zahlen können wir alle in der Geometrie auftretenden Längenverhältnisse darstellen und auch damit rechnen. Hier ist auch das Verhältnis zwischen Umfang und Durchmesser des Kreises eingeschlossen, das bekanntlich durch die reelle Zahl π (gesprochen pi, ungefähr $= 3{,}14$) ausgedrückt wird. Für eine intensive Beschäftigung des Eudoxos mit dem Begriff der reellen Zahl spricht die Tatsache, dass er bereits das *Archimedische Axiom* formuliert hat und eine erst im 19. Jahrhundert eingeführte Definition der reellen Zahlen vorwegnimmt (den Dedekindschen Schnitt, siehe Dedekind). Ein Axiom ist in der Mathematik ein Grundsatz, der nicht bewiesen werden kann.

Das Archimedische Axiom besagt, dass es zu jeder noch so großen reellen Zahl eine natürliche Zahl gibt, die noch größer ist, mit anderen Worten: es gibt keine „unendlich großen" reellen Zahlen. Bei Eudoxos liest sich das Axiom – modern formuliert – folgendermaßen. Sind zwei Größen a und b gegeben mit $0 < a < b$ (diese Notation bedeutet, dass a größer als Null ist und kleiner als b), so gibt es stets eine natürliche Zahl N, so dass $N \times a > b$. Mit anderen Worten: Hat man zwei Strecken unterschiedlicher Länge, so kann man die längere immer übertreffen, wenn man die kürzere oft genug abträgt. Heute wird das Archimedische Axiom für die reellen Zahlen aus anderen Grundsätzen abgeleitet und dann als Satz des Archimedes bezeichnet.

Eudoxos hat sich auch mit der Lehre von den *Kegelschnitten* befasst. Wie der Name andeutet, erhält man einen Kegelschnitt, wenn man einen Kegel (oder Doppelkegel) mit einer Ebene schneidet. Die Schnittlinie der Ebene mit dem Kegelmantel kann dabei unterschiedliche Gestalten annehmen. Handelt es sich um einen kreisförmigen geraden Kegel (Spitze liegt senkrecht über dem Mittelpunkt des Grundkreises), so schneidet eine Ebene, die parallel zur Grundfläche verläuft, einen Kreis aus der Kegeloberfläche. Schneidet die Ebene den Kegel und die Grundfläche in einem Winkel, der kleiner ist als Winkel des Kegelmantels mit der Grundfläche, so ist die Schnittlinie eine *Ellipse*. Schneidet die Ebene den Kegel und steht senkrecht auf der Grundfläche, so wird ein *Hyperbel*ast ausgeschnitten. Schneidet unsere Ebene schließlich den Kegel parallel zu seiner Oberfläche, so entsteht eine *Parabel*. Mit Kegelschnitten kann man bekanntlich die Bahnen der Himmelskörper beschreiben. So läuft die Erde auf einer elliptischen Bahn um die Sonne (mit kleinen Schwankungen, die durch die übrigen Planeten verursacht werden).

Ein weiteres Arbeitsgebiet des Eudoxos war der *Goldene Schnitt*. Man sagt, eine Strecke sei im Verhältnis des Goldenen Schnitts geteilt, wenn die Länge des kürzeren Abschnitts zur Länge des längeren Abschnitts in demselben Verhältnis steht wie die Länge des längeren Abschnitts zur Länge der gesamten Strecke. Dieses Verhältnis beträgt ungefähr 0,62 und ist keine rationale Zahl. Im bei Pythagoras erwähnten regelmäßigen Fünfeck sind fast alle Streckenverhältnisse durch den Goldenen Schnitt gegeben, zum Beispiel das Verhältnis der Seite zur Diagonalen. Der Goldene Schnitt spielte in der Antike und in der Renaissance eine große Rolle in Kunst und Architektur, weil man dieses Teilungsverhältnis als besonders harmonisch ansah.

Eudoxos vervollkommnete auch eine schon ansatzweise bekannte Methode zur Rauminhaltsberechnung von Gefäßen, die von gekrümmten Flächen begrenzt sind, also zum Beispiel Fässern oder Amphoren, zur *Exhaustionsmethode*. Bei dieser Methode wird das Gefäß durch kleine Teilchen mit bekanntem Rauminhalt quasi „ausgeschöpft" oder besser: ausgefüllt. Zählt man dann diese Teilchen und multipliziert ihre Anzahl mit ihrem bekannten Rauminhalt, so ergibt sich ein Schätzwert für den Rauminhalt des großen Körpers, der umso genauer ist, je kleiner die verwendeten Teilchen sind. Die Exhaustionsmethode kann man als Vorläufer der *Integralrechnung* betrachten, die erst fast 2000 Jahre später von Newton und Leibniz entwickelt wurde. Eudoxos berechnete mit seiner Methode das Volumen einer Pyramide und eines Kegels.

Als Geograf stellte sich Eudoxos die Erde kugelförmig vor. Er soll den Umfang der Erdkugel näherungsweise berechnet haben. Er stellte auch ein Himmelsmodell auf, in dem sich die Planeten auf konzentrischen Kugelschalen, den Sphären der Pythagoräer, bewegen, in deren Mittelpunkt die Erde steht. Derartige Modelle haben die Astronomie bis Kopernikus beherrscht.

Die mathematischen Ergebnisse des Eudoxos wurden von Euklid (nächster Abschnitt) in seinem Hauptwerk Elemente (Buch V Größenlehre, Buch XII Kegelschnitte) vorgestellt. Euklid hat so dafür gesorgt, dass ein revolutionärer Denker nicht in Vergessenheit geriet.

Grundlagen der Geometrie
Euklid (ca. 365–300 vor Christus)

Euklid ist der bekannteste Mathematiker des griechischen Altertums. Dennoch wissen wir über sein Leben fast nichts. Er könnte Schüler der Platonischen Akademie in Athen gewesen sein. Später arbeitete und lehrte er am Museion in Alexandria in Ägypten. Alexandria war 331 v. Chr. von Alexander dem Großen gegründet worden, der dort auch in einem Mausoleum beigesetzt wurde. Die Ptolemäer, die Alexander als Herrscher Ägyptens nachfolgten, machten Alexandria zu ihrer Hauptstadt. Schon bald war Alexandria die bedeutendste griechische Stadt des Altertums, und mit einer Bibliothek von mehr als 70.000 Schriftrollen ein Zentrum der Wissenschaft.

Die bahnbrechende Leistung Euklids, niedergelegt in seinem Hauptwerk „Die Elemente" (Stoicheia), ist die systematische Herleitung der geometrischen und arithmetischen Lehrsätze aus wenigen Grundannahmen, *Axiome* genannt, bei ihm heißen sie Postulate. Dabei hat er auf dem Gebiet der Geometrie im Wesentlichen das damals bekannte Wissen zusammengestellt, das bis in unsere Tage dem Geometrieunterricht an den Schulen zu Grunde liegt. Die von Euklid beschriebene Geometrie ist deshalb nach ihm benannt: *Euklidische Geometrie*. Zur Arithmetik und Zahlentheorie hat er aber – soweit wir wissen – eigenständige Erkenntnisse beigetragen.

Beispiele für Postulate der ebenen Geometrie sind:

„Von jedem Punkt soll sich zu jedem anderen Punkt eine gerade Linie ziehen lassen." (Postulat 1).

„Mit jedem Mittelpunkt und jedem Radius soll sich ein Kreis beschreiben lassen." (Postulat 3).

„Wenn eine Gerade zwei Geraden schneidet und mit ihnen auf derselben Seite innere Winkel bildet, die zusammen kleiner sind als zwei rechte Winkel, so sollen die Geraden, wenn man sie bis ins Unendliche verlängert, schließlich auf der Seite zusammentreffen, auf der die beiden inneren Winkel liegen, die zusammen kleiner sind als zwei Rechte." (Postulat 5)

Das zuletzt genannte Postulat heißt auch das Parallelenpostulat, weil es die Bedingung formuliert, unter der sich zwei Geraden schneiden und damit indirekt auch die Bedingung dafür, dass sie sich nicht schneiden: wenn nämlich die genannten inneren Winkel zusammen nicht kleiner sind als zwei rechte Winkel, sondern genau gleich zwei rechten Winkeln. Dieses Postulat ist erheblich komplizierter formuliert als die übrigen, daher hat man lange angenommen, dass man es aus den anderen Postulaten oder Axiomen ableiten könne. Diese Bemühungen fanden erst im 19. Jahrhundert mit der Entdeckung der Nicht-Euklidischen Geometrien ein Ende. Formuliert man das Parallelenpostulat ohne Rückgriff auf rechte Winkel, so kann es wie folgt lauten: „Zwei Geraden in der Ebene schneiden sich entweder in einem Punkt oder gar nicht. Im letzteren Fall heißen sie parallel. Zu jeder Geraden und jedem Punkt außerhalb der Geraden gibt es genau eine parallele Gerade, die durch diesen Punkt geht." In den nicht-Euklidischen Geometrien gibt es aber zu jeder Geraden und jedem nicht auf ihr liegenden Punkt entweder unendlich viele oder gar keine Parallelen, das heißt, das Parallelenpostulat trifft nicht zu, während alle anderen Axiome der Euklidischen Geometrie gültig sind. Dies zeigt, dass das Parallelenpostulat nicht aus den übrigen Axiomen hergeleitet werden kann, denn sonst wären die Nicht-Euklidischen Geometrien nicht möglich. Zur nicht-Euklidischen Geometrie siehe die Abschnitte über Bolyai und Lobatschewski.

Euklids Grundlegung der Geometrie weist gewisse Mängel auf. Das beginnt mit den Definitionen: Zum Beispiel definiert Euklid einen Punkt als etwas, das „keine Teile" hat. Das ist zwar anschaulich einleuchtend, aber Euklid führt hier den einfachen Begriff eines Punktes auf den komplizierteren des Ganzen und seiner Teile zurück. Ebenso wird die gerade Linie erklärt als „Länge ohne Breite", wobei die Begriffe Länge und Breite noch nicht definiert sind. Die Mängel des Euklidischen Systems wurden von David Hilbert 1899 mit einer Neufassung behoben (siehe Hilbert). Hilbert verzichtet völlig auf eine ausdrückliche Definition der Grundbegriffe wie Punkt und Gerade, sondern betrachtet sie durch ihre gegenseitigen Verhältnisse, die in den Axiomen festgelegt sind, als implizit definiert. Dies bedeutet, dass man die Begriffe „Punkt" und „Gerade" nicht unbedingt mit anschaulichen Vorstellungen unterlegen muss, sondern sie modellhaft auch durch Zahlenkombinationen realisieren kann.

Zu Euklids originären Leistungen gehören die beiden folgenden allgemeinverständlichen Beweise:

1.
Es gibt unendlich viele Primzahlen. (*Primzahlen* sind natürliche Zahlen, die keine Teiler außer 1 und sich selbst haben, die 1 selbst gilt nicht als Primzahl. Die Zahlen 2, 3, 5, 7, 11, 13, 17 sind Beispiele von Primzahlen, 9 und 15 nicht, weil sie durch 3 teilbar sind.) Euklid nimmt probeweise an, das Gegenteil der Aussage sei richtig, es gäbe also nur endlich viele Primzahlen $p_1; p_2; \ldots; p_n$. Endlich viele Zahlen kann man miteinander multiplizieren. Zum Produkt dieser endlich vielen Zahlen addiert Euklid 1 und erhält die Zahl

$$N = p_1 \cdot p_2 \cdots p_n + 1,$$

die durch keine der endlich vielen Primzahlen $p_1; p_2; \ldots; p_n$ teilbar ist. Damit muss sie entweder selbst Primzahl sein, oder unter ihren Teilern müssen Primzahlen vorkommen, die nicht zu den angenommenen endlich vielen Primzahlen gehören. Auf jeden Fall gibt es mindestens eine weitere Primzahl, die in der ursprünglichen Liste nicht enthalten ist. Wenn man also annimmt, es gäbe eine bestimmte endliche Anzahl von Primzahlen, dann kann man immer noch eine weitere konstruieren. Also kann man die Annahme nicht aufrechterhalten. Daher muss ihr Gegenteil richtig sein, d. h. es gibt unendlich viele Primzahlen.

2.
Der zweite Beweis wurde schon im Abschnitt über Pythagoras angekündigt. Hier weist Euklid nach, dass das Verhältnis von Diagonale und Seite eines Quadrats nicht rational ist. Wir können uns auf ein Quadrat mit der Seitenlänge 1 beschränken. Dann gilt für die Länge d der Diagonale nach dem Satz des Pythagoras (siehe dort):

$$d^2 = 2$$

Euklid nimmt an, die Zahl d sei rational. Dann kann man sie als gekürzten Bruch schreiben

$$d = \frac{p}{q}$$

wobei p eine ganze (positive oder negative) und q eine natürliche Zahl ist. Die Voraussetzung besagt, dass p und q keinen gemeinsamen Teiler (außer 1) haben. In diese Form lässt sich jede rationale Zahl bringen. Es ist dann

$$2 = d^2 = \frac{p^2}{q^2}$$

oder

$$p^2 = 2 \cdot q^2$$

Das heißt: p^2 ist eine gerade Zahl. Das geht nur, wenn auch p gerade ist, also

$$p = 2 \cdot r$$

mit einer ganzen Zahl r. Daraus folgt

$$4 \cdot r^2 = 2 \cdot q^2$$

oder nach Division durch 2

$$2 \cdot r^2 = q^2$$

Damit sind auch q^2 und q gerade Zahlen. Ergebnis: p und q sind beide gerade, haben also entgegen der Voraussetzung den gemeinsamen Teiler 2. Daher muss die anfangs gemachte Annahme, dass die Länge der Diagonalen d eine rationale Zahl in der Form des gekürzten Bruches ist, falsch sein. Dann ist das Gegenteil richtig und d ist nicht rational. In moderner Terminologie: Die Wurzel aus 2 ist eine *Irrationalzahl*. Rationale und irrationale Zahlen werden zu den *reellen Zahlen* zusammengefasst.

Dies ist ein Beweis durch Widerspruch. Er benutzt das logische Prinzip des ausgeschlossenen Dritten. Dieses besagt, dass von einer Aussage und der gegenteiligen Aussage genau eine wahr ist. Der Beweis durch Widerspruch wird in der Mathematik häufig angewendet. Dennoch kam er Anfang des 20. Jahrhunderts in die Kritik, weil er nicht konstruktiv ist. Er zeigt lediglich auf, dass gewisse Annahmen widersprüchlich sind. Deshalb ist er auf jeden Fall problematisch, wenn damit die Existenz eines mathematischen Objektes nachgewiesen werden soll. Die Argumentation ist etwa die folgende: Wie kann etwas nur deshalb existieren, weil die Annahme es existiere nicht, zu einem logischen Widerspruch führt? Von diesem Typ sind beide Euklidischen Beweise aber nicht. Beim zweiten wird vielmehr nachgewiesen, dass eine bestimmte Zahl eine bestimmte Eigenschaft (nämlich rational zu sein) <u>nicht</u> hat, weil die Annahme, sie hätte sie doch, zu einem Widerspruch führt. Den Primzahlbeweis kann man sogar, obwohl er auch in einen Widerspruch führt, als konstruktiv bezeichnen. Man kann ihn benutzen, um weitere Primzahlen zu finden, wenn man einige bereits kennt.

Diese Erörterung liest sich wie eine sophistische Spitzfindigkeit, ist aber für die Grundlegung der Mathematik und damit für das Vertrauen, das wir ihren Ergebnissen entgegenbringen, von entscheidender Bedeutung (siehe hierzu Brouwer).

Eine weitere Errungenschaft, die mit Euklids Namen verbunden ist, ist der *Euklidische Algorithmus,* mit dem man den größten gemeinsamen Teiler (ggT) zweier ganzer Zahlen finden kann. Der *größte gemeinsame Teiler* zweier ganzer Zahlen ist eine ganze Zahl, die beide Zahlen teilt und so ausgewählt ist, dass jeder andere Teiler beider Zahlen auch diese Zahl teilt (zum Beispiel; der ggT von 4 und 6 ist 2, der von 30 und 54 ist 6 – die beiden anderen gemeinsamen Teiler von 30 und 54, nämlich 2 und 3 teilen die 6 –, der ggT von 5 und 7 ist 1). Ein *Algorithmus* ist eine Rechenvorschrift, die aus mehreren Schritten besteht, siehe hierzu den Abschnitt über al-Chwarizmi. Auf eine detaillierte Vorstellung des Euklidischen Algorithmus sei hier verzichtet, sondern lediglich erwähnt, dass sein zentraler Teil eine mehrfach ausgeführte Division mit Rest ist.

Euklid hat mit seiner axiomatischen Methode die Mathematik bis heute entscheidend geprägt. Heute gelten mathematische Theorien erst dann als gesichert, wenn es für sie eine axiomatische Grundlegung gibt. Allerdings wurden im 20. Jahrhundert auch die Grenzen der Axiomatisierung aufgezeigt, siehe den Abschnitt über Gödel.

Euklid hat auch Grundlegendes zur Arithmetik und Zahlentheorie geleistet, wie die beiden obigen Beweise zeigen.

Ein Pionier der Infinitesimalrechnung
Archimedes (ca. 287 – 212 vor Christus)

Archimedes lebte in der griechischen Kolonialstadt Syrakus in Sizilien und betätigte sich dort als Mathematiker, Physiker, Ingenieur und technischer Berater der Könige. Studiert hat er höchstwahrscheinlich in Alexandria bei Schülern des Euklid. Während der Belagerung von Syrakus durch die Römer in den Jahren 214–212 vor Christi Geburt erfand er verschiedenartige Kriegsmaschinen, mit denen die Einnahme der Stadt um zwei Jahre verzögert werden konnte. Bekannt, aber auch umstritten, ist seine Methode, Spiegel entlang einer Parabelkurve aufzustellen, so dass Schiffe der römischen Flotte in den Brennpunkt der reflektierten Sonnenstrahlen gerieten und in Flammen aufgingen. Ob das der Grund war, aus dem er bei der Einnahme von Syrakus von einem römischen Soldaten erschlagen wurde, oder ob es schlichte Unkenntnis war, wissen wir nicht. Überliefert ist aber der Ausspruch des Archimedes, als er den römischen Soldaten nahen sah: „Störe meine Kreise nicht!" Archimedes arbeitete offensichtlich gerade an einem geometrischen Problem und hatte Figuren in den Sand gezeichnet.

Auf Befehl des Königs sollte Archimedes dessen Krone auf ihren Goldgehalt überprüfen, ohne sie zu beschädigen. Er ließ einen Klumpen reinen Goldes mit demselben Gewicht anfertigen, versenkte ihn einem mit Wasser randvoll gefüllten Gefäß, fing das überlaufende Wasser auf und maß sein Volumen. Anschließend verfuhr er mit der Krone ebenso. Sie hatte mehr Wasser verdrängt als der Goldklumpen, hatte demnach bei gleichem Gewicht ein größeres Volumen und folglich ein geringeres spezifisches Gewicht. Das war der Beweis, dass sie nicht aus reinem Gold bestand. Bei Untersuchungen ähnlicher Art stieß Archimedes im Bade auf das Prinzip des

Auftriebs. Angeblich soll er vor Begeisterung aus dem Bade gesprungen und laut „Heureka" (= ich hab´s) rufend nackt auf die Straße gelaufen sein.

Fast ebenso spektakulär feierte er die Entdeckung der Hebelgesetze. Hierzu bemerkte er: „Gib mir einen Punkt außerhalb der Erde, und ich werde sie aus den Angeln heben."

Besonders weit reichende Ergebnisse erzielte Archimedes auf dem Gebiet der Mathematik. Er wird zu den größten Mathematikern aller Zeiten gezählt, insbesondere weil er fast 2000 Jahre vor Newton und Leibniz Methoden der *Infinitesimalrechnung* anwandte. Mit seinen über die bereits bekannte Ausschöpfungsmethode (siehe Eudoxos) hinausgehenden Verfahren, die der modernen Integralrechnung nahekommen, konnte er den Wert der Kreiszahl π (Pi) in den Bereich zwischen $3\frac{1}{7}$ und $3\frac{10}{71}$ eingrenzen, d. h. auf zwei Stellen nach dem Komma genau angeben ($\pi \approx 3{,}14$). Er gab aber auch ein numerisches Verfahren an, mit dem man π beliebig genau berechnen kann. Archimedes war auch, soweit wir wissen, der erste, der erkannte, dass das Verhältnis des Kreisumfangs zum Kreisdurchmesser dasselbe ist wie das Verhältnis der Kreisfläche zum Quadrat des Radius, nämlich π. In moderner Schreibweise wird das durch die bekannten Formeln

$U = 2 \cdot \pi \cdot r$ (U = Kreisumfang, r = Kreisradius = halber Kreisdurchmesser)

und $F = r^2 \cdot \pi$ (F = Kreisfläche, r = Kreisradius)

ausgedrückt, oder eben

$\frac{U}{2r} = \frac{F}{r^2} = \pi = $ Konstante für alle Kreise.

Archimedes berechnete exakt das Volumen der Kugel und konnte auch von Kurven begrenzte Flächen berechnen, insbesondere die nach ihm benannte Mondsichel, die er selbst als Schustermesser (arbelos) bezeichnete. Hierzu wird nur die Kenntnis der Kreisfläche benötigt, die er schon ermittelt hatte.

Die Kegelschnitte
Apollonios von Perga (ca. 240–190 vor Christus)

Über das Leben des Apollonios wissen wir nur, dass er in Perga in Pamphylien, heute Murtina bei Antalya in der Türkei, geboren wurde, in Alexandria bei Schülern des Euklid studierte, dort lehrte und verstarb. Reisen führten ihn in die kleinasiatischen Städte Ephesus und Pergamon, wo er vermutlich die großen Bibliotheken besuchte, um spezielle Werke zu studieren. In Pergamon wurde er höchstwahrscheinlich am Hofe von König Attalos I eingeführt.

Apollonios, der seinen Zeitgenossen als „der große Geometer" bekannt war, hat der Nachwelt das erste Kompendium über Kegelschnitte hinterlassen. Er fasst dabei die Ergebnisse seiner Vorgänger und eigene Erkenntnisse in acht Büchern zusammen, von denen vier im griechischen Urtext erhalten sind, drei in arabischer Übersetzung aus dem 9. Jahrhundert, während das achte Buch verloren gegangen ist, wie auch die zahlreichen anderen Werke des Apollonios. Er selbst hatte Kopien der ersten drei Bücher seiner Kegelschnitt-Monographie an einen Freund namens Eudemos gesandt, um sie gegen einen möglichen Verlust zu sichern, die anderen fünf Bücher schickte er einem Attalos, höchstwahrscheinlich König Attalos von Pergamon.

Apollonios war vermutlich der erste, der seine Betrachtungen der Kegelschnitte an einem Doppelkegel anstellte, der sich in beiden Richtungen ins Unendliche erstreckt und auch schief sein darf. Auch führte er die heute geläufigen Begriffe *Ellipse, Parabel und Hyperbel* für die verschiedenen Kurventypen ein, die man als Schnittlinie der Kegeloberfläche mit einer Ebene erhält. Schneidet eine Ebene einen der beiden Doppelkegel schräg, so erhält man eine Ellipse, dreht man die Ebene, bis sie parallel zu einer Kegelkante verläuft, erhält man eine Parabel. Schneidet schließlich die Ebene beide Hälften des Doppelkegels parallel zu seiner Achse, so erhält man die beiden Zweige einer Hyperbel. Da sich bei Apollonius die Kegel bis ins Unendliche erstrecken durften, konnte er auch erkennen, dass dasselbe für die Parabel und die Hyperbel zutrifft.

Aus Zitaten arabischer Mathematiker wissen wir einiges über den Inhalt der verlorenen Schriften des Apollonios. In einer Schrift hat er Berührungsverhältnisse untersucht, so etwa die Aufgabe, zu drei Kreisen einen weiteren Kreis zu finden, der die drei gegebenen Kreise berührt. Mit dem Namen des Apollonios verbunden ist auch der „Kreis des Apollonios", - in der Schulmathematik beliebt als geometrischer Ort der Punkte, deren Abstände von zwei gegebenen Punkten in einem festen Verhältnis stehen.

Die Berechnung der Quadratwurzel
Heron von Alexandria (Zwischen 200 vor Christus und 300 nach Christus)

Heron lehrte am Museion in Alexandria. Wir kennen ihn vor allem durch seine Werke, die allerdings nur teilweise überliefert sind. Er beschäftigte sich nicht nur mit mathematischen Themen, sondern ist vor allem als Erfinder von erstaunlichen Maschinen bekannt geworden, die ihrer Zeit weit voraus waren, und in seinen Werken Automata, Pneumatika und Dioptra beschrieben sind. Dazu gehört etwa ein durch ein Feuer ausgelöster pneumatischer Antrieb für Tempeltüren, die sich damit scheinbar von selbst öffnen und schließen. Heron konstruierte Musikmaschinen, darunter eine windgetriebene Orgel, und eine Art Dampfmaschine, die er Aeolipile nannte. Diese wurde zu seiner Zeit als Kuriosität betrachtet und nicht als Kraftmaschine genutzt – sonst hätte das Industriezeitalter schon anderthalb Jahrtausende früher begonnen. Einige der von Heron erdachten Maschinen sind sogar programmierbar oder zumindest steuerbar. So kann er als Erfinder der Regelungstechnik gelten. In seinem Werk Dioptra beschreibt er Geräte zur Landvermessung, u. a. ein Gerät, das die Aufgabe eines heutigen Theodoliten erfüllte. Für Messungen von Distanzen über See empfiehlt er astronomische Beobachtungen und führt als Beispiel seine Messung der Entfernung zwischen Rom und Alexandria durch die gleichzeitige Beobachtung einer Mondfinsternis an beiden Orten an. Diese Mondfinsternis war höchstwahrscheinlich die im Jahre 62 nach Christus, so dass wir als wahrscheinlichste Lebenszeit des Heron das 1. Jahrhundert nach Christus annehmen können.

In der Mathematik ist die nach ihm benannte Heronische Formel bekannt, mit der man den Flächeninhalt eines Dreiecks aus den Längen seiner drei Seiten berechnen kann (bekannt ist die Berechnung Fläche = Grundseite mal Höhe geteilt durch 2, dazu muss man zunächst einmal die Höhe ermitteln, was ohne Trigonometrie selten möglich ist). Die Heronische Formel lautet

$$F = \sqrt{\frac{U}{2} \cdot (\frac{U}{2} - a) \cdot (\frac{U}{2} - b) \cdot (\frac{U}{2} - c)}$$

wo $U = a + b + c$ der Umfang des Dreiecks ist, a, b, c seine Seitenlängen und F seine Fläche.

Außerdem geht ein effektives Verfahren zur Berechnung der (positiven) Quadratwurzel auf Heron zurück. Wir fangen mit einem beliebigen Anfangswert an, der nur größer als Null sein muss, und errechnen den Mittelwert zwischen diesem Wert und dem Quotienten aus dem Radikanden (der *Radikand* ist der Wert, dessen Quadratwurzel (lat. radix) ermittelt werden soll) und unserem Anfangswert. Dies ergibt einen neuen Wert, mit dem wir ganz genau so verfahren. Mit dem nächsten Wert machen wir genau dasselbe und so fort. In den meisten Fällen erhalten wir schon nach zwei bis drei Rechenschritten einen sehr guten Näherungswert für die Quadratwurzel. Dieses Verfahren eignet sich gut für die Programmierung auf einem Computer. Keilschrifttexte lassen den Schluss zu, dass das Verfahren bereits von den Sumerern benutzt wurde, so dass Heron nur derjenige war, der es formal beschrieben und auf diese Weise der Nachwelt überliefert hat. Natürlich muss man beweisen, dass das Verfahren immer *konvergiert*, das heißt auf einen einzigen Grenzwert führt, dessen Quadrat dem vorgelegten Radikanden gleich ist. Solche Konvergenzbeweise kamen erst im 19. Jahrhundert in Mode, nachdem das theoretische Rüstzeug dafür voll entwickelt war. Im vorliegenden Fall ist die Konvergenz leicht nachzuweisen, so dass wir heute wissen, dass der Algorithmus des Heron immer zum Ziel führt.

Im Folgenden die Berechnung der Wurzel aus 2 (der Radikand ist hier 2) mit dem Heronischen Verfahren mit dem Anfangswert 1:

Anfangswert	$a_0 =$	1
Schritt 1	$a_1 = \frac{1}{2} \cdot \left(a_0 + \frac{2}{a_0}\right) =$	1,5
Schritt 2	$a_2 = \frac{1}{2} \cdot \left(a_1 + \frac{2}{a_1}\right) =$	1,41666667
Schritt 3	$a_3 = \frac{1}{2} \cdot \left(a_2 + \frac{2}{a_2}\right) =$	1,41421569
Schritt 4	$a_4 = \frac{1}{2} \cdot \left(a_3 + \frac{2}{a_3}\right) =$	1,41421356
Schritt 5	$a_5 = \frac{1}{2} \cdot \left(a_4 + \frac{2}{a_{41}}\right) =$	1,41421356

Wir haben damit bereits bei Schritt 4 die Wurzel aus 2 auf 8 Stellen genau berechnet.

Auch Heron hat sich – wie schon Archimedes – mit der Waffentechnik beschäftigt (Ergebnisse im Werk Belopoeika). In seinem Werk Cheirobalistra beschreibt er ein Katapult, das mehrere Pfeile in schneller Folge abschießen kann, wenn man so will, einen Vorläufer des Maschinengewehrs.

Der Vater der Algebra
Diophantos von Alexandria (Zwischen 100 vor Christus und 350 nach Christus)

Diophantos ist der griechische Mathematiker, über dessen Leben wir überhaupt nichts wissen, nicht einmal, wann er gelebt hat. Aus Zitaten kann man erschließen, dass er auf jeden Fall nach 150 vor Chr. und nicht später als 364 nach Chr. gelebt haben muss. Seine Wirkungsstätte war Alexandria.

Diophant befasste sich vorrangig mit der Lösung von algebraischen Gleichungen mit mehreren Unbekannten. Algebraische Gleichungen sind solche, in denen die Unbekannten in der Potenz 2 oder höheren Potenzen vorkommen. Allgemein bekannte Beispiele liefern die quadratischen Gleichungen. Diophant betrachtete speziell Gleichungen mit mehreren Unbekannten und ganzzahligen Koeffizienten und suchte deren ganzzahlige Lösungen. Als Beispiel kann die Gleichung des Pythagoras dienen:

$$x^2 + y^2 = z^2$$

in der x, y, z unbekannte ganze Zahlen sind. Lösungen sind zum Beispiel

$$x = 3, \ y = 4, \ z = 5$$

$$x = 5, \ y = 12, \ z = 13$$

$$x = 9, \ y = 40, \ z = 41$$

Es gibt unendlich viele ganzzahlige Lösungen dieser Gleichung. Andere Gleichungen haben nur endlich viele oder gar keine Lösungen.

Eine für die Entwicklung der Zahlentheorie wichtige Gleichung ist die so genannte *Pellsche Gleichung*

$$x^2 - N \cdot y^2 = \pm 1$$

wo N eine natürliche Zahl und keine Quadratzahl ist und x und y gesuchte ganze Zahlen sind. Mit Gleichungen dieses Typs haben sich die indischen Mathematiker im frühen Mittelalter herumgeschlagen, (siehe Brahmagupta und Bhaskara), aber erst im 18. Jahrhundert fand der italienisch-französische Mathematiker Lagrange ein allgemeingültiges Lösungsverfahren.

Diophants Werk wird gewürdigt durch die Namensgebung für Gleichungen, für die ganzzahlige Lösungen gesucht werden, die als *Diophantische Gleichungen* bezeichnet werden.

Seine Erkenntnisse stellte Diophant in einem 13 – bändigen Werk mit dem Titel Arithmetika zusammen. Dieses war lange Zeit verschollen. Erst im 15. Jahrhundert fand man die Bände 1 bis 3 und 8 bis 10 in griechischer Originalsprache wieder auf, und 1982 wurden die Bände 4 bis 7 in arabischer Übersetzung gefunden. Die im 15. Jahrhundert aufgefundenen Bände wurden von Wilhelm Xylander im Jahre 1575 in Basel in lateinischer Übersetzung herausgegeben. 1621 erschienen sie in Paris in griechischer Sprache und verbesserter lateinischer Übersetzung mit Kommentaren von Bachet de Meziriac. Diese Ausgabe hatte großen Einfluss auf die Entwicklung der Mathematik im 17. Jahrhundert, speziell auf Pierre de Fermat (siehe dort), der seine Ausgabe dieses Werkes mit zahlreichen Randbemerkungen versah, von denen eine Generationen von Mathematikern bis in unsere Tage beschäftigt hat.

Ein Schritt in Richtung auf die projektive Geometrie
Pappos von Alexandria (Um 300 nach Christus)

Pappos war einer der letzten großen griechischen Mathematiker in Alexandria. Ihm verdanken wir unser Wissen über den Stand der Geometrie in der Antike. Pappos' Hauptwerk sind seine Mathematischen Sammlungen, in denen er die geometrischen Ergebnisse seiner Vorgänger zusammengestellt hat, ergänzt mit eigenen Erkenntnissen und Kommentaren. Von den acht Büchern sind nur die letzten sechs, sowie der letzte Teil des zweiten Buches in handschriftlicher lateinischer Übersetzung erhalten (Pappi Alexandrini Collectiones quae supersunt – Sammlungen des Pappos von Alexandria, die erhalten geblieben sind).

Pappos ist vor allem durch den nach ihm benannten Satz berühmt geworden, der sich später als einer der grundlegenden Sätze der *projektiven Geometrie* erweisen sollte. Er besagt: Liegen die Eckpunkte eines Sechsecks abwechselnd auf zwei Geraden, so liegen die Schnittpunkte seiner Gegenseiten auf einer Geraden. Die Schwierigkeit dieses Satzes besteht darin, sich ein Sechseck vorzustellen, das die Voraussetzung erfüllt. Es ist keineswegs die Bienenwabe, die wir uns normalerweise als Prototyp eines Sechsecks vorstellen, sondern eine an mindestens einer Stelle eingeknickte Figur.

Pappos Werke enthalten weitere, für die mehr als ein Jahrtausend später entwickelte projektive Geometrie grundlegende Sätze.

Außer den Sammlungen schrieb Pappos Kommentare zu älteren Werken, so zu den Elementen von Euklid und dem Almagest des Ptolemäus. In letzterem Werk berechnet er eine Sonnenfinsternis für das Jahr 320 n. Chr.

Obwohl Pappos die der projektiven Geometrie zu Grunde liegenden Ideen und Sätze kannte, hat er den Schritt zu dieser, von der Euklidischen verschiedenen, Geometrie nicht getan. Dieser Schritt wurde erst in der Neuzeit gewagt.

Anmerkung: In der *Projektiven Geometrie* wird der Unterschied aufgehoben, den die Euklidische Geometrie zwischen Punkten und Geraden in der Ebene macht. Bei Euklid bestimmen zwei Punkte immer eine Gerade, während zwei Geraden sich entweder schneiden (einen Punkt bestimmen) oder nicht. Im letzteren Falle sind sie parallel (siehe Euklid). Die Projektive Geometrie ordnet jeder Schar von Parallelen einen „unendlich fernen" Schnittpunkt zu. Die „unendlich fernen" Punkte werden zu einer „unendlich fernen" Gerade zusammengefasst. Die Euklidische Ebene wird so um eine Gerade erweitert, auf der die Schnittpunkte aller Parallelen liegen. In dieser erweiterten – projektiven – Ebene sind Punkte und Geraden völlig gleichberechtigt und es bleibt jeder geometrische Lehrsatz richtig, wenn man in ihm die Begriffe „Punkt" und „Gerade" vertauscht. Beispiel: „Drei Punkte, die nicht auf einer Geraden liegen, bestimmen ein Dreieck". Vertauschung: „Drei Geraden, die sich nicht in einem Punkt schneiden, bestimmen ein Dreieck." Dabei können jetzt bis zu zwei Punkte auf der unendlich fernen Geraden liegen oder es kann eine der Geraden die unendlich ferne Gerade sein, das heißt, ein projektives Dreieck ist etwas anderes als ein Euklidisches. Die Projektive Geometrie wurde im 19. Jahrhundert zu einer eindrucksvollen Theorie ausgebaut. Sie spielt auch eine Rolle bei der Einordnung der ebenfalls im 19. Jahrhundert entdeckten nicht-Euklidischen Geometrien (siehe Euklid, Bolyai, Lobatschewski).

Das Ende der griechischen Mathematik Hypatia von Alexandria

(Ca. 370 bis März 415 nach Christus)

Hypatia war die Tochter des Mathematikers und Philosophen Theon von Alexandria. Sie war die unbestrittene Leitfigur der Neuplatonischen Schule in Alexandria, hochgebildet, eloquent, schön und dabei bescheiden. Am Museion in Alexandria lehrte sie Mathematik und die von Plotin begründete neuplatonische Philosophie. Diese Wissenschaften wurden damals mit dem zu überwindenden Heidentum identifiziert, wodurch Hypatia zu einer Zielscheibe des Hasses der christlichen Gemeinde Alexandrias wurde.

Die mathematischen Schriften der Hypatia sind verschollen. Sie soll 13 Bände Kommentare zu den Arithmetika des Diophantos und den Konika des Apollonios verfasst haben. Aus ihrer teilweise erhaltenen Korrespondenz mit ihrem Schüler Synesius, später Bischof von Kyrene, geht hervor, dass sie diesen bei der Konstruktion eines *Astrolabiums* beraten hat, das ist ein Gerät zur Winkelmessung am Himmel. Dies zeigt, dass Hypatia sich auch mit Astronomie beschäftigt hat. Ob das Astrolabium schon 250 vor Christus von Eratosthenes von Kyrene erfunden wurde oder von Hypatia, ist umstritten. (Eratosthenes war im 3. Jh. vor Christus als Mathematiker, Geograf, Philologe und Historiker in Alexandria tätig und war außerdem Direktor der Bibliothek. Er prägte den Begriff Geografie.)

Hypatia lebte in einer politisch unruhigen Zeit. Nachdem Kaiser Constantin die Einstellung der Christenverfolgung angeordnet hatte, erhoben seine Nachfolger das Christentum zur Staatsreligion und gingen daran, die Reste des Heidentums auszutilgen. Thedosius I, weströmischer Kaiser von 379 bis 392 und anschließend Kaiser des West- und Ostreichs bis 395, begann um 380 mit einer Politik der Intoleranz gegenüber dem Heidentum und auch der christlichen Konfession des Arianismus (der u. a. die Goten anhingen). Im Jahre 391 gab er auf Bitten des Patriarchen Theophilos von Alexandria die altägyptischen und altgriechischen religiösen Stätten zur Zerstörung frei, worauf christliche Mobs die heidnischen Tempel in Alexandria zerstörten, darunter das Serapaion, Tempel und Zweigstelle der berühmten Bibliothek von Alexandria. Darüber, wie weit auch das Museion betroffen war, gibt es unterschiedliche Angaben. Bald machten die Mobs auch vor Synagogen nicht mehr halt. Die Gewalt nahm derart überhand, dass Theodosius sie mit einem Edikt von 393 einzudämmen suchte, zunächst mit Erfolg, bis im Jahre 412 mit Kyrillos ein fanatischer Fundamentalist Bischof von Alexandria wurde. Die Gewalt gegen Heiden und Juden eskalierte erneut und kulminierte im Jahre 414 in der Vertreibung der alexandrinischen Juden und im März 415 in der brutalen Ermordung der Hypatia. Sie galt den christlichen Fundamentalisten nicht nur als die Exponentin des aufgeklärten Heidentums, sondern man warf ihr auch einen zu großen Einfluss auf den römischen Statthalter Orestes vor, mit dem Bischof Kyrill in einer Dauerfehde lebte. Nach Hypatias Tod verließen zahlreiche Gelehrte und ihre Schüler Alexandria. Damit war der Niedergang dieser antiken Wissenschaftsmetropole eingeleitet.

Bischof Kyrillos wurde später heiliggesprochen. Die Art der Ermordung der Hypatia ähnelt dem Martyrium der hl. Katharina, weswegen einige Altertumsforscher annehmen, dass vielleicht doch einige Christen Gewissensbisse bekamen und Hypatia unter anderem Namen als Heilige kanonisierten.

Hypatia – das ist nach dem Gesagten naheliegend – ist die letzte Vertreterin der antiken griechischen Mathematik, die hier vorgestellt wird. Sie hat mit Sicherheit das ganze bis zu ihren Lebzeiten errichtete mathematische Gebäude überblickt.

Die Griechen haben tiefe Einsichten in der Geometrie, aber auch im Bereich der Zahlentheorie und Algebra gewonnen. Der Geometrieunterricht in unseren Schulen basierte bis ins 20. Jahrhundert fast ausschließlich auf den Elementen des Euklid. Die Erkenntnisse des Apollonius von Perga über Kegelschnitte reichen für die Behandlung dieses Stoffs in der Oberstufe der Gymnasien, aber auch für die Beschreibung der Bewegungen der Himmelskörper voll und ganz aus, Diophantos, der Gleichungen untersucht hat, in denen die Unbekannten in höheren Potenzen vorkommen, gilt als Vater der Algebra, und schließlich erfand Archimedes fast 2000 Jahre vor Newton und Leibniz die Integralrechnung und konnte damit Flächeninhalte und Rauminhalte berechnen.

Das Reich der Mitte
Sun Zi (Ca. A.D. 400–460)

Europa erlebte mit den Wirren der Völkerwanderung und dem Untergang des weströmischen Reiches turbulente Zeiten, die nicht förderlich für die Wissenschaften waren. Wir machen daher einen Sprung nach Osten, zunächst nach China und dann nach Indien, wo sich die Mathematik weiterentwickelte, in China weitgehend eigenständig, während die indischen Mathematiker sich zum Teil auf griechische Ergebnisse stützen konnten.

In China entwickelte sich im ersten vorchristlichen Jahrtausend zunächst die Rechenkunst, die in der Astronomie und der Landvermessung benötigt wurde. Etwa um 200 vor Christus erschien ein Lehrbuch, das Verfahren zur Lösung linearer Gleichungen und zum Ziehen zweiter und dritter Wurzeln enthielt und lange Zeit als Grundlage für weitere Untersuchungen diente.

Sun Zi, von dem wir nur die ungefähren Lebensdaten kennen und der nicht mit dem Militärstrategen Sun Ze zu verwechseln ist, verfasste ein Lehrbuch namens Sunzi suanjing (Meister Suns mathematisches Handbuch), in dem zum ersten Mal ein Problem auftritt, zu dessen Lösung man den *Chinesischen Restsatz* heranzieht. Die Aufgabe ist, eine natürliche Zahl zu finden, die bei Division mit Rest durch verschiedene vorgegebene Zahlen (die *„Module"*) bestimmte vorgegebene Reste lässt. Der Chinesische Restsatz besagt, dass es möglich ist, eine solche natürliche Zahl zu finden, wenn nur die Module paarweise teilerfremd sind (d. h. keine gemeinsamen Teiler außer 1 haben). Ein einfaches Beispiel soll das erläutern:

Wir suchen eine Zahl, die ungerade ist (bei Division durch den Modul 2 den Rest 1 lässt) und bei Division durch den Modul 3 ebenfalls den Rest 1 lässt. Wir stellen zunächst fest, dass die Module 2 und 3 teilerfremd sind, das heißt der Chinesische Restsatz ist anwendbar. Der Beweis des Chinesischen Restsatzes ist konstruktiv; er gibt einen Algorithmus an, mit dem die gesuchte Zahl ermittelt werden kann. Im vorliegenden Falle kann man die Lösung aber fast mit bloßem Auge erkennen: Die Zahl 7 (sieben) ist ungerade und lässt bei Division durch 3 den Rest 1 ($7 = 2 \cdot 3 + 1$). Dasselbe gilt auch für $13, 19, 25, \ldots$ und ebenfalls $1, -5, -11, \ldots$ Das heißt es gibt unendlich viele Lösungen, darunter auch negative ganze Zahlen. Der Chinesische Restsatz besagt in seinem zweiten Teil, dass man alle Lösungen erhält, wenn man zu einer bestimmten Lösung alle (positiven und negativen) Vielfachen des Produkts der Module hinzuzählt. Im vorliegenden Fall ist das Produkt der Module $2 \cdot 3 = 6$, und die aufgezählten Lösungen unterscheiden sich tatsächlich um Vielfache von 6. Alle anderen Zahlen erfüllen die beiden Bedingungen nicht.

Nun mutet dieser Satz wie ein abstruses und völlig unnützes Resultat zahlentheoretischer Spielereien an, ist es aber keineswegs. In unserer Zeit wird er angewendet, wenn es darum geht, auf Computern mit sehr großen Zahlen zu rechnen. Bekanntlich kann man auf jedem noch so leistungsfähigen Computer nur endlich viele Zahlen darstellen, es gibt also eine größte und eine kleinste Zahl. Rechnungen, die über den Bereich zwischen diesen Zahlen hinausgehen, sind zunächst einmal nicht möglich. Der Chinesische Restsatz gestattet es, Berechnungen mit großen Zahlen auf solche mit kleineren Zahlen zurückzuführen. Mit sehr großen Zahlen wird zum Beispiel bei der Verschlüsselung von Daten im Internet gearbeitet. Hier leistet der Chinesische Restsatz seinen Beitrag zur Schnelligkeit, mit der die erforderlichen Berechnungen durchgeführt werden.

Indien – auf den Spuren von Diophant
Aryabhata (A.D. 476–499)

Aryabhata gehörte der wissenschaftlichen Schule von Kusumapura, heute Patna in Südindien, an. Er stammte wahrscheinlich aus Kerala, wo seine Tradition noch heute gepflegt wird. Sein einziges Werk, die Aryabhatiya, schrieb er im Alter von 23 Jahren. Darin fasste er das damalige Wissen der Inder über Astronomie und Mathematik in 121 Versen zusammen.

Brahmagupta, ein späterer Mathematiker, teilte dieses Werk in drei Teile

Ganita (Mathematik)
Kala Kriya (Zeitrechnung)
Gola (Kugeln – Himmelsmechanik)

Der Abschnitt Ganita beschäftigt sich mit der Berechnung von Wurzeln zweiten und dritten Grades, geometrischen Fragen und Aufgaben, die auf quadratische Gleichungen und Gleichungen ersten Grades mit zwei Unbekannten führen, von denen ganzzahlige Lösungen gesucht werden, also Diophantische Gleichungen (siehe Diophant). Auf die linearen Gleichungen mit zwei Unbekannten stieß Aryabhata, als er natürliche Zahlen bestimmen wollte, die bei Division durch zwei vorgegebene Zahlen vorgegebene Reste lassen, also ein Problem, auf das der Chinesische Restsatz anwendbar ist – wie im Abschnitt über Sun Zi beschrieben. Interessant ist seine Lösungsmethode. Er entwarf einen Algorithmus, der dem Euklidischen Algorithmus zur Bestimmung des größten gemeinsamen Teilers zweier Zahlen ähnelt. Dieses Rechenverfahren erhielt später den Namen *Kuttaka*, zu Deutsch etwa Pulverisierer.

Im Abschnitt Gola betrachtet er ein astronomisches Modell, in dem die beobachteten Bahnen der Sonne und der Gestirne durch Kreise auf einer Kugel dargestellt werden und definierte alle gebräuchlichen Kreise einschließlich derer, die die tägliche Bewegung der Sonne beschreiben. Er war der erste Astronom, der den täglichen Lauf der Sonne und die Veränderung der Gestirnskonstellation im Verlauf des Tages auf die Drehung der Erde um ihre Achse zurückführte.

Aryabhata beschäftigte sich auch mit numerischen Fragen, wie der Berechnung von Näherungswerten für die Kreiszahl π (siehe Archimedes) und von Tabellen der Werte der Sinusfunktion (siehe al-Khujandi).

Die Zahl Null und die negativen Zahlen
Brahmagupta (A.D. 598–668)

Brahmagupta stammte aus Nordindien, lebte aber längere Zeit in dem Ort Bhillamala, heute Bhinmal in Radschastan, weshalb er den Beinamen Bhillamalacharya (Lehrer aus Bhillamala) erhielt. Er schrieb sein Hauptwerk, die Brahma Sphuta Siddhanta, im Alter von 30 Jahren. Dieses Werk bringt ein altes Astronomiebuch, die Brahma Siddhanta, auf den neuesten Stand. Obwohl vorrangig ein astronomisches Werk, enthält es unter seinen 25 Kapiteln doch einige Kapitel über Mathematik. Ein Kapitel trägt den Namen Kuttaka, geht aber über die Methode des Aryabhata weit hinaus und beschäftigt sich mit Algebra.

Brahmagupta gilt als Erfinder der Null. Allerdings verstand er sie nicht ganz, denn er ließ die Division durch Null zu. Er benutzte negative Zahlen und führte die Rechenregeln für sie ein. Auch hat er ein Verfahren zur Lösung Pellscher Gleichungen entwickelt, das dem 1100 Jahre später von Lagrange entdeckten *Kettenbruch*verfahren nahekommt (siehe Lagrange). Er untersuchte Pellsche Gleichungen vom Typ

$$N \cdot x^2 + 1 = y^2$$

wo N eine natürliche Zahl und keine Quadratzahl ist (siehe Diophant) und ganzzahlige Werte von x und y gesucht werden. Brahmagupta kam unter anderem der kleinsten Lösung der Gleichung

$$61 \cdot x^2 + 1 = y^2$$

sehr nahe. Sie lautet x = 226153980, y = 1766319049. Wer es nicht glaubt, möge bitte nachrechnen.

Am bekanntesten ist aber seine Formel für die Flächenberechnung eines Vierecks aus den Längen seiner Seiten, mit der die Heronische Formel (siehe Heron) für die Dreiecksfläche auf solche Vierecke übertragen wird, deren Ecken auf einem Kreis liegen (so genannte *Sehnenvierecke*).

Brahmagupta leitete das Observatorium in Ujjain im heutigen Bundesstatt Madhya Pradesh. Ujjain entwickelte sich zu einer bedeutenden Forschungsstätte, an der im Lauf der Jahrhunderte zahlreiche Mathematiker und Astronomen von hohem Rang arbeiteten. Im 18. Jahrhundert wurde in Ujjain ein neues Observatorium errichtet, das heute noch in Betrieb ist. Im alten Indien spielte Ujjain die Rolle von Greenwich: der indische Nullmeridian ging durch diese Stadt. Heute ist Ujjain eine der 7 heiligen Städte der Hindus.

Die Pflege des griechischen Erbes im Kalifat von Bagdad

Abu Abdullah Muhammad ibn Musa al-Chwarizmi (ca. 780 bis 835/850 nach Christus)

Im muslimischen Kalifat im vorderen Orient löste in der Mitte des 8. Jahrhunderts nach Christus das Geschlecht der Abbasiden die Umayyaden in der Führung ab. Obwohl die Abbasiden im Rahmen einer religiös-konservativen Revolution an die Macht gekommen waren, führten sie das Kalifat im 8. und 9. Jahrhundert zu einer beispiellosen wirtschaftlichen und kulturellen Blüte. Der zweite Abbasiden-Kalif al-Mansur ließ in vier Jahren von 758 bis 762 A.D. Bagdad erbauen und machte diese günstig an der Kreuzung mehrerer Verkehrswege gelegene Stadt zu seiner Hauptstadt, die unter seinen Nachfolgern, darunter der aus Tausend und einer Nacht bekannte Harun al-Raschid, bald zu einer der größten und reichsten Städte der damaligen Welt avancierte. Al-Mansur zeichnete sich bereits als Förderer der Wissenschaft aus. Er lud den indischen Gelehrten Kanka aus Ujjain (siehe Brahmagupta) nach Bagdad ein, damit er die muslimischen Wissenschaftler in der indischen Astronomie und Mathematik unterwies. Dieser benutzte für seine Lehrveranstaltungen das Werk Brahma Sphuta Siddhanta des Brahmagupta. Auf Geheiß des Kalifen wurde es ins Arabische übersetzt.

Kalif al-Mahmun, Sohn und Nachfolger des Harun al-Raschid, gründete um 830 A.D. das Haus der Weisheit (Dar al-Hikma) in Bagdad als eine Stätte, in der das wissenschaftliche Erbe der Griechen gepflegt werden sollte.

Einer der ersten Wissenschaftler von Weltrang, die im Haus der Weisheit arbeiteten, war al-Chwarizmi. Er wurde um 780 A.D. in Chwarizm (jetzt Chiwa) im heutigen Usbekistan geboren. Die sowjetische Post glaubte an das Geburtsjahr 783, denn sie ehrte Al Chwarizmi 1983 mit einer Briefmarke zu seinem 1200. Geburtstag. Fast sein ganzes Leben verbrachte Al Chwarizmi in Bagdad, wo er im Haus der Weisheit die griechischen und indischen wissenschaftlichen Quellen studierte und die Entwicklung der Mathematik durch eigene Forschungen weiterführte. Al Chwarizmi verfasste seine Werke in arabischer Sprache, von denen sein Hauptwerk

Al-Kitab al-muchtasar fi hisab al-jabr wa-l-muqabala, um 825 erschien. Zu Deutsch heißt der Titel etwa: Ein kurzgefasstes Buch über die Rechenverfahren durch Ergänzen und Ausgleichen. Al-Chwarizmi gibt hier systematische Lösungsverfahren für Gleichungen vom ersten und zweiten Grad (lineare und quadratische Gleichungen) in einer Unbekannten an. Die Verfahren wirken etwas umständlich, weil Al-Chwarizmi sich trotz Kenntnis der indischen Quellen nicht dazu aufraffen konnte, negative Zahlen zu benutzen, so dass er die Gleichungen auf sechs verschiedene Grundtypen zurückführen musste, für die dann jeweils unterschiedliche Verfahren anzuwenden sind. Die Operationen, die er anwendet, um vorgelegte Gleichungen auf die Grundtypen zurückzuführen, sind:

Al-jabr – deutsch: vervollständigen, wiederherstellen, ganz machen – Beseitigung der negativen Ausdrücke
Al-muqabala – deutsch: ausgleichen – Zusammenfassung der Ausdrücke gleicher Potenz der Unbekannten auf jeder Seite der Gleichung, sowie die Anwendung der 4 Grundrechenarten.

Al-Chwarizmi erläutert auch das Rechnen im Dezimalsystem und führt die Ziffer Null aus dem indischen in das arabische Ziffernsystem ein.
Mehrere heute allgemein geläufige Begriffe stammen aus dem Werk al-Chwarizmis:

Unser Wort *Ziffer* ist aus dem arabischen Wort für die Ziffer Null – sifr – abgeleitet.
In der lateinischen Übersetzung seines Hauptwerkes wurde der Namenszusatz al-Chwarizmi zu Algorismi verballhornt, wovon unser Wort *Algorithmus* abgeleitet ist, das nichts weiter bedeutet als ein Rechenverfahren. Es sei an den Euklidischen Algorithmus erinnert. Heute bezeichnet man in der Informatik bereits jedes kleine Programm als Algorithmus.
Unser Begriff *Algebra* für das Teilgebiet der Mathematik, das sich ursprünglich mit dem Lösen von Gleichungen beschäftigte, ist die latinisierte Form des arabischen al-jabr, mit dem ironischerweise ein Vorgang bezeichnet wird, den man in der späteren Algebra nach der Durchsetzung des Gebrauchs negativer Zahlen nicht mehr benötigte.

Unglücklicherweise ist die arabische Urfassung des Al-Kitab al-muchtasar fi hisab al-jabr wa-l-muqabala verloren gegangen, so dass wir es nur in seiner lateinischen Übersetzung kennen.

Außer mit Mathematik befasste sich al-Chwarizmi mit Astronomie und der Geografie des Ptolemäos. Er schrieb ein Buch über das Bild der Erde (Kitab Surat al-Ard) und beteiligte sich an der Erstellung einer Weltkarte für den Kalifen. Auch arbeitete er an Fragen des Kalenders, wobei ihm der jüdische Kalender offenbar als Vorbild diente, und der Sonnenuhren. Außerdem fertigte er trigonometrische Tabellen an, die auch in der westlichen Welt lange Zeit in Gebrauch waren.

Primzahlen und befreundete Zahlen
Al-Sabi Thabit ibn Qurra al-Harrani (836–901)

Thabit stammt aus der Stadt Harran im oberen Zweistromland, das heute zur Türkei gehört. Dort lebte bereits seit Jahrhunderten eine Sekte von Sternanbetern, die Sabianer. Ihre Hauptgötter waren Sonne und Mond, sie verehrten aber auch griechische Gottheiten. Durch ihre Religion entwickelten sie ein hohes Interesse für Astronomie, Astrologie und Mathematik.

Die Stadt Harran, obwohl weitgehend unbekannt, hat durchaus weltgeschichtliche Bedeutung. Erstmalig wird sie in der Bibel erwähnt (1. Mose 11;31) als Ort, an dem Abraham mit seiner Familie auf seiner Wanderung von Ur in Chaldäa ins Land Kanaan einige Zeit verweilte. Harran gehörte zu den Reichen der Mitanni (ca. 1400 v. Chr.), der Assyrer (ca. 1300 v. Chr.), der Babylonier (um 500 v. Chr.), zum Römischen Reich, wo es der unruhigen Grenzregion im Osten angehörte, und schließlich zum Kalifat von Bagdad.

Bei Harran schlug im Jahre 53 v.Chr. der Partherkönig Orodes II ein römisches Heer unter Crassus. Im Jahre 217 nach Christus wurde hier Caracalla ermordet und 296/97 nach Christus erlitt vor Harran (römisch Carrhae) ein römisches Heer eine weitere vernichtende Niederlage gegen ein Heer des persischen Sassanidenreichs unter König Shapur, der den römischen Kaiser Valerian persönlich gefangen nahm. Im Jahre 382 wurden hier, wie anderswo auf Geheiß des Kaisers Thedosius die letzten heidnischen Tempel zerstört (siehe hierzu auch Hypatia). Dies war jedoch keineswegs das Ende der Sekte der Sabianer. Sie existierte noch zur Zeit des Kalifen Merva II (744 bis 780), der möglicherweise aus diesem Grund in diesem Ort die älteste islamische Universität gegründet hat. Alle Herrscher gewährten den

Sabianern Minderheitenschutz, so auch die Kalifen von Bagdad. Zu deren Zeit erhielten die Sabianer in Harran Zuzug von heidnischen griechischen Gelehrten, die im christlichen Europa verfolgt wurden. Hieraus entstand ein reger kultureller Austausch. Die Sabianer lernten griechische Philosophie und Wissenschaft und vermittelten sie in die islamische Welt.

In dieser geistig anregenden Umgebung wuchs Thabit auf. Seine Muttersprache war ein aramäischer Dialekt, er beherrschte aber auch die griechische und die arabische Sprache, was ihn dazu befähigte, Werke von Apollonios, Archimedes, Euklid und Ptolemäos ins Arabische zu übersetzen. Erst im 20. Jahrhundert wurde seine Übersetzung einer Schrift des Archimedes aufgefunden, deren griechisches Original verloren ist und in der Archimedes die näherungsweise Konstruktion eines regelmäßigen Siebenecks beschreibt.

Den größten Teil seines Lebens verbrachte Thabit in Bagdad, wo er im Haus der Weisheit studierte und lehrte. Dort wurde er Berater und persönlicher Freund des Kalifen al-Mutadid (892–902).

Thabit hinterließ bedeutende Werke in der Astronomie und Mathematik, von denen allerdings nur wenige in ihrer Originalfassung erhalten sind. Nach Kopernikus soll er die Länge des Sternenjahres auf 365 Tage, 6 h, 9 min und 12 s errechnet haben. Dieser Wert weicht nur um 2 s von modernen Berechnungen ab.

In der Mathematik beschäftigte er sich mit *befreundeten Zahlen*. Zwei natürliche Zahlen heißen befreundet, wenn jede die Summe der echten Teiler der anderen ist. Kleinstes Beispiel: 220 und 284.

Echte Teiler von 220 sind 110; 55; 44; 22; 20; 11; 10; 5; 4; 2; 1 und es ist

$$110 + 55 + 44 + 22 + 20 + 11 + 10 + 5 + 4 + 2 + 1 = 284;$$

echte Teiler von 284 sind 142; 71; 4; 2; 1 und es ist

$$142 + 71 + 4 + 2 + 1 = 220.$$

Befreundete Zahlen hatten schon die Pythagoräer untersucht, die ihnen magische Bedeutung zusprachen. Thabit gab eine Formel an, mit der man Paare von befreundeten Zahlen ermitteln kann. In dieser Formel spielen Primzahlen der Form $3 \cdot 2^n - 1$ eine Rolle, wo n eine natürliche Zahl, also für eine Zahl der Zahlenfolge 1; 2; 3; ... steht. Sie heißen nach ihm *Thabit-Zahlen*. Die Formel ergibt keineswegs für jeden Wert der natürlichen Zahl n eine Primzahl. Bis heute sind gerade einmal 57 Werte von n bekannt, für welche die Formel eine Primzahl ergibt. Der größte ist n = 3 136 255. Die Zahl $3 \times 2^{3\,136255} - 1$ hat 944 108 Dezimalstellen. Die 10 größten Primzahlen der

Form $3 \cdot 2^n - 1$ wurden erst Anfang des 21. Jahrhunderts mit Hilfe einiger Tausend vernetzter Rechner ermittelt. Wozu dieser Aufwand? Große Primzahlen spielen eine Rolle bei der Verschlüsselung von Daten, die sicher über das Internet geschickt werden sollen. Thabits Formel ist eine Quelle immer neuer und größerer Primzahlen, allerdings nimmt der Rechenaufwand zur Ermittlung weiterer Primzahlen dieser Form gigantische Größenordnungen an.

Von Thabit ist ferner bekannt, dass er den Satz des Pythagoras auf beliebige Dreiecke verallgemeinerte und einen allgemeingültigen Beweis hierfür angab. Außerdem behandelte er geometrische Verhältnisse, etwa das der Diagonale des Quadrats zu seiner Seite – bekanntlich $\sqrt{2}$, siehe Euklid -, als ganz normale Zahlen, wozu sich die Griechen außer Eudoxos noch nicht durchringen konnten.

Polynome und Gleichungen höheren Grades
Abu Kamil Shuja ibn Aslam ibn Muhammad ibn Shuja (ca. 850 – ca. 930)

Abu Kamil wurde auch der ägyptische Rechner genannt (al-Hasib al-Misri). Er beschäftigte sich ausschließlich mit Algebra – im Unterschied zu vielen anderen muslimischen Mathematikern, die sich auch in anderen Wissenschaften auszeichneten. In seiner Schrift über „Seltsamkeiten in der Rechenkunst" suchte er ganzzahlige Lösungen von Gleichungssystemen, beschäftigte sich also mit Problemen, die schon Diophant behandelt hatte. Diese Problemstellung führte ihn auch zu Fragen der *Kombinatorik*, in der es darum geht, die Anzahl der Lösungen für bestimmte Aufgabenstellungen auszuknobeln.

Später beschäftigte er sich mit dem Auffinden der Nullstellen von Polynomen, oder was auf dasselbe hinausläuft, dem Lösen von Gleichungen dritten und höheren Grades. Diese Untersuchungen führten ihn zu grundlegenden Forschungen über reelle Zahlen.

Ein *Polynom* ist eine Summe von Produkten einer Potenz einer unbekannten Größe x mit einem Zahlenfaktor, genannt *Koeffizient*, in heutiger Schreibweise

$$P(x) = a_n \cdot x^n + a_{n-1} \cdot x^{n-1} + \cdots + a_1 \cdot x + a_0$$

wo x die Unbekannte ist und $a_0; a_1; \ldots a_{n-1}; a_n$ die Koeffizienten sind, also Zahlen bedeuten und außerdem der höchste Koeffizient a_n nicht Null ist. Die Zahl n, die die höchste vorkommende Potenz angibt, heißt *Grad* des Polynoms. Den heutigen Gepflogenheiten folgend werden wir im Weiteren in Polynomen und ähnlichen Ausdrücken mit symbolischen Größen die

Multiplikationszeichen · weglassen und das Polynom wie folgt kürzer und übersichtlicher aufschreiben:

$$P(x) = a_n x^n + a_{n-1} x^{n-1} + \cdots + a_1 x + a_0$$

Dabei bedeutet etwa die Zeichenfolge $a_n x^n$, dass der Koeffizient a_n mit der n-ten Potenz der Variablen x^n zu multiplizieren ist.

Den Mathematiker interessieren an einem Polynom zunächst zwei Fragen:

- Wie errechnet man den Wert von P(x) am effektivsten, wenn für x eine Zahl eingesetzt wird?
- Für welche Werte von x ist P(x) = 0? Oder: Welches sind die Nullstellen des Polynoms P(x) oder die Lösungen der Gleichung

$$a_n x^n + a_{n-1} x^{n-1} + \cdots + a_1 x + a_0 = 0?$$

die Frage, die Abu Kamil untersuchte. Ist n = 2, so führt diese Frage auf eine quadratische *Gleichung*

$$a_2 x^2 + a_1 x + a_0 = 0$$

$$a_2 x^2 + a_1 x + a_0 = 0.$$

Für den Grad n = 3 erhält man die *kubische Gleichung*

$$a_3 x^3 + a_2 x^2 + a_1 x + a_0 = 0$$

Während Lösungsverfahren für quadratische Gleichungen schon im Altertum bekannt waren, bissen sich die Mathematiker an der allgemeinen Lösung der kubischen Gleichung viele Jahrhunderte lang die Zähne aus. Gleichungen höheren Grades erwiesen sich als noch resistenter.

Der Zusammenhang mit reellen Zahlen ist dadurch gegeben, dass in den Lösungen quadratischer Gleichungen in der Regel Quadratwurzeln auftreten, also Irrationalzahlen. Die Lösungen der kubischen Gleichungen enthalten dritte Wurzeln, und die der biquadratischen (4. Grades) vierte Wurzeln. Die Gleichungen höheren Grades sind durch Wurzelausdrücke im Allgemeinen nicht lösbar, aber das wussten weder Abu Kamil, noch seine Zeitgenossen und Nachfolger bis ins 18. Jahrhundert

Dezimalbrüche
Abu'l Hasan Ahmad ibn Ibrahim Al-Uqlidisi (ca. 920 – ca. 980)

Al-Uqlidisi ist uns, wie viele Mathematiker des Altertums und des islamischen Mittelalters, nur durch seine Schriften bekannt. Er beschäftigte sich hauptsächlich mit der Arithmetik, der Kunst des numerischen Rechnens. Sein Buch Kitab al-fusul fi al-hisab al-Hindi (Buch über das Rechnen mit indischen Zahlzeichen) schrieb er in den Jahren 952/953 in Damaskus. Es ist in einer Kopie aus dem Jahre 1157 erhalten und ist das älteste überlieferte Dokument, in dem das Rechnen mit *Dezimalbrüchen* beschrieben wird. Al-Uqlisi erläutert den Nutzen eines *Stellenwertsystems*, in dem die Ziffern unterschiedliche Werte erhalten je nach ihrer Position innerhalb einer Zahl. Dieses Prinzip dehnt er dann auf die Nachkommastellen aus. Mathematik-Historiker streiten darüber, ob er die Rolle der Zehnerpotenzen im Dezimalsystem wirklich verstanden hat. Diese Frage ist wahrscheinlich nicht mehr zu klären. Auf jeden Fall beherrschte Al-Uqlisi das Rechnen mit Dezimalbrüchen und zeigte, wie man es auch auf Papier durchführen konnte im Gegensatz zu dem bis dahin üblichen mit Sand bestreuten Brett, auf dem man Zwischenergebnisse leicht löschen konnte. Ähnliches hat Adam Ries in Deutschland erst sechs Jahrhunderte später geleistet.

In einem Stellenwertsystem werden Zahlen durch Kombinationen aus Ziffern dargestellt, in denen die Ziffern abhängig von ihrer Position unterschiedliche Werte repräsentieren. So steht zum Beispiel in der Dezimalzahl 123 (einhundertdreiundzwanzig) die Ziffer 1 für den Wert 100, die Ziffer 2 für den Wert 20 und die Ziffer 3 für den Wert 3. Unser *Dezimalsystem* hat als Basis die Zahl 10. Eine Dezimalzahl kann man als ein Polynom auffassen, bei dem für die Unbekannte x die Zahl 10 eingesetzt ist und als Koeffizienten nur die 10 Ziffern 0; 1; 2; 3; 4; 5; 6; 7; 8; 9 in Frage kommen, also

$$123 = 1 \cdot 10^2 + 2 \cdot 10^1 + 3$$

Wie man an dieser Formel erkennen kann, ist die Wahl der Zahl Zehn als Basis unseres Zahlsystems völlig willkürlich. Anstelle der Zehn kann man jede beliebige natürliche Zahl ab 2 zur Basis eines Stellenwertsystems machen. Im Abschnitt über Leibniz werden wir das *Binärsystem* kennenlernen, das mit zwei Ziffern auskommt, die in der Regel mit 0 und 1 bezeichnet werden und dessen Basis die Zahl 2 ist. Dieses Stellenwertsystem wird in den internen Berechnungen der modernen Computer verwendet. In der Informatik spielt ferner ein System zur Basis 16 eine Rolle. Hier werden 16 Ziffernsymbole benötigt. Es hat sich eingebürgert, hierfür die Ziffern 0 bis 9 und die ersten Großbuchstaben A bis F zu benutzen. A entspricht der dezimalen 10, B der 11, C der 12 und fort. Die alten Kulturen im Zweistromland arbeiteten mit einem Zahlsystem zur Basis 60, das für astronomische Berechnungen noch bis ins späte Mittelalter in Gebrauch war. Von diesem Zahlsystem rührt die Einteilung der Stunde in 60 min, der Minute in 60 s, des Winkelgrads in 60 Winkelminuten à 60 Winkelsekunden und auch die Einteilung des vollen Kreises in 360 Grad her.

Die Darstellung der Brüche als Dezimalzahlen hat sich sehr langsam durchgesetzt. In Europa verhalf ihnen erst Simon Stevin zum Durchbruch (siehe Stevin).

In moderner Schreibweise ist etwa
$\frac{1}{10} = 0{,}1$; $\frac{1}{100} = 0{,}01$; $\frac{1}{4} = 0{,}25$; $\frac{1}{3} = 0{,}3333\ldots$, $\frac{1}{2} = 0{,}5$ und so fort.

Der Sinus – Beginn der Trigonometrie
Abu Mahmud Hamid ibn al-Khidr Al-Khujandi (ca. 940 – ca. 1000)

Abu Mahmud stammt aus Tadschikistan, wo er in dem Ort Khujand am Syr Darja geboren wurde. Er soll einer mongolischen Herrscherfamilie angehört haben. Zu seiner Zeit hatte der Clan der Buyiden die Macht im Kalifat von Bagdad übernommen. Das Reich zerfiel in verschiedene Provinzen, die von Mitgliedern dieser Familie beherrscht wurden. In Persien herrschte von 976 bis 997 Fakhr ad-Dawlah, der Abu Mahmud bei seinem größten Projekt unterstützte, dem Bau eines Observatoriums mit einem großen Sextanten in der alten Stadt Ray nahe Teheran. Abu Mahmud erreichte hier erstmalig eine Messgenauigkeit im Bereich von Winkelsekunden. Er maß die Neigung der Ekliptik (Neigung der scheinbaren Bahn der Sonne gegen den Himmelsäquator) mit 23°32′19″. Da dieser Wert kleiner ist der von indischen Astronomen gemessene Wert von 24°, und auch kleiner als der von Ptolemäos angegebene Wert 23°51′, nahm er an, dass sich die Ekliptik im Laufe der Zeit verringert. Abu Mahmuds Wert ist allerdings um ganze 2 Winkelminuten zu gering, was bei der Genauigkeit seines Messgeräts überrascht. Der Mathematiker und Astronom al-Biruni vermutete, dass sich der schwere Sextant im Verlauf der Messungen etwas abgesenkt hat – eine plausible Erklärung. Ungeachtet des geringfügig falschen Wertes errechnet Abu Mahmud für die Stadt Ray völlig zutreffend die geographische Breite von 35°34′38,45″.

An mathematischen Leistungen wird ihm die Entdeckung des Additionssatzes für die Sinusfunktion zugeschrieben; es ist allerdings fraglich, ob Abu Mahmud diese Formel tatsächlich entdeckt hat. Unbestritten ist, dass Abu Mahmud einen Beweis für die Tatsache vorgelegt hat, dass die Summe von zwei Kubikzahlen niemals eine Kubikzahl ist (eine *Kubikzahl* ist eine natürliche Zahl zur dritten Potenz erhoben, also $8 = 2^3$, $27 = 3^3$, usf.). Dies ist ein Spezialfall der später so genannten *Fermat'schen Vermutung*, an deren Beweis sich Generationen von Mathematikern versucht haben. Kein Wunder, dass Abu Mahmuds Beweis fehlerhaft ist. Der Kommentator Al-Khazin schreibt:

„wie ich bereits gezeigt habe ... ist das, was Abu Muhammad al-Khujandi – Allah sei ihm gnädig – in seinem Beweis, dass die Summe zweier Kubikzahlen keine Kubikzahl ist, vorbrachte, fehlerhaft und falsch."

Der *Sinus* wird zunächst für einen Winkel in einem rechtwinkligen Dreieck definiert. Als Sinus des Winkels α an der linken Ecke des Dreiecks wird das Verhältnis $\frac{a}{c}$ der gegenüberliegenden Kathete a zur Hypotenuse c bezeichnet. Mit dieser Konstruktion kann man Sinuswerte für Winkel von 0 bis 90 Grad definieren. Der Sinus von 0° ist 0, der Sinus von 90° ist 1 und der Sinus von 45° ergibt sich zu $\frac{1}{2}\sqrt{2}$.

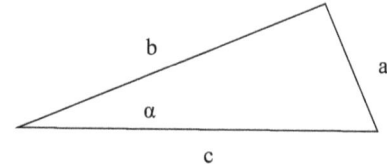

$$\sin(\alpha) = \frac{a}{c}$$

Der Cosinuswert des Winkels α ist durch das Verhältnis der Ankathete zur Hypotenuse gegeben:

$$\cos(\alpha) = \frac{b}{c}$$

Man kann Sinuswerte für alle Winkel von 0° bis 360° definieren. Für die Winkel β zwischen 90° und 180° ist der Sinuswert derselbe wie der Sinuswert von

$$\alpha = 180° - \beta$$

Für Winkel γ zwischen 180° und 360° gilt

$$\text{Sinus von } \gamma = -\text{Sinus von } (\gamma - 180°)$$

Insgesamt ergibt sich so ein Sinuswert für jeden Winkel zwischen 0° und 360°. In moderner Sprechweise sagen wir, dass der Sinus eine Funktion ist, die jedem Winkel eine reelle Zahl (zwischen -1 und $+1$) zuweist. Jenseits von 0° und 360° wird die Sinusfunktion periodisch fortgesetzt, das heißt es ist immer

$$\text{Sinus von } \alpha = \text{Sinus von } (\alpha + 360°)$$

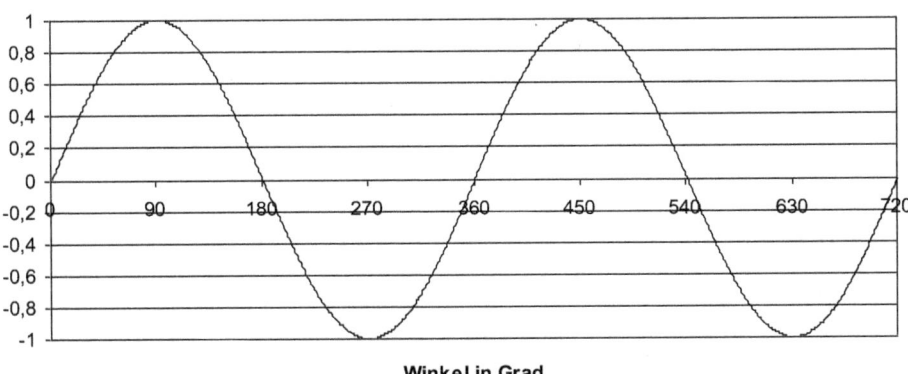

Der Sinus ermöglicht trigonometrische Berechnungen. So kann man zum Beispiel die Länge der Seite a eines rechtwinkligen Dreiecks ausrechnen, wenn man die Länge der Grundseite c und den Winkel α kennt.

Der Additionssatz der Sinusfunktion

Abu al-Wafa Muhammad ibn Muhammad ibn Yahya ibn Ismail ibn al-Abbas al-Buzjani (ca. 940 – ca. 998)

Abu al-Wafa war wie Abu Khujandi Astronom und Mathematiker am Hofe des Buyiden-Kalifen Adud ad-Dawlah (949–983) in Bagdad und seines Sohnes Sharaf ad-Dawlah, der im Jahre 983 Kalif wurde. Letzterer ließ ein Observatorium bauen, an dessen Planung Abu'l Wafa mit Sicherheit beteiligt war. Es wurde im Juni 988 in Anwesenheit der führenden Wissenschaftler, darunter Abu'l Wafa, offiziell eingeweiht. In der Größe übertraf es das Observatorium von Ray, sein Sextant war 18 m lang. Leider wurde es kaum genutzt, da der Kalif im Folgejahr verstarb und sein Nachfolger offenbar keinen Bedarf an astronomischen Beobachtungen hatte.

Abu'l Wafa ist höchstwahrscheinlich derjenige, der den Additionssatz für die Sinusfunktion entdeckte, und zwar sowohl für die ebene als auch für die sphärische Trigonometrie (Trigonometrie auf der Kugel). Er führte außerdem die *Tangens*funktion ein und verbesserte die Verfahren zur Berechnung trigonometrischer Tabellen. Daneben schrieb er Kommentare zu Euklid, Diophant und al-Chwarizmi sowie ein Buch Kitab fi ma yahtaj ilay a-kuttab wa'l-ummal min ilm al-hisab – zu Deutsch etwa: Ein Buch über das, was Schreiber und Geschäftsleute von der Wissenschaft des Rechnens wissen müssen. Merkwürdigerweise bedient sich Abu'l Wafa in diesem Buch nicht der indischen Zahlzeichen, die schon Al-Uqlidisi eingeführt hatte, sondern schreibt alle Zahlen verbal auf und erläutert, wie man Berechnungen mit Hilfe der Finger im Kopf durchführt. Abu'l Wafa selbst war ein Experte im indischen Zahlsystem, es ist daher anzunehmen, dass er diese fortschrittliche Rechentechnik seiner Klientel – Kaufleute und Schreiber – nicht zumuten wollte. Sein Buch ist praxisorientiert. So schreibt er in verschiedenen Kapiteln über

> Bruchrechnung, Multiplikation und Division, Flächen- und Volumenberechnung, Steuerberechnungen, Umrechnung von Valuten, Geldeinheiten, Bezahlung von Soldaten und kaufmännisches Rechnen.

Abu'l Wafa benutzt – als einziger muslimischer Mathematiker – ganz ungeniert negative Zahlen.

In einem anderen Werk gibt Abu'l Wafa Anleitungen zu geometrischen Konstruktionen für Bauhandwerker. Interessant ist sein Bestreben, alle Konstruktionen mit Zirkel und Lineal durchzuführen. Nur wenn das nicht geht, wie bei der Dreiteilung des Winkels, gibt er ungefähre Verfahren an. Auch Abu'l Wafa hat trigonometrische Tabellen von erstaunlicher Genauigkeit berechnet; seine Werte sind auf 8 Dezimalstellen genau.

Erläuterungen: Sind α und β zwei Winkel, so gilt für ihre Summe

$$\sin(\alpha + \beta) = \sin(\alpha) \cdot \cos(\beta) + \sin(\beta) \cdot \cos(\alpha),$$

Diese Gleichung ist der Additionssatz für die Sinusfunktion, mit dem man den Sinuswert der Summe zweier Winkel berechnen kann, wenn man die Sinus- und Cosinuswerte der einzelnen Winkel kennt. Man kann den Cosinus im Übrigen auf den Sinus zurückführen durch $\cos(\alpha) = \sin(\alpha + 90°)$

Der Tangens (Kurzbezeichnung tan) eines Winkels im rechtwinkligen Dreieck ergibt sich als Verhältnis Gegenkathete zu anliegende Kathete. Allgemein gilt

$$\tan(\alpha) = \frac{\sin(\alpha)}{\cos(\alpha)}$$

Die vollständige Induktion
Abu Bakr ibn Muhammad ibn al-Husayn al-Karaji (ca. 953 – ca. 1029

Al-Karaji ist in mehrfacher Hinsicht umstritten. Seine arabischen Originalschriften sind verloren, daher kennen wir seinen Herkunftsnamen nur aus lateinischen Umschriften. Er kann al-Karaji lauten, das bedeutet, dass dieser Wissenschaftler aus der persischen Stadt Karaj stammt, oder auch al-Karchi, dann wäre sein Heimatort der Vorort Karch von Bagdad. Ebenso sind sich die Historiker nicht einig über seine Bedeutung. Einige meinen, er habe die Arbeiten anderer Mathematiker, wie Diophant und al-Chwarizmi weitergeführt, andere sehen bei ihm den ersten Durchbruch zur Algebra, wie wir sie heute in der Schule lernen, als einen Kalkül mit unbekannten Größen. Tatsache ist, dass al-Karaji unbekannte Größen und ihre Potenzen benutzt. Er wendet die Regeln der Potenzrechnung an, kann sich aber noch nicht dazu durchringen, die nullte Potenz einer Größe = 1 zu setzen ($x^0 = 1$). Sodann bildet er Polynome (siehe Abu Kamil Shuja) und erklärt, wie man Polynome addiert und multipliziert. Bei diesen Untersuchungen hat er sich wohl auch die Aufgabe gestellt, die Potenzen des Binoms a + b (ein *Binom* bedeutet wörtlich eine Summe von 2 Termen, ein *Polynom* eine Summe von mehreren Termen) mit unbekannten Größen a und b zu berechnen. In der Schule lernen wir die Formel

$$(a + b)^2 = a^2 + 2ab + b^2$$

für die zweite Potenz. Hier sind die Koeffizienten (Zahlenfaktoren) der drei auftretenden Größen $a^2, a \times b, b^2$ der Reihe nach 1, 2 und 1. Al-Karaji gab die Regel an, nach man schrittweise die Koeffizienten für die höheren Potenzen von a + b berechnen kann. Beginnen wir mit den Koeffizienten von a + b selbst, die 1 und 1 sind, so erhalten wir eine Tabelle, die nach al-Karaji wie folgt gestaltet ist:

Potenz	Koeffizienten	Binom
1	1 1	a + b
2	1 2 1	$(a + b)^2 = a^2 + 2ab + b^2$
3	1 3 3 1	$(a + b)^3 = a^3 + 3a^2b + 3ab^2 + b^3$
4	1 4 6 4 1	$(a + b)^4 = a^4 + 4a^3b + 6a^2b^2 + 4ab^3 + b^4$
5	1 5 10 10 5 1	$(a + b)^5 = a^5 + 5a^4b + 10a^3b^2 + 10a^2b^3 + 5ab^4 + b^5$
6	1 6 15 20 15 6 1	$(a + b)^6 = a^6 + 6a^5b + 15a^4b^2 + 20a^3b^3 + 15a^2b^4 + 6ab^5 + b^6$

Diese Tabelle enthält in der ersten Koeffizientenspalte stets eine 1 und in der ersten Zeile zwei Einsen. Jeden weiteren Eintrag erhält man nach einer einfachen Regel: Man nehme die Summe der beiden Zahlen, die in der darüber liegenden Zeile in derselben Spalte und in der Spalte links danebenstehen. Beispiel: der Wert 6 in der Zeile zur Potenz 4 ist die Summe der beiden Dreien in der Zeile darüber (Potenz 3). Wenn man sich die leeren Felder der Tabelle mit Nullen aufgefüllt denkt, erhält man mit der Regel auch die Einsen rechts in jeder Zeile. Mit dieser Regel kann man die Tabelle bis zu beliebig hohen Potenzen fortsetzen.

Kenner haben sofort gemerkt, dass hier das Pascal'sche Dreieck beschrieben wird, das von Blaise Pascal erst gut 500 Jahre später (wieder) entdeckt wurde. Weil die Zahlen des Pascalschen Dreiecks als Koeffizienten in den Potenzen des bescheidenen Binoms a + b auftreten, nennt man sie auch *Binomialkoeffizienten*.

Al Karaji hat auch die Summation der ersten n (unbestimmte Anzahl) natürlichen Zahlen und Kubikzahlen vorgenommen und die folgenden (richtigen) Ergebnisse erhalten:

$$1 + 2 + 3 + \cdots + n = \frac{1}{2}n(n + 1)$$

$$(1 + 2 + 3 + \cdots + n)^2 = 1^3 + 2^3 + 3^3 + \cdots + n^3$$

Diese Gleichungen hat er ansatzweise mit einer Methode bewiesen, die wir heute das *Prinzip der vollständigen Induktion* nennen. Wenn wir beweisen wollen, dass Formeln wie die beiden obigen für alle natürlichen Zahlen n richtig sind, so genügt es zu zeigen, dass sie erstens für n = 1 richtig sind (*Induktionsanfang*) und dass wir zweitens aus ihrer Richtigkeit für eine beliebige natürliche Zahl n folgern können, dass sie auch für die nächste Zahl n + 1 richtig sind (*Induktionsschritt*). Zusammen bedeutet das nämlich, dass man mit n = 1 beginnend schrittweise für n = 2, n = 3 usw. immer für die nächstgrößere natürliche Zahl die Richtigkeit der Formel bestätigen kann. Wir zeigen das für die zweite obige Formel:

Induktionsanfang: n = 1: Die Gleichung reduziert sich auf $1^2 = 1^3$, was zweifellos richtig ist.

Induktionsschritt: Schluss von n auf n + 1: Wir setzen voraus, dass für eine natürliche Zahl n (größer oder gleich 1) die Formel

$$(1 + 2 + 3 + \cdots + n)^2 = 1^3 + 2^3 + 3^3 + \cdots + n^3$$

richtig ist. Wir addieren zur Summe links n + 1 und erhalten mit dem binomischen Lehrsatz

$$((1 + 2 + 3 + \cdots + n) + (n + 1))^2$$
$$= (1 + 2 + 3 + \cdots + n)^2 + 2 \cdot (1 + 2 + 3 + \cdots + n)$$
$$\cdot (n + 1) + (n + 1)^2$$

Für $(1 + 2 + 3 + \cdots + n)^2$ setzen wir die Summe $1^3 + 2^3 + 3^3 + \cdots + n^3$ ein und für $(1 + 2 + 3 + \cdots + n)$ gemäß der ersten obigen Formel $\frac{1}{2}n(n + 1)$ und erhalten

$$((1 + 2 + 3 + \cdots + n) + (n + 1))^2$$
$$= 1^3 + 2^3 + 3^3 + \cdots + n^3 + 2 \times \frac{1}{2}n(n + 1)(n + 1)$$
$$+ (n + 1)^2$$

Oder

$$((1 + 2 + 3 + \cdots + n) + (n + 1))^2 = 1^3 + 2^3 + 3^3 + \cdots + n^3 + n(n + 1)^2$$
$$+ (n + 1)^2$$

oder

$$((1+2+3+\cdots+n)+(n+1))^2 = 1^3+2^3+3^3+\cdots+n^3 \\ +(n+1)(n+1)^2$$

was letztlich die zu beweisende Formel

$$((1+2+3+\cdots+n)+(n+1))^2 = 1^3+2^3+3^3+\cdots+n^3 \\ +(n+1)^3$$ ergibt.

Al-Karaji hat das Prinzip der vollständigen Induktion nicht ausdrücklich formuliert, aber an einigen Beispielen angewendet.

Ein Universalgelehrter im frühen Mittelalter
Abu Ali al-Hasan ibn al-Haytham (965–1039)

Ibn al-Haytham, latinisiert Alhacen, war ein Universalgelehrter, der so unterschiedliche Wissenschaften wie Physik, Medizin, Psychologie, Ingenieurwesen, Philosophie, Theologie und Mathematik mit bedeutenden Beiträgen bereichert hat. Geboren wurde er in Basra, und er erhielt seine Ausbildung dort und in Bagdad. Wo er starb, ist nicht mit letzter Gewissheit zu beantworten, möglicherweise in Kairo.

Es wird von ungefähr 200 wissenschaftlichen Werken des ibn al-Haytham berichtet, von denen die meisten leider verloren sind. Sein Hauptwerk über Optik ist in der lateinischen Übersetzung erhalten. Es hat die europäischen Wissenschaftler von Roger Bacon bis Kepler, Fermat, Descartes und Huygens stark beeinflusst. Ibn al-Haytham stützte seine optischen Untersuchungen auf klar konzipierte, wiederholbare Experimente und ist damit einer der Pioniere der modernen Naturwissenschaft. Er bewies, dass wir nicht etwa dadurch sehen, dass die Augen Lichtstrahlen aussenden, wie die Alten (Euklid, Aristoteles u. a.) glaubten, sondern dass umgekehrt die Gegenstände Lichtstrahlen in unsere Augen schicken. Aus seinen Untersuchungen der Physiologie des Auges folgerte er, dass das Auge nur das Empfangsorgan für die eintreffenden Lichtstrahlen ist und das eigentliche Sehen im Gehirn stattfindet. Al-Haytham kannte den Aufbau des Auges aus Netzhaut, Glaskörper, Linse, Hornhaut genau und entwarf mit diesem Wissen Operationsmethoden für verschiedene Augenkrankheiten.

Ibn al-Haytham gewann grundlegende Erkenntnisse in der Optik. Er kam zu dem Schluss, dass Lichtstrahlen sich geradlinig fortbewegen, es sei denn, sie treten in ein anderes Medium ein (etwa von Luft in Wasser). Für diesen Übergang stellte er das in Europa erst im 16. Jahrhundert von Fermat wieder entdeckte Minimalprinzip auf, indem er formulierte, dass das Licht den Weg nimmt, der am schnellsten und einfachsten ist. Dies bedeutet, dass etwa beim Übergang von Luft in Wasser der Lichtstrahl einen Knick bekommt. Mit zahlreichen Experimenten klärte al-Haytham die Phänomene der Lichtbrechung und –spiegelung auf und untersuchte die Eigenschaften von Linsen verschiedener Formen. Ibn al-Haytham entdeckte auch die camera obscura, also den Fotoapparat, und experimentierte damit, allerdings, ohne dass diese Entdeckung für praktische Nutzanwendungen eingesetzt wurde.

Im Bereich der Mechanik nahm ibn al-Haytham Galilei und Newton vorweg, indem er einen Vorläufer des *Trägheitsprinzips* formulierte (ein Körper bleibt so lange im Zustand der Ruhe oder gleichförmigen Bewegung, bis eine Kraft auf in einwirkt, die seine Richtung oder Beschleunigung ändert). Er diskutierte die gegenseitige Anziehung von Massen und wusste, dass die Gravitation eine Kraft ist, die die Beschleunigung von bewegten Körpern ändert. Obwohl er postulierte, dass auch die Himmelskörper den physikalischen Gesetzen genügen, hielt er an einem *geozentrischen Weltbild* fest (Erde steht unbeweglich im Mittelpunkt der Welt und alle Himmelskörper bewegen sich relativ zu der Erde). Allerdings war er sich, ebenso wie sein Zeitgenosse al-Biruni, sicher, dass die Erde Kugelgestalt hat und sich täglich einmal um ihre Achse dreht.

Gegenüber den tiefen physikalischen Erkenntnissen des ibn al-Haytham muten seine mathematischen Leistungen fast bescheiden an. Aber auch hier hat er Bahnbrechendes vollbracht. Er stützte sich auf die Werke von Euklid und Thabit ibn Qurra und gab systematische Darstellungen eines Vorläufers der Infinitesimalrechnung, der Kegelschnitte, der Zahlentheorie und machte erste Schritte in Richtung auf die analytische Geometrie. In der Geometrie war er der erste, der versuchte, das Parallelenpostulat des Euklid zu beweisen, natürlich ohne Erfolg. Auf dem Wege bewies er einige grundlegende Sätze der nicht-Euklidischen Geometrie, allerdings ohne zu erkennen, was er tat.

Am längsten hat das von ibn al-Haytham formulierte „Problem des Alhacen" nachgewirkt: Durch zwei Punkte der Ebene sollen gerade Linien gezogen werden, die sich auf einer Kreislinie in derselben Ebene schneiden und mit der Normalen (Gerade, die auf der Kreislinie senkrecht steht) gleiche Winkel bilden. Diese Aufgabenstellung führt in der von ibn al-Haytham vorgenommenen Verbindung von Geometrie und Algebra auf eine Gleichung 4. Grades.

In der Zahlentheorie beschäftigte sich ibn al-Haytham mit *perfekten Zahlen* (das sind Zahlen, die die Summe ihrer echten Teiler sind, wie $6 = 1 + 2 + 3$ und $28 = 1 + 2 + 4 + 7 + 14$. Er erkannte, dass alle geraden perfekten Zahlen die Form $2^{n-1} \cdot (2^n - 1)$ haben, wobei $(2^n - 1)$ Primzahl ist und n eine natürliche Zahl, konnte aber diesen Satz nicht beweisen. Das gelang erst gut 700 Jahre später Leonhard Euler. Die beiden perfekten Zahlen 6 und 28 erhält man für $n = 2$ und $n = 3$. Für $n = 4$ ist $2^{n-1} = 2^3 = 8$ und $(2^n - 1) = (2^4 - 1) = 15$. Da 15 keine Primzahl ist, ist auch die Zahl $8 \cdot 15 = 120$ keine perfekte Zahl, wie der Leser nachprüfen möge. Dafür erhalten wir für $n = 5$ die Zahl $2^4 \cdot (2^5 - 1) = 16 \cdot 31 = 496$, die wieder perfekt ist, wie der Leser ebenfalls nachprüfen möge.

Ibn al-Haytham muss auch einen großen Ruf als Ingenieur gehabt haben, denn er wurde von dem Kalifen Hakim nach Ägypten beordert, um die Nilüberflutungen zu regulieren. Er untersuchte diese Vorgänge sehr genau und entwarf Pläne für einen Staudamm in der Gegend des heutigen Assuan-Dammes, stellte allerdings bald fest, dass das Projekt zu seiner Zeit nicht realisierbar war. Um dem Zorn des Kalifen zu entgehen, täuschte er Wahnsinn vor, wurde unter Hausarrest gestellt und schrieb in dieser Zeit sein Werk über Optik. Als Kalif Hakim im Jahre 1021 A.D. starb, kam er wieder auf freien Fuß und konnte seine grundlegenden Forschungsergebnisse veröffentlichen.

In seiner theologischen Schrift formulierte ibn al-Haytham sein persönliches Bekenntnis als Wissenschaftler: „Ich habe immer Wissen und Wahrheit gesucht und glaube, dass es keinen besseren Weg gibt, in die Nähe und den Glanz Gottes zu kommen, als die Suche nach Wahrheit und Wissen."

Ein muslimischer Galilei
Abu Nasr Mansur ibn Ali ibn Iraq (970–1036) Abu Raihan a-Biruni (973–1048)

Man nimmt an, dass Abu Nasr aus der Region Chwarizm (Choresm) im heutigen Usbekistan stammt, also ein Landsmann von al-Chwarizmi ist. Seine Hauptbedeutung hat er durch die Zusammenarbeit mit seinem Schüler al-Biruni erlangt. Al-Biruni begann um 990 sein Studium bei seinem nur geringfügig älteren Kollegen, war aber bald derjenige, der die Problemstellungen formulierte, an denen dann auch Abu Nasr arbeitete.

Abu Nasr entstammte einer Fürstenfamilie, den Banu Iraq, die die Herrschaft in der Region Chwarizm ausübte, aber 995 durch einen Putsch entmachtet wurde. Schon 992 kam in Gurgentsch (heute Urgentsch) in Usbekistan der Emir Abu Ali Mahmun an die Macht. Er gründete eine wissenschaftliche Akademie und es gelang ihm, führende Wissenschaftler dorthin zu berufen, unter ihnen den Mediziner ibn Sina (Avicenna), der hier sein Werk über die Wundheilung verfasste. Abu Nasr und sein Schüler al-Biruni wirkten ebenfalls hier und widmeten sich Fragen der Astronomie, der Mathematik, Chemie, Geografie und Mineralogie. Abu Nasr schrieb um die 25 wissenschaftliche Werke, das für die Mathematik bedeutendste ist ein Kommentar zu den Ausarbeitungen über sphärische Geometrie des Griechen Menelaos. Dieser ist umso wichtiger, als das Original des Menelaos verloren ist.

Al-Biruni, der aus der Gegend am südlichen Ural stammte, zählt zu den bedeutendsten Wissenschaftlern aller Zeiten. Ihm war klar, dass die Erde Kugelgestalt hat, sich täglich einmal um ihre Achse dreht und im Verlauf eines Jahres die Sonne umkreist. Im Gegensatz zu Galileo Galilei wurde er nicht gezwungen, diese für damalige Zeit revolutionären Erkenntnisse zu widerrufen. Er beschäftigte sich auch mit Mineralogie und bestimmte die Dichte von 18 verschiedenen Steinsorten. Außerdem erklärte er die Wirkungsweise artesischer Brunnen mit dem Prinzip der kommunizierenden Röhren. Al-Biruni stützte seine naturwissenschaftlichen Forschungen auf Experimente und folgte damit dem Beispiel des ibn al-Haytham. Auch er darf damit zu den Vätern der modernen Naturwissenschaft gezählt werden.

Um das Jahr 1017 eroberte Mahmud, Sultan eines Reiches im nördlichen Afghanistan mit der Hauptstadt Ghazna (heute Ghazni) das Gebiet Chwarizm. Abu Nasr und al-Biruni folgten ihm nach Ghazna und al-Biruni begleitete ihn auf ausgedehnten Reisen durch Indien. Als Ergebnisse dieser Reisen liegen eine genaue Schilderung der Geografie und Geschichte Indiens in Kitab al-Hind (Buch über Indien) und ein Bericht über die indische Medizin vor. Seine in Indien erworbenen medizinischen Kenntnisse kombinierte er in dem Werk Kitab al-Saidana mit dem Wissen der arabischen Ärzte. Als weitere Frucht der Indienreisen ist das Werk Qanun-i Masudi, in dem er seine Erkenntnisse im Bereich der Astronomie, Trigonometrie und der Bewegung der Planeten und des Mondes zusammenfasst.

Der Wahlspruch des al-Biruni illustriert die für wissenschaftliche Arbeit fruchtbare Atmosphäre der mittelalterlichen islamischen Welt: „Allah ist allwissend und duldet keine Unwissenheit".

Die Gleichung dritten Grades
Ghiyath al-Din Abu'l-Fath Umar ibn Ibrahim al-Nisaburi al-Chayyami (18.5.1048–4.12.1131)

Omar Chayyam, wie der Mann mit dem langen Namen kurz genannt wird, wurde in Nishapur in Persien geboren und starb auch dort. Er lebte in einer politisch unruhigen Zeit, in der die türkischen Seldschuken in den vorderen Orient eindrangen und ein Reich gründeten, das Mesopotamien, Syrien, Palästina und den größten Teil des Iran umfasste. Der Seldschukenfürst Toghril Beg erklärte sich A.D. 1038 zum Sultan von Nishapur und nahm im Jahre 1055 Bagdad ein. In dieser Zeit des Umbruchs der Herrschaftsverhältnisse wuchs Omar Chayyam auf. Für wissenschaftliche Tätigkeit war es eine schwierige Zeit. Ohne Protektion an einem Fürstenhof konnte ein Wissenschaftler nicht überleben, und selbst wenn er diese fand, war die Lage doch äußerst instabil, da jederzeit ein Umsturz erfolgen konnte. Omar hat unter dieser Situation gelitten, was ihn jedoch nicht hinderte, schon als ganz junger Mann mehrere Werke zu veröffentlichen, darunter „Probleme der Arithmetik", ein Buch über Musik und eines über Algebra. Im Jahre 1070 zog er in das relativ ruhige Samarkand in Usbekistan, wo er die Ruhe fand, sein bedeutendstes Algebrabuch zu schreiben.

Toghril Beg machte letztlich Isfahan in Persien zu seiner Hauptstadt. Sein Enkel und Nachfolger ab 1073 Malik-Shah wollte dort seinen Ruhm durch den Bau eines Observatoriums mehren und berief Omar Chayyam zum Chefingenieur. Der Bau und die Einrichtung des Observatoriums dauerten 18 Jahre, in denen Omar Chayyam reichlich Zeit fand für seine wissenschaftliche Arbeit. Er stellte astronomische Tabellen zusammen und berechnete einen neuen Kalender, der genauer war als der Julianische und in etwa die Qualität des Gregorianischen Kalenders erreichte. Dieser Kalender wurde zum heutigen iranischen Kalender weiterentwickelt. Die friedliche und fruchtbare Zeit endete im Jahre 1092 mit dem Tode des Malik-Shah und der Ermordung seines Wesirs, eines Freundes Omar Chayyams, durch die ismailitische Sekte der Assassinen. (Mit dem Namen wurde den Sektenmitgliedern Haschischkonsum unterstellt – in einigen Sprachen wie Französisch und Spanisch wurde assassin bzw. asesino zur Bezeichnung für Mörder.) Malik-Shahs zweite Frau übernahm die Regierungsgewalt. Bei ihr stand Omar Chayyam als Schützling des ungeliebten Wesirs jedoch in Ungnade. Die Finanzierung des Observatoriums wurde eingestellt, die Kalenderreform vertagt und zu allem Übel griffen orthodoxe Muslime Omar Chayyam wegen seiner kritischen Geisteshaltung an, die ihrer Meinung nach nicht gottgefällig war. Dennoch blieb Omar Chayyam am Hofe und versuchte, sich mit den jetzt Herrschenden zu arrangieren. Im Jahre 1118 übernahm Malik-Shahs dritter Sohn Sanjar die Herrschaft im Seldschukenreich. Er verlegte die Hauptstadt nach Merv (heute Mary, Turkmenistan) und gründete dort eine Hochschule. Omar Chayyam folgte ihm dorthin und schrieb weitere mathematische Werke.

Eine geometrische Aufgabenstellung führte Omar Chayyam auf eine Gleichung dritten Grades. Er studierte daraufhin Gleichungen dritten Grades und fand grafische Lösungsverfahren, bei denen die Lösung durch den Schnittpunkt einer Parabel oder eines Kreises mit einer Hyperbel bestimmt wird. Die Anwendung derartiger Methoden setzt eine gut entwickelte analytische Geometrie voraus. Omar Chayyam strebte ein allgemeingültiges Lösungsverfahren für Gleichungen dritten Grades an, musste aber vor dieser Aufgabe kapitulieren. Sie wurde erst im 16. Jahrhundert durch drei Italiener bewältigt.

In der Geometrie versuchte sich Omar Chayyam wie ibn al-Haytham an einem Beweis des Parallelenpostulats des Euklid, der ihm natürlich nicht gelang. Auch er bewies einige grundlegende Sätze der nicht-Euklidischen Geometrie, ohne zu ahnen, was er entdeckt hatte.

Omar Chayyam hat auch ein poetisches Werk mit einer großen Zahl von vierzeiligen Gedichten hinterlassen, in denen er die Liebe, den Wein und die Trunkenheit besingt. Die Gedichte fanden in Persien jedoch nicht die gebührende Anerkennung bis im Jahre 1859 Edward Fitzgerald 600 von ihnen ins Englische übersetzte. Auf dem Umweg über den Westen wurde Omar Chayyam dann auch in Persien als ein großer nationaler Dichter anerkannt, und zwar so sehr, dass seine wissenschaftlichen Leistungen dahinter fast verblassen.

Hier ein Vierzeiler von Omar Chayyam:

Wenn im Lenz eine Schöne, die Engeln gleicht,
Mir eine Schale Wein auf grüner Wiese reicht,
Wär' ich ein Hundsfott, wenn ich den Himmel erwähn',
Auch wenn die Menschen mich verdammen allzu leicht.

Kein Wunder, dass Omar Chayyam bei rechtgläubigen Muslimen bis in unsere Tage auf Ablehnung stößt.

Arithmetische und geometrische Folgen
Bhaskara (1114–1185)

Wir kehren noch einmal nach Indien zurück, wo im Mittelalter die Mathematik in ihrer höchsten Blüte stand. Von den zahlreichen indischen Mathematikern dieser Zeit stellen wir Bhaskara vor, genau Bhaskara II, da es mindestens zwei Mathematiker dieses Namens gibt. Er wurde auch Bhaskaracharya genannt, der Namenszusatz charya besagt, dass er ein bekannter Lehrer war. Bhaskara entstammt einer Brahmanenfamilie aus Vijayapura, dem heutigen Bijapur im Bundesstaat Mysore. Sein Vater war als Astrologe auch in der Mathematik bewandert, und Bhaskara hat höchstwahrscheinlich den ersten Mathematikunterricht bei seinem Vater genossen.

Später leitete er, ebenso wie sein Vorgänger Brahmagupta, das Observatorium von Ujjain.

Bhaskara hinterließ mindestens sechs Werke, von denen sich das Werk mit dem seltsamen Namen Lilavati (die Schöne) mit Mathematik beschäftigt. Die Legende sagt, er habe es seiner Tochter gewidmet, als er befürchtete, sie nicht mehr verheiraten zu können. Ein weiteres Werk (Bijaganita) beschäftigt sich speziell mit Algebra. Die übrigen Werke behandeln astronomische Fragen oder sind Kommentare zu seinen eigenen oder fremden Werken.

Bhaskara benutzt negative Zahlen und die Null, ohne dass er die Division durch Null ganz ausschließt. Er betrachtet Brüche mit dem Nenner 0 und bezeichnet sie als unendlich große Zahl ∞. Damit setzt er sich in Widerspruch zu dem bei Eudoxos erwähnten Axiom des Archimedes, das unendlich große Zahlen ausschließt, und das ihm vermutlich nicht bekannt war. Tatsächlich kann man eine Zahl ∞ nicht widerspruchsfrei zu den reellen Zahlen hinzufügen, denn das Ergebnis der Multiplikation $0 \cdot \infty$ könnte jede

Zahl sein, das heißt alle Zahlen wären gleich. Von dieser Ausnahme abgesehen, formuliert Bhaskara die Rechenregeln für die negativen Zahlen und die Null zutreffend, insbesondere weiß er, dass das Produkt zweier negativer Zahlen positiv ist. Vermutlich hat ihn diese Tatsache zu der Erkenntnis geführt, dass die Zahl 9 zwei Wurzeln hat (wie jede andere positive Zahl auch), nämlich +3 und −3.

In Lilavati erläutert Bhaskara zunächst das Rechnen im Dezimalsystem mit indischen Ziffern. Er gibt ein interessantes Multiplikationsverfahren an, bei dem man sich keine Überträge merken muss. Den hohen Stand der indischen Mathematik erkennt man jedoch an den Verfahren zur Lösung von Gleichungen. So gibt er die Lösungen von Diophantischen Gleichungen ersten und zweiten Grades an. Für die Gleichungen ersten Grades benutzt er die Kuttaka, die schon Aryabhata eingeführt hat, für die Gleichungen zweiten Grades führte er einen verbesserten Algorithmus (chakravala) ein. Dieser ermöglicht ihm die vollständige Lösung der Pellschen Gleichung $61x^2 + 1 = y^2$ die Brahmagupta fast gelöst hatte.

Bhaskara behandelt arithmetische und geometrische Folgen (eine Folge von Zahlen heißt *arithmetische Folge*, wenn die Differenz aufeinander folgender Zahlen konstant ist, sie heißt *geometrische Folge*, wenn der Quotient aufeinander folgender Zahlen konstant ist, Beispiel:

Die Folge 1; 4; 7; 10; 13; … ist arithmetisch (feste Differenz 3),
die Folge 1; 2; 4; 8; 16; … ist geometrisch (fester Quotient 2).

Er stellt seinen Lesern folgende etwas konstruiert wirkende Aufgabe, bei der eine arithmetische Folge zu summieren ist:

„Ein König zieht mit seinen Truppen los, um die Elefanten seines Feindes einzufangen. Am ersten Tag legt er 2 yoyanas (Längeneinheiten) zurück. Er erreicht die 80 yoyanas entfernte Hauptstadt seines Feindes in einer Woche, indem er seine Marschleistung jeden Tag um einen festen Betrag steigert. Wie groß ist diese Steigerungsrate?"

Wir bezeichnen die tägliche Steigerung der Marschleistung mit k (yoyanas). Dann sind die Marschleistungen für 7 Tage:

$$2;\ 2 + k;\ 2 + 2k;\ 2 + 3k;\ 2 + 4k;\ 2 + 5k;\ 2 + 6k \text{ yoyanas}$$

die ersten 7 Werte einer arithmetischen Folge (feste Differenz k). Ihre Summe beträgt 80 yoyanas, also

$$80 = 7 \cdot 2 + (1 + 2 + 3 + 4 + 5 + 6) \cdot k = 14 + \left(6 \cdot \frac{7}{2}\right) \cdot k$$

wobei die schon al-Karaji bekannte Summenformel für die ersten 6 natürlichen Zahlen angewendet wurde.

$$\text{Weiter } 66 = 6 \cdot \frac{7}{2} \cdot k$$

$$11 = \frac{7}{2} \cdot k$$

$$k = \frac{22}{7}$$

Der König legt also jeden Tag $\frac{22}{7}$ yoyanas mehr zurück als am Vortag. Ob es Absicht ist, dass sich für k ein gebräuchlicher Näherungswert für die Zahl π ergibt, kann man nicht mehr beurteilen.

Eine weitere Aufgabe, die Bhaskara sich stellte, wurde erst von späteren Mathematikern gelöst: Finde alle n-stelligen Dezimalzahlen (bei denen nur die Ziffern 1 bis 9 auftreten) mit gleicher Quersumme. (Die *Quersumme* einer Dezimalzahl ist die Summe ihrer Ziffern). Anders gewendet kann man auch fragen: „Auf wie viele Weisen lässt sich eine gegebene natürliche Zahl als Summe der ersten 9 natürlichen Zahlen darstellen?".

In der Trigonometrie findet Bhaskara den schon Abu al-Wafa bekannten Additionssatz für die Sinusfunktion.

Die ganzen Zahlen
Ibn Yahya al-Maghribi al-Samawal
(ca. 1130 – ca. 1180)

Ibn Yahya wurde als Sohn eines jüdischen Rabbis in Bagdad geboren. Sein Vater stammte aus Marokko und seine Mutter, Anna Isaac Levi, aus Basra. Die Familie würde man nach modernen Begriffen dem Bildungsbürgertum zurechnen. Ibn Yahya interessierte sich zunächst für Medizin begann aber gleichzeitig – im Alter von 13 Jahren – Mathematik zu studieren.
Die große Zeit von Bagdad als Wissenschaftsmetropole war bereits vorbei, so dass al-Samawal bald die Mathematik meisterte, die seine Lehrer ihm beibringen konnten. Er ging dazu über, im Selbststudium die Schriften der großen arabischen und persischen Mathematiker zu lesen. Einen Schwerpunkt bildete dabei das Werk al-Karajis, das wir zum Teil nur durch die Kommentare al-Samawals kennen. Im Alter von 18 Jahren hatte er alles gelesen, was verfügbar war und begann mit eigenen weiterführenden Forschungen. Mit 19 Jahren schrieb er seine Abhandlung al-Bahir fi al-jabr (Der brillante Algebraiker). Darin setzt er die Tradition seiner Vorgänger fort, auf Rechnungen mit unbekannten Größen die Regeln der Zahlenarithmetik konsequent anzuwenden. In moderner Sprache können wir sagen, dass er das Rechnen mit Polynomen (siehe ibn Shuja) systematisch begründet. Koeffizienten in den Polynomen konnten bei al-Samawal auch negative Zahlen sein. Er gab die Rechenregeln mit negativen Zahlen zutreffend an, etwa durch (in moderner Schreibweise).

$$0 - a = -a;\ 0 - (-a) = a;\ (-a) \cdot (-b) = a \cdot b$$

Wobei a und b positive Zahlen und −a, −b negative Zahlen bedeuten. Natürliche Zahlen, die Null und die Negativen der natürlichen Zahlen fassen wir heute unter dem Begriff der *ganzen Zahlen* zusammen. Man kann die ganzen Zahlen auch in der Mengenschreibweise

$$\{\ldots; -3; -2; -1; 0; 1; 2; 3; 4; \ldots\}$$

darstellen. Sie schreiten in zwei Richtungen in Richtung Unendlich (bzw. minus Unendlich) fort. Die Rechenregeln für diese Zahlen hat Ibn Yahya vollständig zusammengestellt.

Im zweiten Teil seiner Abhandlung behandelt al-Samawal quadratische Gleichungen, gibt aber überraschenderweise nur geometrische Lösungsverfahren an, obwohl ihm das gesamte Rüstzeug für eine algebraische Lösung vorlag. Wir finden hier auch die Binomialkoeffizienten mit ihrer Berechnung im Pascalschen Dreieck, die er von al-Karaji übernommen hat (siehe dort). Bemerkenswert ist, dass er dem vollständigen Verständnis des Prinzips der vollständigen Induktion (siehe al-Karaji) so nahekommt wie kein weiterer Mathematiker des Mittelalters . Mit Hilfe dieses Prinzips beweist er als erster die Formel für die Summe der ersten n Quadratzahlen (n eine natürliche Zahl)

$$1^2 + 2^2 + 3^2 + \cdots + n^2 = \frac{n \cdot (n+1) \cdot (2n+1)}{6}$$

Im dritten Teil seiner Algebra beschäftigt sich al-Samawal mit dem Rechnen mit Irrationalzahlen, speziell Wurzelausdrücken. Besonders stolz ist er auf seine Berechnung

$$\frac{\sqrt{30}}{(\sqrt{2} + \sqrt{5} + \sqrt{6})} = \frac{(5\sqrt{6} + 2\sqrt{5} + 6\sqrt{15} - 20\sqrt{2})}{13},$$

die ihm sicher erhebliches Kopfzerbrechen bereitet hat, die aber heutige Computeralgebra-Programme im Bruchteil einer Sekunde auswerfen.

Der letzte Teil der Abhandlung enthält ein kombinatorisches Problem, nämlich 10 Zahlen zu ermitteln, von denen die Summe jeder Sechserkombination bekannt ist. Das ergibt 210 Gleichungen für die 10 Zahlen, die nicht notwendigerweise widerspruchsfrei sein müssen, so dass nicht immer eine Lösung existiert. Al-Samawal formuliert dann zusätzlich 504 Bedingungen, die erfüllt sein müssen, damit ein solches Gleichungssystem eine Lösung besitzt. Wir können heute – im Besitz von Lösungsverfahren für Systeme mit einer beliebigen Anzahl von Gleichungen und Unbekannten – einfachere

Regeln für die Lösbarkeit derartiger Gleichungssysteme formulieren. Immerhin hat wohl niemand vor al-Samawal sich an ein so gewaltiges Gleichungssystem gewagt, und das ohne Computer!

Nach der Fertigstellung des al-Bahir begann al-Samawal mit ausgedehnten Reisen, die ihn durch den Irak und nach Syrien, Pakistan, Afghanistan und Aserbeidschan führten. In Aserbeidschan konvertierte er am 8. November 1163 zum Islam, nachdem er sich intensiv mit der jüdischen, christlichen und islamischen Religion auseinandergesetzt hatte. Die Ergebnisse dieser Auseinandersetzung hielt er in einer Schrift über die „Ablehnung der Juden und Christen" fest. Er war zu dem Ergebnis gekommen, dass für ihn der Islam die beste Religion sei. Dies teilte seinem Vater von Aleppo aus mit. Der Vater, ein Rabbi, war entsetzt und machte sich sofort auf den Weg nach Aleppo, starb aber auf der Reise. So blieb al-Samawal die Konfrontation mit seinem erzürnten Vater erspart.

Al-Samawal war auch ein begehrter Arzt. Ein medizinisches Werk von ihm ist überliefert, das seine gute Beobachtungsgabe für Krankheitsbilder belegt, aber auch seine Vorliebe für erotische Erzählungen, denn diese bilden den Hauptbestandteil des Werkes.

Klassifikation der Gleichungen 2.und 3.Grades

Sharaf al-Din al-Muzaffar ibn Muhammad ibn al-Muzaffar al-Tusi (ca. 1135–1213)

Sharaf al-Din gehört zu den Mathematikern, über deren Leben wenig bekannt ist. Aus seinem Namen kann man schließen, dass er aus der Gegend um die Stadt Tus im nordöstlichen Iran stammt. Die Städte Meshed und Nishapur liegen in dieser Gegend. Gestorben ist er vermutlich in Bagdad.

Bekannt ist, dass Sharaf al-Din in zahlreichen Orten lehrte, so in Damaskus, das die Seldschuken im Jahre 1154 erobert und zur Hauptstadt ihres Reiches gemacht hatten, wonach es sich in kurzer Zeit zu einer blühenden Metropole entwickelte. Später ging er nach Aleppo und Mossul. Aus Mossul brach auch der Feldherr des Emirs Nur ad-Din, Salah ad-Din Yusuf bin Ayyub, geboren in Tikrit wie Saddam al Hussein und besser bekannt unter dem Namen Saladin, auf und eroberte Damaskus im Jahre 1174. Er einte später Mesopotamien, Syrien, Palästina und Ägypten in einem großen Reich, das er von Kairo aus regierte. In Palästina gab es damals den Kreuzfahrerstaat Königreich Jerusalem, den Saladin zu zerschlagen versuchte, was ihm nicht ganz gelang. Immerhin eroberte er Jerusalem und löste damit den dritten Kreuzzug aus, bei dem Kaiser Friedrich I (Barbarossa) im kleinasiatischen Fluss Saleph ertrank, Richard Löwenherz, König von England, Zypern eroberte und das Königreich Jerusalem in einem Friedensvertrag mit Saladin bis auf weiteres auf einem Küstenstreifen in Palästina und Libanon stabilisierte. Jerusalem konnte er allerdings nicht zurückerobern, weil ihn die Umtriebe seines Bruders Johann-ohne-Land nach England zurückriefen.

Vor diesen kriegerischen Ereignissen wich Sharaf al-Din nach Bagdad aus, wo er noch fast 40 Jahre lehrte und sein Hauptwerk über Algebra verfasste. In diesem beschäftigt er sich mit der Lösung von Gleichungen einer

Unbekannten bis zum dritten Grad. Er klassifizierte die Gleichungen in 25 Typen und arbeitete Kriterien für ihre Lösbarkeit aus. Zwölf Typen sind Gleichungen 2. Grades (quadratische Gleichungen). Wir wissen heute, dass nicht alle quadratischen Gleichungen reelle Lösungen besitzen. Das hat auch Sharaf al-Din herausgefunden. Er fand auch 8 Typen von Gleichungen 3. Grades, die eine positive Lösung haben und entwickelte einen Algorithmus für die numerische Ermittlung dieser Lösungen. Von einer allgemeinen Lösung für Gleichungen zweiten und dritten Grades war er aber noch ein ganzes Stück entfernt.

Wir bemerken hier noch einmal, dass man eine Gleichung dritten Grades erhält, wenn man die Nullstellen eines Polynoms 3. Grades sucht. Offensichtlich hat Sharaf al-Din bei seinen Untersuchungen ein Maximum eines solchen Polynoms bestimmt, indem er dessen Ableitung bildete, eine Methode, die heute Schülern der Oberstufe des Gymnasiums als wichtige Anwendung der von Newton und Leibniz im 17. Jahrhundert entwickelten Differentialrechnung beigebracht wird. Nun ist sicher, dass Sharaf al-Din nicht über eine voll entwickelte Differentialrechnung verfügte. Umso spannender ist die Frage, wie er auf die Differentialmethode zur Bestimmung von Extremwerten gekommen ist. Darüber gibt es verschiedene Theorien, keine ist wirklich schlüssig.

Die Rückkehr der Mathematik nach Europa
Leonardo Pisano Fibonacci (ca. 1170–1250)

Fast 800 Jahre nach der Ermordung der Hypatia von Alexandria kehren wir in den europäischen Kulturkreis zurück. Leonardo Pisano ist der erste erwähnenswerte europäische Mathematiker des Mittelalters, der insbesondere durch sein intensives Werben für den Gebrauch des Dezimalsystems und der arabischen Ziffern bis heute bekannt ist.

Leonardo ist, wie sein Beiname Fibonacci (Sohn des Bonacci) sagt, ein Mitglied der Pisaner Kaufmannsfamilie Bonacci. Leonardos Vater Guglielmo war als eine Art Handelsattaché der Republik Pisa in Bugia (heute Bejaia in Algerien) tätig und vertrat dort die Interessen der Pisaner Kaufleute. Leonardo wurde in Pisa geboren, wuchs aber in Bugia auf, wo er auf Wunsch seines Vaters in Buchführung und Mathematik unterwiesen wurde. Bald begeisterte er sich für das Rechnen mit den arabischen Ziffern. Wir dürfen annehmen, dass Leonardo in Bugia auch die arabische Sprache lernte, so dass er später in Lage war, arabische Schriften im Original zu lesen. Als junger Mann unternahm er weite Reisen, die ihn nach Ägypten, Syrien, Griechenland, Sizilien und in die Provence führten. Bei diesen Reisen gewann er nicht nur tiefe Einblicke in fremde Kulturen, sondern lernte auch die Werke der muslimischen Mathematiker kennen.

Um das Jahr 1200 kehrte Fibonacci – wir nennen ihn jetzt bei dem Namen, unter dem er am bekanntesten ist – nach Pisa zurück und stellte die mathematischen Früchte seiner Reisen in dem Buch Liber abaci (Buch des Rechnens) vor. In diesem Buch führte er das uns heute so vertraute indisch-arabische Dezimalsystem und die arabischen Ziffern ein. Er erklärt, dass man jede natürliche Zahl mit Hilfe dieser Ziffern einschließlich der Null aufschreiben kann und erläutert das Rechnen mit solchen Zahlen.

Zahlreiche Aufgaben sollen der Einübung dieser für die Leser völlig ungewohnten Rechentechnik dienen. Eine dieser Aufgaben, das berühmte Kaninchenproblem, führt auf die nach Fibonacci benannte Zahlenfolge

$$1; 1; 2; 3; 5; 8; 13; 21; 34; 55; 89; 144; \ldots .$$

Sie lautet:

> Ein Mann setzt ein Paar von (neugeborenen) Kaninchen in ein Gehege, das ringsum von Mauern umgeben ist. Es wird angenommen, dass dieses Paar pro Monat ein weiteres Paar in die Welt setzt und mit dieser Fortpflanzung zwei Monate nach seiner Geburt beginnt. Alle Nachkommen verhalten sich genauso. Wie viele Paare sind nach einem Jahr im Gehege (wenn man außerdem annimmt, dass kein Kaninchen stirbt)?

Der Schlüssel zur Beantwortung der Frage liegt in der Überlegung, dass in jedem Monat alle Kaninchenpaare noch da sind, die am Vormonat am Leben waren und alle Paare, die vor zwei Monaten am Leben waren, 1 neues Paar als Nachwuchs bekommen. Die Anzahl der Paare in jedem Monat ergibt sich also als Summe der Anzahlen im Vormonat und im Vorvormonat. Bezeichnen wir die Anzahl der Kaninchenpaare im Monat Nr. n mit f_n (f zu Ehren von Fibonacci), so erhalten wir folgende *Rekursionsformel*

$$f_{n+2} = f_{n+1} + f_n$$

Diese gilt für alle natürlichen Zahlen n = 1; 2; 3; ... Im ersten Monat haben wir 1 Paar, im zweiten Monat ebenfalls, da unser erstes Paar erst nach zwei Monaten Nachkommen bekommt.

Am Ende des dritten Monats haben wir $f_3 = f_2 + f_1 = 1 + 1 = 2$ Paare
nach vier Monaten $f_4 = f_3 + f_2 = 2 + 1 = 3$ Paare
nach fünf Monaten $f_5 = f_4 + f_3 = 3 + 2 = 5$ Paare

und so fort. Nach zwölf Monaten gibt es 144 Paare, wie der Leser selbst ermitteln oder an der oben angegebenen Zahlenfolge ablesen kann.

Sehen wir einmal von den etwas unrealistischen Annahmen ab und lassen auch den Aspekt der Inzucht außer Acht, so hat die Fibonaccifolge aus mathematischer Sicht faszinierende Eigenschaften. Hier sei nur ihre Beziehung zum Goldenen Schnitt (siehe Eudoxos) erwähnt: Die Quotienten aufeinander folgender Fibonaccizahlen nähern sich immer mehr dem goldenen Schnitt (ungefähr gleich 0,6180339) an.

$$\frac{f_1}{f_2} = 1$$

$$\frac{f_2}{f_3} = \frac{1}{2} = 0,5$$

$$\frac{f_3}{f_4} = \frac{2}{3} = 0{,}666\ldots$$

$$\frac{f_4}{f_5} = \frac{3}{5} = 0,6$$

$$\frac{f_5}{f_6} = \frac{5}{8} = 0{,}625$$

$$\frac{f_6}{f_7} = \frac{8}{13} = 0{,}615384\ldots$$

$$\frac{f_7}{f_8} = \frac{13}{21} = 0{,}6190476\ldots$$

$$\frac{f_8}{f_9} = \frac{21}{34} = 0{,}617647\ldots$$

$$\frac{f_9}{f_{10}} = \frac{34}{55} = 0{,}6181818\ldots$$

$$\frac{f_{10}}{f_{11}} = \frac{55}{89} = 0{,}6179775\ldots$$

$$\frac{f_{11}}{f_{12}} = \frac{89}{144} = 0{,}6180555\ldots$$

Aufmerksame Leser werden bemerkt haben, dass die Annäherung abwechselnd von oben und unten erfolgt, der Wert des goldenen Schnitts wird sozusagen eingekreist. Der letzte Wert ist bereits auf 4 Dezimalstellen genau.

Fibonacci ist übrigens nicht der erste Entdecker seiner Zahlenfolge. Sie war in Indien bereits bekannt, allerdings aus einer anderen Aufgabenstellung hervorgegangen.

Zu Fibonaccis Lebzeiten wurde der deutsche König Friedrich II im Jahre 1220 vom Papst zum Kaiser des Heiligen Römischen Reiches gekrönt. Friedrich verlegte seine Hofhaltung nach Italien, um seine dortigen Besitzungen zu festigen. Obwohl wenige Jahre zuvor noch große Christenheere mit dem Ziel ausgezogen waren, den Muslimen das heilige Jerusalem wieder zu entreißen, hatte Friedrich II nicht die geringsten Berührungsängste mit der islamischen Welt. Er ermutigte die zahlreichen Gelehrten, die er an seinen Hof gezogen hatte, sich intensiv mit den arabischen wissenschaftlichen Schriften auseinanderzusetzen. Als der Hof um das Jahr 1225 herum in Pisa tagte, stellte Johannes von Palermo, einer der gelehrten Höflinge, Fibonacci einige Aufgaben, die er den Lehrbüchern des Omar Chayyam entnommen hatte. Darunter war eine Gleichung dritten Grades ($10x + 2x^2 + x^3 = 20$), die Omar Chayyam geometrisch gelöst hatte, indem er den Schnittpunkt eines Kreises mit einer Hyperbel bestimmt hatte. Fibonacci bemühte sich um eine algebraische Lösung, fand sie jedoch nicht und gab dann die numerische Lösung 1,31610288 mit der erstaunlichen Genauigkeit von 8 Dezimalstellen an. Merkwürdigerweise lieferte er die Lösung im altbabylonischen Sechzigersystem, trotz seines Eintretens für den Gebrauch des Dezimalsystems. Wie er den Wert errechnet hat, ist ein Rätsel, er hat seine Methode nicht verraten.

Im Jahr 1220 schreibt Fibonacci ein Buch über Geometrie mit dem Titel Practica geometriae. Es basiert auf den Elementen des Euklid und gibt außer geometrischen Lehrsätzen auch praktische Anleitungen für die Landvermessung. Fünf Jahre später entsteht das Meisterwerk, Liber quadratorum, ein zahlentheoretisches Werk. In diesem Buch stellt Fibonacci, vermutlich als erster, fest, dass sich die Quadratzahlen als Summe von ungeraden Zahlen ergeben:

$$1 = 1$$

$$4 = 1 + 3$$

$$9 = 1 + 3 + 5$$

$$16 = 1 + 3 + 5 + 7$$

und so fort.

Die Rekursionsformel für diese Tabelle lautet

$$(n + 1)^2 = n^2 + (2n + 1)$$

Sie gilt für alle natürlichen Zahlen $n = 1; 2; 3; \ldots$ und ermöglicht es, zu jeder Quadratzahl die nächstfolgende zu finden. Mit ihr kann man auch pythagoräische Zahlentripel finden, also natürliche Zahlen a; b; c, die $a^2 + b^2 = c^2$ erfüllen. Man muss nur schauen, wann eine Zahl der Form $2n+1$ eine Quadratzahl ist. Dies ist erstmalig für $n=4$ der Fall: $2 \cdot 4 + 1 = 9 = 3^2$. Hier erhält man das uns schon bekannte Tripel 3, 4, 5. Für $n = 12$ erhält man das Tripel 5, 12, 13 und für $n = 24$ das Tripel 7, 24, 25.

Fibonacci hat auch nachgewiesen, dass es kein Paar von natürlichen Zahlen c und b gibt, für das c^4-b^4 eine Quadratzahl ist. Damit hat er gleichzeitig bewiesen, dass die Übertragung der pythagoräischen Formel auf die 4. Potenz

$$a^4 + b^4 = c^4$$

keine Lösung in natürlichen Zahlen besitzt, denn sonst wäre

$$c^4 - b^4 = a^4 = (a^2)^2$$

eine Quadratzahl. Dies ist ein Spezialfall der später vorzustellenden Fermatschen Vermutung (siehe Fermat).

Fibonacci nannte sich selbst Bigollo, was sowohl Taugenichts als auch „weit gereist" bedeuten kann. Unter diesem Namen findet sich der letzte Hinweis auf ihn in einem Erlass der Republik Pisa aus dem Jahre 1240, in dem „dem gelehrten Magister Leonardo Bigollo" eine Staatsrente für seine bleibenden Verdienste um die Stadt gewährt wird.

Das Ende der muslimischen Mathematik
Muhammad ibn Muhammad ibn al-Hasan al-Tusi (18.2.1201–26.6.1274)

Al-Tusi, oder wie er auch genannt wird, Nasir al-Din al-Tusi, war ein Universalgelehrter wie al-Haytham. Er beschäftigte sich mit Theologie, Philosophie, Jurisprudenz, Mathematik, Astronomie, Medizin, Biologie, und Chemie. Geboren ist al-Tusi in der persischen Stadt Tus im Nordosten des heutigen Iran. Noch als Jugendlicher zog er in das nahe Nishapur, um dort Philosophie und Mathematik zu studieren, und nach Mawsil, wo er Mathematik und Astronomie lernte. Bereits in Nishapur entdeckte er den Sinussatz. Dieser besagt, dass die Sinuswerte der Winkel eines Dreiecks in demselben Verhältnis stehen wie die Längen der gegenüberliegenden Seiten. Später schreibt er eine Abhandlung über sphärische Trigonometrie (Trigonometrie auf der Kugeloberfläche), soweit wir wissen, die erste vollständige Darstellung dieser Theorie.

Al-Tusi lebte in äußerst unruhigen Zeiten. Ab 1220 fielen die Reiterheere des Dschingis Khan in Persien ein. Al-Tusi, selbst Schiit, schloss sich den schiitischen Ismailiten in ihrer persischen Erscheinungsform der Assassinen an, deren Burgen im nordwestlichen Iran zunächst Sicherheit vor den Mongolen boten. Im Schutz dieser Burgen schrieb er einen großen Teil seiner wissenschaftlichen Werke. Im Jahre 1256 setzte jedoch Hülägü, ein Enkel des Dschingis Khan, der Herrschaft der Ismailiten ein Ende, indem er die als uneinnehmbar geltende Festung Alamut nach einigen Tagen Belagerung im Sturm einnahm. Er ließ die Verteidiger bis auf den letzten Mann töten und die große Bibliothek bis auf wenige Bücher verbrennen, die er für sich selbst herausgesucht hatte. Al-Tusi wurde jedoch verschont und diente fortan als Hofastrologe bei Hülägü in dessen Hauptstadt Maragha in der heutigen iranischen Provinz Ost-Aserbeidschan, etwa 130 km von Täbris entfernt. Al-Tusi nutzte geschickt die Sternengläubigkeit des Hülägü, um diesen zu einer großen Investition in ein Observatorium zu bewegen, das unter dem Namen Rasad-e Khan in Maragha errichtet wurde und lange Zeit das leistungsfähigste Observatorium im Nahen und Mittleren Osten war. Hier stellte er astronomische Tabellen zusammen, mit denen sich die Planetenpositionen mit erstaunlicher Genauigkeit berechnen lassen und die bis zur Zeit des Kopernikus in Gebrauch waren.

Unter den wissenschaftlichen Leistungen des Al-Tusi ist seine Evolutionstheorie besonders hervorzuheben, in der er die Entwicklung der unbelebten Materie und der Lebewesen beschreibt. Er geht von einem Universum aus, das anfangs von gleichen oder ähnlichen Teilchen erfüllt war. Als „Widersprüche" auftaten, ballten sich die Teilchen stellenweise zusammen und bildeten der Reihe nach Mineralien, Pflanzen, Tiere und schließlich Menschen. Al-Tusi erklärt, wie sich Lebewesen durch Anpassung an ihre Umwelt Vorteile verschaffen und sich so schneller vermehren können als andere. Mit diesen Gedanken nimmt er die moderne Kosmologie und Evolutionslehre zum Teil vorweg. Auch die Einteilung der Lebewesen ist aus heutiger Sicht fast zutreffend. Al-Tusi unterscheidet Pflanzen, Tiere und Menschen. Heute ordnen wir den Menschen in das Tierreich ein und stellen neben das Pflanzen- und das Tierreich noch das Reich der Pilze.

In der Chemie erkannte al-Tusi eine Vorstufe des Gesetzes der Erhaltung der Masse. Er stellt fest, dass kein materieller Gegenstand ganz verschwinden kann, sondern dass er lediglich andere Form oder Gestalt annimmt oder in andere Gegenstände integriert wird.

Als al-Tusi bereits in Maragha diente, eroberte Hülägü im Jahre 1258 Bagdad, das alte Macht- und Wissenschaftszentrum des Kalifats. Er ließ den letzten Kalifen hinrichten und unvorstellbare Grausamkeiten verüben. Mindestens 250.000 Bewohner Bagdads sollen umgebracht worden sein, ihre Schädel wurden in großen Pyramiden im Stadtzentrum aufgeschichtet. Die Bibliothek des Hauses der Weisheit wurde in den Tigris geworfen. Von diesem Schlag hat sich die islamische Wissenschaft nicht wieder erholt. Als besonders nachteilig stellte sich jedoch heraus, dass bei den Kämpfen um Bagdad die landwirtschaftlichen Bewässerungsanlagen zerstört wurden. Auch das Wissen um ihren Bau und ihren Betrieb war verloren, da die verantwortlichen Ingenieure und Arbeiter zu den Erschlagenen zählten. An eine rasche Wiederherstellung der Anlagen war daher nicht zu denken und die einstmals blühende Landschaft um Bagdad versteppte. Die wirtschaftliche und politische Bedeutung der Stadt Bagdad schwand dahin und das politische Machtzentrum des islamischen Raumes verlagerte sich in den folgenden Jahrhunderten in die Türkei.

Erstes Lehrbuch der Trigonometrie in Europa
Johann Müller, genannt Regiomontanus (6.6.1436–6.7.1476)

Johann Müller wurde als Sohn des Dorfmüllers von Unfinden bei Königsberg im Frankenland geboren. Schon früh zeigte sich seine hohe mathematische Begabung. Er bekam ersten Unterricht zu Hause, ging aber schon im Alter von 11 Jahren nach Leipzig und studierte an der dortigen Universität Dialektik. Nach drei Jahre wechselte er an die Universität Wien, wo er im Alter von 15 Jahren sein Bakkalaureat (Bachelor) machte. Obwohl er auch seine Magisterarbeit bald fertig gestellt hatte, musste er auf die Urkunde bis zu seinem 21. Geburtstag warten, so sahen es die Universitätsstatuten vor. Wenige Monate danach erhielt er eine Anstellung als Dozent. Er machte zusammen mit seinem Mentor Peurbach genaue Beobachtungen von Mars und Mond, stellte dabei fest, dass die damals in Europa gebräuchlichen astronomischen Tabellen sehr ungenau waren, und begann mit der Berechnung besserer Tabellen. Daneben verfolgte er seine weit gespannten Interessen, von denen seine Vorlesungen Zeugnis ablegen. Er las unter anderem über Euklid, über Perspektive, aber auch über die Bucolica (Hirtengedichte) des römischen Dichters Vergil.

Johann Müller setzte sich intensiv mit dem Almagest des Ptolemäos auseinander, in dem das damals gültige Weltbild beschrieben ist, in dem die Erde im Mittelpunkt des Kosmos steht und von Sonne, Mond und den Planeten umlaufen wird. Den Anlass dafür bot eine Übersetzung des Almagest durch Georges de Trebizond (Georgios Trapezuntios), der in einem Kommentar den über 1000 Jahre früheren Bearbeiter Theon von Alexandria – Vater der Hypatia – scharf angriff. Damit rief er Kardinal Bessarion auf den Plan, der

– wie George de Trebizond – gebürtiger Grieche und lateinischer Patriarch von Konstantinopel war und außerdem ein glühender Anhänger des Theon. Er bemühte sich darum, die Werke der klassischen griechischen Wissenschaftler im spätmittelalterlichen Europa bekannt zu machen. Im Jahre 1460 kam Bessarion nach Wien, hauptsächlich um dort für einen Feldzug gegen die Türken zu werben. Er nutzte seinen Aufenthalt auch für Gespräche mit Peurbach, den er bat, eine einfache Kurzfassung des Almagest zu verfassen, in der insbesondere die Angriffe auf Theon zurückgewiesen werden sollten. Peurbach konnte diesen Auftrag nicht mehr erledigen und bat auf seinem Sterbebett Johann Müller, das Werk zu vollenden, was dieser mit Begeisterung tat. Er schloss das Epitom zum Almagest im Jahre 1462 zur vollen Zufriedenheit des Auftraggebers Kardinal Bessarion ab.

Bessarion lud Johann Müller in sein Haus nach Rom ein, wo er 4 Jahre lang als Gast weilte. Bessarion brachte ihm so viel Griechisch bei, dass er griechische Texte im Original lesen konnte. Ein Semester lang lehrte Johann Müller an der Universität Padua, und stellte dort auch Ergebnisse muslimischer Gelehrter vor. Bei einem Besuch in Venedig im Jahre 1462 stieß er auf eine Kopie eines Teils der Arithmetika des Diophant von Alexandria, die ihn sehr faszinierte. Seine Versuche, eine vollständige Kopie aufzutreiben, blieben jedoch erfolglos. Diese Bemühungen trugen aber viel zu dem jetzt stetig wachsenden Interesse am Werk des Diophant bei.

Seine mathematischen Ergebnisse fasste Johann Müller 1464 in dem Buch De triangulis omnimodis (Über Dreiecke aller Art) zusammen, einem Lehrbuch der Trigonometrie. Das Buch ist nach dem Vorbild der Elemente des Euklid aufgebaut. Johann Müller gibt im ersten Band Definitionen, formuliert dann Axiome und leitet daraus grundlegende geometrische Lehrsätze ab. Band zwei ist eine Abhandlung über ebene Trigonometrie, in der auch der Sinussatz am Dreieck (siehe al-Tusi) aufgestellt und zur Berechnung von unbekannten Dreiecksseiten oder Winkeln verwendet wird. Die Bände 3 bis 5 behandeln die für die Astronomie wichtige sphärische Geometrie.

Um das Jahr 1467 herum hielt sich Johann Müller auf Einladung des ungarischen Königs in Ungarn auf, wo er die Gelegenheit bekam, wertvolle alte Schriften einzusehen, die die Ungarn bei einem Feldzug gegen die Türken erbeutet hatten. Dort stellte er auch Tabellenwerke mit den Werten der Sinusfunktion zusammen, die er zunächst im Sexagesimalsystem (Zahlsystem zur Basis 60), dann auch im Dezimalsystem errechnete.

Im Jahre 1471 ließ sich Johann Müller in Nürnberg nieder, baute ein Observatorium und konstruierte astronomische Instrumente. Im Jahre 1472 beobachtete er einen Kometen, der 210 Jahre später bei seiner dritten

Wiederkehr nach Müllers Beobachtung den Namen Halleyscher Komet bekam. Johann Müller stellte auch fest, dass man aus der Position des Mondes den Längengrad auf der Erde ermitteln kann, an dem man sich befindet. Er beschreibt die Methode in seinem Werk Ephemerides (Positionsangaben von Himmelskörpern für die Jahre 1474 bis 1506). Johann Müller war einer der ersten, der Gutenbergs Erfindung des Buchdrucks im Jahre 1454 aufgriff. Er richtete in seinem Hause in Nürnberg seine eigene Druckwerkstatt ein. Dort druckte er auch seine Ephemeriden. Er druckte weitere astronomische Werke, die wegen hoher Nachfrage in der Folgezeit häufig nachgedruckt wurden. Speziell die Ephemeriden erfuhren eine hohe Verbreitung. Christoph Columbus und Amerigo Vespucci führten sie bei ihren Fahrten in die Neue Welt mit und bestimmten dort mit ihrer Hilfe die geographischen Längen ihre Aufenthaltsorte.

Im Jahre 1475 rief Papst Sixtus IV Johann Müller nach Rom in ein Gremium zur Vorbereitung einer Kalenderreform. Dort starb er am 6. Juli 1476 im Alter von 40 Jahren, vermutlich an der Pest. Gerüchte, er sei von den Söhnen des Georges de Trebizond, den er heftig kritisiert hatte, vergiftet worden, lassen sich nicht erhärten.

Die doppelte Buchführung
Luca Pacioli (Ca. 1445–1514)

Luca Paciola wurde in Borgo San Sepolcro in der Toscana geboren. Er trat in den Mönchsorden der Franziskaner ein, beschäftigte sich aber so intensiv mit Mathematik, dass er als Professor an mehrere italienische Hochschulen berufen wurde, darunter Perugia, Neapel, Mailand, Venedig und Rom.

Luca war äußerst vielseitig. Auf Anregung Leonardo da Vincis, mit dem er befreundet war, schrieb er eine Abhandlung „De divina proportione" über den Goldenen Schnitt (siehe Eudoxos und Leonardo Pisano), die von Leonardo da Vinci illustriert wurde. Vermutlich ebenfalls zusammen mit Leonardo da Vinci verfasste er ein Buch über das Schachspiel, dessen bisher einziges überkommenes Exemplar im Jahre 2006 in Gorizia in Friaul entdeckt wurde. In einem weiteren Buch beschreibt er neben mathematischen Rätseln und Tricks auch Zaubertricks, die auf der Anwendung von naturwissenschaftlichen Erkenntnissen beruhen, welche dem Zuschauer nicht geläufig sind.

Bekannt ist Luca Pacioli allerdings, weil man ihm die Erfindung der doppelten Buchführung zuschreibt. Diese wird in seinem Hauptwerk „Summa de Arithmetica, Geometria, Proportioni et Proportionalità" (Kompendium der Arithmetik, Geometrie, und der Proportionenlehre) vorgestellt. Luca Pacioli weist selbst darauf hin, dass diese Methode von genuesischen Finanzbeamten benutzt wurde. Vermutlich war sie auch in Venedig und anderen Handelsstädten bekannt. Paciolis Verdienst ist daher, dass er die Methode beschrieben und veröffentlicht hat.

Anmerkung: Die Idee der doppelten Buchführung beruht auf der Tatsache, dass geschäftliche Transaktionen immer zwei Aspekte haben. Ein

Verkauf ist zum Beispiel ein Austausch von Ware gegen Geld. Er führt beim Verkäufer zu einer Verminderung des Warenbestandes und zu einer Erhöhung des Kassenbestandes und damit zu Buchungen auf dem Warenkonto und dem Kassenkonto. Durch die doppelte Erfassung jedes Vorgangs ist eine bessere Kontrolle des Geschäfts möglich und Manipulationen werden erschwert.

Die Lösung der Gleichung 3.Grades
Scipione del Ferro (16.2.1465–29.10.1526)

Worum sich Generationen muslimischer Mathematiker vergeblich bemüht hatten, das schaffte Scipione del Ferro in einem Geniestreich: die algebraische, nicht nur numerische, Lösung der Gleichung 3. Grades. Genau genommen war er der Meinung, nur einen von verschiedenen Typen dieser Gleichung gelöst zu haben. Um das zu verstehen, muss man wissen, dass in der frühen Renaissance in Europa die negativen Zahlen noch nicht hoffähig waren. Daher wurden nur Gleichungen mit positiven Koeffizienten betrachtet und die Gleichungen (in moderner Schreibweise) $x^3 = ax + b$ und $x^3 + ax = b$ mit positiven Zahlen a und b wurden als verschieden angesehen. Es sei nebenbei bemerkt, dass man den quadratischen Term x^2, der in der allgemeinen Gleichung 3. Grades natürlich auch auftritt, immer durch eine geeignete Umrechnung der unbekannten Variablen in eine andere entfernen kann. Ferro gab für den zweiten Typ, also die Gleichung $x^3 + ax = b$ folgendes Lösungsverfahren an:

Bilde zunächst die Hilfsgröße $\left(\frac{a}{3}\right)^3 + \left(\frac{b}{2}\right)^2$. Weil a positiv ist, ist auch die Hilfsgröße positiv und damit kann man sie einer Quadratzahl gleichsetzen, also $r^2 = \left(\frac{a}{3}\right)^3 + \left(\frac{b}{2}\right)^2$.

Wenn wir nun die Wurzel aus der Hilfsgröße ziehen, also von r^2 zu r übergehen, dann ergibt sich die Lösung x als

$$x = \sqrt[3]{r + \frac{b}{2}} - \sqrt[3]{r - \frac{b}{2}}$$

Die Richtigkeit dieser Lösung bestätigt man, indem man sie für x in die Gleichung einsetzt. Man braucht den binomischen Lehrsatz für die dritte Potenz (siehe al-Karaji).

$$(m \pm n)^3 = m^3 \pm 3m^2n + 3mn^2 \pm n^3,$$

Der für beliebige Zahlen m, n richtig ist, angewendet auf

$$x = \sqrt[3]{r + \frac{b}{2}} - \sqrt[3]{r - \frac{b}{2}}$$

also für $m = \sqrt[3]{r + \frac{b}{2}}$ und $n = -\sqrt[3]{r - \frac{b}{2}}$. Mit einigen Umrechnungen erhält man das Ergebnis, dass tatsächlich

$$x^3 = b - ax$$

Wie del Ferro auf seine Lösung gekommen ist, bleibt sein Geheimnis. Man kann nur vermuten, dass er lange getüftelt und unterschiedliche Ansätze ausprobiert hat, bis er den richtigen Weg fand. Del Ferro ahnte nicht, dass seine Lösungsformel auch dann stimmt, wenn a oder b Null oder negativ sind. Dann muss man als Lösung allerdings einen neuen Typ von Zahlen zulassen, den wir in Kürze kennen lernen werden.

Über del Ferros Leben ist nicht viel bekannt. Er wurde in Bologna als Sohn des Floriano Ferro und seiner Ehefrau Filippa geboren. Sein Vater war in der damals aufblühenden Papierherstellung beschäftigt. Von 1496 bis an sein Lebensende war Scipione del Ferro als Mathematikprofessor an der Universität Bologna tätig, der ältesten in Europa. Schriften hat er nicht hinterlassen, außer einem kleinen Notizbuch, in dem er auch das obige Lösungsverfahren eingetragen hatte. Der Mathematiker, Physiker und Arzt Cardano konnte noch Einblick in dieses Notizbuch nehmen. Heute ist es leider verschollen. Wir kennen daher auch keine weiteren Ergebnisse von del Ferro.

Mathematik in der Kunst
Albrecht Dürer (21.5.1471–6.4.1528)

Wie kommt ein großer Künstler wie Albrecht Dürer in diese illustre Gesellschaft von Mathematikern? Natürlich war Dürer von Beruf bildender Künstler, aber Mathematik war für ihn mehr als nur ein Hobby, nämlich eine Vorbedingung seiner Kunst. Die Renaissance, die in Italien ihren Ausgang nahm, führte auch zu einer Neuorientierung der Kunst weg von der Darstellung religiöser Motive hin zu einer genauen Betrachtung und Wiedergabe der Natur und der Lebewesen; es sei nur an Dürers Hasen erinnert. Die Künstler entdeckten die Regeln der Perspektive und wendeten sie in ihren Bildern an, die dadurch eine räumliche Tiefe gewannen, welche die mittelalterlichen Bilder nicht hatten. Nun ist die Perspektive nichts anders als angewandte Geometrie. Es geht darum, die Bildgegenstände in den richtigen Proportionen zueinander darzustellen, anders als in der mittelalterlichen Kunst, in der die Größe der Personen in einem Bild durch ihren sozialen oder religiösen Rang bestimmt wurde. Luca Pacioli hat einen großen Teil seines Werkes Summa de Arithmetica der Proportionenlehre gewidmet und nahm damit einen entscheidenden Einfluss auf die Künstler seiner Zeit, allen voran Leonardo da Vinci. Dürer ging darüber hinaus, indem er die mathematischen Grundlagen der Kunst systematisch erforschte und in dem ersten deutschsprachigen Mathematikbuch vorstellte.

Dürers Familie kam aus Ungarn, wo sie den Namen Ajtos trug - ajto heißt auf Deutsch Tür. Sein Vater Albrecht Dürer sen. ließ sich als Goldschmied in Nürnberg nieder und verdeutschte seinen Namen mit Türer, welcher Name bald zu dem weicher auszusprechenden Dürer abgeschliffen wurde. Albrecht Dürer jun. war eines von 18 Kindern. Er besuchte die Lateinschule und zeigte schon früh ein außergewöhnliches Talent für das Zeichnen. Mit 15 Jahren begann er eine Lehre als Holzschnitzer und Maler und übertraf nach vier Jahren seinen Meister in jeder Hinsicht. Er traf Künstler der schwäbischen Schule, die ihn sehr beeindruckten und unternahm eine vierjährige Bildungsreise zum Bodensee, nach Basel und ins Elsass. Nach seiner Rückkehr nach Nürnberg heiratete er und machte sich schon bald darauf auf nach Italien, wo er in Venedig in Giovanni Bellini einen Künstler traf, der ihn sehr beeindruckt und beeinflusst hat und dem er sich zeit seines Lebens zu Dank verpflichtet fühlte. Auf dieser ersten Italienreise scheint er keinen der damals führenden italienischen Mathematiker getroffen zu haben, wurde aber auf Luca Paciolis Ausführungen über Proportionen aufmerksam gemacht. Nach seiner Rückkehr nach Nürnberg begann er sich intensiv mit Mathematik zu beschäftigen. Er las die Elemente des Euklid, ein Werk des römischen Architekten Vitruvius (1. Jahrhundert vor Christi Geburt) und Paciolis Summa Arithmetica. Seine Bilder gestaltete er mehr und mehr nach den Regeln der Proportionenlehre. Für seinen Kupferstich Adam und Eva (1504) etwa konstruierte er die Figuren mit Zirkel und Lineal wie geometrische Objekte. Seine Holzschnitte über das Leben der Jungfrau zeigen, dass er auch die Perspektive perfekt beherrschte.

Besonders bemerkenswert ist der Kupferstich Melancholia aus dem Jahre 1514, in dem zum ersten Mal in Europa ein magisches Quadrat mit 4 Zeilen und Spalten zu sehen ist, in dem in der untersten Zeile geschickt die Jahreszahl 15 | 14 eingebaut ist. (Ein *magisches Quadrat* ist in eine Anzahl von Kästchen eingeteilt, gleich viele waagerecht und senkrecht, so dass ihre Gesamtzahl eine Quadratzahl ist. In den Kästchen werden natürliche Zahlen so untergebracht, dass die Summen in jeder Zeile, jeder Spalte und den beiden Diagonalen gleich sind, siehe hierzu auch Stifel).

Nach langer Vorbereitung erschien im Jahre 1525 Dürers Mathematikbuch „Unterweisung der Messung mit dem Zirkel und Richtscheit". (Anmerkung: Das Richtscheit nennen wir heute Lineal.) Im ersten Teil seines Werkes gibt Dürer Konstruktionsanleitungen für eine Vielzahl von Kurven, zum Beispiel Spiralen und Zykloiden (Kurven, die beim Abrollen eines Rades entstehen, aber auch solche, die die Bewegung der Planeten im geozentrischen Weltbild beschreiben). Im zweiten Teil werden Konstruktionsmethoden für regelmäßige Vielecke beschrieben, so etwa für Fünfecke, Siebenecke, Neunecke, Elfecke und Dreizehnecke. Soweit diese Vielecke nicht exakt mit Zirkel und Lineal konstruierbar sind, gibt Dürer Näherungsmethoden an. Er beschreibt auch eine näherungsweise Dreiteilung des Winkels und eine näherungsweise Quadratur des Kreises (beides exakt nicht möglich). Der dritte Teil beschäftigt sich mit räumlichen Körpern, etwa Zylinder, Kegel, Pyramiden. Im vierten Teil betrachtet Dürer dann die 5 *Platonischen Körper* Tetraeder (4 Dreiecksflächen), Würfel (6 quadratische Flächen), Oktaeder (8 Dreiecksflächen), Dodekaeder (12 Fünfecksflächen) und Ikosaeder (20 Dreiecksflächen). Außerdem gibt er hier einen Abriss der Perspektive und der Schattengebung in perspektivischen Darstellungen.

In seinem mathematischen Meisterwerk über Proportionen, das kurz vor seinem Tode fertig wurde, legt Dürer die Grundlagen der Darstellenden Geometrie, die für die Architektur und das technische Zeichnen grundlegende Bedeutung erhielt.

Der Abschied vom geozentrischen Weltbild
Nikolaus Kopernikus (19.2.1473–24.5.1543)

Auch Kopernikus war kein Mathematiker, sondern als Arzt beim Domkapitel in Frauenburg im Ermland (Ostpreußen) beschäftigt. Sein Hobby war die Astronomie. Dennoch gehört er in diese Reihe bedeutender Mathematiker, weil er den Abschied vom geozentrischen Weltbild des Ptolemäos eingeleitet hat, indem er eine Theorie vorschlug, die die Berechnungen der Planetenbahnen erheblich vereinfachte. Hiermit hat er die Tür aufgestoßen für die in den folgenden Jahrhunderten sich entwickelnde Himmelsmechanik, die außergewöhnlich große mathematische Herausforderungen stellte, mit denen sich die Mathematiker bis ins 20. Jahrhundert auseinandersetzten.

Nikolaus Koppernigk, wie er ursprünglich hieß, wurde in Thorn an der Weichsel geboren. Sein Vater war in Krakau aufgewachsen, zog aber später nach Thorn, wo er als Regierungsbeamter und Kupferhändler zu Wohlstand kam. Er heiratete die Tochter Barbara des Thorner Stadtrates Lukas Watzenrode. Die Vorfahren beider Familien waren in Schlesien ansässig gewesen.

Im Alter von 10 Jahren verlor Nikolaus seinen Vater. Von da ab kümmerte sich der Bruder seiner Mutter Lukas Watzenrode jun. um die Erziehung des Nikolaus und seiner drei Geschwister. Lukas Watzenrode war Fürstbischof von Ermland (Hauptort Frauenburg), das sich ebenso wie die Stadt Thorn der polnischen Krone unterstellt hatte, sich aber ständiger Übergriffe durch den Deutschen Orden erwehren musste. Der junge Nikolaus studierte von 1491 bis 1494 in Krakau, wo er seinen Namen latinisierte, zunächst zu Coppernikus, dann zu Copernicus, und ging 1496 nach Bologna, um die Rechte zu studieren. Nebenbei studierte er auch Medizin und Astronomie und machte sich mit dem Weltbild des Ptolemäos und neueren Theorien zur Planetenbewegung vertraut. Im Jahre 1499 legte er in Bologna die juristische Magisterprüfung ab. Im selben Jahr promovierte er in Padua zum Doktor der Medizin.

Sein Onkel Lukas Watzenrode besorgte Nikolaus eine sichere Stellung als Arzt am Domkapitel in Frauenburg. Nikolaus Kopernikus übte den Arztberuf bis zu seinem Tode aus, hatte aber auch Aufgaben in der staatlichen und kirchlichen Verwaltung zu übernehmen. Insgesamt viermal wurde er zum Kanzler des Domkapitels gewählt. Er vertrat das Ermland mehrfach auf preußischen Landtagen, insbesondere nachdem Frauenburg in einem Krieg mit dem Deutschen Orden zerstört worden war und er auf dem Preußischen Landtag in Graudenz Klage über das Vorgehen der Ordensritter führte.

Kopernikus arbeitete auch an der Erstellung von Landkarten des damals vereinigten Königreiches Polen-Litauen und des Herzogtums Preußen mit.

Im Jahre 1509 verfasste Kopernikus eine kurze Denkschrift „Commentariolus", in der er die Theorie aufstellte, dass die Planeten einschließlich der Erde sich auf Kreisbahnen um die Sonne bewegen und dass die beobachtete Bewegung der Fixsterne durch die Drehung der Erde verursacht und somit nur scheinbar sei. Vorsichtshalber ging er mit dieser Theorie nicht an die Öffentlichkeit, sondern weihte nur enge Vertraute in seine Überlegungen ein. Außerdem hatte er seine Theorie noch nicht mathematisch ausgearbeitet und fürchtete allein schon deshalb die Ablehnung und den Spott der Fachgelehrten. Erst kurz vor seinem Tode veröffentlichte Kopernikus seine ausgearbeitete Theorie. Sein Werk „De Revolutionibus Orbium Coelestium" (Über die Bahnen der Himmelskörper), das 1543 in Nürnberg gedruckt wurde, widmete er Papst Paul III. In diesem Werk formuliert er in Wort und Bild das *heliozentrische Weltbild* (Sonne steht Mittelpunkt) und weist nach, dass sich die Planetenbahnen mit diesem Modell wesentlich einfacher berechnen lassen als im althergebrachten ptolemäischen geozentrischen Weltbild.

Die Theorie des Kopernikus hat nur einen kleinen Makel: Er geht davon aus, dass sich die Planeten auf Kreisbahnen um die Sonne bewegen. Deswegen konnte er seine Theorie auch nicht mit den Beobachtungsdaten in Einklang bringen. Kepler zeigte dann, dass die Planeten die Sonne auf Ellipsenbahnen umlaufen, die zum Teil nur geringfügig von der Kreisform abweichen. Aber dieser kleine Unterschied versöhnt die Theorie mit den beobachteten Daten.

Bereits in der Antike hatten verschiedene Astronomen ein heliozentrisches Weltbild entworfen, der wichtigste war Aristarchos von Samos, von dem Kopernikus definitiv beeinflusst wurde. Auch muslimische Wissenschaftler wie al-Biruni waren nahe daran, sich vom geozentrischen Weltbild zu verabschieden, ebenso wie in Europa Nikolaus von Kues, dem nur das mathematische Rüstzeug fehlte, um eine solch umstürzende Idee beweiskräftig vorzutragen, und Johann Müller, der sich mit der Idee eines heliozentrischen Systems befasst hatte, durch seinen frühen Tod aber daran gehindert wurde, sie auszuführen. Man kann aber davon ausgehen, dass Kopernikus die Überlegungen von Nikolaus von Kues und Johann Müller kannte.

Natürlich stieß Kopernikus' Theorie auf Widerstand. Fachgelehrte bestritten, dass die Erde sich bewegt, unter anderem, weil man dann doch einen Fahrtwind spüren müsste. Martin Luther wetterte gegen Kopernikus, er stelle die Astronomie auf den Kopf. Dabei sage die Heilige Schrift unmissverständlich, dass Josua die Sonne angehalten habe und nicht die Erde. Die Heilige Inquisition sah damals keinen Grund zum Eingreifen, wie später bei Galileo Galilei, weil die Theorie des Kopernikus als ein mathematisches Modell angesehen wurde, das die Berechnungen der Planetenbahnen vereinfacht und nicht etwa als ein Umsturz des geheiligten Weltbildes der Kirche.

Potenzrechnung und Logarithmen
Michael Stifel (Ca 1487–19.4.1567)

Michael Stifel war ein sperriger Mensch. Gebürtig in Esslingen am Neckar trat er in das dortige Augustinerkloster ein, fühlte sich aber bald nicht mehr wohl mit der damaligen Praxis der katholischen Kirche. Insbesondere lehnte er es ab, den Armen ihre wenigen Groschen für einen Ablass ihrer Sünden abzunehmen. Er verließ das Kloster und wurde ein überzeugter Lutheraner. Zeitweise wohnte er bei Luther in Wittenberg. Dieser verschaffte ihm eine Pfarrstelle in Lochau bei Halle. Dort fiel Stifel durch seine überzeugende Rhetorik, aber auch durch seinen Hang zur Mathematik auf, insbesondere zu der obskuren „Wortrechnung", mit der er aus Bibeltexten bestimmte Ereignisse vorausberechnen wollte. So errechnete er den Zeitpunkt des Weltuntergangs für den 18.10.1533 um genau 8:00 Uhr und war unvorsichtig genug, diesen nicht nur in seinen Predigten, sondern auch in einer kleinen Schrift anzukündigen. Der 18. Oktober 1533 verstrich jedoch ohne einschneidende Ereignisse, nur der Landesherr Kurfürst Johann Friedrich von Sachsen war nicht sehr angetan von der Unruhe, die Michael Stifel verbreitet hatte und verordnete ihm einen vierwöchigen Arrest. Die Pfarrstelle war er auch los. Luther setzte sich für ihn ein, und Michael Stifel erhielt eine neue Pfarrstelle in Holzdorf in Sachsen. Allerdings musste er versprechen, seine Wortrechnungen aufzugeben, was ihm jedoch nicht ganz gelang, denn er errechnete aus dem Namen des Papstes Leo Decimus (Leo der Zehnte) die Zahl 666, die für das in der Offenbarung des Johannes prophezeite endzeitliche Tier steht. Außerdem beschäftigte er sich mit magischen Quadraten (siehe Dürer) und konstruierte ein Quadrat mit 5 Zeilen und Spalten, bei dem das innere 3×3 Quadrat auch magisch ist.

3	18	21	22	1
24	16	11	12	2
7	9	13	17	19
6	14	15	10	20
25	8	5	4	23

Er wandte sich dann aber ernsthafteren Themen der Mathematik zu und erwarb im Jahre 1541 den Titel eines Magister Artium (Master of Arts, Magister der Künste) an der Universität Wittenberg. Noch in Holzdorf schrieb er sein Lehrbuch Arithmetica integra, das im Jahre 1544 in Nürnberg erschien. Im Jahr 1547 floh er vor dem Schmalkaldischen Krieg nach Ostpreußen, nahm dort zunächst wieder eine Pfarrstelle an und lehrte an der Universität Königsberg Philosophie und Mathematik. Er wurde auf einen Lehrstuhl berufen, lag aber bald mit seinen Kollegen im Streit und verließ daher im Jahre 1554 Königsberg in Richtung Sachsen. In dem kleinen Ort Brück südwestlich von Berlin, der damals noch zu Sachsen gehörte, bekam er eine Pfarrstelle, die er bis 1559 ausfüllte. In diesem Jahre wurde er an die Universität Jena berufen, wo er über Geometrie und Arithmetik las. Michael Stifel starb ungefähr 80jährig am 19. April 1567 in Jena.

Stifel hat sich intensiv mit Potenzrechnung beschäftigt. Er prägte den Begriff *„Exponent"* für die Hochzahl beim Potenzieren. Die Beschäftigung mit Potenzrechnung wird ihn zur Entdeckung der Logarithmen geführt haben. *Logarithmen* heißen die Lösungen von Gleichungen der Art

$$a^x = c,$$

in denen ein unbekannter Exponent x gesucht wird und a und c bekannte Zahlen sind. Die (eindeutig bestimmte) reelle Zahl x, die es immer gibt, wenn a und c positive Zahlen sind, heißt *Logarithmus von c zur Basis a*, oder in moderner Formelschreibweise

$$x = \log_a c$$

Aus den Regeln für die Potenzrechnung leitet man die folgende Eigenschaft der Logarithmen ab (die für jede Basis richtig ist)

$$\log(a \cdot b) = \log(a) + \log(b)$$

Diese Eigenschaft hat die Logarithmen zu einem wichtigen Hilfsmittel bei der Multiplikation großer Zahlen gemacht, die mühsam sein kann. Addiert man die Logarithmen beider Zahlen, so erhält man den Logarithmus des Produkts. Um das auszuführen, benötigt man nur ein Tabellenwerk mit den Werten des Logarithmus für einen möglichst großen Zahlbereich. Praktische Anwendung fanden Logarithmentafeln zur Basis 10.

Setzt man übrigens in obiger Formel b = 1, so ergibt sich

$$\log(a) = \log(a \cdot 1) = \log(a) + \log(1)$$

, also

$$\log(1) = 0$$

für alle Basen.

Im Zeitalter des Computers und des Taschenrechners sind Logarithmentafeln aus der Mode gekommen, aber Logarithmen finden nach wie vor Anwendung in halblogarithmischen oder logarithmischen Diagrammen, bei denen eine oder beide Achsen eines Koordinatensystems eine logarithmische Skaleneinteilung haben, das heißt: die Abstände zwischen 1 und 10, 10 und 100, 100 und 1000 usf. sind gleich groß. Eine solche Skaleneinteilung ermöglicht es, Wachstumskurven, wie zum Beispiel die Folge der Fibonaccizahlen (siehe bei Leonardo Pisano), als gerade Linien darzustellen.

Micheal Stifel hat einen eigenständigen Zugang zu den Logarithmen gefunden, deren Entdeckung in der Regel Jhone Neper (John Napier) zugeschrieben wird. In seinem Lehrbuch Arithmetica integra behandelt Micheal Stifel auch das Rechnen mit negativen Zahlen und verhilft dieser in Europa bis dahin nicht akzeptierten Zahlenart zum Durchbruch. Das dritte Buch dieses Werkes befasst sich mit Algebra. Hier wird unter anderem ein Algorithmus zur Lösung quadratischer Gleichungen angegeben. Stifel verwendet durchgängig die heute üblichen Operationssymbole + (plus), − (minus) und $\sqrt{}$ (Wurzel) und macht damit einen großen Schritt in Richtung auf die heute übliche Kurzschrift der Algebra.

Im Folgenden zum Vergleich ein Diagramm der ersten 40 Fibonaccizahlen mit gewöhnlicher Skalierung der senkrechten Achse und eines mit logarithmischer Skalierung. Während bei der normalen Skalierung die ersten 30 Zahlen alle nahe bei 0 erscheinen, kann man ihre ungefähre Größe bei der logarithmischen Skalierung gut erkennen.

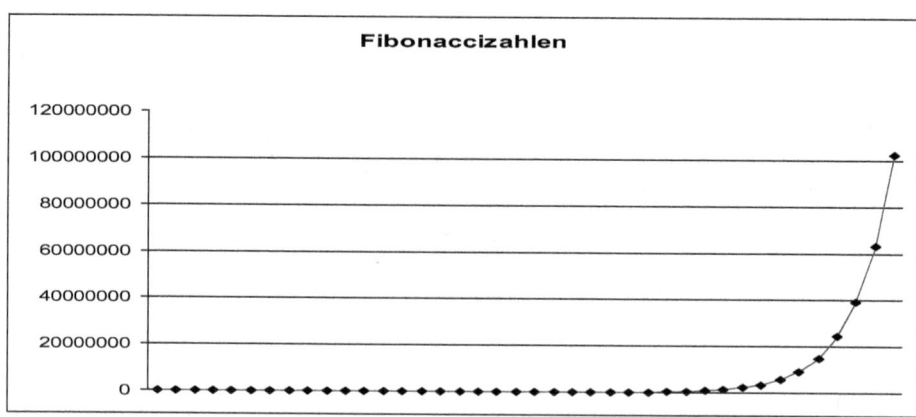

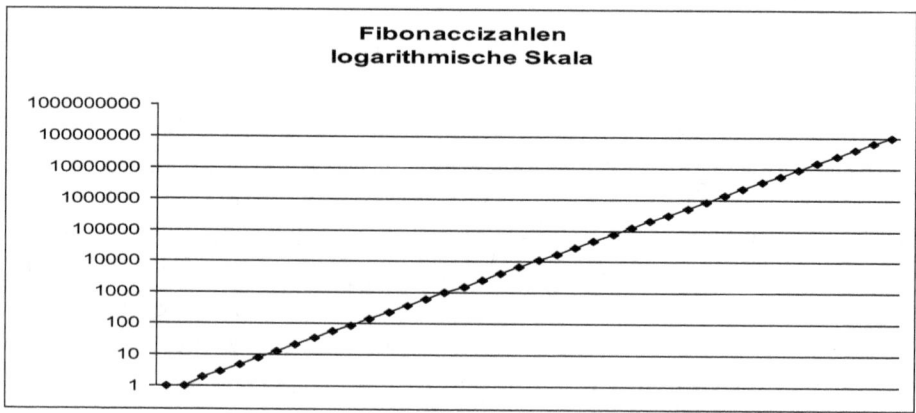

Der Mann, der den Deutschen das Rechnen beibrachte
Adam Ries (1492–30.3.1559)

Der Name des Rechenmeisters Adam Ries ist jedermann geläufig. Wenn wir die Richtigkeit einer Rechnung bekräftigen wollen, sagen wir: „das macht nach Adam Riese…". Wer war dieser Mann, dessen Name heute noch sprichwörtlich für die Rechenkunst steht?

Adam Ries ist nach eigener Auskunft in Staffelstein am Main geboren, höchstwahrscheinlich im Jahre 1492, dem Jahr der Entdeckung Amerikas. Über seine Jugend ist fast nichts bekannt. In den Unterlagen der deutschen Universitäten ist er nicht verzeichnet, so dass wir davon ausgehen können, dass er nicht studiert hat. Vermutlich ist er bei einem Rechenmeister in die Lehre gegangen. Im Jahre 1518 tauchte er in Erfurt auf, wo er eine Rechenschule leitete. Hier schrieb er seine beiden ersten Rechenbücher und ließ sie bei dem einheimischen Buchdrucker Mathes Maler drucken. In seinem ersten 1518 erschienenen Buch „Rechnung auff der linihen" beschreibt noch das traditionelle Rechnen mit Hilfe eines Abakus oder eines Rechentuches, in das Linien eingewirkt waren, die von unten nach oben für die Einer-, Zehner-, Hunderter-, und weiteren Stellen der in eine Rechnung eingehenden Zahlen vorgesehen waren. Daher der Titel „auff der linihen". Man legte auf jede Linie eine Anzahl Rechensteine, um die betreffende Dezimalziffer darzustellen. Alle Berechnungen wurden dann durch Verschieben und Ordnen der Steine durchgeführt. Kamen dabei auf einer Linie 10 oder mehr Steine zusammen, so wurden 10 Steine entfernt und dafür ein Stein auf der nächsthöheren Linie hinzugefügt. Das war der Zehnerübertrag.

In seinem zweiten Buch „Rechnung auff der Linihen und Federn", das 1522 erschien, stellt Adam Ries die traditionelle Rechenmethode dem

Rechnen mit arabischen Ziffern auf Papier und mit dem Federkiel (auff der Federn) gegenüber und weist nach, um wieviel einfacher, schneller und sicherer die neue Methode ist. Voraussetzung für die „Rechnung auff der Federn" war allerdings die Verfügbarkeit von Papier, das zu Adam Rieses Zeit gerade erst in ausreichender Menge auf den Markt kam.

In seinem dritten Buch „Rechnung nach der lenge/auff der Linihen und Feder. Dazu forteil und behendigten durch die Proportiones/Praktika genannt/Mit gründlichem Unterricht des Visierens" fasst Adam Ries sein gesammeltes Wissen zusammen und gibt auch eine Einführung in die Volumenbestimmung von Fässern und anderen Gefäßen.

Im Jahre 1524 übernahm Adam Ries – modern gesprochen – die Position des Leiters des Rechnungswesens der Bergbaubetriebe in Annaberg im Erzgebirge. Er heiratete Anna Leuber aus Freiberg, kaufte ein Haus und später noch ein Landgut und zeugte acht Kinder. Vier Söhne wurden ebenfalls Rechenmeister, einer wurde wie Adam Ries selbst mit dem Titel eines sächsischen Hofarithmeticus ausgezeichnet. Als ab 1540 die Ausbeute der Bergwerke zurückging, verlor Adam Ries einen Teil seines sehr guten Einkommens, konnte sich aber mit einer Rechenschule und einigen Nebenjobs ganz gut über Wasser halten. Wahrscheinlich ist dies aber der Grund, warum sein Hauptwerk, die „Coß" (Algebra, Coß von italienisch cosa, = Sache, Ding) nicht gedruckt wurde. Es war damals üblich, dass der Autor die Druckkosten vorstreckte, und vermutlich brachte Adam Ries die erforderliche Summe nicht auf. In der Coß führt Adam Ries das Rechnen mit Buchstabensymbolen ein, führt Rechnungen symbolisch bis zu Endformeln durch und lässt negative Zahlen als Lösungen von Gleichungen zu.

Adam Ries schrieb seine Bücher in deutscher Sprache und erreichte damit hohe Auflagen. Da seine Bücher gut aufgebaut und leicht fasslich geschrieben sind, wurden sie lange Zeit als Standardwerke benutzt, so dass man mit Recht feststellen kann, dass Adam Ries den Deutschen das Rechnen beigebracht hat.

Adam Ries war nicht nur der große Rechenmeister, sondern er kannte sich auch in der Geometrie aus. Eine Anekdote berichtet, dass er einmal von einem Geometer, der sich durch einen in seine Mütze eingestickten Zirkel als Meister seines Fachs auswies, zu einem Wettstreit herausgefordert wurde. Es ging darum, wer in einer gegebenen Zeit die meisten rechtwinkligen Dreiecke mit derselben Grundseite konstruieren konnte. Während der Meister des Zirkels von einem Endpunkt der Grundseite aus eine Seite des zu konstruierenden Dreiecks abtrug und auf diese von dem anderen Endpunkt der Grundseite das Lot fällte, schlug Ries den Thaleskreis (siehe Thales) über der Grundseite und war dann in der Lage, mit großer Geschwindigkeit ein rechtwinkliges Dreieck nach dem anderen zu zeichnen, weil er nur den auf dem Thaleskreis gelegenen dritten Eckpunkt aussuchen und mit den Endpunkten der Grundseite verbinden musste. Damit war klar, dass Adam Ries den Zirkel nicht am Kopf, sondern im Kopf mit sich trug.

Streit um die Gleichung 3. Grades
Niccolo Fontana Tartaglia (1499–13.12.1557)

Niccolo Fontana stammt aus Brescia. Den Spitznamen Tartaglia (der Stotterer) erhielt er, weil er nach schweren Misshandlungen, die dem 13jährigen Jungen von französische Soldaten zugefügt hatten, sein Leben lang stotterte. Er arbeitete dieser Behinderung zum Trotz als Lehrer für Latein, Griechisch und Mathematik in verschiedenen norditalienischen Städten, zuletzt in Venedig. Dort übernahm er auch zeitweise die Aufsicht über die Verteidigungsanlagen der Stadt und leitete das Schatzministerium. Sein Herz gehörte aber der Mathematik. Er kannte den binomischen Lehrsatz, den bereits al-Karaji etwa 500 Jahre zuvor entdeckt hatte. Niccolo Fontana Tartaglia nutzte ihn jedoch, um damit Fragen der Wahrscheinlichkeitsrechnung anzugehen. Er gehört auch zu den ersten, die sich der Ballistik zuwandten, indem er die Bahn einer abgeschossenen Kanonenkugel untersuchte. Dabei stieß er auf die Regeln für das Zusammenwirken von Kräften, die auf ein bewegtes Objekt einwirken (Kräfteparallelogramm).

Bekannt wurde Niccolo Fontana Tartaglia jedoch als einer der Entdecker der Lösungsformeln für kubische Gleichungen (Gleichungen dritten Grades) und als Hauptbeteiligter eines skurrilen Streits um die Urheberschaft dieser Formeln. Wir wissen, dass bereits Scipione del Ferro (siehe dort) um das Jahr 1500 die Lösungsformel für eine Klasse kubischer Gleichungen entdeckt hatte. Er hatte sie an seinen Schüler Antonio del Fiore weitergegeben, der versprechen musste, sie geheim zu halten. Der Grund dafür war, dass immer wieder Mathematikwettbewerbe veranstaltet wurden, in denen es auch um die Lösung kubischer Gleichungen ging. Wer die Formeln kannte, konnte seine Konkurrenten schlagen und attraktive Geldpreise gewinnen.

Im Jahre 1535 trat Antonio del Fiore in einem Wettbewerb um die Lösung von 30 kubischen Gleichungen gegen Tartaglia an. Da beide im Besitz der Lösungsformel waren, gab es keinen Sieger. Tartaglia deutete gegenüber Gerolamo Cardano sein nicht veröffentlichtes Lösungsverfahren an und bat ihn, dieses geheim zu halten. Cardano hatte im Jahre 1542 die Möglichkeit, das Notizbuch del Ferros einzusehen und fand darin die Lösungsformel, die mit der von Tartaglia übereinstimmte. Nun lag die Vermutung nahe, dass Tartaglia die Lösungsformel gestohlen habe. Cardano fühlte sich deshalb an sein Geheimhaltungsversprechen nicht mehr gebunden und veröffentlichte im Jahre 1545 in seinem Werk Ars magna die Lösungsformel, die er allerdings so verallgemeinert hatte, dass sie für alle kubischen Gleichungen benutzbar war. Tartaglia konterte im folgenden Jahr in seinen Quesiti, in denen er die Urheberschaft für sich in Anspruch nahm. Er beschuldigte Cardano des Meineids, weil dieser geschworen hatte, die Formel nicht zu veröffentlichen, und erreichte mit weiteren Beschuldigungen, dass Cardano unangenehme Bekanntschaft mit der Inquisitionsbehörde machte.

Große Verdienste erwarb sich Tartaglia jedoch mit einer Übersetzung der Elemente des Euklid ins Italienische. Bis dahin gab es nur Übersetzungen von arabischen Übersetzungen, in die sich durch den zweifachen Übersetzungsprozess einige Fehler eingeschlichen hatten.

Tartaglia starb am 13. Dezember 1557 als angesehener Bürger in Venedig.

Das Wagnis, neue Zahlen einzuführen
Gerolamo Cardano (24.8.1501–21.9.1576)

Der Name Cardanos wird auf immer mit der kardanischen Aufhängung verbunden sein. Diese besteht aus zwei senkrecht zueinander ineinander gehängten Bügeln. Der äußere Bügel wird beweglich an einem festen Balken oder ähnlichem aufgehängt. Auf einem Schiff kardanisch aufgehängte Gegenstände verändern ihre Lage beim Rollen und Stampfen des Schiffes nicht. Deshalb ist in der Regel der Schiffskompass so aufgehängt. Die Kardanische Aufhängung war bereits vor Cardanos Zeiten in Gebrauch, aber bei Cardano finden wir ihre erste Beschreibung. Später wurde für die Gelenkwelle der Automobilachse der Name Kardanwelle gewählt, weil das Kreuzgelenk, mit dem die beiden Achsteile verbunden sind, der kardanischen Aufhängung ähnelt.

Gerolamo Cardano, geboren in Pavia, war im Hauptberuf Arzt, und zwar der berühmteste und gesuchteste seiner Zeit. Er übte seinen Beruf in den letzten Jahren vor seinem Tode in Rom aus. Dort sagte er Tag und Stunde seines eigenen Todes voraus, musste allerdings feststellen, dass er sich an dem vorausgesagten Tag bei bester Gesundheit befand. Um seinen Fehler nicht einzugestehen, verübte er am 21.September 1576 Selbstmord.

Mathematik war für Cardano nur eine Nebenbeschäftigung, dennoch hat er mehrfach Neuland betreten. Im Jahre 1545 erschien sein mathematisches Hauptwerk „Ars magna de Regulis Algebraicis" (Große Kunst der algebraischen Regeln), in dem er die Lösungsformel für die allgemeine Gleichung 3. Grades und die von seinem Schüler Lodovico Ferrari gefundene Lösungsformel für Gleichungen 4. Grades veröffentlichte. Dies brachte ihn in Konflikt mit Tartaglia, wie dort berichtet. Cardano erkannte, dass die Lösungsformeln formal auch Ergebnisse liefern, die keine reellen Zahlen sind. Ein einfaches Beispiel für solch einen Fall bietet die kubische Gleichung

$$x^3 + x^2 + x^1 + 1 = 0.$$

Man erkennt leicht, dass -1 eine Lösung ist. Man kann die Gleichung daher schreiben als.

$$(x + 1) \cdot (x^2 + 1) = 0$$

(siehe hierzu Viète. Die Faktorisierung, die Viète für quadratische Gleichungen bewiesen hat, lässt sich auf Gleichungen höheren Grades übertragen.)

Der zweite Faktor kann nicht 0 sein, wenn x eine reelle Zahl ist, weil x^2 nie negativ und damit $x^2 + 1$ immer größer als Null ist. Will man die Gleichung $x^2 + 1 = 0$ dennoch lösen, muss man eine neue Klasse von Zahlen einführen. Dies ist nichts Ungewöhnliches, denn auch die negativen Zahlen ergeben sich als Lösung von Gleichungen, die keine positive Lösung haben, die Brüche als Lösung von Gleichungen, die keine ganzzahligen Lösungen haben und die (algebraischen) Irrationalzahlen, zum Beispiel Wurzeln, als Lösung von Gleichungen, die keine rationalen Lösungen haben. Was spricht also dagegen, auch der obigen Gleichung eine Lösung zuzuordnen, die einem neuen Zahlenreich entstammt? Cardano gehört zu den ersten, die diesen Schritt wagten. Es erweist sich, dass die Gleichung $x^2 + 1 = 0$ für die neuen Zahlen grundlegend ist. Ihre beiden Lösungen werden seit Euler (siehe dort) mit i und $-i$ bezeichnet, Dabei steht der Buchstabe i für „imaginär", deutet also an, dass man diese Lösungen als nur eingebildet betrachtete. Es ist.

$$i^2 = (-i)^2 = -1$$

Man stellte schnell fest, dass man alle Lösungen quadratischer, kubischer, oder biquadratischer (4. Grad) Gleichungen in der Form

$$a + bi$$

schreiben kann, wobei a und b reelle Zahlen sind. Mit diesen Ausdrücken kann man rechnen, wie mit reellen Zahlen, wenn man dabei

$$i^2 = (-i)^2 = -1 \text{ und } i \cdot (-i) = 1$$

beachtet. Die Multiplikation zweier solcher Ausdrücke

$$a + bi \text{ und } c + di$$

ausgeführt nach den bekannten Klammerregeln ergibt

$$(a + bi) \cdot (c + di)$$
$$= a \cdot c + a \cdot di + bi \cdot c + bi \cdot di$$
$$= a \cdot c + (a \cdot d + b \cdot c)i + b \cdot d\, i^2$$

$$= a \cdot c - b \cdot d + (a \cdot d + b \cdot c)i,$$

also wieder einen Ausdruck der Form a + bi Bei der Addition ergibt sich

$$(a + c) + (b + d)i.$$

Man kann nachprüfen, dass für das Rechnen mit Ausdrücken der Form a + bi die bekannten Rechenregeln gelten, daher betrachtet man diese Ausdrücke als eine neue Klasse von Zahlen und nennt sie (seit Gauß, siehe dort) *komplexe Zahlen*. (Komplex, weil sie zusammengesetzt sind aus einer reellen Zahl a, dem *Realteil* und einer imaginären Zahl bi, dem *Imaginärteil*). Cardano gehörte zu den ersten, die mit komplexen Zahlen rechneten.

In einem anderen Werk, das schon 1524 erschien, legt Cardano die Grundlagen der Wahrscheinlichkeitsrechnung, angetrieben durch sein Interesse an Glücksspielen. Das Werk heißt daher auch „Liber de Ludo Aleae" (Buch über das Spiel mit dem Würfel). Cardano soll die Mittel für sein Medizinstudium beim Glücksspiel erworben haben, indem er sein überlegenes Wissen der Wahrscheinlichkeitsrechnung einsetzte.

Cardano wurde, wie bereits berichtet (siehe Tartaglia) von Tartaglia des Meineids und des Diebstahls beschuldigt. Dies führte dazu, dass im Jahre 1570 im Kerker der Inquisition landete. Allerdings musste er dort nicht lange schmachten, denn einer seiner dankbaren Patienten, der Erzbischof von Schottland, setzte sich für ihn ein und bewirkte seine Freilassung.

Die Faktorisierung des Polynoms 2. Grades
François Viète (1540–13.12.1603)

François Viète oder Franciscus Vieta, wie er sich auch nannte, wurde in dem kleinen Ort Fontenay-le-Comte in der südlichen Vendée als Sohn eines wohlhabenden Kaufmanns geboren. Er besuchte eine Klosterschule, wo er eine gründliche Bildung erwarb, und studierte anschließend Rechtswissenschaften in Poitiers. Im Alter von 20 Jahren schloss er sein Studium mit dem Titel Bachelier ès lois (Bachelor der Rechte) ab und erhielt er den Posten des Staatsanwalts (avocat du roi) am Gericht seiner Heimatstadt, auf dem er sich einen Ruf als hervorragender Jurist erwarb. Er heiratete Barbe Cothereau, mit der er eine Tochter – Jeanne – hatte. Parallel zu seiner Tätigkeit als Staatsanwalt diente er ab 1564 der protestantischen Familie des Grafen Jean de Parthenay l'Archevêque als Sekretär und Biograph und unterrichtete dessen Tochter Cathérine, die sich sehr für Astronomie interessierte. Dies war für Viète eine Herausforderung, sich auch mit dieser Wissenschaft zu befassen. Er schrieb ein kleines Büchlein über die Planetentheorie nach Ptolemäos. Die Schriften des Kopernikus waren in Frankreich offensichtlich noch nicht angekommen. Ungefähr gleichzeitig verfasste er seinen „Canon mathematique", der erst 1579 in Paris erschien.

Von 1571 – 73 arbeitete er als Anwalt am Pariser Appellationsgericht (parlement). Er wurde Zeuge der Bartholomäusnacht, in der auch der Ehemann seiner Schülerin Cathérine ermordet wurde, während sie selbst mit knapper Not dem Massaker entging.

In der Zeit von 1574 bis 1580 war er am Appellationsgericht der Bretagne tätig, konnte aber nur selten an den Sitzungen teilnehmen, da er von König Henri III mit zahlreichen Sondermissionen beauftragt wurde. Am

28.3.1580 ernannte ihn Henri III zum Maitre des Requêtes ordinaire de l'Hôtel du Roi auf Lebenszeit, also zum Bearbeiter der Bittschriften an den König. Von dieser Aufgabe wurde er 1584 auf Druck der katholischen Liga entbunden. Er zog sich auf sein väterliches Landgut La Bigotière bei Fontenay zurück, verweilte zeitweise auf dem Gut der Grafen von Parthenay in Soubise bei Rochefort und widmete sich seinem mathematischen Hauptwerk „Art analytique".

Nach dem Tode des Königs Henri III berief ihn dessen Nachfolger Henri IV wieder in seine alte Stellung und ernannte ihn zusätzlich zum Berater des Königs. Er entzifferte verschlüsselte feindliche Botschaften, speziell solche aus Spanien, an denen auch der Vatikan interessiert war. Die Kirche strengte ein Strafverfahren wegen Hexerei gegen ihn an, weil der Code als nicht entschlüsselbar galt, aber Viète entging einer Bestrafung. Anfang der neunziger Jahre des 16. Jahrhunderts führte er mehrere Dispute über mathematische Fragen mit dem Humanisten und Mathematiker Joseph Scaliger, die ihn zu einer kleinen Schrift veranlassten, in der er die mathematischen Irrtümer des Scaliger korrigierte. 1595 löste er ein Problem, das der belgische Mathematiker Adrien Romain „allen Mathematikern der Welt" gestellt hatte. Dieser besuchte ihn wenig später in La Bigotière, und die beiden arbeiteten einige Wochen zusammen an mathematischen Fragen.

Im Jahre 1597 wurde Viète von Henri IV zum Commissaire pour la Généralité du Poitou (eine Art Regierungsrat) ernannt. In seiner Freizeit führte er seine mathematischen Studien weiter. Er beschäftigte sich auch mit Fragen des Kalenders und veröffentlichte einen Bericht über eine verbesserte Version des Gregorianischen Kalenders, mit dem er erneut den Unwillen der katholischen Kirche erregte.

Im Jahre 1602 entband ihn Henri IV auf eigenen Wunsch aus Gesundheitsgründen von allen seinen öffentlichen Aufgaben. François Viète starb am 23. Februar 1603 in Paris.

Obwohl Amateur, hinterließ Viète ein eindrucksvolles mathematisches Werk. Er führte konsequent Buchstabensymbole für bekannte und unbekannte Größen ein, unterschied zwischen numerischer Rechnung mit Zahlen und symbolischer Rechnung mit Buchstabensymbolen. Auch für die Rechenoperationen führte er Kürzel ein. Wie Michael Stifel benutzte er die Symbole +, − für Addition und Subtraktion und bereicherte die mathematische Symbolik durch den Bruchstrich. Mit diesen Neuerungen, die wir allerdings zum Teil auch schon in der Coß von Adam Ries und bei Michael Stifel finden, gilt Viète als einer der Väter der neuzeitlichen Algebra.

Die Faktorisierung des Polynoms 2. Grades

Berühmt wurde Viète durch die nach ihm benannten Formeln, mit denen er die Lösungen einer quadratischen Gleichung in Beziehung zu ihren Koeffizienten setzt. Die Gleichung

$$x^2 - 3x - 10 = 0$$

hat die Lösungen $x_1 = 5$ und $x_2 = -2$

Nun ist $5 + (-2) = 3$ und $5 \cdot (-2) = -10$. Oder allgemein ausgedrückt: Die Summe der beiden Lösungen ist der Koeffizient von x mit negativem Vorzeichen, ihr Produkt ist gleich dem absoluten Term. In abstrakter Formelsprache:

Sind x_1 und x_2 die Lösungen der quadratischen Gleichung $x^2 + px + q = 0$, so ist

$$x_1 + x_2 = -p$$

und

$$x_1 \cdot x_2 = q$$

Der Trick ist, dass eine quadratische Gleichung durch ihre Lösungen (bis auf einen gemeinsamen Faktor aller Koeffizienten) vollständig bestimmt ist. Die Gleichungen

$x^2 + px + q = 0$ und $(x - x_1) \cdot (x - x_2) = 0$

haben beide die Lösungen x_1 und x_2, und sind identisch, weil in beiden der Koeffizient von x^2 gleich 1 ist. Die zweite Gleichung wird ausmultipliziert zu

$$x^2 - (x_1 + x_2) \cdot x + x_1 \cdot x_2 = 0,$$

woraus die obigen Gleichungen $x_1 + x_2 = -p$ und $x_1 \times x_2 = q$ folgen.

Anders gewendet: Das Polynom 2. Grades

$$P(x) = x^2 + px + q$$

lässt sich als Produkt von zwei Linearfaktoren

$$P(x) = x^2 + px + q = (x - x_1) \cdot (x - x_2)$$

schreiben, in denen die Unbekannte x nur in der ersten Potenz vorkommt.

Diese Faktorisierung kann man auf Polynome höherer Grades verallgemeinern. Dies ist der Gegenstand des *Fundamentalsatzes der Algebra* (siehe Legendre und Gauß).

Die Popularisierung der Dezimalbrüche
Simon Stevin (1548–1620)

Simon Stevin war ein vielseitiger Mathematiker, Physiker und Ingenieur. Geboren in Brügge in Flandern begann er seine Karriere in Antwerpen als Buchhalter, bereiste Polen, Dänemark und Norddeutschland, und ließ sich schließlich in Leiden in Holland nieder. Seine spektakulärste Erfindung war ein Segelwagen, mit dem man den Strand entlang sausen konnte. Um 1600 herum soll er ihn gemeinsam mit Prinz Moritz von Oranien (1567–1625) und anderen am Strand von Scheveningen ausprobiert und damit eine höhere Geschwindigkeit als ein Reiter im Galopp erreicht haben. Prinz Moritz suchte danach des Öfteren Stevins Rat in technischen Fragen. Wahrscheinlich auf dessen Anregung beschäftigte Stevin sich auch mit dem Festungsbau und Verteidigungsstrategien für Festungen. Er stellte den Grundsatz auf, dass Festungen nur mit Artillerie erfolgreich zu verteidigen seien, während man bis dahin leichte Handfeuerwaffen für ausreichend hielt. Prinz Moritz hat allerdings mehr Festungen erfolgreich belagert und erobert, als verteidigt. Er wurde 1585 zum Statthalter der niederländischen Provinzen Holland, Zeeland und etwas später auch Utrecht gewählt, reorganisierte ab 1590 die Armee dieser Provinzen, vertrieb die Spanier und befreite in den Jahren 1591 bis 1594 die Provinzen Gelderland, Overijssel, Friesland und Groningen von der spanischen Herrschaft. Simon Stevin hat ihn dabei durch ein auf die Niederlande zugeschnittenes Konzept der Verteidigung durch ein System von Schleusen unterstützt.

Stevin machte einige grundlegende Entdeckungen im Bereich der Hydrostatik, der Lehre von unbewegten, strömungsfreien Flüssigkeiten, etwa dass der Druck, den eine Flüssigkeit in einem Gefäß auf dessen Grundfläche ausübt, von der Form des Gefäßes (ob oben schmal oder weit, bauchig oder gerade) unabhängig ist und nur von der Höhe der Flüssigkeitssäule abhängt. Er durchschaute das Prinzip der kommunizierenden Röhren, nach dem der Flüssigkeitspegel in miteinander verbunden Röhren überall gleich hoch ist. Nach unserer Kenntnis war Simon Stevin der erste, der die Gezeiten des Meeres durch die Anziehungskraft des Mondes erklärte.

In der Mathematik setzte sich Simon Stevin erfolgreich für die Benutzung von Dezimalbrüchen ein. Diese wurden zwar schon von Abu'l Hasan Ahmad ibn Ibrahim Al-Uqlidisi ungefähr 600 Jahre früher eingeführt (siehe dort). Sie wurden aber lediglich von Mathematikern für die Berechnung von Wurzeln und für astronomische Berechnungen benutzt – soweit diese nicht im Sechzigersystem ausgeführt wurden. Simon Stevin machte mit seiner kleinen Schrift „De Thiende" (Das Zehntel) aus dem Jahre 1586 die Dezimalbrüche in weiten Kreisen populär und erreichte, dass sie auch im kaufmännischen Rechnungswesen und sonstigen alltäglichen Berechnungen benutzt wurden, wie es heute selbstverständlich ist. Allerdings fand Simon Stevin noch nicht die uns heute vertraute Schreibweise der Dezimalbrüche mit dem Dezimalkomma.

Simon Stevin war von Dezimalzahlen so begeistert, dass er für alle Münz- Maß- und Gewichtssysteme dezimale Einteilungen forderte. Diese Forderung wurde im 19. und 20. Jahrhundert in den meisten Ländern der Welt erfüllt. Selbst die Briten haben sich von inch, yard, mile, pint und pound, shilling und farthing verabschiedet und benutzen jetzt Meter, Kilometer, Liter, Kilogramm und teilen ihre Währungseinheit Pfund nicht mehr in 20 shillings à 12 pence à 2 halfpennies oder 4 farthings, sondern ganz prosaisch in 100 pence.

Stevin entwickelte auch eine musikalische Harmonielehre, die zu der euklidischen im scharfen Widerspruch stand. Er hatte keine Scheu vor irrationalen Tonverhältnissen und benutzte zum Beispiel für die zwölfstufige Lautenstimmung Potenzen der zwölften Wurzel aus 2, für die er Näherungswerte als Dezimalbrüche angab.

Auch als Sprachschöpfer hat sich Simon Stevin betätigt und die niederländische Sprache um einige Wortschöpfungen im Bereich der Mathematik bereichert. Mathematik heißt nach ihm im Niederländischen „wiskunde", und für das Subtrahieren fand er das Wort „aftrekken", dem Deutschen „abziehen" ähnlich, für das Dividieren das Wort „delen" (deutsch: „teilen").

Noch einmal der Logarithmus
Jhone Neper (1550–4.4.1617)

Jhone Neper in der wahrscheinlichsten zeitgenössischen Schreibweise ist heute unter dem Namen John Napier bekannt. Er gilt als Erfinder der Logarithmen, obwohl Micheal Stifel bereits einige Jahre vor seiner Geburt auf die Logarithmen gestoßen war. Jhone Neper, der Mathematik als Hobby betrieb, fand in dem 11 Jahre jüngeren Henry Briggs einen kongenialen Fachmann, der seine Idee aufgriff, in praktikable Form brachte und in der wissenschaftlichen Gemeinschaft publik machte.

Jhone Neper entstammt einer bedeutenden schottischen Familie, die seit Mitte des 15. Jahrhunderts den Landsitz Merchiston bei Edinburgh besaß. Dieser war, allerdings nicht durchgängig, bis ins 19. Jahrhundert im Besitz der Familie Napier. Heute liegt Merchiston Castle im Merchiston District von Edinburgh und ist Sitz der Napier University, von deren modernen Gebäuden es fast erdrückt wird. Jhones Vater Archibald Neper wurde im Jahre 1565 geadelt und 1582 zum Direktor der schottischen Münze ernannt, wodurch es ihm möglich war, die Finanzen der Familie auf eine solide Grundlage zu stellen.

Jhone nahm sein Studium an der schottischen Universität St. Andrews im Alter von 13 Jahren auf. Da er dort nicht als Absolvent verzeichnet ist, muss man annehmen, dass er noch an mindestens einer anderen europäischen Universität studiert hat, möglicherweise an der Sorbonne in Paris. Dort muss er auch sein mathematisches Wissen und seine profunde Kenntnis der klassischen Literatur erworben haben. In St. Andrews hatte er dagegen ein großes Interesse für Theologie gezeigt und sich zu einem überzeugten Protestanten entwickelt. Um 1570 herum war er wieder in Schottland und heiratete 1572. In diesem Jahr waren auch die weitläufigen Familienbesitzungen auf ihn überschrieben worden. Zu diesen gehörte auch ein Landgut bei Gartness in der Nähe von Glasgow, wo Jhone Neper ein Schloss errichten ließ, in dem er mit seiner Frau von 1774 an lebte.

Die ersten Veröffentlichungen Jhone Nepers beschäftigen sich mit theologischen Fragen. Er fürchtete eine Rückkehr des „Papismus", also der Abhängigkeit vom Papst, auf die britische Insel und verfasste eine Schrift über die „Entdeckung der vollständigen Offenbarung des Johannes", um dieser Gefahr entgegenzutreten. Die Schrift über die Napierschen Logarithmen „Mirifici logarithmorum canonis descriptio" (Beschreibung des wunderbaren Kanons der Logarithmen) erschien 1614, als Neper schon 64 Jahre alt war. Er formuliert das Ziel, aufwendige Rechenoperationen wie Multiplizieren, Dividieren und das Ziehen zweiter und dritter Wurzeln auf Addition, Subtraktion und Division durch 2 oder 3 zurückzuführen. Dies ist genau das, was Logarithmen leisten können. Allerdings mutet Nepers Zugang zu den Logarithmen aus heutiger Sicht absonderlich an. Er lässt auf zwei Skalen Punkte mit unterschiedlicher Geschwindigkeit wandern. Die Geschwindigkeiten sind so gewählt, dass der Punkt auf der einen Skala den Logarithmus des Punktes auf der anderen Skala angibt. Dieser Logarithmus hat keine Basis (siehe dazu den Abschnitt über Micheal Stifel) und weist daher die große Schwäche auf, dass $\log 1 \neq 0$, , anders als bei den Logarithmen, die wir kennen. (Weil für alle reellen Zahlen a $a^0 = 1$ gilt, ist notwendigerweise $\log 1 = 0$ und zwar bei jeder Basis, siehe hierzu Stifel.) Zur Korrektur dieses Konstruktionsfehlers hat Henry Briggs entscheidend beigetragen, der Jhone Neper im Sommer 1615 in Merchiston Castle besuchte. Bereits vor seinem Besuch hatte er Jhone Neper in einem Schreiben vorgeschlagen, die Logarithmen zur Basis 10 zu berechnen und dieser hatte ihm geantwortet, er habe dieselbe Idee auch schon gehabt, aber noch nicht ausführen können. Beide nutzten den Aufenthalt von Briggs in Merchiston Castle, um Logarithmentafeln zur Basis 10 zu erstellen. Briggs besuchte Neper noch einmal im Jahre 1616, ein dritter Besuch im Jahre 1617 wurde durch den Tod Jhone Nepers vereitelt.

Jhone Nepers letztes Werk Rabdologiae wurde in seinem Todesjahr veröffentlicht. In diesem beschreibt er seine Erfindung eines Vorläufers des Rechenschiebers. Er nannte die von ihm erdachten Stäbe mit unterschiedlichen Skalen „numbering rods", zu Deutsch Rechenstäbe, wörtlich Zählruten. Da sie in Elfenbein ausgeführt waren und wie Knochen aussahen, sind sie unter dem Namen *Napiers Knochen* in die Geschichte eingegangen.

Ein glänzender Kommunikator
Henry Briggs (Februar 1561–26.1.1630)

Manchmal braucht die Mathematik gute Kommunikatoren, die die Erkenntnisse der Theoretiker einer breiteren Öffentlichkeit zugänglich machen. Zu diesen gehören Adam Ries, Simon Stevin und auch Henry Briggs, der für die Verbreitung der Logarithmen in der wissenschaftlichen Gemeinschaft sorgte.

Briggs wurde in dem kleinen Ort Warleywood bei Halifax in Yorkshire geboren. Er besuchte eine Grammar School, wo er sich besonders in den alten Sprachen hervortat und wurde im November 1577 mit 16 Jahren in das St. John's College der Universität Cambridge aufgenommen. Im Jahre 1581 legte er die Bachelorprüfung ab und erwarb im Jahre 1585 den Titel eines Magister Artium (M.A., Master of Arts). In der Folge wurde Briggs zum Fellow des St. John's College gewählt und im Jahre 1592 auf einen Lehrstuhl für Medizin im Royal College of Physicians in London berufen. Im gleichen Jahr erhielt er an der Universität Cambridge die Lehrbefugnis für Mathematik.

Im Jahre 1596 erreichte Briggs der Ruf als Professor für Geometrie an das neu gegründete Gresham College in London. Aus diesem College ging Mitte des 17. Jahrhunderts die Royal Society of London hervor. Briggs lehrte 23 Jahre am Gresham College. Aus seinem Briefwechsel mit einem Kollegen wissen wir, dass Briggs sich intensiv mit astronomischen Berechnungen befasste. Sein Schwerpunkt war das praktische Rechnen, das er mit Tabellen zu erleichtern suchte. So veröffentlichte er im Jahre 1610 Tabellen zur Unterstützung der Navigation in der Seeschifffahrt.

Das entscheidende Ereignis in Briggs wissenschaftlicher Laufbahn war jedoch die Entdeckung der Logarithmen durch Jhone Neper. Er las Nepers Canon und erkannte sofort das Potential der Logarithmen zur Erleichterung des praktischen Rechnens, ganz speziell der umfangreichen Berechnungen in der Astronomie. Er besuchte Jhone Neper in seinem Herrensitz bei Edinburgh und erarbeitete mit ihm die seitdem geläufigen Logarithmen zur Basis 10. Briggs setzte sich sofort daran, Logarithmentafeln zu berechnen. Im Jahre 1624 erschein sein Hauptwerk Arithmetica Logarithmica mit Tabellen für die Logarithmen der natürlichen Zahlen von 1 bis 20.000 und von 90.000 bis 100.000, die auf 14 Dezimalstellen genau berechnet waren. Vier Jahre später wurde eine zweite Auflage des Werks, ergänzt um die Logarithmen der Zahlen von 20.000 bis 90.000, in Gouda in den Niederlanden veröffentlicht. Nach Briggs Tod wurden die Logarithmentafeln in London unter dem Titel Trigonometria Britannica von Briggs Kollegen Gellibrand, Professor für Astronomie am Gresham College, herausgegeben.

Briggs erhielt im Jahre 1619 einen Ruf auf einen neuen Lehrstuhl für Geometrie an der Universität Oxford, wo er die ersten 6 Bücher der Elemente des Euklid herausgab. Seine weitreichenden Interessen werden durch eine Schrift über die Nordwestpassage in Kanada dokumentiert. Seit einiger Zeit wurde über die Möglichkeit diskutiert, eine Passage vom Atlantik in den Pazifik im Norden des amerikanischen Kontinents zu finden, um auf diese Weise den stürmischen Weg um Kap Hoorn zu vermeiden. Dass diese Nordwestpassage zwar existiert, aber meist ganzjährig vereist ist, fand man unter großen Opfern erst im 19. Jahrhundert heraus. In unserer Zeit sieht es so aus, als ob dieser Weg bald frei wäre.

Henry Briggs und Jhone Neper scheinen sich als Wissenschaftler in idealer Weise ergänzt zu haben. Dennoch gibt es einen gravierenden Dissens: Neper war ein Anhänger der Astrologie, für die Briggs nur Spott übrighatte.

Emanzipation der Wissenschaft
Galileo Galilei (15.2.1564–8.1.1642)

Galileo Galileis Bekanntheit gründet sich auf den Prozess, den die Heilige Inquisition gegen ihn anstrengte, weil ihm Ungehorsam gegenüber Anweisungen der Kirche vorgeworfen wurde. Der Hintergrund war, dass Galilei ein Verfechter des kopernikanischen Weltbildes war, in dem sich die Planeten einschließlich der Erde auf Kreisbahnen um die Sonne bewegen (siehe Kopernikus). Zwar waren sich auch die führenden Köpfe im Vatikan darüber im Klaren, dass dieses Weltbild sich durchsetzen würde, aber sie entschlossen sich, die Deutungshoheit der Kirche nicht kampflos aufzugeben. Kardinal Bellarmin, ein sehr kluger Mann, legte die Linie fest, dass nichts dagegen einzuwenden sei, das kopernikanische System als mathematisches Modell zu benutzen, das die astronomischen und nautischen Berechnungen erleichtert, solange nicht behauptet wird, dieses System beinhalte die göttliche Wahrheit. In diesem Sinne schrieb Kardinal Bellarmin Galilei einen Brief mit der Warnung, das kopernikanische System keineswegs als Tatsache zu verteidigen. Galileo hielt sich daraufhin einige Jahre lang mit Aussagen zum kopernikanischen System zurück. Im Jahre 1630 stellte Galilei nach langer Vorarbeit seinen Dialogo di Galileo Galilei sopra i due Massimi Sistemi del Mondo Tolemaico e Copernicano (Dialog des Galileo Galilei über die beiden wichtigsten Weltsysteme, das Ptolemäische und das Kopernikanische) fertig. Für diesen Dialog erhielt er von dem Zensurbeauftragten der Inquisition sogar eine vorläufige Druckerlaubnis mit der Auflage, dass das Werk mit einem Plädoyer für das ptolemäische System enden müsse. Galilei erfüllte die Auflage, überließ aber dem einfältigen Simplicio das Schlussplädoyer. Weiterhin erregte Anstoß, dass er das von den Jesuiten favorisierte

System des kaiserlichen Hofastronomen Tycho Brahe, in dem Sonne und Mond die feststehende Erde umrunden, während die übrigen Planeten sich um die Sonne bewegen, mit keinem Wort erwähnte, obwohl dieses mit seinen Beobachtungen durchaus verträglich war. Darüber hinaus mokierte sich Galilei über die Ansicht seines früheren Freundes, Papst Urban VIII, Gott könne jederzeit alle von einer naturwissenschaftlichen Theorie vorhergesagten Phänomene auch anders hervorbringen als auf die in der Theorie beschriebene Weise. Galilei vertrat dagegen die für die moderne Naturwissenschaft grundlegende Ansicht, dass man die Qualität eine Theorie daran messen kann, wie gut ihre Vorhersagen zutreffen. Alles dies zusammen brachte ihn vor das Gericht der Inquisition, und er hatte Glück, mit lebenslänglicher Haft davonzukommen. Die Haft trat er nie an, da sie in einen Hausarrest auf seinem Landgut in Arcetri bei Florenz umgewandelt wurde.

Galileis Bedeutung beruht nicht nur auf seinem Einsatz für das kopernikanische Weltsystem, der ihn in Konflikt mit der Kirche brachte, sondern er hat für die moderne Naturwissenschaft, speziell die Physik und Astronomie, Grundlegendes geleistet. Geboren in Pisa als Spross einer verarmten Florentiner Patrizierfamilie, begann er auf Wunsch seines Vaters Medizin zu studieren, brach dieses Studium jedoch ab und studierte in Florenz bei einem Mitglied der Schule von Tartaglia Mathematik. Im Jahre 1589 erhielt er eine kärglich bezahlte Stelle als Lektor für Mathematik an der Universität Pisa. Hier untersuchte er die Bewegung eines Pendels und fand heraus, dass die Zeitdauer einer Hin- und Herbewegung ausschließlich von der Länge des Pendels abhängt. Die anfängliche Auslenkung oder das Gewicht des Pendels haben dagegen keinen Einfluss. Von der Pendelbewegung ging Galileo über zur Untersuchung des freien Falls von Gegenständen. Um die Bewegung messbar zu machen, führte er Experimente an einer schiefen Ebene durch, über die er Kugeln hinabrollen ließ. Deren Bewegung war langsam genug, so dass er ihre Geschwindigkeit mit den verfügbaren Uhren messen konnte. Er fand den Unterschied zwischen Beschleunigung und Geschwindigkeit und widerlegte Aussagen des Aristoteles über die Bewegung von Körpern. Das trug ihm die die Feindschaft seiner Kollegen vom philosophischen Fach ein, die dafür sorgten, dass sein Vertrag in Pisa nicht verlängert wurde. Galilei erhielt glücklicherweise einen Ruf auf den Lehrstuhl für Mathematik der Universität Padua in der Republik Venedig. Dort wirkte er 18 Jahre lang und beschäftigte sich hauptsächlich mit Astronomie. Nachdem Anfang des 17. Jahrhundert in den Niederlanden das Fernrohr erfunden war, baute sich Galilei eigene Fernrohre, für die er seine eigenen Linsen schliff. Er erreichte schließlich eine 33fache Vergrößerung. Mit diesen Fernrohren entdeckte er die Krater auf dem Mond, die 4 größten Monde des Planeten Jupiter, die

Saturnringe und den Umstand, dass die Milchstraße kein Nebel ist, sondern aus Milliarden von Sternen besteht. Diese Beobachtungen machten Galilei mit einem Schlage in ganz Europa berühmt.

Im Jahre 1610 sicherte sich der Großherzog der Toskana Cosimo II de Medici diese Zelebrität, indem er Galilei zum Hofmathematiker und Professor ohne Lehrverpflichtung an der Universität Pisa ernannte. Hier entdeckte Galilei, dass der Planet Venus Phasen hat wie der Mond. Er schloss daraus, dass die Venus zeitweise – von der Erde aus gesehen – jenseits der Sonne steht und zeitweise diesseits. Dieses Phänomen war mit dem ptolemäischen System nicht zu erklären, wohl aber mit dem kopernikanischen. Galileo korrespondierte hierüber mit römischen Jesuiten, die die Venusphasen ebenfalls beobachtet hatten und sich keinen Illusionen über die Konsequenzen dieser Beobachtung für das herkömmliche Weltbild hingaben. Im Jahre 1611 wurde Galilei für seine astronomischen Entdeckungen mit der Aufnahme in die Accademia dei Lincei in Rom geehrt.

Galileo riskierte in der Folgezeit sein Augenlicht bei der Beobachtung der Sonnenflecken, die er zutreffend als vergängliche Erscheinungen auf der Oberfläche der Sonne ansah, was ihn in eine Kontroverse mit einem Jesuiten verwickelte, der behauptete, die Sonnenflecken seien durch kleine Himmelskörper verursacht. Mit dieser Hypothese wollte er die religiös erwünschte makellose Reinheit der Sonne retten.

Galilei hörte nicht damit auf, Lehrsätze des Aristoteles zu widerlegen, so etwa dessen Aussage, Eis schwimme auf Wasser, weil es flach ist. Galilei zeigte, dass Eis leichter als Wasser ist und deshalb schwimmt. Im Jahre 1614 bestimmte er das spezifische Gewicht der Luft und widerlegte damit die gängige, auch auf Aristoteles zurückgehende Meinung, Luft habe kein Gewicht.

Mit seinen fortgesetzten Angriffen auf die Autorität Aristoteles brachte Galilei die Philosophen immer mehr gegen sich auf, so dass die Anschuldigung der Ketzerei zuerst aus deren Kreisen kam. Diese Anschuldigung wurde untermauert durch einen Brief Galileis an die Großherzogin der Toskana, in dem er die Meinung vertrat, eine mit dem kopernikanischen System verträgliche Bibelauslegung sei möglich. Hiermit bewegte sich Galilei erstmals hart am Rande des von der Kirche Geduldeten. Das Werk eines Kirchenmannes, der dieselbe Ansicht vertrat, wurde im Jahre 1616 auf den Index gesetzt, ebenso wie einige weitere Schriften, nicht aber das Werk des Kopernikus selbst; dieses durfte im Einflussbereich der katholischen Kirche allerdings nur in Ausgaben erscheinen, in denen ausdrücklich darauf hingewiesen wurde, dass es sich lediglich um ein mathematisches Modell handele.

Es tut Galileo Galilei keinen Abbruch, wenn wir auch auf ein paar seiner Irrtümer hinweisen. Der größte war, dass er an den Kreisbahnen des kopernikanischen Systems festhielt, obwohl Kepler bereits nachgewiesen hatte, dass Ellipsenbahnen die Positionen der Planeten besser erklären. Auch erklärte er die Gezeiten des Meeres – irrtümlich – durch die Drehung der Erde um ihre Achse und sah darin den wichtigsten Beweis für das kopernikanische Weltbild. Die Ursache der Gezeiten hatte Simon Stevin schon besser erkannt.

Auf seinem Landsitz in Arcetri, den er nach Beginn seines Hausarrestes nicht mehr verlassen durfte, konnte Galilei weiter seinen Forschungen nachgehen und auch bedeutende Gelehrte empfangen, wie etwa Thomas Hobbes. Die Auflage des Inquisitionsgerichts, regelmäßig Bußpsalmen zu beten, wurde von seiner Tochter, einer Nonne, erfüllt. Galilei stellte sein physikalische Hauptwerk Discorsi e Dimostrazioni Matematiche intorno a due nuove scienze (Erörterungen und mathematische Beweise über zwei neue Wissenschaften) fertig, das zunächst nur außerhalb des Einflussbereichs der römischen Kirche (1635 in Straßburg in lateinischer Übersetzung und 1636 in Leiden in Holland) veröffentlicht werden konnte. Die neuen Wissenschaften sind Elastizitätstheorie und Kinematik (Bewegungslehre).

Im Jahre 1638 verlor Galilei sein Augenlicht. Er verstarb am 8. Januar 1642 als nach wie vor gläubiges Mitglied der katholischen Kirche, die er vor einem großen Irrtum bewahren wollte.

Gottes Mühlen und die der Kirche mahlen langsam, aber sicher. Im Jahre 1979 veranlasste Papst Johannes Paul II eine Revision des Falles Galileo Galilei. Am 31.10.1992 erhielt er den Kommissionsbericht, der sich für eine vollständige Rehabilitierung des Galileo Galilei aussprach. Diese wurde postwendend am 2.11.1992 verkündet. Johannes Paul II versuchte in einer Rede zu diesem Ereignis das gegenseitige Missverstehen zwischen Kirche und Wissenschaft zu heilen.

Immerhin verdankt die Wissenschaft Kardinal Bellarmin die frühzeitige Erkenntnis, dass jede wissenschaftliche Theorie immer nur eine Hypothese ist, mit man so lange arbeitet, bis sie durch eine neue Hypothese abgelöst wird, die die beobachteten Phänomene noch besser erklärt. Dies ist heute das gemeinsame Verständnis aller Wissenschaftler. Letztgültige Wahrheiten können wir von der Wissenschaft daher nicht erwarten. Ob die Religion im Besitz solcher Wahrheiten ist, kann man zumindest in Frage stellen. Möglicherweise trifft auf die letztgültigen Wahrheiten – wenn ein solcher Begriff überhaupt einen Sinn hat – der Glaube von Urban VIII zu, dass der menschliche Verstand zu begrenzt ist, um sie zu erfassen. Papst Urban VIII glaubte dies allerdings auch in Bezug auf die menschlichen Möglichkeiten, die Natur zu verstehen, und da lag er falsch. Möglicherweise werden wir nie alles erklären können, aber ein ständiger Fortschritt des Wissens lässt sich nicht leugnen. Voraussetzung für diesen Fortschritt ist die Emanzipation der Wissenschaft von der Bevormundung durch religiöse Instanzen. Der Fall Galileo Galilei markiert den Beginn dieses Emanzipationsprozesses, dessen es – nebenbei gesagt – in der mittelalterlichen muslimischen Forschung nicht bedurfte. Heute ist in den meisten Staaten die Freiheit der Forschung garantiert, aber auch neuen Bedrohungen ausgesetzt, etwa durch Abhängigkeiten von staatlichen Bürokratien oder Geldgebern, die auf einer zweckgebundenen Forschung bestehen. Wie aufgeklärt erscheint demgegenüber ein Renaissancefürst wie Cosimo II, der einen Galilei besoldete, damit er in völliger Freiheit das erforschen konnte, was wollte.

Die neue Harmonie des Kosmos
Friedrich Johannes Kepler (27.12.1571–15.11.1630)

Mit Kepler findet das von Ptolemäos begonnene fast zwei Jahrtausende währende Ringen um das kosmologische Weltbild ein vorläufiges Ende. Er hatte das große Glück, zunächst als Assistent des kaiserlichen Hofmathematikers, des Dänen Tycho Brahe, und später als sein Nachfolger Zugang zu dessen sehr präzisen Beobachtungsdaten der Planeten und zahlreicher weiterer Sterne zu haben. Kepler selbst, der nach einer Pockenerkrankung im Kindesalter nur noch eine eingeschränkte Sehfähigkeit hatte, wäre nicht in der Lage gewesen, derart genaue Beobachtungen auszuführen. Aber er war ein hervorragender Mathematiker und er analysierte Tycho Brahes Daten der Planetenpositionen daraufhin, ob man mit ihrer Hilfe das kopernikanische System beweisen könne. Sein Ziel war dabei, die Bahnen der Planeten, die er sich zunächst noch – wie Kopernikus – kreisförmig dachte, als Großkreise auf 6 konzentrischen Kugeln darzustellen, die mit den 5 Platonischen Körpern verschachtelt waren. Die Kugeln waren von außen nach innen den damals bekannten Planeten Saturn, Jupiter, Mars, Erde, Venus und Merkur zugeordnet. Zwischen ihnen waren ebenfalls in der Reihenfolge von außen nach innen die Raumkörper Würfel, Tetraeder, Dodekaeder, Oktaeder und Ikosaeder einbeschrieben, um sie im richtigen Abstand voneinander zu halten. Kepler glaubte, mit dieser Konstruktion ein göttliches Geheimnis entschlüsselt zu haben. Aber wie sehr er sich auch mühte, es wollte ihm nicht gelingen, dieses Modell mit den beobachteten Bahndaten der Planeten in Einklang zu bringen, so dass er es schließlich verwarf. Seine Bemühungen trugen aber dennoch Früchte, denn er fand schließlich eine viel bessere mathematische Beschreibung der Planetenbahnen, die mit den Beobachtungsdaten Tycho Brahes in vollem Einklang stand. Dieses mathematische Modell ist heute unter dem Namen *Keplersche Gesetze* bekannt, obwohl Kepler selbst nie den Anspruch erhoben hat, Gesetzmäßigkeiten gefunden zu haben. Er glaubte vielmehr an Harmonien, nach denen Gott die Welt gestaltet hatte. Die drei Keplerschen Gesetze lauten:

1. Die Bahn eines jeden Planeten ist eine Ellipse, in deren einem Brennpunkt die Sonne steht.
2. Die Strecke zwischen Planet und Sonne (deren Länge wegen der Ellipsenform der Bahn schwankt) überstreicht in gleichen Zeitintervallen gleiche Flächen. Dies bedeutet, dass sich der Planet schneller bewegt, wenn er der Sonne nahe ist und langsamer in größerer Ferne von der Sonne.
3. Das Verhältnis der dritten Potenz des durchschnittlichen Abstandes d des Planeten von der Sonne zum Quadrat seiner Umlaufzeit T ist für alle Planeten gleich, in Formelschreibweise:

$$\frac{d^3}{T^2} = \text{Konstante}$$

Die ersten beiden Gesetze veröffentlichte Kepler im Jahre 1609 in seinem Werk Astronomia Nova (Neue Astronomie), das dritte, das er erst nach genauester Analyse der Positionsdaten des Mars entdeckte, im Jahre 1619 in dem Werk Harmonices Mundi libri V (Fünf Bücher über die Harmonien der Welt). Kepler, der der pythagoräischen Weltanschauung der Sphärenharmonie anhing, glaubte mit seinen drei Gesetzen eine durchaus musikalisch zu verstehende Harmonie entdeckt zu haben, die Gott im Sonnensystem verwirklicht hatte. Als tiefreligiöser Mensch schrieb er eine Abhandlung, in der er seine Erkenntnisse mit den Lehren der Bibel in Einklang zu bringen versuchte. Diese Abhandlung durfte aber auf Druck der Kirchen nicht veröffentlicht werden. Hier waren sich die katholische Kirche und die protestantischen Bischöfe ausnahmsweise einig.

Es muss hier auch bemerkt, werden, dass die Keplerschen Gesetze zwar eine zutreffende und durch die Messdaten belegte Beschreibung der Planetenbahnen geben, aber noch keine kausale Erklärung für die Bewegung der Planeten um die Sonne. Kepler selbst nahm eine dem Magnetismus ähnliche Fernwirkung der Sonne auf die Planeten an, die diese auf ihren Bahnen hält.

Bei seinen Berechnungen machte Kepler intensiven Gebrauch von den gerade eingeführten Logarithmen (siehe Jhone Neper und Henry Briggs, sowie Michael Stifel) und trug so auch zu deren Verbreitung bei. Er stellte das Konzept der Logarithmen eigenständig neu dar und überarbeitete Nepers und Briggs' Logarithmentafel. Dieses Werk wurde unter dem Titel

„Chilias logarithmorum" im Jahre 1624 auf Veranlassung des Landgrafen Philipp III in Marburg gedruckt.

Friedrich Johannes Kepler wurde in Weil der Stadt geboren, seinerzeit eine Freie Reichstadt, heute eine idyllische Kleinstadt bei Stuttgart. Hier erinnert ein Denkmal an den großen Sohn der Stadt. Keplers Großvater war Bürgermeister von Weil, aber seine Eltern lebten in eher prekären Verhältnissen. Seine Mutter Katharina war eine Heilkundige und Kräuterfrau und interessierte sich für Astronomie. Sie zeigte dem sechsjährigen Knaben einen Kometen und dem neunjährigen eine Mondfinsternis. Kepler besuchte zunächst die Klosterschule in Adelberg und trat mit 15 Jahren in die evangelische Schule in Maulbronn ein. Drei Jahre später nahm er im evangelischen Stift in Tübingen ein Theologiestudium auf, widmete sich aber vorrangig der Mathematik. Bald tat er sich als eifriger Verfechter der Theorie des Kopernikus hervor.

Im Jahre 1594 nahm Kepler einen Lehrauftrag für Mathematik an der evangelischen Stiftsschule in Graz an. Hier schrieb er sein erstes Werk, das „Mysterium Cosmographicum", in dem er die kopernikanische Theorie darlegte. Er heiratete und hatte mit seiner Frau Barbara zwei Kinder. Im Jahre 1599 lud Tycho Brahe, kaiserlicher Hofmathematiker, ihn nach Prag ein und bat ihn, bei der mathematischen Auswertung seiner astronomischen Beobachtungen zu helfen. Kepler zog im Jahre 1600 nach Prag und wurde nach Tycho Brahes Tod im Jahre 1601 dessen Nachfolger als kaiserlicher Hofmathematiker. Diese Position behielt er unter drei Kaisern. Zu seinen Aufgaben gehörte auch die Erstellung der Horoskope der Kaiser. Kepler hatte sich schon frühzeitig als geschickter Astrologe gezeigt, der seinen Horoskopen auch eine Charakteranalyse der Zielpersonen zu Grunde legte. So hatte er dem jungen Albrecht von Wallenstein ein Horoskop gestellt, in dem er Wallensteins Charakter kritisch beurteilte, das aber von dem astrologiegläubigen Wallenstein immer wieder zur Hand genommen wurde. Kepler selbst jedoch hielt nicht viel von der zeitgenössischen Astrologie und lehnte präzise Vorhersagen, wie etwa Todeszeitpunkt oder –art einer Person zu bestimmen, entschieden ab.

Als Protestant war Kepler am kaiserlichen Hof wachsendem religiösen Druck ausgesetzt. Er bewarb sich um eine Professur in Tübingen, wo man ihn aber wegen seiner Kritik an Aristoteles nicht berufen wollte. Daher ging er nach Linz, und trat eine Stelle als Mathematiker an. Nachdem seine Frau Barbara im Jahre 1611 gestorben war, heiratete er erneut. Seine Frau Susanne gebar 6 Kinder, von denen nur eines das Erwachsenenalter erreichte.

Im Jahre 1615 wurde Keplers Mutter Katharina – die Heilkundige und Kräuterfrau – wegen angeblicher Hexerei eingekerkert. Kepler kümmerte sich um ihre Verteidigung und erreichte schließlich im Jahre 1620 ihre Freilassung. Seine Mutter starb aber bereits ein Jahr später an den Folgen der Folter.

Kepler selbst litt zunehmend unter den religiösen Spannungen, die im Jahre 1618 zum dreißigjährigen Krieg geführt hatten. Im Jahre 1627 verließ er fluchtartig die Stadt Linz, wo seine Kinder zur Teilnahme an der katholischen Messe gezwungen wurden und seine Bibliothek zeitweise beschlagnahmt wurde. Er ging nach Ulm, bewarb sich erfolglos um eine Professur in Rostock und schloss sich schließlich dem Feldherrn Albrecht von Wallenstein an, der in seiner Aufgabe als kaiserlicher Generalissimus dringend qualifizierter astrologischer Beratung bedurfte. Die Dienste des aus Schillers Dramen bekannten Italieners Seni genügten ihm offensichtlich nicht. Wallenstein stellte Kepler als Gegenleistung für seine Horoskope in seinem schlesischen Besitz in Sagan eine Druckerei für die Veröffentlichung seiner Werke zur Verfügung, an der sich Kepler jedoch nicht lange erfreuen konnte, denn bereits im Jahre 1630 entließ der Kaiser Wallenstein auf Druck der Fürsten der katholischen Liga als Generalissimus seiner Truppen. Kepler ging über Leipzig und Nürnberg nach Regensburg, wo er noch im gleichen Jahre verstarb.

In der Optik kam Kepler mehr als 600 Jahre später zu denselben Erkenntnissen über die Physiologie des Sehens wie der große muslimische Gelehrte Ibn al-Haytham. Auch er korrigierte die euklidische Auffassung, nach der das Auge Lichtstrahlen aussende, die die betrachteten Gegenstände erfassen und stellte fest, dass es sich genau andersherum verhält. Er zeigte, dass die Augenlinse die einfallenden Lichtstrahlen bricht und dadurch gebündelt auf die Netzhaut schickt. Er konnte so Kurzsichtigkeit und die Wirkung von Brillen und Lupen erklären und konstruierte nebenbei ein Fernrohr, das in der Astronomie lange Zeit verwendet wurde.

Kepler war ein vielseitiger Mathematiker. Mit seinem Namen verbunden ist die Fassregel, eine einfache Formel, mit der man den Rauninhalt von Fässern näherungsweise berechnen kann. Diese Formel begründete Kepler mit der antiken Exhaustionsmethode des Eudoxos (siehe dort). Die Keplersche Fassregel wurde später zur näherungsweisen Berechnung von Integralen angewandt. Kepler beschäftigte sich auch mit der Konstruktion von regelmäßigen Raumkörpern. Hier ist besonders das regelmäßige Sternvierzigeck zu erwähnen, für das er eine völlig neue Konstruktion angab.

Wenig bekannt ist die Tatsache, dass Kepler Autor einer – allerdings nicht sehr verbreiteten – Erzählung ist, mit der er das kopernikanische System populär machen wollte. Er überlegte, dass ein Bewohner des Mondes den Mond als feststehend empfinden und die Bahn der Erde, der Sonne und der

Planeten um den Mond herum beobachten und beschreiben würde. Natürlich würde dieser Standpunkt dem Mondbewohner noch kompliziertere Modelle des Himmels nahelegen als die ptolemäische Lehre den Erdbewohnern. In seiner Erzählung „Somnium" beschreibt er eine Reise zum Mond als Traum. Der Träumer erlebt auf dem Mond glühend heiße Tage und bitterkalte Nächte, Sonnenaufgänge und –untergänge, Erdauf– und –untergänge, sowie eine an die Verhältnisse angepasste Flora und Fauna. Wir können daher Kepler eine weitere Erst-Tat zuordnen: die erste Science-Fiction Story verfasst zu haben.

Ein Katalysator der Wissenschaften
Marin Mersenne (18.9.1588–1.9.1648)

Marin Mersenne wurde in dem kleinen Ort Sountière bei Bourg d'Oizé in Maine in Frankreich geboren. Er besuchte das Jesuitenkolleg in La Flèche in der Region Loire, und studierte von 1609 bis 1611 Theologie an der Sorbonne in Paris. Mit Abschluss seines Studiums wurde er zum Franziskanermönch ordiniert. Er arbeitete als Gelehrter, zunächst in der Tradition der Scholastik, entwickelte sich aber zu einem Verfechter der modernen Naturwissenschaften, insbesondere der Physik und Astronomie des Galileo Galilei. Die zu seiner Zeit noch grassierenden Pseudowissenschaften wie Alchemie, Astrologie, Kabbala lehnte er ebenso entschieden ab, wie die bei Philosophen und Theologen vorherrschende Anhänglichkeit an die Lehren des Aristoteles.

Mersenne wirkte in erster Linie als Kommunikator in der kleinen Gemeinde der Wissenschaftler. Unter seinen Korrespondenzpartnern finden sich René Descartes, Pierre de Fermat, Blaise Pascal, Christiaan Huygens, Galileo Galilei, Pierre Gassendi und andere. Mersenne war äußerst effektiv in der Weitergabe von Ideen. So machte er etwa Huygens darauf aufmerksam, dass man das von Galilei untersuchte Pendel zur Zeitmessung verwenden könne. Dieser baute daraufhin eine Pendeluhr, meldete sie zum Patent an und verwirklichte damit ein Vorhaben Galileis, der zwar eine Pendeluhr entworfen, aber nie gebaut hatte.

Die Mathematik förderte Mersenne durch eine 1626 veröffentlichte Sammlung von Texten zur Mathematik und Mechanik: Synopsis mathematica. Er beschäftigte sich intensiv mit Primzahlen und vermutete, dass die Zahlen der Gestalt

$$2^p - 1$$

wo p eine Primzahl ist, ebenfalls Primzahlen sind. Die ersten vier dieser Zahlen sind tatsächlich Primzahlen

p	2^p-1
2	3
3	7
5	31
7	127
11	2047
13	8191
17	131 071
19	524 287
23	8.388 607
29	536 870 911
31	2.147 483 647

Aber bereits $2^{11} - 1 = 2047 = 23 \cdot 89$ ist keine Primzahl, ebenso $2^{23} - 1$ und $2^{29} - 1$. Es sind also keineswegs alle Zahlen der obigen Gestalt Primzahlen. Durch die Jahrhunderte haben zahlreiche Mathematiker daran getüftelt, weitere Mersennesche Primzahlen zu finden. Bis heute sind 44 solche Primzahlen bekannt, die größte ist.

$$2^{32582657} - 1$$

Ein Zahlenmonster mit 9 808 358 Dezimalstellen, das 2006 gefunden wurde. Sie ist damit größer als die größte bekannte Thabit-Primzahl (siehe hierzu Thabit ibn Qurra).

Die erste Rechenmaschine
Wilhelm Schickard (22.4.1592–23.10.1635)

Wilhelm Schickard ist unserer Kenntnis nach der erste, der eine funktionierende Rechenmaschine baute. Sein Ziel war dabei, ebenso wie das von Jhone Neper bei der Entdeckung der Logarithmen, die verwickelten astronomischen Berechnungen zu vereinfachen und zu beschleunigen.

Eigentlich war Schickard, der aus Herrenberg am Schönbuch stammt, Professor für Hebräisch an der Universität Tübingen. Hier bemühte er sich besonders um eingängige Lehrmethoden. Er schrieb ein Lehrbuch Horologium Hebraeum mit 24 Lektionen, die jeweils in einer Stunde zu erlernen waren und kann daher als Urheber der Idee der vielen Sprachführer gelten, die die Beherrschung der italienischen, spanischen, französischen Sprache in 30 Tagen versprechen. Schickards Lehrbuch wurde bis ins 18. Jahrhundert hinein benutzt und erschien in zahlreichen Auflagen.

Nebenbei betrieb Schickard, zunächst als Hobby, Astronomie. Er erfand einen Vorläufer der heute bekannten Planetarien, einen großen Papierkegel, auf dessen Innenseite der Sternenhimmel zu bewundern war und den er Astroscopium nannte (Sternbetrachter). Die Rechenmaschine entstand parallel zu dem Astroscopium im Jahre 1623. Mit ihr konnte man sechsstellige Zahlen addieren und subtrahieren. Die Maschine hatte einen Zehnerübertrag und läutete ein Glöckchen, wenn ein Ergebnis mehr als 6 Stellen hatte. Wollte man multiplizieren oder dividieren, so musste man die Teilergebnisse (z. B. Multiplikand mal eine Ziffer) mit Neperschen Rechenstäben ermitteln und dann zur Addition in die Maschine eingeben. Das einzige Exemplar dieser Maschine ist im Dreißigjährigen Krieg verloren gegangen. Ein späteres Exemplar, das Schickard für Kepler anfertigen ließ, fiel einem Feuer zum

Opfer. Anhand der erhaltenen Skizzen und Beschreibungen konnte aber der Tübinger Professor für Logik Bruno Baron von Freytag gen. Löringhoff 1957 eine Replik der Maschine anfertigen lassen, die hervorragend funktioniert. Sie existiert in mehreren Exemplaren, eines ist im Tübinger Stadtmuseum zu sehen.

Ab 1624 hatte Schickard die Aufsicht über die Lateinschulen in Württemberg. Er nutzte seine Inspektionsreisen zu einer Vermessung des Landes und schrieb für seine Helfer eine „Kurze Anweisung, wie künstliche Landtafeln aus rechtem Grund zu machen". Im Jahre 1631 starb der Tübinger Astronomieprofessor Michael Mästlin, bei dem bereits Johannes Kepler studiert hatte. Schickard übernahm seinen Lehrstuhl und hielt die astronomischen Vorlesungen. Er beschäftigte sich insbesondere mit der Berechnung der Mondbahn um die Erde. Und er baute das erste Handplanetarium für das kopernikanische Planetensystem.

Im Jahre 1634 rückten kaiserliche Truppen in Tübingen ein. Sie brachten die Pest mit, der Wilhelm Schickard, seine Frau und alle seine Kinder zum Opfer fielen.

Spätfolgen von Diophant: ein schwer lösbares Problem
Pierre de Fermat (Nov. 1607–12.1.1665)

Die Pflichten eines Richters waren im 17. Jahrhundert offenbar noch leicht, denn Pierre Fermat konnte sich neben seinem Richteramt intensiv mit Mathematik beschäftigen. Sein Gebiet war die Zahlentheorie, also eine Disziplin, die scheinbar nur die Neugierde, den Forschungsdrang und den Sinn für Ästhetik befriedigt, aber keine praktische Anwendung hat. Diese Einschätzung der Zahlentheorie ist jedoch längst überholt. Wir haben bereits über die Rolle großer Primzahlen in der Kryptographie (Lehre von der Verschlüsselung von Nachrichten) berichtet, siehe Thabit ibn Qurra, und über die Anwendung des Chinesischen Restsatzes beim Rechnen mit großen Zahlen im Computer, siehe Sun Zi. Auch ein Resultat von Fermat, der so genannte kleine Fermatsche Satz, findet in der Kryptographie Anwendung.

Pierre Fermat wurde vermutlich Ende 1607 in Beaumont-de-Lomagne bei Toulouse geboren. Der Pierre Fermat, der laut Kirchenbuch von Beaumont-de-Lomagne am 20.8.1601 getauft wurde, ist ein Halbbruder des späteren Richters, ein im frühen Kindesalter verstorbener Sohn seines Vaters und dessen erster Frau. Unser Pierre Fermat studierte Jura in Toulouse, Bordeaux und Orléans. Sein mathematisches Interesse erwachte vermutlich in Bordeaux, wo er über Maxima und Minima von Funktionen und das Problem, eine Tangente an eine gegebene Kurve zu legen, arbeitete, womit er die etwas später entwickelte Infinitesimalrechnung vorbereitete. In Orléans schloss er seine Studien ab und kaufte sich das Amt eines conseiller au parlement in Toulouse. Das parlement war im königlichen Frankreich ein Appellationsgericht, in dem zivilrechtliche Fälle aller Art verhandelt wurden. Wegen dieses hohen Amtes durfte er seinem Namen das Adelsprädikat „de" hinzufügen und nannte sich fortan Pierre de Fermat. Er wurde zunächst einer der niederen Kammern des parlement zugeteilt, 1638 aber an eine höhere Kammer befördert. Ab 1652 arbeitete er in der höchsten Kammer des Strafgerichts. Im Jahre 1653 wurde er irrtümlich zu den Opfern der in Toulouse grassierenden Pestepidemie gezählt, die er aber überlebte. Da er sich fast ständig mit Mathematik beschäftigte, ist es nicht verwunderlich, dass er in einer Beurteilung durch einen Vorgesetzten zwar als sehr gebildet, aber auch manchmal zerstreut und verwirrt charakterisiert wird.

Fermat hat seine mathematischen Ergebnisse weder in Abhandlungen noch in Lehrbüchern veröffentlicht. Sie finden sich überwiegend in seinem umfangreichen Briefwechsel mit anderen Gelehrten, darunter Mersenne, Descartes und Pascal. Er stellte sie zudem gerne als mathematische Rätsel vor und erregte damit den Zorn seiner Korrespondenzpartner, denn häufig waren diese Aufgaben mit herkömmlichen Methoden nicht zu lösen und Fermat verriet seine Methoden nicht. Mit Descartes geriet er in einen Streit, der von beiden Seiten erbittert ausgefochten wurde. Mersenne hatte Fermat um ein Gutachten über Descartes' Arbeit über Optik (Dioptrique) gebeten, die dem Discours (siehe Descartes) angefügt war. Fermat verstieg sich zu der Formulierung, dass Descartes mit dieser Arbeit im Nebel herumstochere, was Descartes keineswegs als Kompliment verstand. Er schlug zurück, indem er Fermats Arbeit über Maxima und Minima kritisierte. Descartes befürchtete, dass diese Arbeit die Bedeutung seiner eigenen Géométrie minderte, auf die er besonders stolz war. Er war davon überzeugt, dass eine derartige mathematische Arbeit nur mit der konsequenten Anwendung seiner méthode möglich war und war daher entsetzt, dass ganz offensichtlich Fermat Ähnliches gelungen war, ohne dass er diese Methode benutzt hatte. Andere Mathematiker wurden in den Streit einbezogen, bis schließlich Desargues in einer Art Schiedsspruch feststellte, dass Fermats Arbeit über Maxima und Minima einwandfrei war. Der Streit war damit nicht aus der Welt. Fermat war es gelungen, eine Tangente an eine Zykloide (Kurve, die ein Punkt auf einem Rad beim Abrollen des Rades beschreibt) zu konstruieren. Descartes gratulierte ihm dazu und schrieb hinter seinem Rücken an Mersenne, die Lösung sei fehlerhaft und Fermat sei ein völlig unfähiger Mathematiker und Denker.

Die meisten Ergebnisse von Fermat sind ohne Beweis überliefert und haben nachfolgende Mathematiker beschäftigt, vor allem Leonhard Euler, der zahlreiche Beweise nachgeliefert hat, aber auch manche Irrtümer des Fermat aufdeckte. Einer davon betrifft Primzahlen. Auch Fermat hatte eine Primzahlformel. Er behauptete, dass alle Zahlen der Gestalt

$$2^{2^n} + 1$$

wo n eine natürliche Zahl oder 0 ist, Primzahlen seien. Hier ist die Liste der ersten 6 Fermatschen Zahlen:

n	$2^{2^n} + 1$
0	3
1	5
2	17
3	257
4	65537
5	4294967297

Die ersten 5 Zahlen sind tatsächlich Primzahlen, aber für n = 5 ist, wie Euler fand,

$$4294967297 = 641 \cdot 6700417$$

Ein weiteres wichtiges Resultat von Fermat ist der schon erwähnte kleine Fermatsche Satz. Er besagt, dass für alle Primzahlen p und alle ganzen Zahlen a folgende Kongruenz richtig ist:

$$a^p \equiv a \pmod{p}$$

Diese Schreibweise liest man: „a^p ist kongruent a modulo p" und sie bedeutet, dass a^p und a bei Division durch p denselben Rest lassen. Man kann daher diese Kongruenz zum Test der Primzahleigenschaft einer Zahl benutzen, wie die folgende Tabelle beispielhaft zeigt. Hier ist a = 2 und p durchläuft die Zahlen von 2 bis 13. Die Reste bei Division von 2 durch p (ab p = 3 immer 2) stimmen genau dann mit den Resten bei Division von a^p durch p überein, wenn p eine Primzahl ist (in der Tabelle fett und kursiv).

p	2^p	Rest von 2 durch p	Rest von 2^p durch p
2	4	0	0
3	*8*	*2*	*2*
4	16	2	0
5	*32*	*2*	*2*
6	64	2	4
7	*128*	*2*	*2*
8	256	2	0
9	512	2	8
10	1024	2	4
11	*2048*	*2*	*2*
12	4096	2	4
13	*8192*	*2*	*2*

Auch diesen Satz hat Euler bewiesen, so dass wir sicher sein können, dass er tatsächlich für alle Primzahlen p und alle ganzen Zahlen a zutrifft.

Berühmt wurde Fermat jedoch mit dem so genannten großen Fermatschen Satz, oder besser: der Fermatschen Vermutung. Fermat fragte sich, ob es ähnlich den pythagoräischen Zahlen (siehe Pythagoras) auch natürliche Zahlen a, b, c gibt, die die Gleichung

$$a^n + b^n = c^n$$

mit einer natürlichen Zahl n ab 3 erfüllen. Er kam zu dem Ergebnis, dass es solche Zahlentripel nicht geben kann und vermerkte am Rand seines Exemplars der Arithmetika des Diophant, er habe einen wunderbaren Beweis dieser Tatsache gefunden, aber der Rand sei zu schmal, um ihn aufzunehmen. Dies ist sicherlich die berühmteste Marginalie aller Zeiten. Sie hat über dreihundert Jahre eine große Zahl bedeutender Mathematiker und noch viel mehr Laien in Atem gehalten, die alle versucht haben, diesen wunderbaren Beweis zu finden. Erst im Jahre 1993 gelang dem britischen Mathematiker Andrew Wiles nach siebenjähriger Arbeit ein Beweis des großen Fermatschen Satzes. Da Wiles dabei ein ganzes Arsenal von modernsten Erkenntnissen aufbieten musste, nimmt man heute an, dass Fermat sich geirrt hat, als er seine Randbemerkung schrieb. Immerhin hat Fermat selber den Fall n = 4 gelöst, andere Mathematiker nach ihm haben andere Spezialfälle bewiesen.

Die Methode, die Fermat benutzte, ist sein wichtigster Beitrag zur Zahlentheorie. Er nannte sie die Methode des unendlichen Abstiegs (descente infinie). Fermat demonstriert sie bei dem Beweis, dass es kein rechtwinkliges Dreieck gibt, dessen Seitenlängen durch natürliche Zahlen gegeben sind und dessen Flächeninhalt eine Quadratzahl ist. Er nimmt an, es gäbe ein solches Dreieck und zeigt dann, dass er ein kleineres rechtwinkliges Dreieck mit denselben Eigenschaften konstruieren kann. Diesen Schritt kann man beliebig oft wiederholen, im Widerspruch zu der Tatsache, dass die natürlichen Zahlen nach unten beschränkt sind und es also ein kleinstes rechtwinkliges Dreieck geben muss, dessen Seitenlängen natürliche Zahlen sind. Mit diesem Widerspruch weist Fermat nach, dass es das ursprüngliche angenommene Dreieck nicht geben kann. Bei dieser Herleitung tritt die Gleichung

$$x^4 - y^4 = z^4$$

auf. Mit dem Beweis, dass das Dreieck mit den oben angegebenen Eigenschaften nicht existieren kann, ist gleichzeitig nachgewiesen, dass die genannte Gleichung keine Lösung in natürlichen Zahlen besitzt. Dies wusste bereits Fibonacci (siehe dort). Setzen wir $z = u^2$ und formen um, so ergibt sich, dass

$$x^4 = u^4 + y^4$$

nicht mit natürlichen Zahlen x, u, y lösbar ist.

Fermat hat die Methode des unendlichen Abstiegs bei weiteren Unmöglichkeitsaussagen benutzt. Er hat lange darum gerungen, sie auch für positive Aussagen einzusetzen, was ihm bei dem Beweis, dass eine ungerade Primzahl p genau dann Summe von zwei Quadratzahlen ist, wenn sie von der Form $p = 4 \cdot n + 1$ mit einer natürlichen Zahl n ist, schließlich gelungen ist. So ist zum Beispiel.

$$5 = 4 + 1 = 2^2 + 1^2$$

und

$$5 = 4 \cdot 1 + 1$$

Für die Zahl 7 gilt: $7 = 4 \cdot 1 + 3$, und es gibt keine zwei Quadratzahlen deren Summe 7 ist.

Die Zahl 13 ist gleich $4 \cdot 3 + 1$ und es gilt $13 = 9 + 4 = 3^2 + 2^2$, $17 = 4 \cdot 4 + 1 = 16 + 1 = 4^2 + 1^2$.

Aber 19 ($= 4 \cdot 4 + 3$) kann man nicht als Summe von 2 Quadratzahlen darstellen.

Eine wissenschaftliche Methode
René Descartes (31.3.1596–11.2.1650)

Descartes gilt als einer der Väter der neuzeitlichen Philosophie und hat deshalb seine größte Wirkung in dieser Disziplin erzielt. Er ist der Begründer des Rationalismus, einer Denkschule, die die richtige Anwendung des menschlichen Verstandes in den Mittelpunkt stellt. In seinem zentralen Werk, dem „Discours de la Méthode pour bien conduire sa raison et chercher la vérité dans les sciences" (Erörterung der Methode zur guten Führung des Verstandes und zum Aufsuchen der Wahrheit in den Wissenschaften) formuliert er Regeln, die heute jeder Systemanalytiker beherzigt:

1. Nichts für wahr halten, was nicht klar und deutlich (clairement et distinctement) erkannt ist, so dass es nicht in Zweifel gezogen werden kann
2. Komplexe Probleme in Teilprobleme unterteilen
3. Vom Einfachen zum Schwierigen fortschreiten
4. Die Übersicht behalten, ob alle Aspekte vollständig berücksichtigt wurden

Diese Anleitung wurde zur Grundlage der wissenschaftlichen Arbeit bis in unsere Tage, kann aber auch im Projektmanagement gute Dienste leisten. Descartes ging dabei davon aus, dass sich jedes Problem schrittweise in solche Teilprobleme zerlegen lasse, deren Lösung man intuitiv erkennt. Offenbar bekam er aber später Zweifel daran, wieweit man sich auf die Intuition verlassen kann. Interessant am Discours ist, dass Descartes aus den allgemeinen Regeln zur Leitung des Verstandes auch Regeln des moralischen Verhaltens ableitet und sogar einen Gottesbeweis wagt, wie er bei den scholastischen Philosophen in Mode war. Er folgt dabei auch einer scholastischen Tradition, indem er argumentiert, dass Gott deshalb existiere, weil er von uns als vollkommen gedacht wird. Würde er nicht existieren, so wäre er nicht vollkommen. Dies erinnert an den in der Mathematik umstrittenen Existenzbeweis durch Widerspruch (siehe hierzu Euklid). Man muss Descartes hier zugutehalten, dass die Zweifel an dieser Schlussweise in der Mathematik erst um die Jahrhundertwende vom 19. zum 20. Jahrhundert laut wurden.

In seinen metaphysischen Untersuchungen kam Descartes zu einer strikten Unterscheidung der „res cogitans" und der „res extensa" (wörtlich: die denkende und die ausgedehnte Sache; frei interpretiert Geist und Materie). Für Descartes war die Fähigkeit des Denkens das entscheidende Kriterium des menschlichen Bewusstseins, berühmt ist er durch seinen Satz „cogito ergo sum", „ich denke, also bin ich".

Zu Descartes Zeiten gehörte die Beschäftigung mit Mathematik noch zu den Pflichten eines Philosophen. Auf Descartes muss die Mathematik als Anwendungsgebiet für seine Methode eine große Attraktion ausgeübt haben. Er beschäftigte sich hauptsächlich mit Geometrie und zeigte, wie man geometrische Probleme in algebraische Gleichungen übersetzen kann („Comment il faut venir aux Équations qui servent à résoudre les problèmes" – Wie man zu den Gleichungen kommt, die dazu dienen, die Probleme zu lösen). Descartes gilt daher als Begründer der Analytischen Geometrie, in der die Aufgaben der Geometrie in algebraischer Form behandelt werden. Allerdings gab es Ansätze zu dieser Sicht bereits bei Apollonios und bei Omar Chayyam (siehe dort). Dass wir das rechtwinklige Koordinatensystem, in dem sich die Analytische Geometrie abspielt, zu Ehren von Descartes als kartesisches Koordinatensystem bezeichnen (Descartes benutzte auch den latinisierten Namen Cartesius – daher kartesisch) ist allerdings eine Irreführung, denn bei Descartes kommt ein solches Koordinatensystem nicht vor.

Descartes hat sich auch – allerdings nicht sehr erfolgreich – als Physiker betätigt. Sein wichtigster Einfluss ist auch hier ein methodischer. Er setzt dem teleologischen (zielorienten) Denkmodell des Aristoteles ein kausalistisches gegenüber. Es geht ihm darum, die natürlichen Phänomene aus ihren Ursachen heraus zu erklären. Dieses Prinzip hat die Naturwissenschaften geprägt, bis es in der Quantenmechanik an seine Grenzen stieß.

Das Leben des René Descartes verlief unstet. Als Spross einer Adelsfamilie aus der Touraine besuchte er – wie sein späterer Freund Mersenne – das Jesuitenkolleg in La Flèche, studierte Jura in Poitiers, übte aber nie einen einschlägigen Beruf aus, sondern vervollkommnete sich im Anschluss an sein Studium in einer Pariser Académie in den Künsten des Fechtens, Reitens, Tanzens und in gesitteten Umgangsformen, verdingte sich dann aber als

Soldat bei Moritz von Oranien (siehe Simon Stevin). Das Militärhandwerk übte er knapp zwei Jahre lang aus, reiste anschließend durch Dänemark und Deutschland, wo inzwischen der Dreißigjährige Krieg begonnen hatte. Er wurde erneut Soldat unter Herzog Maximilian von Bayern und nahm im Jahre 1619 an der Eroberung Prags durch die katholische Liga teil. Dann nahm er erneut seinen Abschied, nicht ohne in Prag noch den Arbeitsplatz Tycho Brahes und Keplers in Augenschein genommen zu haben. Er reiste, um seinen Horizont zu erweitern und bedeutende Gelehrte zu treffen, quer durch Deutschland, die Schweiz, Italien und die Niederlande. 1625 ließ er sich in Paris nieder und führte das Leben eines begüterten Adligen, ging siegreich aus einem Duell hervor, verkehrte mit Intellektuellen und schrieb seine Regulae ad Directionem Ingenii (Regeln zur Führung des Verstandes). Im Jahre 1630 zog es ihn wieder in die Niederlande, wo er sich 18 Jahre lang in ständig wechselnden Wohnsitzen aufhielt. Hier schrieb er seine wichtigen philosophischen Werke und als Teil des Discours auch seine Abhandlung über Geometrie und führte eine umfangreiche Korrespondenz mit Gelehrten und hochadligen Damen in ganz Europa. Die gesamte Korrespondenz wurde über seinen Freund Marin Mersenne abgewickelt, der als einziger seine aktuelle Adresse kannte.

Im Jahre 1649 reiste Descartes auf Einladung seiner langjährigen Brieffreundin Königin Christine von Schweden nach Stockholm. Dort starb er im Jahre 1650. Offizielle Todesursache war eine Lungenentzündung. Es wird aber bis heute spekuliert, dass Descartes mit Arsen vergiftet wurde.

Anfänge der Wahrscheinlichkeitsrechnung
Blaise Pascal (19.6.1623–19. 8.1662)

Blaise Pascals Vater war Jurist und hatte sich, ähnlich wie Pierre de Fermat, das Amt eines Richters am obersten Finanzgericht der Auvergne gekauft. Er gehörte damit auch dem Amtsadel an. Da die Mutter einer wohlhabenden Kaufmannsfamilie entstammte, kann man davon ausgehen, dass die Familie einen soliden Wohlstand genoss. Blaise hatte zwei Schwestern, Gilberte, drei Jahre älter als er, und die zwei Jahre jüngere Jacqueline. Die Mutter starb nach der Geburt von Jacqueline. Danach schloss sich die Familie eng zusammen, so dass Blaise Pascal zum ersten Mal im Alter von 28 Jahren, nach dem Tode seines Vaters, auf eigenen Füßen stand.

Blaise war von Kind an kränklich, wurde deshalb von seinem Vater und Hauslehrern unterrichtet. Der Vater legte im Jahre 1631 sein Richteramt nieder und zog mit seiner Familie nach Paris, um dem hochbegabten Blaise mehr Anregung zu bieten als in Clermont-Ferrand möglich war. Blaise zeigte bald seine hohe mathematische Begabung und wurde in den Kreis um Pater Mersenne eingeführt, in dem er mit 16 Jahren eine bemerkenswerte Arbeit über Kegelschnitte („Essay pour les coniques") vorlegte. In dieser ist bereits der für die weitere Entwicklung der Theorie der Kegelschnitte wichtige Pascalsche Satz enthalten. Er lautet: „Liegen die Eckpunkte eines Sechsecks auf einem Kegelschnitt, so liegen die Schnittpunkte gegenüberliegender Seiten des Sechsecks auf einer Geraden". Man kann ihn als eine Verallgemeinerung des Satzes von Pappos ansehen (siehe bei Pappos), der Pascal bekannt war. Pascal hatte auch die 1639 erschienene Abhandlung des Mathematikers Desargues („Brouillon Projet") gelesen und im Gegensatz zu manchen älteren Mathematikern im Kreis von Mersenne auch verstanden. In seiner

Arbeit legt Pascal die Desarguesschen Ansätze zu einer Theorie der Kegelschnitte sehr viel klarer dar. Leider ist eine weitere umfangreichere Arbeit („Traité des sections coniques" – Abhandlung über Kegelschnitte) bis auf ein Kapitel verloren gegangen.

1641 wurde Vater Pascal mit dem Amt des Steuerpräfekten der Normandie mit Sitz in Rouen betraut. Um ihm die zeitraubenden Additionen der eingezogenen Steuern zu erleichtern, konstruierte Blaise 1642 im Alter von 19 Jahren seine Rechenmaschine, genannt Pascaline, mit der man zunächst nur addieren konnte, was für einen Steuereintreiber völlig ausreicht. Er verbesserte sie aber im Lauf der Jahre, so dass man auch Subtraktionen ausführen konnte, und meldete sie zum Patent an. Ein wirtschaftlicher Erfolg war sie jedoch nicht, da zu teuer. Es wurden nur ungefähr 50 Maschinen von Hand zusammengebaut.

Im Jahre 1646 lernte die Familie, bis dahin nicht besonders fromm, die Lehre des Bischofs von Ypern, Cornelius Jansenius, kennen, der eine Rückkehr zu der Auffassung des Augustinus von göttlicher Gnade forderte. Nach Augustinus kann der Mensch nur durch göttliche Gnade erlöst werden. Mit dieser dem Protestantismus nahen Auffassung kam Jansen in Konflikt mit den Jesuiten, die im Rahmen der Gegenreformation die Lehre vertraten, dass der Mensch durch eigene gute Werke Erlösung erlangen könne. Die Jansenisten hatten in Frankreich erheblichen Zulauf. Sie gründeten ein Kloster in Port Royal nahe Versailles, um das herum sich die geistige Elite dieser Bewegung scharte. Vater, Sohn und beide Töchter Pascal wurden fromme Jansenisten und Jacqueline trat nach dem Tode des Vaters sogar in das Kloster ein.

Blaise Pascal fand neben der Hinwendung zur Religion und seinen gesellschaftlichen Aktivitäten weiterhin Zeit für mathematische und physikalische Forschung. Er veröffentlichte eine Abhandlung über den Luftdruck. Unter anderem hatte er festgestellt, dass der Luftdruck der Atmosphäre mit steigender Höhe abnimmt und durch eine Wiederholung der Experimente von Torricelli die Existenz des Vakuums bestätigt. Für seine grundlegenden Arbeiten über den Luftdruck wurde Pascal mit der Wahl seines Namens für die Einheit des atmosphärischen Luftdrucks geehrt.

In den Pariser Salons geführte Diskussionen über Glücksspiele veranlassten Pascal, sich mit der Wahrscheinlichkeitsrechnung zu beschäftigen. In einem Briefwechsel mit Pierre de Fermat analysierte er die Gewinnchancen beim Würfelspiel. Pascal und Fermat müssen daher gemeinsam als Begründer der Wahrscheinlichkeitsrechnung angesehen werden. Bei dieser Beschäftigung stieß Pascal auf das nach ihm benannte Dreieck der Binomialkoeffizienten

Anfänge der Wahrscheinlichkeitsrechnung

(siehe hierzu al-Karaji) und veröffentlichte hierüber eine Abhandlung. Er erkannte Rolle der Binomialkoeffizienten in der Kombinatorik (der k–te Koeffizient in der n-ten Zeile gibt an, auf wie viele Weisen man aus n Dingen k Dinge auswählen kann. Beispiel: Um die Anzahl der Möglichkeiten zu ermitteln, aus 3 Dingen 2 auszuwählen gehe in der dritte Zeile des bei al-Karaji dargestellten Dreiecks zur Zahl mit der Nummer 2 - (Achtung: die Numerierung beginnt bei 0, daher ist das die dritte Zahl in der dritten Zeile, also eine 3. Es gibt demnach 3 Möglichkeiten, aus 3 Dingen 2 auszuwählen, was mit der unmittelbaren Anschauung übereinstimmt).

Die kombinatorische Bedeutung der Binomialkoeffizienten wird bei der Analyse des mehrfachen Münzwurfes benutzt. Wirft man eine Münze zum Beispiel viermal, so können 5 verschiedene Ereignisse (Verteilungen von Zahl und Kopf) auftreten:

Ereignis	Beschreibung	Anzahl Weisen
A	0 Zahl, 4 Kopf	1
B	1 Zahl, 3 Kopf	4
C	2 Zahl, 2 Kopf	6
D	3 Zahl, 1 Kopf	4
E	4 Zahl, 0 Kopf	1

Die letzte Spalte der Tabelle gibt an, auf wie viele Weisen oder mit wie vielen Wurfkombinationen ein Ereignis zu Stande kommt. Das Ereignis B etwa kommt auf 4 Weisen zu Stande, weil „Zahl" im ersten, zweiten, dritten oder vierten Wurf auftreten kann. Oder: es kommt genauso oft zu Stande, wie man aus vier Dingen eines auswählen kann. Ereignis C: „Zweimal Zahl, zweimal Kopf" kommt so oft zu Stande, wie man 2 Dinge aus 4 Dingen auswählen kann, also auf 6 Weisen. Ereignisse A und E können jeweils nur auf eine Weise zu Stande kommen, Ereignis D wie Ereignis B auf 4 Weisen. Insgesamt gibt es also

$$2^4 = 16 = 1 + 4 + 6 + 4 + 1$$

Weisen, auf die die Ereignisse A bis E zu Stande kommen. Hier treten die Binomialkoeffizienten für n=4 auf. Wiederholt man die Wurfserie sehr oft, so werden die Ereignisse A bis E im Verhältnis 1:4:6:4:1 auftreten, und zwar umso genauer, je öfter man sie wiederholt. Größere Schwankungen sind dabei nicht ausgeschlossen, siehe Gesetz der großen Zahl bei Bernoulli, Tschebyschew, u. a.

Setzt man nun voraus, dass bei einem einzelnen Münzwurf die Wahrscheinlichkeit für Zahl oder Kopf jeweils $\frac{1}{2}$ ist und dass sich die Wahrscheinlichkeit für eine bestimmte Wurfkombination als Produkt der Einzelwahrscheinlichkeiten ergibt, so hat bei 4 Würfen jede einzelne Wurfkombination die Wahrscheinlichkeit $\frac{1}{2} \cdot \frac{1}{2} \cdot \frac{1}{2} \cdot \frac{1}{2} = (\frac{1}{2})^4 = \frac{1}{16}$. Damit ergeben sich die Wahrscheinlichkeiten für die Ereignisse A bis E zu:

A	$\frac{1}{16}$
B	$\frac{4}{16} = \frac{1}{4}$
C	$\frac{6}{16} = \frac{3}{8}$
D	$\frac{4}{16} = \frac{1}{4}$
E	$\frac{1}{16}$

Ihre Summe ist 1, wie es sich für eine Wahrscheinlichkeitsverteilung gehört. Diese Verteilung der Wahrscheinlichkeiten auf die verschiedenen möglichen Ereignisse nennt man zu Ehren von Blaise Pascal die *Pascalverteilung*, aber auch *Binomialverteilung*. Natürlich gibt es zu jeder natürlichen Zahl n (entspricht der Anzahl der betrachteten Münzwürfe) eine Pascalverteilung.

Anmerkung: Man darf hier die Wahrscheinlichkeiten multiplizieren, weil man davon ausgehen kann, dass die einzelnen Würfe der Wurfserie voneinander unabhängig sind, das heißt : das Ergebnis etwa des dritten Wurfes wird nicht durch die Ergebnisse der vorherigen Würfe beeinflusst. Da bei der betrachteten Wurfserie von 4 Würfen insgesamt 16 elementare Wurfkombinationen auftreten, kann aber auch direkt einsehen, dass jede mit der Wahrscheinlichkeit $\frac{1}{16}$ vorkommen muss, weil sie völlig gleichberechtigt sind. Diese Gleichberechtigung ergibt sich aus der oben festgestellten Unabhängigkeit der Würfe.

Pascal verfasste auch einige religiöse Streitschriften gegen die Jesuiten. Die bekannteste ist eine Sammlung von 18 Briefen eines Besuchers der französischen Hauptstadt an seinen in der Provinz zurückgebliebenen Freund, an die Jesuiten und an den Beichtvater des Königs, in denen Pascal in geschliffener Sprache und satirisch zugespitzt die Lehre und den Machthunger der Jesuiten aufs Korn nimmt. Diese Briefe, die nach und nach erschienen, wurden ab Nummer 5 verboten. Im Jahre 1657 wurden sie in den Niederlanden in Buchform unter dem Titel „Provinciales, ou Lettres de Louis Montalte à un provincial de ses amis et aux R.R. PP. Jésuites sur la morale et la politique de ces pères" (Provinzielles, oder Briefe von Louis Montalte an einen Freund in der Provinz und an die Jesuiten über die Moral und Politik dieser Patres) veröffentlicht. Das Buch kam auf den Index und wurde 1660 vom

Henker öffentlich verbrannt. Seine Lektüre ist daher sehr zu empfehlen. Die Macht der Jesuiten konnte dieses Buch aber nicht brechen; sie organisierten mit Hilfe von König und Papst die staatliche Repression der Jansenisten, die auch Pascal zu spüren bekam. Er beugte sich jedoch nicht, sondern begann an seinem Hauptwerk zu arbeiten, den Pensées (Gedanken), das er nicht mehr vollenden konnte. Er strebte darin eine umfassende Rechtfertigung des Christentums an. Bei seinem Tode bestand das Werk aus einer geordneten Sammlung von Zetteln, der man seinen geplanten Aufbau entnehmen kann. Es wurde in verschiedenen Versionen und unterschiedlicher Anordnung seitdem immer wieder veröffentlicht.

Aber auch die Mathematik kam neben diesem gigantischen Werk nicht zu kurz. Im Jahre 1659 veröffentlichte Pascal eine Schrift über die Sinusfunktion (siehe al-Khujandi) („Traité des sinus des quarts de cercle" - Abhandlung über den Sinus im Viertelkreis). Aus dieser Schrift hat Leibniz einen entscheidenden Hinweis für die Entwicklung seiner Differentialrechnung erhalten.

Ab 1659 verschlechterte sich Pascals immer schon schwächlicher Gesundheitszustand rapide, er musste immer größere Arbeitspausen einlegen und starb im Sommer des Jahres 1662 im Alter von nur 39 Jahren. In seinem kurzen Leben hat Blaise Pascal bahnbrechende Leistungen vollbracht, für die ihm bis in unsere Tage ein ehrendes Angedenken bewahrt wurde. Außer der Luftdruckeinheit Pascal ist eine Programmiersprache nach ihm benannt, in Anerkennung seiner Rechenmaschine, und in der Wahrscheinlichkeitsrechnung gibt es die Pascalverteilung.

Mechanik und Infinitesimalrechnung
Isaac Newton (4.1.1643–31.3.1727)

Isaac Newton, der später seinem Namen den Titel Sir voranstellen durfte, gehört zu den größten Naturwissenschaftlern aller Zeiten. Er ist nicht nur der Begründer der klassischen Mechanik und einer der Erfinder der Infinitesimalrechnung, sondern hat auch auf dem Gebiet der Optik, die im 17. Jahrhundert eine große Blüte erlebte, wichtige Entdeckungen gemacht. Er hatte aber auch dezidierte theologische Ansichten und war der Alchimie verhaftet. Neben seiner wissenschaftlichen Tätigkeit war er zeitweise auch politisch aktiv. In höherem Alter wurde er zum Master of the Mint ernannt, hatte damit die Aufsicht über das königliche Münzwesen in England.

Newton war ein schwieriger Mensch. Normalerweise eher zurückhaltend und etwas zerstreut, reagierte er auf Kritik äußerst heftig, was dazu führte, dass er sich zeitweise aus der wissenschaftlichen Gemeinschaft zurückzog, Nervenzusammenbrüche erlitt und lebenslange Feindschaften pflegte. Einige Biographen führen dieses schwierige Verhalten auf eine angeblich schwere Kindheit zurück. Newton hat seinen Vater nicht gekannt; dieser, ein Landwirt in dem Dorf Woolthorpe-by-Colsterworth in Lincolnshire, England, starb vor seiner Geburt. Seine Mutter heiratete bald darauf erneut; der kleine Isaac störte wohl die neue Beziehung, er wurde zur Großmutter gegeben. Nach dem Tode seines Stiefvaters konnte er mit 12 Jahren zu seiner Mutter zurückkehren. Mit 18 Jahren wurde er in das Trinity College an der Universität Cambridge aufgenommen. Mit 22 Jahren schloss er sein Studium ab, kurz darauf wurde das Trinity College wegen der Pestepidemie von 1665 geschlossen, so dass Isaac Newton vorerst nicht an der Universität bleiben konnte. Er arbeitete daraufhin zwei Jahre lang völlig abgeschieden zu Hause an Fragen der Optik, der Algebra und der Mechanik. Nach der Wiedereröffnung des Trinity College wurde er dort Fellow. Dies war mit Auflagen verbunden, ein Fellow musste die Grundordnung der anglikanischen Kirche anerkennen, sich zum Zölibat verpflichten und innerhalb von 7 Jahren die geistlichen Weihen empfangen. Bereits zwei Jahre später – im Jahre 1669 – wurde Newton auf den Lukasischen Lehrstuhl für Mathematik an der Universität Cambridge berufen, einen Lehrstuhl, den im Laufe der Jahrhunderte viele bedeutende Mathematiker innehatten, gestiftet im Jahre 1663 von dem Parlamentarier Henry Lucas zur Förderung von Mathematik und Naturwissenschaften. Er veröffentlichte im gleichen Jahr eine Arbeit über unendliche Reihen, also Summen mit unendlich vielen Gliedern, die aber einen endlichen Wert haben. Ein einfaches Beispiel ist die geometrische Reihe

$$1 + \frac{1}{2} + \frac{1}{4} + \frac{1}{8} + \frac{1}{16} + \cdots = 2$$

Auf Newton geht die Verallgemeinerung der binomischen Formel für $(a + b)^n$, wo n eine natürliche Zahl ist, auf beliebige reelle Exponenten r zurück. Newton zeigte, dass es eine Darstellung von $(a + b)^r$ durch eine unendliche Reihe gibt, und dass diese unendliche Reihe konvergiert, wie wir heute sagen, das heißt: einem endlichen Wert zustrebt.

In den Jahren 1770 bis 1772 lehrte Newton schwerpunktmäßig Optik. Ein Ergebnis dieser intensiven Beschäftigung mit der Optik war das erste Spiegelteleskop, das er im Jahre 1772 der Royal Society vorführte. Er schrieb auch eine Abhandlung, in der das Farbspektrum, das beim Durchgang gewöhnlichen „weißen" Lichts durch ein Prisma entsteht, zutreffend dadurch erklärte, dass das weiße Licht aus Lichtsorten unterschiedlicher Farben zusammengesetzt ist, die beim Durchgang durch das Prisma auf unterschiedliche Weise gebrochen und so wieder getrennt werden. Frühere Erklärungen liefen darauf hinaus, dass das Prisma das weiße Licht verändert oder die Farben auf eine geheimnisvolle Weise hinzufügt. Wir erklären dieses Phänomen heute mit der Wellentheorie des Lichts, in der die verschiedenen Lichtsorten unterschiedlicher Farbe nichts weiter sind als Lichtwellen unterschiedlicher Wellenlänge. Obwohl bereits zu Newtons Zeit der niederländische Naturforscher Christiaan Huygens eine Wellentheorie des Lichts entwickelt hatte, lehnte Newton sie ab, da er wie al-Haytham zu dem Ergebnis gekommen war, dass Licht eine Korpuskelstruktur hat. Dabei hatte er auch schon die nach ihm benannten Newtonschen Ringe beobachtet, die entstehen, wenn man (einfarbiges) Licht senkrecht durch eine Linse schickt, die auf der einen Seite konvex und auf der anderen Seite eben ist (plankonvexe

Linse) und die mit der konvexen Seite auf einer Glasplatte liegt. Man beobachtet dann auf einem Aufnahmeschirm um den Auflagepunkt herum konzentrische abwechselnd helle und dunkle Ringe. Die Ringe lassen sich mit der Wellentheorie zwanglos erklären, während die Korpuskeltheorie keine Erklärung anbieten kann. Newton vertrat dennoch seine Korpuskeltheorie in einer weiteren Schrift, was zu einem heftigen Streit mit Christiaan Huygens führte. Der Streit wurde von der Royal Society zugunsten von Huygens entschieden. Weitere Experimente bestätigten die Wellentheorie. Heute sind Wellen- und Korpuskeltheorie in der Quantentheorie miteinander versöhnt.

Unbestritten sind Newtons Ergebnisse in der Mechanik, die zum unumstößlichen Bestand der Physik gehörten, bis sie durch Einsteins Relativitätstheorie abgelöst wurden. Newton ging von der aristotelischen Meinung ab, dass die physikalischen Gesetze auf der Erde von denen im Weltraum abweichen. Die Legende sagt, er habe in Nachdenken versunken unter einem Apfelbaum gesessen, als ihm ein Apfel auf den Kopf fiel. Dieses Ereignis habe ihm schlagartig klar gemacht, dass für den Fall eines Gegenstandes auf der Erde und den Umlauf des Mondes um die Erde dieselbe Kraft verantwortlich sei, nämlich die Schwerkraft der Erde. Newton stellte die drei Axiome der Mechanik auf, die die Gesetze der Bewegung von Körpern sowohl auf der Erde als auch im Himmel beschreiben. Dabei unterschied er zwischen der Position des Körpers, seiner Geschwindigkeit und seiner Beschleunigung und stellte die Beziehung zwischen Kraft und Beschleunigung her. (Die Beschleunigung eines Körpers ist der einwirkenden Kraft proportional und übernimmt die Richtung dieser Kraft. Wirkt keine Kraft auf den Körper ein, so ändert sich sein Bewegungszustand, sprich seine Geschwindigkeit, nicht.) Im dritten Axiom formuliert Newton das Prinzip Kraft = Gegenkraft. Dieses Prinzip wird in dem allgemeinen Gravitationsgesetz sichtbar, das wie folgt lautet:

Die Anziehungskraft zwischen zwei Körpern ist proportional zu den Massen der beiden Körper und umgekehrt proportional zum Quadrat ihrer Entfernung.

Das heißt: jeder der beiden Körper zieht den anderen an. Aus diesem Gesetz konnte Newton nicht nur die Keplerschen Ellipsenbahnen der Planeten ableiten, sondern allgemeiner die Tatsache, dass sich jeder Himmelskörper auf einer durch einen Kegelschnitt beschriebenen Bahn bewegt. So wurde schon vor Newton beobachtet, dass einige Kometen auf Hyperbelbahnen reisen.

Zur Newtonschen Mechanik gehörte die Vorstellung von einem absoluten Raum und einer absoluten Zeit, die er als Sensorium Gottes bezeichnete. Hier ist die Schwierigkeit zu vermerken, dass man nach den Newtonschen

Axiomen nicht unterscheiden kann, ob ein Körper sich in Ruhe befindet oder sich mit gleichförmiger Geschwindigkeit bewegt. Das bedeutet, dass man von einem ruhenden Bezugspunkt aus – etwa im absoluten Raum – dieselben Naturgesetze wahrnimmt wie von einem hierzu in gleichförmiger Bewegung befindlichen Bezugspunkt. Von diesem Bezugspunkt aus scheint jedoch der ruhende Bezugspunkt eine gleichförmige Bewegung zu vollführen. Dieses so genannte Newtonsche Relativitätsprinzip (manchmal auch Galileisches Relativitätsprinzip genannt, weil schon Galilei es formuliert hatte) macht es schwer, sich einen absoluten Raum vorzustellen, weshalb die Physik sich auch spätestens mit der Einsteinschen Relativitätstheorie von diesem Konzept verabschiedet hat.

Für die exakte Beschreibung der Mechanik benötigte Newton die Ableitung der Positionsfunktion nach der Zeit – das ist die Geschwindigkeit = Änderung der Position pro Zeiteinheit – und die Ableitung der Geschwindigkeitsfunktion nach der Zeit – das ist die Beschleunigung = Änderung der Geschwindigkeit pro Zeiteinheit. Diese Notwendigkeit veranlasste ihn, die Infinitesimalrechnung zu entwickeln, die er *Fluxionsrechnung* nannte. Er definierte die Ableitung einer Funktion (der Zeit) als eine Funktion, die zu jedem Zeitpunkt die momentane Änderung der Funktion angibt. Newton wies auch nach, dass die Integration, die man benötigt, wenn man Flächen krummlinig begrenzter Bereiche berechnen möchte, eine Art Umkehrung der Ableitung ist. Obwohl er die Fluxionstheorie bereits um 1666 entwickelt hatte, veröffentlichte er sie erst im Jahre 1704 als Anhang zu seinem Standardwerk Opticks über seine optischen Ergebnisse. In der Zwischenzeit hatte auch Leibniz (siehe dort) seine Differentialrechnung entwickelt und im Jahr 1684 veröffentlicht, was Newton in einen erbitterten Streit um die Priorität trieb. Seine Anhänger behaupteten, Leibniz habe die Idee anlässlich eines Besuchs bei der Royal Society in London gestohlen. Eine Kommission der Royal Society urteilte im Jahre 1712 unter dem Einfluss Newtons, dass der Plagiatsvorwurf zuträfe. Nach dem Studium der verfügbaren Unterlagen sind aber die Wissenschaftshistoriker zu dem Urteil gekommen, dass die Infinitesimalrechnung von beiden Forschern unabhängig voneinander und auch mit unterschiedlichen Zielsetzungen entwickelt wurde.

Die Vorstellung vom absoluten Raum und von der absoluten Zeit als Sensorium Gottes entwickelte Newton nach einem tiefgehenden Studium der Bibel und der Schriften der Kirchenväter, das ihn auch zu dem Schluss führte, durch die Lehre von der Dreieinigkeit Gottes sei das Christentum korrumpiert worden. Er kam zu der Überzeugung, dass Gott eine unteilbare

Einheit sei, die überall und zu allen Zeiten präsent ist. Damit vertrat er Ansichten der Unitarier, was zu seiner Zeit nicht ungefährlich war. Seine theologischen Schriften konnten deshalb erst nach seinem Tode veröffentlicht werden. Im Jahre 1675 ließ er sich jedoch von der Verpflichtung entbinden, sich zum Priester weihen zu lassen, vermutlich weil er dies nicht mehr mit seinem Gewissen vereinbaren konnte.

Man stellt sich den Begründer der Mechanik und Erfinder der Infinitesimalrechnung gerne als rationalen Menschen vor. Newton war das keineswegs. Er hing den Vorstellungen der Alchimisten an und hatte einen großen Index alchimistischer Schriften angelegt. Es wird vermutet, dass insbesondere die im Gravitationsgesetz postulierte Fernwirkung aus alchimistischen Vorstellungen herrührt, ebenso werden solche Einflüsse in seinen optischen Theorien ausgemacht. Newton hat zeit seines Lebens versucht, die Alchimie in irgendeiner Form in sein Weltkonzept einzuarbeiten, was natürlich nicht gelingen konnte.

Als Master of the Mint kam Newton zu beträchtlichem Wohlstand und begann an der Börse zu spekulieren. Er kaufte Aktien einer South Sea Company, die die WorldCom (oder Telekom) des frühen 18. Jahrhunderts gewesen sein muss. Ihre Aktien waren Gegenstand einer gewaltigen Spekulationsblase. Da Newton dies durchschaute, verkaufte er seine Aktien mit einem Gewinn von 7000 Pfund, was einem kleinen Vermögen entsprach. Die Spekulation trieb den Kurs der Aktie jedoch weiter in die Höhe und Newton, offensichtlich vom Teufel geritten, stieg auf dem Höhepunkt mit 20.000 Pfund erneut ein (so wie die Verrückten, die im Jahre 2000 Telekom beim Kurs von 100 DM gekauft haben) und erlitt einen Totalverlust wie die Aktionäre von WorldCom. Auch hohe Intelligenz schützt nicht vor Verlusten an der Börse.

Als Newton kurz nach Frühlingsbeginn im Jahre 1727 starb, war er noch immer wohlhabend und stand in höchstem Ansehen. Er erhielt ein Staatsbegräbnis und wurde in der Westminster Abbey beigesetzt.

Die beste aller Welten
Gottfried Wilhelm Leibniz (1.7.1646–14.11.1716)

Leibniz gilt als der letzte Universalgelehrte, der sich in seinem Beruf als Jurist und auch als Philosoph, Historiker und Mathematiker ausgezeichnet hat. Er entstammt einer Juristenfamilie; sein Vater und sein Großvater mütterlicherseits waren Rechtsgelehrte. Gottfried Wilhelm war ein hochbegabtes Kind. Im Alter von acht Jahren lernte er selbständig Latein und Griechisch. Mit 12 Jahren begann er damit, ein symbolisches System der Logik zu entwickeln. Mit fünfzehn Jahren nahm Gottfried Wilhelm sein Studium an der Universität Leipzig auf, wechselte aber bald nach Jena. Neben der Rechtswissenschaft interessierte er sich vor allem für philosophische, theologische und mathematische Fragen. Als er im Alter von 20 Jahren in Leipzig den juristischen Doktorgrad erwerben wollte, wurde er als zu jung abgelehnt. Er machte dann seinen Doktor in Nürnberg, wo er auch Kontakte zu Alchimisten pflegte. Im Gegensatz zu seinem großen Zeitgenossen Newton fand er jedoch keinen Geschmack an der Alchimie, sondern machte sich bald darüber lustig. Nach Abschluss seiner Studien diente er zunächst dem Erzbischof von Mainz.

Im Jahre 1772 ging Leibniz in diplomatischer Mission nach Paris. Er schlug dem Sonnenkönig Ludwig XIV einen Kreuzzug nach Ägypten vor, um ihn von seinen europäischen Eroberungsplänen abzulenken. Wie wir wissen, ließ Ludwig XIV sich nicht ablenken, erst Napoléon führte den Leibnizschen Plan aus. Der Pariser Aufenthalt erwies sich jedoch als äußerst fruchtbar für Leibniz' mathematische Projekte. Von dem in Paris arbeitenden Niederländer Christiaan Huygens ließ er sich in den aktuellen Stand der Mathematik einführen, studierte die Arbeiten der französischen Mathematiker, insbesondere Pascals und entwickelte seine Differentialrechnung. Im Vorfeld hatte er sich bereits mit unendlichen Reihen, Fragen der Flächenberechnung und der Bestimmung von Tangenten an gegebene Kurven beschäftigt. Bei der Flächenberechnung eines Viertelkreises stieß er auf die unendliche Reihe

$$\frac{\pi}{4} = 1 - \frac{1}{3} + \frac{1}{5} - \frac{1}{7} + \frac{1}{9} - + \cdots$$

deren Konvergenz er mit Hilfe eines nach ihm benannten Kriteriums nachweisen konnte, das speziell für Reihen gilt, deren Glieder abwechselnd Vorzeichen haben. Die Leibnizsche Reihe ist bemerkenswert, weil sie eine Beziehung zwischen der Kreiszahl π und den ungeraden natürlichen Zahlen herstellt, und sie sorgte daher auch für Furore. Leibniz selber, der bekanntlich glaubte, Gott habe diese Welt optimal eingerichtet, schwärmte davon, dass Gott die ungeraden Zahlen liebe.

Die Methode der Differentialrechnung wurde 1684 veröffentlicht, also lange vor der Veröffentlichung von Newtons gleichwertiger Fluxionsrechnung, die dieser aber bereits um 1666, also vor Leibniz, entwickelt hatte. Leibniz' Vorstellung seiner Differentialrechnung ist auch für heutige mit der Materie vertraute Mathematiker nur schwer verständlich, weil er völlig unkritisch mit unendlich kleinen Größen arbeitet, die er durch endliche Strecken veranschaulicht, und zahlreiche wichtige Formeln, zum Beispiel die für die Ableitung der Potenzfunktionen, nicht begründet. Für die Zeitgenossen muss sie vollends unverständlich gewesen sein, was an zahlreichen Nachfragen und Bitten um Erklärung erkennbar ist. Vermutlich wollte Leibniz, der anlässlich eines Besuchs bei der Royal Society in London, deren Mitglied er wurde, von Newtons Fluxionsrechnung erfahren hatte, sich lediglich die Priorität sichern, ohne allzu viel zu offenbaren. Immerhin gehen die noch heute benutzten Symbole auf Leibniz zurück. Er erfand die Zeichen $\int$ (ein gestrecktes S für Summe) für das Integral und dx für die von ihm noch nicht klar definierte infinitesimale Differenz, oder $\frac{dy}{dx}$ für den Differentialquotienten. In der Physik wird allerdings für die Ableitung einer Funktion z nach der Zeit nach wie vor Newtons Symbol $\dot{z}$ benutzt.

Der Besuch in London verlief im Übrigen nicht sehr glücklich, weil die von Leibniz ebenfalls im Jahre 1772 konstruierte Rechenmaschine, mit der man alle 4 Grundrechenarten ausführen und sogar Quadratwurzeln ziehen können sollte, dem Vorführeffekt anheimfiel. Leibniz konnte während seines Aufenthaltes den Fehler nicht beheben und wurde fortan von den Mitgliedern der Royal Society eher skeptisch gesehen. Heute wird bezweifelt, dass es mit den technischen Möglichkeiten des späten 17. Jahrhunderts überhaupt möglich war, eine voll funktionsfähige Leibnizsche Rechenmaschine zu bauen. Erst Jahre 1990 wurde nach Leibniz' Plänen in Dresden eine fehlerfrei funktionierende Rechenmaschine gebaut. Die Konstruktionsprinzipien von Leibniz sind jedoch bis ins neunzehnte Jahrhundert beim Bau von Handrechenmaschinen berücksichtigt worden. Für Leibniz hatte die Maschine eine durchaus philosophische Dimension. Er wollte den Menschen als denkendes Wesen von stupiden Rechenaufgaben befreien, damit er sich kreativere Aufgaben vornehmen konnte. Diese Zielsetzung verfolgte bereits Jhone Neper (Napier), als er seine Logarithmen erfand, aber auch Wilhelm Schickard.

Aus dem gleichen Grund machte sich Leibniz Gedanken über ein Zahlsystem, in dem Berechnungen möglichst einfach zu vollführen sind, und entdeckte das binäre System, das mit zwei Ziffern 0 und 1 auskommt. Diese Ziffern heißen in der modernen Computersprache *bits* (Abkürzung von <u>bi</u>nary <u>digits</u>) Während im uns geläufigen Dezimalsystem die Vielfachen der Grundzahl 10 daran erkennbar sind, dass ihre letzte Ziffer eine Null ist, und die Potenzen von 10 mit einer führenden 1 und so vielen Nullen dargestellt werden wie der Exponent angibt (z. B. $10^3 = 1000$), gilt im Binärsystem dasselbe für die Vielfachen bzw. Potenzen von 2 (z. B. $2^3 = 1000$). Die ersten 16 Binärzahlen sind:

Dezimal	0	1	2	3	4	5	6	7
Binär	0	1	10	11	100	101	110	111
Dezimal	8	9	10	11	12	13	14	15
Binär	1000	1001	1010	1011	1100	1101	1110	1111

Es fällt auf, dass wir bereits ab der Zahl 8 im Binärsystem 4 Stellen benötigen, die Stellenzahl steigt also schneller an als im Dezimalsystem. Für die Darstellung der Zahl 1000 (dezimal) brauchen wir im Binärsystem bereits 10 Stellen. Dies macht die Binärzahlen für den Hausgebrauch etwas unhandlich, man stelle sich nur vor, wie viele Binärstellen für die Telefonnummern in einer Großstadt benötigt würden (ca. 25). Das Rechnen funktioniert aber genauso wie im Dezimalsystem, mit dem Unterschied, dass hier kein Zehnerübertrag, sondern ein Zweierübertrag erfolgt, und zwar immer, wenn zwei Einsen aufeinandertreffen (1 + 1 = 10). Der große Vorteil ist aber, dass man zum Rechnen im Binärsystem nur die Regeln kennen muss. Man muss sich nicht merken oder durch Abzählen ermitteln, dass 5 + 3 = 8 und 2 + 5 = 7 ist, sondern man addiert stellenweise mit Berücksichtigung des Zweierübertrags:

Summand 1	101	010
Summand 2	011	101
Summe ohne Übertrag	110	111
Übertrag	010	000
Summe ohne Übertrag	100	
Übertrag	100	
Summe ohne Übertrag	000	
Übertrag	1000	
Summe	1000	111

In der linken Spalte wird die Addition von 5 und 3 schrittweise ausgeführt. Das Ergebnis ist erwartungsgemäß 8. In der rechten Spalte läuft die Addition von 2 und 5, die etwas schneller zum Ergebnis 7 kommt.

Ein noch größerer Vorteil des Binärsystems ist jedoch, dass sich das Einmaleins auf die Gleichung $1 \cdot 1 = 1$ reduziert.

Leibniz erkannte auch, dass sich logische Operationen mit binären Ziffern ausführen lassen. Geben wir etwa einer Aussage den Wahrheitswert 1, wenn sie wahr ist, und 0, wenn sie falsch ist, so können wir der Konjunktion (Aussage A <u>oder</u> Aussage B) und der Disjunktion (Aussage A <u>und</u> Aussage B) folgendermaßen Wahrheitswerte zuordnen:

A	B	A ODER B	A UND B
0	0	0	0
0	1	1	0
1	0	1	0
1	1	1	1

Beispiel:

Aussage A sei: $1 + 1 = 2$. A ist wahr, bekommt also den Wahrheitswert 1.
Aussage B sei: $1 + 1 = 3$. B ist falsch, erhält also den Wahrheitswert 0.
Aus der Tabelle entnehmen wir, dass die Aussage
„A oder B" den Wahrheitswert 1 erhält, also wahr ist, während
„A und B" den Wahrheitswert 0 erhält, also falsch ist.

Das Ergebnis bei „oder" mag überraschen. Tatsächlich ist aber eine logische Konjunktion bereits dann wahr, wenn eine ihrer Teilaussagen wahr ist. Konkret ist also in unserem Beispiel die Aussage
„Es ist $1 + 1 = 2$ oder $1 + 1 = 3$" wahr, weil der erste Teil wahr ist.

Aus diesen Verknüpfungsregeln lassen sich Regeln für das Rechnen mit Wahrheitswerten herleiten, wie bereits Leibniz erkannte. Allerdings konnte er noch nicht wissen, dass sich die logischen Verknüpfungen durch elektrische Schaltungen realisieren lassen, so etwa die Konjunktion durch eine Parallelschaltung und die Disjunktion durch eine Serienschaltung. Diese

Tatsache liegt der Konstruktion moderner Elektronenrechner zu Grunde, in denen die einzelnen bits einer Zahl durch Halbleiter realisiert sind, die – steuerbar – entweder leitend sind oder nicht. Dem leitenden Zustand ordnet man in der Regel das bit 1 zu, dem nichtleitenden das bit 0. Sind nun die beiden Halbleiter (die Ausgangshalbleiter) parallelgeschaltet und führt eine Leitung von dieser Schaltung zu einem dritten Halbleiter, dem Ergebnishalbleiter, so erhält dieser Strom, sobald einer der Ausgangshalbleiter im leitenden Zustand ist. Wenn wir festlegen, dass in diesem Falle der Ergebnishalbleiter auch in den leitenden Zustand versetzt wird, so erhalten wir dort genau das Ergebnis, das wir in der oder-Spalte obiger Tabelle ablesen können, d. h. 0 oder nichtleitend nur dann, wenn die beiden Ausgangshalbleiter nichtleitend sind, sonst immer 1. Die Rechenoperationen mit Binärzahlen lassen sich durch die mehrfache Anwendung der logischen Verknüpfungen und der Negation (bei der der Zustand „leitend" in „nichtleitend" gewandelt wird und umgekehrt) realisieren.

Leibniz wäre nicht Leibniz, wenn er nicht auch im Binärsystem etwas Mystisches gesehen hätte. Für ihn war die 1 ein Symbol für Gott oder „Alles" und die Null ein Symbol für das Nichts. Aus der Kombination der beiden gehen die Zahlen hervor.

Leibniz war ab 1676 als Bibliothekar in Hannover tätig und 1691 auch als Bibliothekar an der Herzog-August-Bibliothek in Wolfenbüttel, an der später Lessing dieselbe Position innehatte. Um 1700 half Leibniz bei der Gründung der Preußischen Akademie der Wissenschaften und wurde ihr erster Präsident. Im Jahre 1707 wurde Gottfried Wilhelm Leibniz von Kaiser Karl VI. in den Freiherrenstand erhoben, aber hierüber ist keine Urkunde erhalten. Er starb 9 Jahre später im November 1716 einsam in Hannover.

Leibniz suchte die Harmonie im menschlichen Zusammenleben und auch in seiner Philosophie. Er versuchte – erfolglos – einen Ausgleich zwischen den nach dem Dreißigjährigen Krieg stark verfeindeten Konfessionen herbeizuführen und setzte sich auch anderweitig für Friedenslösungen ein, was ihm die Feindschaft einflussreicher Personen eintrug. In seiner Philosophie ging er von dem kartesischen Dualismus von Geist und Materie ab und beschrieb die Welt als eine Zusammensetzung von unendlich vielen winzig kleinen unteilbaren materiell-geistigen Kraft- Elementen, den Monaden, die in einer von Gott „prästabilisierten Harmonie" zusammenwirken, um die Erscheinungen dieser Welt hervorzubringen. Leibniz äußert ferner den Gedanken, dass Gott diese Welt aus unendlich vielen möglichen Welten ausgewählt und in Betrieb gesetzt habe. Deshalb müsse sie die beste aller möglichen Welten sein. Diese Idee wurde von Voltaire in dem Roman Candide verspottet. Dabei wollte Leibniz gar nicht abstreiten, dass es auf der Welt Übel gibt. Er sieht diese aber als notwendige Kompromisse, die Gott bei der Konstruktion dieser Welt eingehen musste. Die vom Menschen ausgehenden Übel erklärt Leibniz mit der dem Menschen von Gott verliehenen Willensfreiheit.

Die Anwendungen der Infinitesimalrechnung
Die Brüder Bernoulli (Jacob 1655–1705 Johann 1667–1748)

Die Bernoullis sind eine erstaunliche Familie, die vom 17. Jahrhundert bis ins 20. Jahrhundert immer wieder hervorragende Mathematiker und andere Wissenschaftler hervorgebracht hat. Als Stammvater gilt der Arzt Léon Bernoulli, ein Protestant, der im 16. Jahrhundert in Antwerpen lebte und praktizierte. Als Herzog Alba im Auftrag seines Königs Philipp II in den spanischen Niederlanden die hergebrachte Ordnung und die Herrschaft der spanischen Krone und der katholischen Kirche mit Feuer und Schwert wieder herstellen wollte, floh um 1570 Léons Sohn Jacob nach Frankfurt. Dessen Sohn übersiedelte um 1620 nach Basel, wo er im Jahre 1622 die Bürgerrechte erwarb, und einen Gewürzhandel aufbaute, der von seinem Sohn Niklaus (1623–1708) fortgeführt wurde. Dieser heiratete in eine bedeutende Basler Familie ein und ließ sich in den Stadtrat wählen. Seine Söhne sollten angesehene Berufe erlernen. So zwang er seinen Ältesten, Jacob (1655–1705) Theologie und Philosophie zu studieren, was dieser verabscheute. Dennoch legte er als folgsamer Sohn seine Magisterprüfung in Philosophie und ein theologisches Examen ab, arbeitete aber hauptsächlich an mathematischen Fragen. Nach seinem theologischen Abschluss ging er zunächst nach Genf, dann nach Paris, wo er den Kreis der Descartes-Schüler um den Philosophen Malebranche kennen lernte. Im Jahre 1683 erhielt er an der Universität Basel eine Professur im Fach Mechanik, und 1687 die Professur für Mathematik. Er studierte die Géométrie des Descartes und die Werke englischer Mathematiker, aber auch die Arbeit von Leibniz über Differentialrechnung, verstand sie nicht und bat Leibniz um Erläuterungen, die er auch erhielt und die ihn soweit zufrieden stellten, dass er die neue

Methode auf neue Fragestellungen anwenden konnte, etwa die Gleichung für eine durchhängende Kette aufzustellen. Die nachhaltigste Wirkung erzielte er mit der Unterweisung seines jüngeren Bruders Johann (1667–1748) in der Mathematik. Dieser hatte ihn bald eingeholt und trug mit eigenen Arbeiten zur Verbreitung der Leibnizschen Differentialrechnung bei. Die Brüder untersuchten gemeinsam die Gestalt eines unter Last gebogenen Balkens und eines vom Winde geblähten Segels. Sie fanden ein Krümmungsmaß für Kurven und attackierten auch das Problem der kürzesten Verbindung zweier Punkte auf gekrümmten Flächen, der so genannten *geodätischen Linie*. Auf der Kugel ist dies der Großkreis, auf anderen Flächen kann dieses Problem erhebliche Schwierigkeiten bereiten.

Die Zusammenarbeit der Brüder machte aber bald einer Rivalität Platz, die von dem älteren Jacob sehr intensiv erlebt wurde. Er glaubte, Johann sei der bessere Mathematiker, und verunglimpfte ihn mit bissigen Kommentaren. Die Rivalität spornte beide Brüder zu Höchstleistungen an. Jacob arbeitete und veröffentlichte über Wahrscheinlichkeitstheorie. Er entdeckte das Gesetz der großen Zahl, das in seiner einfachsten Form beim Münzwurf auftritt. Wiederholt man den Wurf einer ebenmäßigen Münze sehr häufig, so nähert sich die relative Häufigkeit des Auftretens von „Kopf" im Verhältnis zur Gesamtzahl der Würfe immer mehr der theoretischen Wahrscheinlichkeit $\frac{1}{2}$ für dieses Ereignis an. In seinem nach seinem Tode veröffentlichten Werk „Ars conjectandi" (Kunst der Mutmaßung) unterzog er den Wahrscheinlichkeitsbegriff einer gründlichen Analyse und erläuterte ihn an Beispielen.

Er wies auch nach, allerdings nicht als erster, dass die unendliche Reihe

$$1 + \frac{1}{2} + \frac{1}{3} + \frac{1}{4} + \frac{1}{5} + \cdots$$

also die Summe aller Stammbrüche, nicht konvergiert, sondern dass man jede noch so große Zahl übertreffen kann, wenn man nur genügend viele Glieder summiert. Sein größter Erfolg ist jedoch die Analyse des Problems der so genannten Isochrone. Die Isochrone ist eine Kurve, auf der ein Teilchen unter dem Einfluss der Schwerkraft von jedem beliebigen Punkt aus in derselben Zeit bis an den niedrigsten Punkt rutscht. Die Kurve beginnt oben steil und wird dann immer flacher. Man kann eine solche Rutschbahn im Mathematicum in Gießen betrachten und bedienen. Bernoulli zeigte nun, dass die Kurve durch eine Differentialgleichung beschrieben wird. *Differentialgleichungen* bilden einen neuen Typ von Gleichungen, in denen nicht unbekannte Zahlen, sondern unbekannte Funktionen gesucht werden.

In einer Differentialgleichung treten die gesuchte Funktion und mindestens eine ihrer Ableitungen auf. Bernoulli konnte durch eine geschickte Umformung eine Lösung der von ihm aufgestellten Differentialgleichung für die Isochrone finden. Er untersuchte noch zahlreiche weitere Kurven. Darunter hatte es ihm die logarithmische Spirale besonders angetan, so dass er verfügte, sie auf seinen Grabstein zu gravieren, der im Baseler Münster zu sehen ist. Jacob Bernoulli starb im Jahre 1705 in Basel.

Johann Bernoulli musste nach dem Ratschluss seiner Eltern Medizin studieren, was er bereits mit 15 Jahren begann. Er schloss dieses Studium im Jahre 1694 mit der Promotion zum Dr. med. ab, übte den Arztberuf aber nie aus. Parallel zu seinem Medizinstudium ließ er sich von seinem Bruder Jacob in die Geheimnisse der Mathematik einführen und brachte es sehr schnell zur Meisterschaft in diesem Fach. Im Jahre 1691 folgte er dem Vorbild seines Bruders und ging für einige Monate nach Paris, wo er ebenfalls Zugang zu dem Kreis um Malebranche fand, in dem Philosophen und Hobbymathematiker wie der Marquis de l'Hospital mathematische Probleme diskutierten. Mit dem Marquis schloss Johann Bernoulli einen merkwürdigen Pakt, der vorsah, dass er jedes ihm vom Marquis vorgelegte mathematische Problem zu bearbeiten hatte und seine Ergebnisse niemandem außer dem Marquis mitteilen durfte. Dafür zahlte ihm der Marquis eine lebenslängliche Rente in Höhe eines halben Professorengehalts. So kam es, dass der Marquis de l'Hospital unter Verwendung der Niederschriften von Johann Bernoulli im Jahre 1696 das erste Lehrbuch über Differentialrechnung veröffentlichte. Johann Bernoulli war darüber nicht sehr glücklich, konnte aber wegen seines Vertrages die Urheberschaft nicht öffentlich für sich reklamieren. Immerhin muss man dem Marquis zugestehen, dass es ihm gelungen war, den Stoff verständlich darzustellen. Er verhalf mit diesem Lehrbuch, der Differentialrechnung Leibnizscher Prägung zum Durchbruch auf dem Kontinent, lange bevor die Newtonsche Fluxionsrechnung überhaupt veröffentlicht war.

Zum Zeitpunkt der Veröffentlichung dieses Lehrbuchs war Johann bereits als Professor an der Universität Groningen tätig. Er und besonders seine Frau, die einer Baseler Bankiersfamilie entstammte, fühlten sich dort nicht sonderlich wohl. So empfanden sie es als glückliche Fügung, als nach dem Tode des Bruders Jacob der Ruf auf den Lehrstuhl für Mathematik an der Baseler Universität an Johann erging.

Johann Bernoulli hat wie sein Bruder zahlreiche Einzelaufgaben der Differentialrechnung gelöst, sich aber auch intensiv mit dem Umkehrproblem der Differentialrechnung beschäftigt, das man in heutiger Sprache folgendermaßen formulieren kann: Es werden Funktionen gesucht, die eine vorgegebene

Ableitung haben. Solche Funktionen nennt man *Stammfunktionen*. Der Hauptsatz der Differential – und Integralrechnung besagt, dass man die Stammfunktion einer vorgegebenen Funktion durch Integration derselben findet. Johann Bernoulli hatte noch keinen klaren von der Differentialrechnung unabhängigen Integralbegriff, sondern suchte Stammfunktion durch Umformungen und Differentiation geeignet erscheinender Funktionsausdrücke zu finden. Er war dabei sehr erfolgreich. Die gefundenen Stammfunktionen wandte er dann auf so genannte Quadraturprobleme an, also die Berechnung von Flächeninhalten krummlinig begrenzter Flächen.

Die Brüder Bernoulli haben im Wettstreit nicht nur die Differentialrechnung von Leibniz auf eine ordentliche Grundlage gestellt, sondern auch gezeigt, wie man sie zur Lösung mannigfacher mathematischer und physikalischer Aufgabenstellungen verwenden kann.

Funktionen als Potenzreihe oder „unendliche Polynome"
Brook Taylor (18.8.1685–29.12.1731)

Brook Taylor wuchs auf einem ländlichen Besitz in Middlesex in England auf. Seine Familie genoss einen beruhigenden Wohlstand, der es ihr erlaubte, den Unterricht des jungen Brook in die Hände von Hauslehrern zu legen. Vom Vater wurde Brook in die Malerei und die Musik eingewiesen. Als er mit 17 Jahren in das St. John's College an der Universität Cambridge eintrat, brachte er eine solide Ausbildung in Mathematik, den alten Sprachen und der klassischen Literatur mit. In Cambridge studierte er Mathematik und legte mit 23 Jahren sein Examen ab. Zu diesem Zeitpunkt hatte er bereits seine erste bedeutende mathematische Abhandlung verfasst, aber noch nicht veröffentlicht. In dieser Arbeit hatte er mit Hilfe von Newtons Fluxionsrechnung ein Schwingungsproblem gelöst. Die Veröffentlichung im Jahre 1714 in den Philosophical Transactions der Royal Society führte sofort zu einem heftigen Prioritätsstreit mit Johann Bernoulli, der den Beginn lebenslanger Auseinandersetzungen der beiden Mathematiker markierte. Bereits 1712 wurde Taylor in die Royal Society aufgenommen und sofort in die Kommission gewählt, die den Prioritätsstreit zwischen Newton und Leibniz zugunsten von Newton entschied. Damit waren die Fronten klar: Taylor war Anhänger Newtons und somit ein natürlicher Gegner Johann Bernoullis.

Von 1714 bis 1718 nahm Brook Taylor das arbeitsintensive Amt des Sekretärs der Royal Society wahr. Diese Jahre waren auch seine produktivsten als Wissenschaftler. Im Jahre 1715 erschienen Taylors Hauptwerke, der „Methodus incrementorum directa et inversa" (Methode der endlichen Differenzen direkt und in der Umkehrung) und „Linear Perspective". Im Methodus entwickelt Taylor erstmalig einen Kalkül der endlichen Differenzen als Ergänzung zum Leibnizschen und Newtonschen Kalkül der unendlich kleinen Differenzen oder Differentiale. Hier leitete er auch den nach ihm benannten Satz ab, den man so interpretieren kann, dass er die endliche Differenz zwischen zwei Werten einer Funktion durch eine unendliche Reihe aus Differentialen (infinitesimalen Differenzen) darstellt. Eine andere Erklärung des Taylorschen Satzes geht von der Approximation von Funktionen durch Polynome aus. Führt man diese Approximation immer genauer aus, gelangt man im Grenzfall zu der Taylorschen Reihe, eine Entwicklung der Funktion in ein „Polynom" mit unendlich vielen Gliedern, oder eben eine unendliche Reihe Mit einer solchen Reihe kann man den Funktionswert an der Stelle x (näherungsweise, aber beliebig genau) berechnen, wenn man den Funktionswert und die Werte aller Ableitungen der Funktion an einer nicht zu weit entfernten Stelle x_0 kennt.

Man kann die Bedeutung dieser Reihenentwicklung von Funktionen für Weiterentwicklung der Theorie und die praktische Berechnung von Funktionswerten gar nicht hoch genug einschätzen. Spätere Mathematiker gaben der Taylorschen Reihe eine zentrale Stellung im Gebäude der Differentialrechnung. Spezialfälle der Taylorschen Reihe waren Newton, Leibniz, den Bernoullis und anderen längst bekannt. Hierzu gehört etwa die von Newton entdeckte binomische Reihe für den Ausdruck $(1 + x)^r$ mit beliebigem Exponenten r, die von den Bernoullis untersuchte Reihe für die Exponentialfunktion

$$e^x = 1 + \frac{x}{1!} + \frac{x^2}{2!} + \frac{x^3}{3!} + \frac{x^4}{4!} + \cdots$$

sowie Reihen für Logarithmus und trigonometrische Funktionen. (Anmerkung: 4!, gesprochen *4 Fakultät*, bedeutet $4 \cdot 3 \cdot 2 \cdot 1$, oder allgemein $n! = n \cdot (n-1) \cdots 2 \cdot 1$. Der Ausdruck n!, gesprochen *n Fakultät*, ist damit eine Kurzbezeichnung für das Produkt der ersten n natürlichen Zahlen. Sein Wert gibt an, auf wie viele verschiedene Weisen man n Dinge anordnen kann. Weil n! schneller wächst als x^n für beliebig großes x, werden die Glieder der Reihe immer kleiner und die Reihe konvergiert für jeden Wert von x gegen einen endlichen Wert. Die *Exponentialfunktion* e^x steht stellvertretend für alle Funktionen a^x mit positiver Zahl a. Sie beschreibt ein dynamisches Wachstum und wird daher in Physik, Biologie, Medizin und Wirtschaftswissenschaften immer dann angewendet, wenn solche Prozesse quantitativ zu beschreiben sind.

In seinem zweiten Werk gibt Taylor eine streng mathematische Einführung in die Perspektive. Er ist der erste, der für den Fluchtpunkt eine mathematisch einwandfreie Definition gibt.

Brook Taylors Leben war von einigen Tragödien überschattet. Seine erste Frau, die er gegen den Willen seines Vaters geheiratet hatte, starb im Wochenbett. Auch das Kind überlebte nicht. Seine zweite Frau erlitt dasselbe Schicksal, allerdings überlebte in diesem Falle das Kind, eine Tochter. Die erste Heirat führte zu einer völligen Entfremdung zwischen Vater und Sohn. Nach dem Tode seiner ersten Frau versöhnte sich Brook Taylor mit seinem Vater. Als sein Vater starb, erbte er den Besitz, dessen er sich jedoch nicht lange erfreuen konnte. Er überlebte seinen Vater nur um zwei Jahre.

Ein mathematisches Universalgenie
Leonhard Euler (15.4.1707–18.9.1783)

Leonhard Euler war einer der produktivsten Mathematiker aller Zeiten. Seine Abhandlungen und Lehrbücher über Fragen der Mathematik, der Mechanik, des Schiffbaus, der Musiktheorie, der Ballistik, der Optik und der Philosophie füllen mehr als 70 Bände einer seit Mitte des 19. Jahrhunderts edierten Gesamtausgabe. Dieses gewaltige Werk hat Euler neben besonderen Projekten, etwa der erstmaligen Kartographierung des russischen Reiches, geschaffen. Euler hatte 13 Kinder. Viele seiner mathematischen Ideen hat er mit einem Kind auf dem Schoß und bei lebhaftem Treiben um ihn herum entwickelt.

Leonhard Euler wuchs als Sohn eines protestantischen Pfarrers in dem kleinen Ort Riehen bei Basel auf. Sein Vater, Paul Euler, hatte während seines Theologiestudiums auch ein wenig Mathematik bei Jacob Bernoulli studiert und zusammen mit dessen jüngeren Bruder Johann im Hause Bernoulli gewohnt. So konnte er die mathematischen Fähigkeiten seines Sohnes früh erkennen und fördern. Dennoch wünschte er für Leonhard eine kirchliche Laufbahn, wie er sie selbst eingeschlagen hatte. Leonhard nahm im Alter von 14 Jahren an der Universität Basel zunächst eine Art Studium generale auf und legte bereits 3 Jahre später seine Magisterprüfung in Philosophie ab mit einem Vergleich der philosophischen Systeme von Descartes und Newton. Er begann dann gehorsam mit dem Studium der Theologie, das ihn aber nicht sonderlich interessierte. Lieber beschäftigte er sich mit Mathematik. Johann Bernoulli empfahl ihm eine große Auswahl mathematischer Schriften zum Studium und gewährte ihm an Sonntagnachmittagen Audienz zur Klärung offener Fragen. Leonhard Euler bat bald seinen Vater um die Erlaubnis, sein Studienfach zu wechseln, um sich voll und ganz der Mathematik widmen zu können, die dieser nach Fürsprache durch Johann Bernoulli auch erteilte. Sein Mathematikstudium schloss Leonhard sehr bald im Jahre 1726 im Alter von 18 Jahren ab und veröffentlichte fast umgehend zwei kleine Arbeiten. Im Folgejahr beteiligte er sich an einem Preisausschreiben der Pariser Akademie, in dem Lösungen für die optimale Aufstellung der Masten auf einem Segelschiff gesucht wurden, und gewann den zweiten Preis. Mit Fragen des Schiffbaus beschäftigte er sich von da ab immer wieder und veröffentlichte im Jahre 1773 ein Lehrbuch über diesen Stoff.

Mitte des Jahres 1726 starb Nikolaus Bernoulli, ein Sohn Johanns, der wie sein Bruder Daniel an der Universität von St. Petersburg, der damaligen Hauptstadt Russlands, gelandet war. Die freie Position wurde dem gerade 19jährigen Leonhard Euler angeboten; man darf vermuten, dass die Fäden dazu in der Familie Bernoulli gezogen wurden. Euler nahm an, und erhielt zunächst die Aufgabe, über Anwendungen der Mathematik und Mechanik in der Physiologie zu lesen. Im Mai 1927 traf er in St. Petersburg ein und wurde umgehend in die Akademie aufgenommen, die zwei Jahre zuvor von Zarin Katharina (der Großen) gegründet worden war. Er wurde dann auf Vorschlag von Daniel Bernoulli der Abteilung für Mathematik und Physik zugeordnet. Die Akademie hatte damals bereits Weltniveau, Euler traf auf Forscher von Rang, wie Daniel Bernoulli und Christian Goldbach, der vor allem durch seine Vermutung bekannt wurde, dass alle ungeraden Zahlen größer als 5 Summe dreier Primzahlen sind. Obwohl sich Euler intensiv bemühte, diese Vermutung zu beweisen, gehört sie bis heute zu den ungelösten Problemen der Mathematik. Allerdings konnte inzwischen bewiesen werden, dass sie für „genügend große" Zahlen zutrifft. Da jede ungerade Zahl größer 5 sich als Summe einer geraden Zahl und der Primzahl 3 schreiben lässt, ist die Goldbachsche Vermutung auf jeden Fall dann richtig, wenn die so genannte starke Goldbachsche Vermutung zutrifft, nach der jede gerade Zahl größer 2 die Summe zweier Primzahlen ist. Diese Vermutung wurde in einem großen Rechenprojekt als richtig erkannt für alle geraden Zahlen bis zur Größenordnung 10^{18}, also bis zu 19stelligen Zahlen. Natürlich ist man damit von einem allgemeinen Beweis immer noch genau so weit entfernt, als hätte man nur bis zur Größenordnung 100 gerechnet, aber die Zuversicht steigt, dass die starke Goldbachsche Vermutung tatsächlich zutrifft. Abgesehen von dieser eher exotischen Problemstellung diente Goldbach Euler als Gesprächspartner für viele andere mathematische Fragestellungen.

Als Daniel Bernoulli im Jahre 1733 nach Basel zurückkehrte, übernahm Euler dessen Lehrstuhl für Mathematik an der Universität St. Petersburg.

Dank der deutlich besseren Honorierung dieser Position konnte er nun in den Stand der Ehe treten. Er heiratete Katharina Gsell, Tochter eines Zeichenlehrers am St. Petersburger Gymnasium, der wie Euler aus der Schweiz kam. Von den 13 Kindern des Paares erreichten nur 5 das Erwachsenenalter und nur drei Söhne überlebten ihren Vater.

Euler war in den 1730er Jahren intensiv beschäftigt mit Projekten der Kartographie, des Schiffbaus und des Maschinenbaus. Sein mathematisches Forschungsprogramm erstreckte sich auf Zahlentheorie, Infinitesimalrechnung und die mathematische Formulierung der Mechanik, drei Gebiete, die er in engem Zusammenhang sah. In den Jahren 1736/37 stellte Euler sein grundlegendes Buch Mechanica fertig, in dem er zum ersten Mal eine systematische mathematische Formulierung der Newtonschen Dynamik vorlegte. Um diese Zeit begann sich sein Sehvermögen, besonders auf dem rechten Auge, zu verschlechtern, vermutlich wegen einer Überanstrengung bei der kartographischen Arbeit. Im Jahre 1740 war Euler auf einem Auge blind, genoss aber als Mathematiker und Physiker bereits ein hohes Ansehen, das auch Friedrich II von Preußen nicht verborgen blieb. Dieser lud Euler ein, Mitglied der Preußischen Akademie der Wissenschaften zu werden. Nach anfänglichem Zögern erlag Euler der Werbung des Preußenkönigs und begab sich im Sommer 1741 nach Berlin, wo er das folgende Vierteljahrhundert verbrachte. Auch hier war sein Aufgabenkatalog vielseitig: er hatte die Leitung des Observatoriums und der Botanischen Gärten, was mit Managementaufgaben wie Personalauswahl und Budgetkontrolle verbunden war. Hinzu kamen Ingenieurprojekte, die Friedrich II ihm persönlich übertrug, etwa die Bauleitung für die Wasserversorgung von Schloss Sanssouci und seinen Gärten. Er hatte außerdem den König und seine Minister in Fragen der Staatslotterie, Versicherungssysteme, Finanzen und der Artillerie zu beraten. Dies hinderte Leonhard Euler jedoch nicht daran, während seiner Berliner Zeit ungefähr 380 wissenschaftliche Abhandlungen zu verfassen, zusätzlich Lehrbücher über Differential- und Integralrechnung, Schiffbau, und Navigation, Ballistik, Variationsrechnung, Himmelsmechanik, sowie eine populäre philosophische Schrift „Briefe an eine deutsche Prinzessin".

Das anfangs gute Verhältnis Eulers zu Friedrich II kühlte sich ab, nachdem letzterer Eulers persönlichem wissenschaftlichen Gegner d'Alembert die Präsidentschaft der Preußischen Akademie angeboten hatte. D'Alembert nahm zwar nicht an, aber Euler vertrug auch die ständigen Eingriffe Friedrichs in die Akademie nicht und entschloss sich im Jahre 1766, nach St. Petersburg zurückzukehren. Kaum in Russland eingetroffen, verschlechterte sich der Zustand seines linken Auges. Im Jahre 1771 unterzog er sich einer

Staroperation, gewann für einige Tage die volle Sehfähigkeit zurück, erblindete dann jedoch völlig, vermutlich wegen mangelhafter Nachsorge.

Dennoch hat Euler einen großen Teil seines Werkes als über 60jähriger und in völliger Blindheit geschaffen. Seine Söhne Johann Albrecht und Christoph, ein junger Verwandter, der als Mathematiker nach St. Petersburg berufen worden war, und Mitglieder der Akademie halfen ihm nicht nur durch die Niederschrift der Arbeiten, sondern durch Ausarbeitung seiner Ideen, Sammlung von Beispielen und Berechnung von Tabellen. Die Arbeitsweise des späten Euler ähnelt damit der eines Prinzipals einer Unternehmensberatungsfirma, dessen allgemeine Vorstellungen von einem Team von Mitarbeitern zu einem handfesten Konzept ausgearbeitet werden.

Am 18. September 1783 arbeitete Euler wie gewohnt, unterrichtete seine Enkel in Mathematik, führte Berechnungen über die Bewegung von Ballons aus und diskutierte mit seinen Freunden den neu entdeckten Planeten Uranus. Um 5 Uhr nachmittags erlitt er einen Schlaganfall, äußerte noch „Ich sterbe" und fiel in eine Bewusstlosigkeit, aus der er nicht mehr erwachte. Mit der Veröffentlichung seiner nachgelassenen Schriften war die Akademie in St. Petersburg noch fast 50 Jahre beschäftigt.

Eulers mathematische Ergebnisse umfassend zu beschreiben, ist nicht möglich. Deshalb seien hier nur einige Schwerpunkte genannt. Euler hat die Differential- und Integralrechnung in verschiedene Richtungen ausgebaut. Er basierte diese mathematische Theorie auf dem Begriff der Funktion, anstatt wie seine Vorgänger Kurven zu betrachten. Für die Funktion führte Euler das bis heute gebräuchliche Symbol f(x) ein, das angibt, dass jedem Wert der unabhängigen Variablen x ein Funktionswert zugeordnet wird. Die Zuordnung kann bei Euler durch einen Rechenausdruck, etwa ein Polynom oder den Quotienten zweier Polynome, der als *rationale Funktion* bezeichnet wird, eine *Potenzreihe*, die man sich als Polynom mit unendlich vielen Gliedern vorstellen kann (siehe Taylor), einen Integralausdruck, einen Grenzwert einer Folge von Funktionen oder ähnliches erfolgen. Euler führte einige neue Funktionen ein und betrachtete auch Funktionen von komplexen Zahlen (siehe Gerolamo Cardano). Er fand dabei einen engen Zusammenhang zwischen der Exponentialfunktion (siehe Taylor) und den trigonometrischen Funktionen Sinus und Cosinus. Das Symbol $i = \sqrt{-1}$ für die imaginäre Einheit der komplexen Zahlen wurde von Euler eingeführt. Es wurde hier der Einfachheit halber schon in dem Artikel über Cardano verwendet. Euler fand heraus, dass man bei der Erweiterung der Logarithmusfunktion (siehe Stifel, Neper, Briggs) auf eine komplexe Variable auch negativen Zahlen einen Logarithmuswert zuordnen kann, unter anderem $\log(-1) = \pi i$. Mit der Bezeichnung log ist hier der natürliche Logarithmus gemeint, dessen Basis die Eulersche Zahl e = 2,718.... ist. Diese Zahl dient auch als Basis der Exponentialfunktion e^x, die neben vielen anderen schönen Eigenschaften auch die hat, dass sie mit ihrer Ableitung identisch ist. Die Eulersche Zahl e ergibt sich als Grenzwert, wenn man ein Kapital von 1 € mit einem Zinssatz von 100 % pro Periode in immer kleineren Teilschritten mit Zinseszins verzinst. Man erhält dann am Ende der Zinsperiode infolge der Zinseszinseffekte statt 2 € (= 1 € + 100 % von 1 €) 2,718....€.

Bemerkenswert ist Eulers nach wie vor unkritischer Umgang mit unendlich kleinen Größen oder Differentialen. Mit geradezu schlafwandlerischer Sicherheit kommt er aber mit der Benutzung dieser Größen immer zu richtigen Ergebnissen.

Euler fand den Wert der unendlichen Reihe $1 + \frac{1}{2^2} + \frac{1}{3^2} + \frac{1}{4^2} + \ldots$. An dieser Aufgabe hatten sich Newton, Leibniz, die Bernoullis und andere die Zähne ausgebissen. Er fand jedoch nicht nur den Wert dieser Reihe, sondern ebenso die Werte der allgemeineren Reihe

$$1 + \frac{1}{2^s} + \frac{1}{3^s} + \frac{1}{4^s} + \cdots$$

für s = 4;6;8;10;12 und so weiter.

Es ist $1 + \frac{1}{2^2} + \frac{1}{3^2} + \frac{1}{4^2} + \cdots = \frac{\pi^2}{6}$

und als weiteres Beispiel $1 + \frac{1}{2^4} + \frac{1}{3^4} + \frac{1}{4^4} + \cdots = \frac{\pi^4}{90}$

Diese Ergebnisse sind überraschend, weil sie eine Beziehung zwischen den natürlichen Zahlen und der Kreiszahl π herstellen.

Euler betrachtete sodann den Ausdruck $\zeta(s) = 1 + \frac{1}{2^s} + \frac{1}{3^s} + \frac{1}{4^s} + \cdots$ als Funktion des Exponenten s und konnte bereits eine enge Verbindung dieser Funktion zu den Primzahlen feststellen. Sie erhielt später den Namen *Zeta-Funktion*.

Wir verdanken Euler auch grundlegende Erkenntnisse im Gebiet der Differentialgleichungen und der *Variationsrechnung*. Gegenstand der letzteren ist die Suche nach Funktionen, die bestimmte Extremaleigenschaften haben. Ein Beispiel liefert der Weg des Lichts durch unterschiedliche Medien (etwa Luft und Wasser). Bereits Ibn al-Haytham (siehe dort) hatte das später nach Fermat (siehe dort) benannte Prinzip formuliert, dass Licht den Weg nimmt, auf dem es die kürzeste Zeit benötigt. Die Aufgabe besteht darin, eine Funktion zu finden, die genau diesen Weg beschreibt.

Im Bereich der Zahlentheorie bewies Euler etliche der von Fermat unbewiesen hinterlassenen Aussagen, allerdings gelang ihm bei der Fermatschen

Vermutung nur ein kleiner Teilerfolg: er konnte nachweisen, dass die Gleichung

$$x^5 + y^5 = z^5$$

keine Lösung in natürlichen Zahlen x,y,z besitzt.

Ein Ergebnis Eulers hat einen hohen Bekanntheitsgrad erlangt. Es steht gleichzeitig am Beginn einer neuen mathematischen Disziplin, der *Topologie*, die in sehr viel allgemeinerer Weise, als die Geometrie dies leistet, die räumlichen Verhältnisse und Zusammenhänge untersucht. Dieses erste Ergebnis, das der Topologie zugerechnet werden kann, setzt die Anzahlen f der Flächen, k der Kanten und e der Ecken von Raumkörpern (Polyedern) in eine einfache Beziehung:

$$f + e - k = 2$$

Sie gehört als *Eulersche Polyederformel* zum ewigen Bestand der Mathematik. Der Leser möge sich die Richtigkeit der Formel an einfachen Raumkörpern wie Würfel, Tetraeder oder Oktaeder klar machen.

Beispiel: Ein Würfel hat
f = 6 Flächen, e = 8 Ecken und k = 12 Kanten und es ist

$$6 + 8 - 12 = 2$$

Ein streitbarer Kreativer
Jean le Rond d'Alembert (17.11.1717–29.10.1783)

Ende November 1717 wurde vor der Pariser Kirche St. Jean le Rond ein kleines Bündel gefunden. Sein Inhalt war ein gesunder neugeborener Junge. Er wurde in ein Waisenhaus gebracht. Einige Zeit später kehrte General Louis-Camus Destouches von einer Reise zurück und suchte seine Geliebte Mme de Tencin auf. Da sie bei seiner Abreise hochschwanger war, fragte er nach dem Verlauf der Geburt und dem Verbleib des Kindes und erfuhr, dass Mme. de Tencin, in deren Leben es keinen Platz für Kinder gab, es ausgesetzt hatte. Mme. de Tencin war eine stadtbekannte Lebedame. Sie war Nonne gewesen, mit päpstlichem Dispens aus dem Kloster ausgetreten, hatte eine glückliche Hand mit Anlagen in einer später faillierten Bank bewiesen und ein Vermögen erworben, das ihr eine glänzende gesellschaftliche und amouröse Karriere ermöglichte. Louis-Camus Destouches fand seinen Sohn, der nach seinem Fundort den Namen Jean le Rond erhalten hatte und gab ihn bei der Familie eines Glasers namens Rousseau in Pflege. Jean le Rond blieb bis weit ins mittlere Lebensalter bei seiner Pflegemutter. Sein leiblicher Vater sorgte für eine erstklassige Ausbildung. Er starb aber schon, als Jean 9 Jahre alt war, doch die Familie Destouches kam weiter für seine Ausbildung auf, die er in einem jansenistischen Kolleg genoss. Hier schrieb er sich unter dem Namen Jean-Baptiste Daremberg ein, den er bald in D'Alembert änderte.

Das Ziel des Kollegs war, die Schüler zum Studium der Theologie zu führen, um auf diese Weise Streiter für die jansenistische Sache zu gewinnen (zum Jansenismus siehe Blaise Pascal). Jean d'Alembert entwickelte jedoch eine Vorliebe für die Mathematik. Er studierte zunächst Rechtswissenschaften als Basis für seinen Broterwerb, erlangte mit 21 Jahren die Zulassung als

Anwalt, verlor aber dann völlig das Interesse an einer juristischen Laufbahn und studierte Medizin. Nun brauchte er nur wenige Monate zu der Erkenntnis, dass seine Stärken in diesem Fach noch weniger gefordert waren als in der Jurisprudenz oder der Theologie. Er konzentrierte sich jetzt voll auf seine mathematischen Forschungen und legte bereits im Folgejahr der Académie des Sciences ein erstes Papier vor, in dem er einige Irrtümer in einem Lehrbuch der Infinitesimalrechnung berichtigte. Sein zweites Papier war gewichtiger, es beschäftigte sich mit Hydrodynamik (Mechanik der Flüssigkeiten). Weitere Arbeiten über Integralrechnung zeigten die Spannweite von d'Alemberts Untersuchungen auf und führten zu seiner Aufnahme in die Académie im jugendlichen Alter von 23 Jahren.

D'Alembert arbeitete fortan für die Académie des Sciences und später auch für die Académie Française. Beide Institutionen belebte er mit seiner Konfliktbereitschaft, wobei er in der Regel die Möglichkeit ausschloss, dass er selbst im Unrecht sein könne.

Bald konzentrierte er sich auf die Newtonsche Dynamik, in die er neue Ideen einbrachte. Als er merkte, dass der Mathematiker Clairaut ähnliche Ideen verfolgte, beeilte er sich, sein Traité de dynamique (Abhandlung über Dynamik) zu veröffentlichen und zog sich damit die erbitterte Feindschaft Clairauts zu. Bereits ein Jahr später gewann er mit Daniel Bernoulli, dem in St. Petersburg lehrenden Sohn Johann Bernoullis (siehe Euler) und ausgewiesenen Experten auf dem Gebiet der Hydrodynamik, einen weiteren Gegner hinzu, als er ein Traité de l'équilibre et du mouvement des fluides (Abhandlung über das Gleichgewicht und die Bewegung von Flüssigkeiten) veröffentlichte und behauptete, er habe damit einen besseren Zugang als Daniel Bernoulli gefunden.

D'Alemberts Position in der Académie des Sciences wurde durch seine ständigen Streitigkeiten zunehmend schwieriger. Eine glückliche Fügung spielte ihm jedoch ein Projekt zu, das ihn die nächsten 15 Jahre beschäftigen sollte: die Herausgabe der Encyclopédie zusammen mit Denis Diderot. Dieses monumentale Werk sollte das Wissen der Zeit zusammenfassen und gleichzeitig als ein Fanal der Aufklärung dienen. D'Alembert zeichnet für die meisten Artikel über Mathematik verantwortlich, aber auch für das brillante Vorwort. Nebenbei verfolgte er weiterhin seine mathematischen Interessen. Er untersuchte als einer der Ersten partielle Differentialgleichungen. *Partielle Differentialgleichungen* erhält man zum Beispiel, wenn eine physikalische Größe von Ort und Zeit abhängt und ihre Ableitungen nach Ort und Zeit in einer Gleichung auftreten. D'Alembert wandte seine Erkenntnisse in einer Studie über die Entstehung von Winden an. Diese Studie enthält ausgezeichnete Mathematik, aber nur mäßige Physik, denn d'Alembert unterschätzte die Bedeutung der Erwärmung der Atmosphäre und erklärt die Entstehungen von Winden im Wesentlichen aus Gezeiteneffekten in der Atmosphäre. Dieser Ansatz wurde deshalb von Clairaut heftig kritisiert, was der Feindschaft neue Nahrung gab. Immerhin gewann d'Alembert mit der Arbeit einen Preis der Preußischen Akademie. Euler, damals noch in Berlin, erkannte die Wichtigkeit der partiellen Differentialgleichungen und baute d'Alemberts Methoden weiter aus, was diesen wiederum erregte. In demselben Jahr, 1747, stellte d'Alembert in einer Untersuchung über die schwingende Saite zum ersten Mal die Schwingungsgleichung auf, eine weitere partielle Differentialgleichung, setzte aber die Randbedingungen für die Lösung so, dass sie mathematisch elegant zu lösen war, aber physikalisch Unstimmiges herauskam.

Im Jahre 1752 machte Friedrich II d'Alembert das Angebot, der Preußischen Akademie als Präsident zu dienen, was dieser jedoch ablehnte. Da er sich in der Pariser Académie inzwischen mit fast allen Kollegen überworfen hatte, schickte er aber seine Arbeiten nach Berlin, um sie von der Preußischen Akademie veröffentlichen zu lassen. Euler, dem diese Aufgabe zufiel, wurde der Sache allerdings bald überdrüssig, zumal sich sein anfangs hervorragendes Einvernehmen mit d'Alembert mehr und mehr eintrübte, nachdem d'Alembert ihm vorwarf, seine Ideen zu stehlen. D'Alembert fing daraufhin an, seine mathematischen Arbeiten in Sammelbänden unter dem Namen Opuscules mathématiques (Mathematische Werkchen) zu veröffentlichen.

Friedrich II, der sehr viel von d'Alembert hielt, bot ihm im Jahre 1764 noch einmal die Präsidentschaft der Preußischen Akademie an. Diesmal war Euler entschieden dagegen, denn er befürchtete ähnliche Auseinandersetzungen, wie sie d'Alembert in Paris provozierte, nur diesmal verschärft durch die Präsidentenrolle. Er sorgte sich jedoch unnötig, denn d'Alembert lehnte erneut ab.

Nachdem d'Alembert bereits 1754 in die Académie Française aufgenommen worden war, wurde er 1772 deren Sekretär auf Lebenszeit. In den 1770er Jahren verließ er die Gefilde der Mathematik und widmete sich philosophischen und literarischen Projekten. Seine Philosophie ist von Skeptizismus geprägt. Diderot hatte ihn zum Materialismus bekehrt. Dennoch argumentierte für die Existenz Gottes, da der menschliche Geist nicht aus Materie allein entstanden sein könne.

D'Alembert starb an am 29.Oktober 1783 an einer Blasenkrankheit. Als bekennender Materialist wurde er anonym beerdigt.

Die mathematisch elegante Formulierung der Mechanik
Joseph Louis Lagrange (25.1.1736–10.4.1813)

Giuseppe Lodovico Lagrangia wurde in Turin im Königreich Sardinien-Piemont geboren. Sein Vater verwaltete die Kriegskasse des Königreichs und verfügte auch über einigen Wohlstand, den er aber mit misslungenen Spekulationen verspielte. Der junge Giuseppe konnte sich daher nicht auf ein väterliches Vermögen stützen, sondern musste seine Karriere voll auf seinen eigenen Fähigkeiten aufbauen, die im Bereich der Mathematik allerdings beträchtlich waren. Dabei war er, verglichen mit vielen Berufskollegen, ein Spätentwickler. Als Siebzehnjähriger stieß er auf eine Abhandlung des Astronomen und Mathematikers Edmund Halley, des Namensgebers des Halleyschen Kometen, und war sofort Feuer und Flamme. Ohne jede professionelle Anleitung stürzte er sich in mathematische Studien und war bereits ein Jahr später in der Lage, den Mathematikunterricht an der Artillerieschule zu erteilen. Im Jahre 1758 gründete der Zweiundzwanzigjährige in Turin eine wissenschaftliche Gesellschaft, in deren Berichten Miscellanea Taurinensia er seine frühen Arbeiten veröffentlichte. In diesen beschäftigte er sich mit der Fortpflanzung des Schalls, die er mit einer Differentialgleichung beschreibt, mit der schwingenden Saite, für deren Bewegung er eine Formel findet, und die Lösung einiger dynamischer Probleme mit Hilfe der Variationsrechnung. Hier geht er in den Fußstapfen von Leonhard Euler, den er aber bald mit einer neuen Methodik der Variationsrechnung beeindrucken kann.

Euler versuchte bereits im Jahre 1756, Lagrange an die Preußische Akademie der Wissenschaften zu holen, hatte aber keinen Erfolg, da Lagrange der Meinung war, dass die Berliner Akademie nicht zwei große Mathematiker nebeneinander aushielte. Als aber im Jahre 1766 Euler wieder nach St. Petersburg ging, war der Weg frei. Friedrich II, der ebenso wie Lagrange nicht unter einem

Mangel an Selbstbewusstsein litt, wusste, wie er ihm schmeicheln konnte, und schrieb ihm, der größte König Europas bitte den größten Mathematiker Europas an seinen Hof. Lagrange konnte dieser Werbung nicht widerstehen, ging nach Berlin und blieb dort 20 Jahre, obwohl ihm das Klima nicht behagte. Er gehörte zu den Favoriten des Königs, der mit ihm die verschiedensten Fragen diskutierte, so auch die Vorteile regelmäßiger Gewohnheiten. Lagrange richtete sein Leben nach solchen Grundsätzen ein und erforschte genau, wie viel Arbeit er bewältigen konnte, ohne zusammenzubrechen. Genau diese Menge an Arbeit mutete er sich täglich zu. Er plante seinen Tagesablauf akribisch und setzte sich für jeden Tag ein Ziel, dessen Erfüllung er abends analysierte, ganz im Sinne modernen Selbstmanagements. Seine Abhandlungen schrieb er erst auf, wenn er sie einschließlich des Wortlauts zu Ende gedacht hatte. In seinen Manuskripten gibt es daher keine Korrekturen.

Lagranges Berliner Hauptwerk ist seine Mécanique Analytique (Analytische Mechanik). Hier leitet er die gesamte Mechanik mit Hilfe der Variationsrechnung aus einem Grundprinzip (der virtuellen Arbeit) ab. Lagrange beschreibt mechanische Systeme in den Koordinaten Ort und Impuls (=Masse · Geschwindigkeit) der betrachteten Körper oder Teilchen. Aus den Ausdrücken für die kinetische und potentielle Energie der Teilchen lassen sich dann die Bewegungsgleichungen durch einfaches Differenzieren (Bilden der Ableitung) herleiten. Die Lagrangesche Mechanik erweist sich so als ein mathematischer Kalkül von großer Schönheit und Einfachheit.

Neben der Mécanique veröffentlichte Lagrange während seiner Berliner Zeit in den Transaktionen der Berliner und der Pariser Akademie, sowie auch weiterhin in den Miscellanea Taurinensia, weit über 100 Abhandlungen, ausnahmslos von hoher Qualität,

Als Friedrich II im Jahre 1786 starb, nahm Lagrange die Einladung des französischen Königs Ludwig XVI in die Pariser Académie des Sciences an. In Paris litt er jedoch zunächst an einer tiefen Depression, aus der er erst durch die Französische Revolution aufgeschreckt wurde, deren Verlauf er zunächst mit Interesse, dann mit Entsetzen verfolgte. Seine Traurigkeit blieb aber und verleitete ein junges Mädchen, ihn zu heiraten. Eine frühere Ehe in Berlin war völlig missglückt, so dass Lagrange eigentlich nicht mehr hatte heiraten wollen; aber seine neue junge Frau gewann er sehr lieb. Als im Jahre 1793 per Dekret alle Fremden aus Frankreich ausgewiesen wurden, war Lagrange namentlich ausgenommen. Er saß dennoch mit seiner Frau bereits auf gepackten Koffern, als ihm die Leitung der Kommission für die Reform der Maßeinheiten angetragen wurde. Er nahm an und ist damit der Vater unseres modernen Maßsystems geworden, in dem der Traum Simon Stevins (siehe dort) in Erfüllung geht und alle Maßeinheiten eine dezimale Unterteilung erhalten.

Lagrange fühlte sich im revolutionären Frankreich – zu Unrecht – in ständiger Gefahr und bereitete mehrfach seine Abreise vor. Er wurde jedoch von allen Revolutionsregierungen und auch von Napoléon Bonaparte mit Ehren überhäuft. Im Jahre 1794 berief ihn die renommierte École Polytechnique auf den Lehrstuhl für Mathematik. Seine dortigen Vorlesungen werden als perfekt in Aufbau und Inhalt beschrieben, lediglich sein italienischer Akzent und seine leise Sprechweise störten einige Zuhörer.

In seinen letzten Jahren überarbeitete Lagrange noch einmal die Mécanique Analytique, schaffte aber bis zu seinem Tode am 10. April 1813 nur etwa zwei Drittel. Lagrange erhielt seine letzte Ruhestätte im Panthéon in Paris.

Zu den großen Leistungen von Lagrange gehört der Beweis des Satzes, nach dem sich jede natürliche Zahl als Summe von 4 Primzahlen darstellen lässt, ein Beweis, zu dem er die stärksten verfügbaren analytischen Methoden heranziehen musste. Außerdem führte er den Beweis, dass die Pellsche Gleichung (siehe Diophant, Brahmagupta und Bhaskara)

$$x^2 - N \cdot y^2 = 1$$

für jede natürliche Zahl N, die nicht Quadratzahl ist, eine Lösung in ganzen Zahlen hat. Mit Gleichungen dieses Typs hatten sich bereits die indischen Mathematiker von Brahmagupta bis Bkaskara herumgeschlagen. Lagrange ersetzte das indische kuttaka-Verfahren durch eine Kettenbruchentwicklung und konnte so zum Ziel kommen.

Ein Kettenbruch ist ein endloser Bruch der Form

$$\cfrac{1}{1 + \cfrac{1}{1 + \cfrac{1}{1 + \cfrac{1}{1 + \ldots}}}}$$

Einen Kettenbruch kann man nach endlich vielen Schritten abbrechen und schrittweise ausrechnen. Für den obigen Bruch ergibt sich, wenn er bei den Pünktchen abgebrochen wird, der Wert $\frac{3}{5}$. Endliche Abschnitte von Kettenbrüchen sind immer rationale Zahlen, während der gesamte unendliche Kettenbruch in der Regel eine Irrationalzahl darstellt. Quadratwurzeln lassen sich als Kettenbrüche schreiben. Setzt man den obigen Kettenbruch mit lauter Einsen fort, so ergibt sich der goldene Schnitt. Der Wert $\frac{3}{5} = 0{,}6$ ist ein Näherungswert für den goldenen Schnitt. Sein genauer Wert ist

Goldener Schnit t

$$= \frac{\sqrt{5}-1}{2}$$

Dieser Wert ergibt sich als Lösung der quadratischen Gleichung

$$x^2 - x - 1 = 0$$

Lagrange fand auch die Lösungen der Pellschen Gleichung in endlichen Abschnitten von Kettenbrüchen.

Lagrange hat nicht nur die Variationsrechnung mit seiner Methode erheblich erleichtert, sondern auch der Behandlung partieller Differentialgleichungen entscheidende Anstöße gegeben.

In der Himmelsmechanik hat Lagrange sich intensiv mit dem Drei-Körper-Problem beschäftigt. Drei Körper im Weltraum, etwa Sonne, Erde und Mond, ziehen sich paarweise gemäß dem Newtonschen Gravitationsgesetz an. Es geht darum, die Bewegungsgleichungen der drei Körper aus dem Gravitationsgesetz abzuleiten. Das Problem stellt höchste mathematische Herausforderungen. Es gibt auch keine geschlossene Lösung, also etwa eine Formel, mit der man die Bahnen der beteiligten Raumkörper berechnen könnte. Dieses ist nur näherungsweise möglich. Lagrange hat in dieser Richtung am Beispiel Sonne-Erde-Mond Grundlegendes geleistet.

Ein begnadeter Geometer
Gaspard Monge (9.5.1746–28.7.1818)

Gaspard Monge gilt als Begründer der Darstellenden Geometrie, wie sie in der Architektur, aber auch in der Konstruktion von Bauteilen und heute in der Software für virtuelle Welten Anwendung findet.

Gaspard Monge wuchs in der schönen Stadt Beaune in Burgund auf, ging mit 16 Jahren nach Lyon, wo er am Collège de la Trinité seinen Schulabschluss machte. Zurück in Beaune fertigte er einen Stadtplan an, der einen Lehrer der École Royale du Génie in Mézières (heute Charleville-Mézières) am Rande der Ardennen so beeindruckte, dass er den jungen Gaspard als technischen Zeichner an seine Schule holte. Die Aufgaben als Zeichner füllten diesen jedoch nicht aus und er begann, sich eigene Gedanken über Geometrie zu machen. Diese konnte er bald umsetzen, als er den Auftrag erhielt, eine Stadtbefestigung zu entwerfen, die einem Feind von keinem Standpunkt aus Einblick oder eine direkte Schusslinie auf die Verteidigungsstellungen der Stadt bot. Er löste dieses Problem mit seiner eigenen geometrischen Methode. Der Mathematikprofessor an der École Royale, Bossut, erkannte Monges Fähigkeiten und begann, ihn zu fördern. Kurz darauf wurde Bossut in die Académie des Sciences gewählt und erhielt eine Professur in Paris. Monge wurde sein Nachfolger in Mézières. Er beschäftigte sich inzwischen mit Kurven im dreidimensionalen Raum, die in zwei Richtungen gekrümmt sind und schickte seine Arbeit hierüber an Bossut, der sie nicht nur umgehend veröffentlichen ließ, sondern sie auch der Académie vorlegte, wo sie nach angemessener Frist im August 1771 verlesen wurde, wie es üblich war.

Monge forschte nunmehr intensiv in vier Gebieten, der Variationsrechnung, der Differentialgeometrie, partiellen Differentialgleichungen, die er mit geometrischen Methoden untersuchte, und Kombinatorik. Er legte in den 1770er Jahren der Académie eine Reihe von Abhandlungen über diese Themen vor. Gleichzeitig begann er, sich für Fragen der Physik und der Chemie zu interessieren. Seine chemischen Interessen konzentrierten sich nach seiner Heirat bald auf Fragen der Metallurgie, denn seine Frau besaß eine Schmiede. Für den Unterricht an der École Royale richtete er aber ein chemisches Labor ein, in dem die Grundlagen der damals ganz jungen Wissenschaft Chemie umfassend demonstriert werden konnten.

Im Jahre 1780 wurde Monge als Geometer an die Académie des Sciences berufen, was bedeutete, dass er sich immer länger in Paris aufhalten musste, um an diversen Projekten der Académie mitzuarbeiten. Er versuchte 4 Jahre lang, seine Position in Mézières zu halten und gleichzeitig seinen neuen Pflichten in Paris nachzukommen. Als er aber zusätzlich das Prüfungsamt für Marinekadetten erhielt, gab er widerstrebend seine Professur in Mézières auf. Ungeachtet seiner Doppelbelastung legte er der Académie eine Vielzahl von Arbeiten über mathematische, chemische, metallurgische, meteorologische und physiologische Themen vor.

Monge war ein entschiedener Anhänger der Französischen Revolution. Neben seinem Engagement in zahlreichen revolutionären Vereinigungen wurde er bald in das Komitee für Maße und Gewichte berufen, dem Lagrange vorstand. In der ersten Revolutionsregierung übernahm Monge das Marineministerium. In dieser politischen Position blieb er erfolglos, da es ihm nicht gelang, das chaotische Durcheinander der Interessen und Einflussnahmen auf einen Nenner zu bringen, und er trat bereits nach 8 Monaten zurück. Noch ein paar Monate konzentrierte er sich auf seine Aufgaben in der Académie, bis diese im August 1793 aufgelöst wurde. Monge passte sich den Zeitläuften an und arbeitete an verschiedenen militärischen Projekten. Bereits 1794 wurde er aber in den Gründungsausschuss der späteren École Polytechnique berufen, wo er bald die zukünftigen Lehrer in die Darstellende Geometrie einzuweisen hatte. Später wurde er Direktor dieser neuen Hochschule. Als überzeugter Mitarbeiter der Académie arbeitete er an deren Wiedereröffnung, die 1795 gelang. In etwas anderem Gewande wurde die Académie als Institut National wieder eingerichtet. Monge, der inzwischen ein bedingungsloser Anhänger Napoleons geworden war, ging aber bald nach Rom, wo er nach Napoleons erfolgreichem Italienfeldzug Raubkunst aussuchte. Nach kurzem Zwischenspiel in Paris war er dann an der Gründung der Republik Rom beteiligt. Die römischen Aktivitäten wickelte Monge offenbar sehr erfolgreich ab, denn Napoléon forderte ihn auf, zusammen mit weiteren Wissenschaftlern an seinem Ägyptenfeldzug teilzunehmen. Nachdem Ägypten im Sturm genommen werden konnte, zerstörte Lord Nelson die französische Flotte, so dass dem Expeditionskorps der Rückweg abgeschnitten war. Während Napoleon sich bald absetzte, um in Paris nach dem Rechten zu sehen, blieb Monge noch einige Monate als Präsident des ägyptischen Ablegers des Institut National in Kairo. Nach seiner Rückkehr stellte er fest, dass inzwischen auf Betreiben seiner Frau seine Géométrie descriptive (Darstellende Geometrie) veröffentlicht war. Er hatte in Ägypten, soweit es möglich war, an einem weiteren Buch, der Application de l'Analyse à la Géométrie (Anwendung der Infinitesimalrechnung auf die Geometrie), dem ersten umfassenden Werk über Differentialgeometrie, gearbeitet. Wegen dieses Werkes gilt er auch als Begründer der Differentialgeometrie, die sich unter anderem damit befasst, die Krümmung von Kurven und gebogenen Flächen zu beschreiben. Die Differentialrechnung erwies sich hierfür als das richtige Instrument, da man mit ihrer Hilfe der Krümmung in kleinsten (infinitesimalen) Schritten folgen kann.

Im November 1799 übernahm ein Triumvirat mit Napoléon als Hauptfigur die Macht in Frankreich. Napoléon ernannte Monge zum Senator auf Lebenszeit, was diesen außerordentlich befriedigte. Dies war nur der Anfang der außergewöhnlichen Ehrenbezeigungen Napoléons an Monge. Monge wurde Grand Officier der Ehrenlegion, Senatspräsident, und schließlich Comte de Péluse (Graf von Péluse). Er nahm alle diese Ehrungen bedenkenlos an, obwohl er eigentlich republikanisch gesinnt war, und damit die Militärdiktatur und das spätere Kaiserreich Napoléons hätte ablehnen müssen. Er blieb Napoléon noch in der Niederlage treu und hielt mit ihm Kontakt bis zu dessen Einschiffung in die Verbannung nach St. Helena. Offensichtlich war er von der Persönlichkeit Napoléons völlig geblendet. Monge liefert damit ein beredtes Beispiel für den Umstand, dass auch größter mathematischer Scharfsinn nicht vor politischer Blindheit schützt. In Folge dieser Blindheit wurde seine Position im neuen Königreich ab 1816 schwierig. Er wurde aus dem Institut National ausgeschlossen, war Repressalien ausgesetzt und musste zeitweise um sein Leben fürchten. Nach seinem Tode im Jahre 1818 untersagte die Regierung alle öffentlichen Beileidsbekundungen, was aber die Studenten der École Polytechnique nicht davon abhielt, ihm die letzte Ehre zu erweisen. Es verwundert auch nicht, dass dieser große Mathematiker nicht neben seinem Kollegen Lagrange im Panthéon seine letzte Ruhe fand.

Die Berechenbarkeit der Welt
Pierre-Simon Laplace (28.3.1749–5.3.1827)

Pierre–Simon Laplace wuchs als Sohn eines wohlhabenden normannischen Landwirts und Cidrehändlers in Beaumont-en-Auge, Normandie, auf. Er besuchte die Benediktinerschule in Beaumont und begann auf Wunsch seines Vaters mit dem Studium der Theologie und Philosophie am Jesuitenkolleg in Caen. Seine Professoren erkannten seine mathematische Begabung und schickten ihn zu Jean d'Alembert nach Paris. Dieser zeigte sich, nachdem er sich von den weit überdurchschnittlichen mathematischen Fähigkeiten dieses ihm empfohlenen jungen Mannes überzeugt hatte, außerordentlich beeindruckt und förderte ihn nach Kräften. Zunächst vermittelte er ihm eine Stelle als Lehrbeauftragter für Mathematik an der Pariser Militärakademie, damit er seinen Lebensunterhalt in Paris bestreiten konnte. Sodann gab er ihm Anregungen zu aussichtsreichen, wenn auch schwierigen Themen, die er in Angriff nehmen konnte. Laplace ließ sich nicht lange bitten und legte der Académie des Sciences in nur 4 Jahren 13 Abhandlungen über die Bestimmung von Extremwerten von Funktionen, über Differentialgleichungen, über Integralrechnung und Wahrscheinlichkeitsrechnung vor, um sich schnell einen Namen zu machen. Zweimal in den Jahren von 1770 bis 1773 bewarb er sich um Aufnahme in die Académie des Sciences, zweimal wurden ihm ältere Bewerber vorgezogen, die ihm als Mathematiker nicht das Wasser reichen konnten. Nicht nur Laplace selbst, sondern auch d'Alembert war äußerst frustriert, was letzteren veranlasste, bei Lagrange in Berlin anzufragen, ob die Preußische Akademie interessiert sei, seinen besten Schüler aufzunehmen. Er zog die Anfrage aber zurück, als im Jahre 1773 Laplace doch als beigeordnetes Mitglied in die Académie aufgenommen wurde, im immer noch jugendlichen Alter von 24 Jahren. Laplace zeigte sich bald als der führende Wissenschaftler der Académie und stellte selbst seinen Lehrmeister d'Alembert in den Schatten, was dieser mit Missfallen zur Kenntnis nahm.

Im Jahre 1784 wurde Laplace das Prüfungsamt für die Kadetten der Königlichen Artillerie übertragen. In diesem Amt prüfte er auch den sechzehnjährigen Napoléon Bonaparte. Napoléon war in Mathematik nicht unbegabt; er bestand die Prüfung. Im Jahr 1785 wurde Laplace Vollmitglied der Académie. Nachdem das geschafft war, heiratete er als fast Vierzigjähriger eine Neunzehnjährige, mit der er zwei Kinder hatte. Sein Sohn wurde General und starb mit 85 Jahren kinderlos. Seine Tochter starb im Jahre 1813 im Kindbett, aber ihre neugeborene Tochter überlebte und ist die Stammmutter aller noch lebenden Nachkommen von Laplace. Im Jahre 1787 war Lagrange von Berlin nach Paris übergesiedelt und Laplace musste seine Position als führender Mathematiker der Académie mit ihm teilen. Die beiden großen Mathematiker wurden zu Rivalen, die sich aber laufend gegenseitig inspirierten und voneinander profitierten.

Die Französische Revolution beeinträchtigte Laplace zunächst nicht. Er wurde wie Lagrange und Monge in die Kommission zur Reform der Maße und Gewichte berufen. Mit dem Beginn des Terrorregimes von Robespierre im Jahre 1792 verließ Laplace jedoch mit seiner Familie Paris und kehrte erst zwei Jahre später zurück, nachdem Robespierre dem eigenen Terror unter der Guillotine zum Opfer gefallen war. Hierüber war Laplace sicher nicht traurig, wohl aber über den Verlust seines geschätzten Kollegen, des Chemikers Lavoisier, dessen Leben kurze Zeit vor seiner Rückkehr unter der Guillotine geendet hatte. Mit Lavoisier hatte Laplace ein außermathematisches Projekt betrieben. Die beiden hatten nachgewiesen, dass wir mit unserem Atem Verbrennungsprodukte ausscheiden – heute wissen wir, dass es sich um CO_2 handelt.

Laplace beteiligte sich an der Neugründung der Académie als Institut de France im Jahre 1795, dem er zunächst als Vizepräsident, nach einigen Monaten aber bereits als Präsident vorstand. Außerdem übernahm er den Vorsitz der Kommission für Maße und Gewichte und die Leitung des Pariser Observatoriums. Damit noch nicht zufrieden diente er sich seinem ehemaligen Prüfling Napoléon als Innenminister an. Hier stieß er jedoch an seine Grenzen, denn Napoléon löste ihn schon nach 6 Wochen ab und schob ihn in den zwar angesehenen, aber einflusslosen Senat ab. Wie man in Napoléons Briefen nachlesen kann, missfiel ihm, dass Laplace den „Geist des unendlich Kleinen" in die Regierungsgeschäfte einbrachte. Laplace wurde Vizepräsident des Senats und setzte sich 1804 für die Erhebung Napoléons zum Kaiser ein. Napoléon honorierte die Unterstützung mit einem Grafentitel für Laplace. Dieser war damals bereits einer der reichsten Wissenschaftler seiner Zeit, denn mit seinen verschiedenen Posten verdiente er ca. 100.000 Francs pro Jahr, etwa das 25-fache des Salärs, das Carl Friedrich Gauß als Leiter der Göttinger Sternwarte bezog.

Als die Position Napoléons im Jahre 1814 zu wanken begann, hatte Laplace keine Bedenken, seine Stimme im Senat für dessen Absetzung abzugeben und seine Unterstützung dem Restaurationskönig Louis XVIII anzutragen. Aus Dankbarkeit ernannte ihn dieser zum Pair von Frankreich und erhob ihn 1817 zum Marquis (Markgraf). Viele Kollegen nahmen Laplace diese Wende übel. Seine letzten Freunde verlor Laplace jedoch im Jahre 1826, als er ein königliches Dekret von Charles X. zur Einschränkung der Pressefreiheit unterstützte, gegen das zahlreiche Wissenschaftler protestierten.

Laplace starb im Frühjahr 1827 in Paris. Obwohl sein wissenschaftliches Lebenswerk dem seines großen Kollegen Lagrange gleichwertig war, erhielt er wegen seiner opportunistischen politischen Haltung keinen Platz der Ruhmeshalle des Panthéon. Dafür schmückt sein Name – zusammen mit 71 anderen – den Eiffelturm.

Laplace hat auf zwei Gebieten große Leistungen vollbracht und bedeutende Werke hinterlassen: in der Himmelsmechanik mit dem „Traité de Mécanique Céleste" (Abhandlung über Himmelsmechanik) und in der Wahrscheinlichkeitsrechnung, die er in der „Théorie Analytique des Probabilités" (Analytische Theorie der Wahrscheinlichkeiten) auf eine strenge mathematische Grundlage stellte. Bis dahin hatten viele Mathematiker bezweifelt, dass man etwas so Vages wie Wahrscheinlichkeiten mathematisch streng behandeln könnte.

Das Werk über Himmelsmechanik behandelt das Thema umfassend und ist bis heute – bis auf Erweiterungen durch moderne Methoden – ein Standardwerk. Laplace gelingt eine Lösung des Dreikörperproblems (siehe Lagrange) mit Hilfe unendlicher Reihen. Er kann mit dieser Methode auch nachweisen, dass die Planetenbahnen stabil sind, ungeachtet kleiner Unregelmäßigkeiten, die durch die gegenseitige Anziehung der Planeten auftreten. Allerdings wurde dieser Nachweis später angefochten.

Laplace vertrat einen streng deterministischen Standpunkt. Er stellt sich einen allwissenden Weltgeist (den später so genannten „Laplace'schen Dämon") vor, der in der Lage ist, alle physikalischen Größen zu einem bestimmten Zeitpunkt exakt zu erfassen. Mit Hilfe der Mechanik kann er dann die zukünftige und vergangene Weltgeschichte im Detail nachrechnen. Sicherheitshalber räumte Laplace ein, dass der menschliche Geist diese Fähigkeit nie erlangen könne. Dennoch provozierte er mit seiner Auffassung die Philosophen, für die ein derart strikter Determinismus im Widerspruch zum Dogma des freien Willens steht. Die Physik hielt im Prinzip jedoch an dem deterministischen Denkmodell fest, bis im 20. Jahrhundert klar wurde, dass Vorgänge im Bereich der Elementarteilchen zufallsgesteuert ablaufen. Diese Erkenntnis veranlasste Einstein, der an eine berechenbare Welt glaubte, zu dem Ausruf: „Gott würfelt nicht!". Aber auch für die zufälligen Ereignisse im Bereich der Elementarteilchen hatte Laplace vorgesorgt, denn diese lassen sich mit seiner Wahrscheinlichkeitsrechnung untersuchen.

Elliptische Integrale, quadratische Reste und der Primzahlsatz
Adrien-Marie Legendre (18.9.1752–10.1.1833)

Adrien-Marie Legendre wuchs in einem wohlhabenden Hause auf und erhielt eine hervorragende Schulbildung am Collège Mazarin in Paris. Das Vermögen seiner Familie ermöglichte ihm, seine Forscherlaufbahn zu beginnen, ohne sich um eine Anstellung bemühen zu müssen. D'Alembert empfahl ihn jedoch der Militärschule, wo er als Kollege von Laplace von 1775 bis 1780 Mathematik unterrichtete. Möglicherweise hat ihn die Beschäftigung mit militärischen Fragen dazu bewogen, sich im Jahre 1782 an einem Wettbewerb der Preußischen Akademie zu beteiligen, in dem es darum ging, die Bahn von Geschossen unter Berücksichtigung des Luftwiderstandes zu ermitteln. Diese ist bekanntlich keine Parabelbahn, wie sie sich ohne Luftwiderstand ergeben würde. Legendre gewann den Preis und war mit einem Schlage in der Fachwelt bekannt. Er beschäftigte sich danach mit der Anwendung des Gravitationsgesetzes auf eiförmige Körper. Seine Ergebnisse legte er Anfang 1783 der Académie des Sciences vor, die Laplace mit der Begutachtung betraute. Laplace pries Legendres Arbeit in den höchsten Tönen und erreichte damit seine Aufnahme in die Académie als beigeordnetes Mitglied innerhalb weniger Wochen. Vollmitglied wurde er acht Jahre später im Jahre 1791.

Legendre beschäftigte sich in der Folge mit Himmelsmechanik, Zahlentheorie und der Erforschung so genannter *elliptischer Integrale*. Die Erforschung der Eigenschaften dieser Integrale und der mit ihnen zusammenhängenden *elliptischen Funktionen* gehört zu den spannendsten Kapiteln der Mathematikgeschichte. Deshalb sei hier kurz gesagt, worum es dabei geht. Im 17. Jahrhundert arbeiteten viele Mathematiker an der Längenberechnung spezieller Kurven. Zu diesen Kurven gehört die Lemniskate, die im Koordinatensystem durch eine Gleichung vierten Grades beschrieben werden kann. In ihrer einfachsten Form hat sie Gestalt einer liegenden 8, also etwa diese: ∞. Bei der Berechnung ihrer Bogenlänge tritt ein Integralausdruck der folgenden Form auf: $\int \frac{dr}{\sqrt{1-r^4}}$

Wir haben hier im Integral die Grenzen weggelassen. Man muss sich aber vorstellen, dass das Integral über einen Bereich zwischen zwei Werten der Variablen r berechnet werden soll, die einen Bogen der Lemniskate begrenzen. Dieses Integral ist dem bei der Längenberechnung eines Kreisbogens auftretenden Integral

$$\int \frac{dr}{\sqrt{1-r^2}}$$

sehr ähnlich, nur dass bei der Lemniskate die Variable r in der 4. Potenz steht, während sie beim Kreis in der zweiten Potenz auftritt. Beim Kreis lässt sich das Integral mühelos ausrechnen, da wir die Stammfunktion (Funktion, deren Ableitung der Integrand ist, siehe Bernoulli) von $\frac{1}{\sqrt{1-r^2}}$ kennen. Sie ist arcsin(r), die Umkehrfunktion der Sinusfunktion, und sie liefert genau die Bogenlänge des Einheitskreises (Kreis mit Radius 1). Das lemniskatische Integral ist nicht so einfach durch eine Stammfunktion zu lösen. Viele Mathematiker mühten sich erfolglos mit diesem Integral ab, so auch der im damaligen Vatikanstaat lebende Giulio Carlo Fagnano dei Toschi. Er probierte verschiedene Substitutionen (Ersetzung der Variablen durch eine andere) und erzielte dabei ein Resultat, dessen Tragweite er selbst noch nicht einschätzen konnte. Bei einer bestimmten Substitution erhielt er ein Integral derselben Form mit genau dem halben Wert. Die Grenzen dieses Integrals ließen sich aus den Grenzen des Ausgangsintegrals mittels der Grundrechenrechenarten und dem Ziehen von Quadratwurzeln errechnen. Dies bedeutet aber, dass man sie aus den ursprünglichen Grenzen mit Zirkel und Lineal konstruieren kann. Fagnano hatte damit herausgefunden, dass man zu jedem gegebenen Lemniskatenbogen mit Zirkel und Lineal einen Bogen halber oder auch doppelter Länge konstruieren kann. Genau dieselbe Eigenschaft hat der Kreisbogen. Euler stieß auf dieses Resultat und verallgemeinerte es zu einer Konstruktion für die Addition zweier Lemniskatenbögen. Auch am Kreis kann man zu zwei Bögen einen dritten konstruieren, dessen Länge genau die Summe der Bogenlängen der gegebenen Bögen ist. Dies spiegelt sich in dem Additionstheorem für die Sinusfunktion, das schon Abu al-Wafa im 10. Jahrhundert bekannt war (siehe dort).

Zu Eulers Zeiten betrachtete man etwas allgemeinere Integrale als das Obige für den Lemniskatenbogen, nämlich $\int \frac{dr}{\sqrt{P(r)}}$, wo P(r) ein Polynom dritten oder vierten Grades ist, und bezeichnete diese Integrale als elliptische Integrale, weil sie auch bei der Längenberechnung des Ellipsenbogens auftreten. Eulers Resultat ist daher als *Additionstheorem für elliptische Integrale* bekannt.

Legendre beschäftigte sich ungefähr 40 Jahre lang mit elliptischen Integralen. Ihm ist eine Klassifikation dieser Integrale in drei Typen mit unterschiedlichen Eigenschaften zu verdanken. Er fasste seine Ergebnisse in zwei umfassenden Werken zusammen, den in den Jahren 1811 bis 1819 erarbeiteten „Exercices du Calcul Intégral" (Übungen in der Integralrechnung) und dem 1825 bis 1830 entstandenen „Traité des Fonctions Elliptiques" (Abhandlung über elliptische Funktionen) und glaubte damit, die Theorie dieser Integrale vollständig entwickelt zu haben. Gegen Ende seines Lebens erlebte er jedoch, wie zwei junge Mathematiker, der Norweger Niels Abel und der Deutsche Carl Gustav Jacobi, mit einem ganz neuen Ansatz wunderbare neue Resultate erzielten. Legendre begrüßte diese Entwicklung mit Enthusiasmus und pries die beiden jungen Leute, obwohl ihre Ergebnisse einen großen Teil seines eigenen Lebenswerks obsolet machten.

In der Zahlentheorie untersuchte Legendre *quadratische Reste*. Dieser Begriff sei ebenfalls kurz erläutert. Im Abschnitt über den chinesischen Mathematiker Sun Zi haben wir bereits die Aufgabe kennen gelernt, ganze Zahlen zu finden, die bei Division durch vorgegebene andere ganze Zahlen, die *Module*, vorgegebene Reste übriglassen. Einfachstes Beispiel: Man suche alle Zahlen, die bei Division durch 3 den Rest 2 lassen. Dieses sind die Zahlen 2, 5, 8, 11, ... und −1, −4, −7, ... Wir sagen auch, alle diese Zahlen seien *kongruent* zu 2 *modulo* 3. Offensichtlich kann man alle ganzen Zahlen in drei Klassen einteilen, die wir die Restklassen modulo 3 nennen:

Die erste Klasse enthält alle Zahlen, die kongruent zu 0 modulo 3 sind (d.h. durch 3 teilbar)
Die zweite Klasse enthält alle Zahlen, die kongruent 1 modulo 3 sind (bei Division durch drei den Rest 1 lassen)
Die dritte Klasse enthält alle Zahlen, die kongruent 2 modulo 3 sind.

Kongruenzen kann man zu jedem Modul ab 2 bilden. Beim Modul 2 ergeben sich die Klassen der geraden und ungeraden Zahlen. Daher ist es nicht verkehrt, Kongruenzen als Verallgemeinerung des Konzepts der geraden und ungeraden Zahlen anzusehen.

Mit dem Chinesischen Restsatz kann man simultane Kongruenzen mit mehreren Modulen lösen (siehe Sun Zi); diese Aufgabenstellung ist komplizierter, gehört aber noch zu den Aufgaben mit linearen Kongruenzen. Zu Legendres Zeiten waren alle linearen Kongruenzaufgaben gelöst und man wandte sich Aufgaben zu, in denen Quadrate eine Rolle spielten, etwa der Frage: Wann ist eine Zahl bezüglich eines bestimmten Moduls quadratischer Rest, oder etwas formaler: Sie m ein Modul. Für welche Zahlen a gibt es eine Zahl x, so dass x^2 kongruent a modulo m?

Konkretes Beispiel:

m = 7. Es gibt sieben Restklassen zu den Resten 0, 1, 2, 3, 4, 5, 6. Wir bilden die Quadrate dieser Reste, um zu sehen welcher Rest ein Quadrat eines anderen Restes ist. Die folgende Tabelle zeigt, dass außer 0 die Reste 1, 2, 4 quadratische Reste sind, d. h. als Quadrat eines anderen Restes auftreten. Die Reste 3, 5, 6 sind keine Quadrate anderer Reste.

Rest r	r^2	$\left(\frac{r}{7}\right)$
0	0	1
1	1	1
2	4	1
3	9 kongruent 2	−1
4	16 kongruent 2	1
5	25 kongruent 4	−1
6	36 kongruent 1	−1

Es ergibt sich allgemein die Frage, welche Zahlen bezüglich eines bestimmten Moduls quadratische Reste sind. Legendre hat für diesen Sachverhalt ein Symbol eingeführt (ist in der obigen Tabelle rechts bereits angegeben), das seinen Namen trägt und wie folgt definiert ist:

$\left(\frac{a}{m}\right) = 1$, falls a quadratischer Rest modulo m, $\left(\frac{a}{m}\right) = -1$, falls a nicht quadratischer Rest modulo m ist

Das Legendresymbol nimmt also nur die Werte 1 und −1 an, man kann aber mit ihm rechnen, wie im quadratischen Reziprozitätsgesetz, das für Primzahlen p und q gilt: $\left(\frac{p}{q}\right) \cdot \left(\frac{q}{p}\right) = (-1)^{\frac{p-1}{2} \cdot \frac{q-1}{2}}$

Mit diesem Gesetz kann man feststellen, ob die Primzahl q quadratischer Rest modulo p ist, wenn man weiß, dass p quadratischer Rest modulo q ist.

Beispiel: Sei p = 13, q = 3. Es ist p = 13 kongruent 1 modulo q = 3, also quadratischer Rest modulo q, denn $1^2 = 1$.

Elliptische Integrale, quadratische Reste und der Primzahlsatz

Wir errechnen den Exponenten im Reziprozitätsgesetz:

$$\frac{p-1}{2} = \frac{13-1}{2} = 6 \text{ und } \frac{q-1}{2} = \frac{3-1}{2} = 1,$$

also $\frac{p-1}{2} \cdot \frac{q-1}{2} = 6 \cdot 1 = 6$ und damit $(-1)^6 = 1$

Da $\left(\frac{p}{q}\right) = \left(\frac{13}{3}\right) = 1$, muss auch $\left(\frac{q}{p}\right) = \left(\frac{3}{13}\right) = 1$ sein. Also ist 3 quadratischer Rest modulo 13.

Nachweis: Es ist $4^2 = 16$ kongruent 3 modulo 13.

Das quadratische Reziprozitätsgesetz gehört zu den wichtigsten Erkenntnissen der Zahlentheorie. Es ist überraschend, weil es die Eigenschaft einer Primzahl p, quadratischer Rest oder Nichtrest bezüglich einer anderen Primzahl q zu sein, in Beziehung setzt zu der Eigenschaft der Primzahl q, quadratischer Rest oder Nichtrest modulo p zu sein. Legendre hat dieses Gesetz nicht entdeckt – es war bereits Euler bekannt -; er hat jedoch als erster einen Beweis gewagt. Dieser war leider lückenhaft, worauf der junge Carl Friedrich Gauß in fast verletzender Weise aufmerksam machte. Der erste stichhaltige Beweis dieses Gesetzes stammt von Gauß. Aber allein die Erfindung des Legendresymbols ist eine geniale Tat, denn dieses Symbol gestattet es, das quadratische Reziprozitätsgesetz in einer Formel anzugeben, während sonst für seine Formulierung umständliche Fallunterscheidungen nötig wären.

Legendre hatte unter Gauß auch anderweitig zu leiden. Unstreitig ist, dass Legendre die *Methode der kleinsten Quadrate* als erster veröffentlichte. Mit dieser Methode kann man in eine Wolke von Messpunkten eine Kurve einbetten, die diese Punkte im Mittel am besten annähert. Dies ist heute ein Standardverfahren der Statistik; zu Zeiten von Legendre und Gauß wurde es benutzt, um aus einigen Positionsangaben von Himmelskörpern deren Bahn zu bestimmen. Legendre veröffentlichte die Methode 1806 in einem Werk über Kometenbahnen. Gauß ließ sich mit seiner Veröffentlichung bis 1809 Zeit, beanspruchte aber trotzdem die Priorität. Tatsächlich hatte er die Methode bereits 1801 bei der Berechnung der Bahn des Asteroiden Ceres eingesetzt.

Legendre fand auch die Näherungsregel für die Verteilung der Primzahlen. Bis zu seiner Zeit hatten sich Mathematiker darum bemüht, Formeln zu finden, mit denen man Primzahlen produzieren konnte, siehe Thabit, Mersennne und Fermat. Legendre veränderte den Blickwinkel der Betrachtung und fragte nach der Anzahl P(N) der Primzahlen bis zu einer natürlichen

Zahl N. Er fand, dass P(N) für große Zahlen N ebenso schnell wächst wie das Verhältnis der Zahl N zu ihrem natürlichen Logarithmus:

$$P(N) \sim \frac{N}{\ln(N)}$$

Er veröffentlichte diese Beziehung 1808 in seiner „Théorie des nombres"(Zahlentheorie) als Vermutung. Wieder reklamierte Gauß die Priorität. Gauß hatte schon als Schüler unabhängig von Legendre dieselbe Fragestellung untersucht und war nach umfangreichen Berechnungen auf denselben Zusammenhang gestoßen. Legendre beklagte sich später über die „Schamlosigkeit", mit der sich Gauß Ergebnisse anderer zu eigen mache, was er bei seinen Verdiensten überhaupt nicht nötig habe.

Erfolglos blieben (natürlich) Legendres Bemühungen um einen Beweis des Parallelenpostulats der ebenen Geometrie. Er verbrachte hiermit über dreißig Jahre und es ist nicht ganz klar, ob er noch die um 1830 erschienenen Arbeiten von Janos Bolyai und Nikolai Lobatschewki über nicht-Euklidische Geometrie zur Kenntnis nahm. Diese Arbeiten zeigen, dass das Parallelenpostulat unabhängig von den übrigen Grundsätzen der Geometrie ist, weil beide Verfasser eine Geometrie konstruiert hatten, in der alle Grundsätze der Euklidischen Geometrie gelten bis auf das Parallelenpostulat. Im Jahr 1830 hatte Legendre noch seinen Glauben an die für ihn unumstößliche Tatsache bekräftigt, dass die Winkelsumme im Dreieck 180° betrage, was in der nicht-Euklidischen Geometrie eben nicht der Fall ist.

Legendre war ein außerordentlich vielseitiger und begabter Mathematiker, aber er ist fast eine tragische Figur, weil andere manche seiner Ergebnisse früher fanden, tiefer verstanden oder bessere Beweise lieferten. Sein Leben endete in Armut. Im Jahre 1824 weigerte sich Legendre, für die Aufnahme eines vom König favorisierten Kandidaten in die Académie des Sciences zu stimmen. Die damals sehr repressive französische Regierung strich ihm daraufhin seine Pension. Da er sein ererbtes Vermögen bereits in den ersten Wirren der Französischen Revolution verloren hatte, stand er völlig mittellos da und starb am 10.Januar 1833 verarmt in Paris.

Trigonometrische Reihen
Jean Baptiste Joseph Fourier (21.3.1768–16.5.1830)

Fouriers Name ist verbunden mit einer großen Erfindung: der Entwicklung von periodischen Funktionen in trigonometrische Reihen. Periodische Funktionen nehmen in gleichen Abständen immer wieder denselben Wert an, die einfachsten und bekanntesten sind die Sinus- und die Cosinus-Funktion mit der Periode 2π (siehe al-Khujandi), mit denen man die Schwingung eines Pendels, aber auch reine obertonfreie Töne darstellen kann. Trigonometrische Reihen sind unendliche Summen von Sinus und Cosinus Funktionen, jeweils mit einem konstanten Koeffizienten und Perioden, die alle natürlich-zahligen Vielfachen von 2π durchlaufen. Man kann jede periodische Funktion in eine trigonometrische Reihe entwickeln, wobei natürlich noch genau zu klären ist, was in diesem Zusammenhang das Wörtchen „jede" bedeutet. Auch ist nicht immer klar, für welche Werte eine trigonometrische Reihe konvergiert, das heißt einem endlichen Wert zustrebt und für welche Argumente sie den Wert der Funktion ergibt, die sie darstellen soll. Ist die vorgelegte Funktion nicht allzu „pathologisch", so wird ihre trigonometrische Reihe konvergieren, zumindest für die meisten Werte der unabhängigen Veränderlichen. Diese vagen Formulierungen machen klar, dass trigonometrische Reihen eine ganze Anzahl nicht leicht zu lösender Probleme aufwerfen.

Fourier führte die trigonometrischen Reihen oder – wie wir zu seinen Ehren sagen – die Fourier-Reihen 1807 in einer Arbeit über die Wärmeleitung in Festkörpern ein. Das Institut National, in dem die Arbeit am 21.12.1807 verlesen wurde, setzte mit Lagrange, Laplace, Monge und Lacroix ein hochkalibriges Team zur Evaluierung ein, das an den von Fourier nicht abschließend behandelten Fragen der Konvergenz seiner Reihen Anstoß nahm. Auch der Physiker Biot erhob Einwände, weil Fourier seine Abhandlung über Wärmeleitung aus dem Jahre 1804 nicht erwähnt hatte. Fourier hatte jedoch Recht, sie zu übergehen, denn sie war fehlerhaft. Das Institut versuchte, die offenen Fragen zu klären, indem es 1811 einen Wettbewerb über die Frage der Wärmeleitung ausschrieb. Fourier reichte seine Arbeit von 1807 erneut ein, allerdings ergänzt um die Behandlung weiterer Fragestellungen im Bereich der Erwärmung und Abkühlung und der Wärmestrahlung. Nur eine weitere Arbeit wurde eingereicht, und das Preiskomitee, bestehend aus Lagrange, Laplace, Legendre und zwei weiteren Mitgliedern vergab den Preis an Fourier. Auch im Bericht dieses Komitees wurde Kritik geübt, an der noch nicht völlig allgemeingültigen Behandlung der Fourier-Reihen und es wurde sogar mangelnde mathematische Strenge beanstandet. Diese Beurteilung wird Fourier in keiner Weise gerecht, denn die noch offenen Fragen seiner Arbeit beschäftigten die Mathematiker noch mehrere Jahrzehnte und erwiesen sich als äußerst widerspenstig. Sie gaben Anlass, eine geschlossene Theorie der Funktionen reeller Veränderlicher zu entwickeln, und letztlich auch den Anstoß zur Entwicklung der Mengenlehre durch Georg Cantor (siehe dort). Im Jahre 1811 fand sich jedoch niemand, der eine Veröffentlichung der bahnbrechenden Arbeit Fouriers unterstützte. Erst nachdem Fourier im Jahre 1817 Mitglied der Académie des Sciences – die 1816 ihre Autonomie wiedererlangt hatte – wurde, sorgte deren Sekretär Delambre für die Veröffentlichung seiner „Théorie analytique de la Chaleur" (Analytische Theorie der Wärme) im Jahre 1822. Die Kontroversen um dieses Werk hielten jedoch an. Biot beanspruchte die Priorität an den Ergebnissen und Poisson behauptete, eine alternative Theorie zu haben und bemängelte erneut Fouriers mathematische Methoden. Poissons alternative Theorie war nichts anderes als eine andere Darstellung der Fourierschen. Fourier war über die Querelen um sein Werk zu Recht empört und schrieb als Richtigstellung ein Historical Précis, das er verschiedenen Mathematikern zeigte, aber nicht veröffentlichte.

Obwohl Fourier schon in jungen Jahren darauf aus war, Großes in der Mathematik zu leisten, hat er sehr viele außermathematische Aktivitäten entwickelt. Geboren in Auxerre in Burgund als 12. von 15 Kindern (aus zwei Ehen) eines Schneiders, erhielt er eine gute Schulbildung in der École Royale Militaire in seinem Heimatort. Im Alter von 13 Jahren entdeckte er seine Vorliebe für Mathematik und tat sich bald mit außergewöhnlichen Leistungen hervor. Trotzdem entschied er sich mit 19 Jahren zunächst für den Priesterberuf und trat in das Benediktinerkloster St. Bénoît-sur-Loire ein. Bald überwogen die Zweifel, und Fourier verließ zwei Jahre später, im geschichtsträchtigen Jahr 1789, das Kloster, fuhr nach Paris und präsentierte der Académie eine Arbeit über algebraische Gleichungen. Er erhielt einen Posten als Mathematiklehrer an seiner Schule École Royale Militaire in Auxerre. Er begeisterte sich für die Ziele der Französischen Revolution und trat 1793 dem Revolutionären Komitee in Auxerre bei. Als der Terror begann, versuchte er sich zurückzuziehen, was aber nicht mehr möglich war. So setzte er sich – als guter Redner – für Mitglieder einer revolutionären Gruppe ein, die akut bedroht waren – und wurde 1794 selbst verhaftet. Bevor er jedoch seinen Kopf unter der Guillotine verlor, erlitt Robespierre dieses Schicksal und Fourier kam wieder frei. Er wurde an der neu gegründeten École Normale in Paris aufgenommen, studierte bei Lagrange, Laplace und Monge und begann mit deren Unterstützung seine eigenen mathematischen Forschungsprojekte. An der neu gegründeten École Polytechnique erhielt er einen Lehrstuhl, wurde aber erneut verhaftet und kurz danach wiederum freigelassen, wahrscheinlich aufgrund der Fürsprache seiner Schüler und Lehrer. An der École Polytechnique galt er als sehr guter Lehrer und war entsprechend beliebt.

1798 folgte Fourier Napoléon auf seinem Feldzug nach Ägypten, wurde dort Sekretär des Ablegers des Institut National in Kairo und blieb bis 1801 im Lande. Nach seiner Rückkehr wollte er seine Lehrtätigkeit an der École Polytechnique wieder aufnehmen, aber Napoléon hatte andere Pläne und ernannte ihn zum Präfekten des Départments Isère mit der Hauptstadt Grenoble. Obwohl seine Pflichten zahlreich waren, fand er nicht nur Zeit für seine Untersuchungen über die Wärmeleitung, sondern schrieb auch ein umfangreiches Werk über Ägypten, das erst 1810 erschien, nachdem Napoléon es persönlich redigiert hatte. Die Schrift über die Wärmeleitung legte er allerdings ohne Ergänzungen von Napoléons Seite schon 1807 dem Institut National vor.

Nach der Niederlage Napoléons suchte Fourier die Seiten zu wechseln, was sich nicht einfach gestaltete. Napoléons Weg ins Exil nach Elba führte über Grenoble, aber Fourier konnte eine Begegnung vermeiden, indem er Napoléon eine Warnung zukommen ließ, der Weg über Grenoble sei zu gefährlich. Als jedoch kurze Zeit später Napoléon von Elba aufbrach, um erneut die Macht an sich zu reißen, versuchte Fourier, in Grenoble Widerstand zu organisieren, floh aber, als Napoléon tatsächlich mit seinen Getreuen in Grenoble einmarschierte. Napoléon war enttäuscht, ließ sich aber beschwichtigen und machte Fourier zum Präfekten des Departments Rhône. Nachdem alle Präfekten aufgefordert wurden, die mit König Louis XVIII sympathisierenden Mitarbeiter zu entlassen, trat Fourier zurück. Er machte dies so geschickt, dass Napoléon ihm ab dem 1. Juli 1815 eine Pension gewährte, die jedoch nie ausgezahlt wurde, da Napoléon an eben diesem Tage in Waterloo endgültig geschlagen und später nach St. Helena verbannt wurde. Fourier ging nach Paris und nahm seine Lehrtätigkeit wieder auf.

Nach einem bewegten Leben starb Jean Baptiste Joseph Fourier am 16. Mai 1830 in Paris. Sein Name bleibt verbunden mit den trigonometrischen Reihen, die eine hohe Bedeutung für alle Untersuchungen von Schwingungsvorgängen erlangten und die Grundlage für eine Theorie bilden, auf der unter anderem die Speicherung von Tondokumenten im Computer beruht.

Eine Amateurin beschämt die Profis
Marie-Sophie Germain (1.4.1776–27.6.1831)

Die Académie des Sciences ist – wie auch die Akademien in Berlin und St. Petersburg und die Royal Society – eine großartige Einrichtung. Hier versammelten sich die führenden Wissenschaftler ihrer Zeit, tauschten sich aus, förderten den Nachwuchs und sorgten so für den raschen Fortschritt der Mathematik und der Naturwissenschaften im 18. und frühen 19. Jahrhundert. Aber auch Akademiker sind Menschen, sie streben nach Anerkennung, Einfluss und Ruhm und vergessen dabei manchmal das wissenschaftliche Ethos, das sie zur Wahrheitsliebe und zur Achtung der Ergebnisse anderer verpflichtet. Und natürlich sind sie auch Kinder ihrer Zeit und durch ihre gesellschaftliche Umwelt geprägt. Während wir im Abschnitt über Fourier ein paar Beispiele fehlgeleiteten Ehrgeizes kennen gelernt haben, werden wir nun sehen, wie die ehrwürdige Académie auf das Auftreten einer Frau in der Mathematik reagierte. Frauen der höheren Gesellschaftsschichten durften im 18. und 19. Jahrhundert einen Salon führen, in dem sich die – männlichen – Geistesgrößen in zwangloser Atmosphäre dem Diskurs mit interessierten adligen oder großbürgerlichen Damen hingeben konnten. Keinesfalls war ihnen aber – bei Strafe der gesellschaftlichen Ächtung – erlaubt, selbst Wissenschaft oder Philosophie zu betreiben. Es überrascht daher nicht, dass Sophie Germains Eltern, die politisch durchaus zu den Liberalen gezählt werden müssen, von dem Lesehunger ihrer Tochter nicht begeistert waren. Das Problem war, dass die junge Sophie keine erbauliche Jungmädchenliteratur las, sondern Newton und Euler. Alle Versuche, diese unmädchenhafte Vorliebe, der sie überwiegend nachts frönte, durch Wegnahme der Beleuchtung und der Heizung zu unterdrücken, schlugen fehl. Die Eltern Ambroise-François und Marie-Madelaine ergaben sich schließlich in das

Schicksal, dass ihre Tochter mit diesen seltsamen Vorlieben nicht unter die Haube zu bringen war. Da Ambroise-François Germain im Seidenhandel ein Vermögen verdient hatte, konnte er seiner Tochter auch ohne Ehemann ein unabhängiges Leben frei von Geldsorgen gewährleisten.

Marie-Sophie beschaffte sich die Skripte der Mathematikvorlesungen an der École Polytechnique. Nachdem sie Lagranges Vorlesung über Analysis (Infinitesimalrechnung) durchgearbeitet hatte, reichte sie unter dem Pseudonym M. Leblanc ein Papier ein, das Lagrange aufmerken ließ. Er forschte nach dem mysteriösen M. Leblanc und fand schließlich heraus, dass es sich um eine Frau handelte. Zu Ehren von Lagrange muss festgestellt werden, dass er nach dieser Entdeckung keineswegs seine Einschätzung der Arbeit revidierte, sondern sich Sophie Germain als mathematischer Berater und Tutor zur Verfügung stellte.

Diese nahm alsbald einen Briefwechsel mit Legendre über Fragen der Zahlentheorie auf, der sich zu einer regulären Zusammenarbeit auswuchs. Sophie Germain steuerte Beweise und eigene Entdeckungen bei, die Legendre im Anhang der zweiten Auflage seiner Théorie des Nombres (Zahlentheorie) veröffentlichte.

Im Jahre 1801 erschien das fundamentale Werk des jungen Gauß über Zahlentheorie, die „Disquisitiones Arithmeticae" (Untersuchungen der Arithmetik). Sophie Germain studierte es gründlich und begann im Jahre 1804 einen Schriftwechsel mit Gauß, zunächst wieder als M. Leblanc. Gauß war von der Tiefe der Einsicht seines Korrespondenten und den von „ihm" beigesteuerten Beweisen überaus beeindruckt. Als im Jahre 1806 französische Truppen auf Gaußens Wirkungsstätte Göttingen vorrückten, war Sophie Germain äußerst besorgt, dass Gauß das Schicksal des Archimedes erleiden könne. Über Kontakte ihrer Familie sorgte sie dafür, dass die Stadt Göttingen von Beschuss verschont blieb und Gauß keine Einquartierung bekam. Als Gauß von dieser Intervention erfuhr und gleichzeitig lernte, dass die entfernte Wohltäterin Sophie Germain niemand anderes war als sein Korrespondenzpartner M. Leblanc, stieg seine Hochachtung ins Unermessliche.

Sophie Germain beschäftigte sich noch bis 1808 vorrangig mit Zahlentheorie, erreichte auch einigen Fortschritt in Richtung auf die Fermatsche Vermutung (siehe Fermat) und wandte sich dann aber der noch weitgehend unerforschten Elastizitätstheorie zu. Den Anstoß hierzu gab ein Besuch des deutschen Physikers und Begründers der Lehre von der Akustik Ernst Florens Friedrich Chladni in Paris, bei dem er seine Klangfiguren vorführte. Diese entstehen, wenn man mit Sand bestreute dünne Metallscheiben zum

Klingen bringt. Im Sand bilden sich dann charakteristische Muster, Linien und Knoten. Das Institut de France schrieb einen Wettbewerb aus, eine mathematische Theorie elastischer Oberflächen zu entwickeln, die die Chladnischen Muster erklären konnte. Viele professionelle Mathematiker und Physiker ließen sich von Lagranges Kommentar abschrecken, die verfügbaren mathematischen Methoden reichten für die Behandlung dieses Problems nicht aus. Nicht so Sophie Germain. Sie lieferte 1811 den einzigen Beitrag zu dem Wettbewerb ab, erhielt aber keinen Preis, weil sie ihre Theorie nicht aus physikalischen Grundsätzen abgeleitet hatte. Das hätte sie auch gar nicht gekonnt, denn ihr fehlte das formelle Training in der Infinitesimalrechnung und der Variationsrechnung. Dennoch hatte sie Gleichungen gefunden, die der Lösung nahekamen. Lagrange, der zur Wettbewerbsjury gehörte, bereinigte Sophie Germains Arbeit von einigen Fehlern und gelangte zu einer Gleichung, von der er glaubte, dass sie Chladnis Muster beschreiben könne. Der Wettbewerb wurde neu ausgeschrieben und wieder reichte Sophie Germain als einzige einen Beitrag ein. Hierin zeigte sie, dass die verbesserte Gleichung Lagranges in einigen Fällen die Chladnimuster beschrieb, aber sie konnte die Gleichung wiederum nicht aus der Physik ableiten. Immerhin erhielt sie nun eine ehrenvolle Erwähnung, aber keinen Preis. Der Wettbewerb wurde erneut ausgeschrieben und nun erhielt Sophie Germain für ihren Beitrag im Jahre 1815 als Preis eine Goldmedaille im Gewicht von einem Kilogramm. Zur Preisverleihung erschien sie jedoch nicht, weil sie nach wie vor das Gefühl hatte, dass die Jury ihren Beitrag nicht ausreichend gewürdigt hatte und weil die wissenschaftliche Gemeinschaft ihr insgesamt nicht die Achtung erwies, die ihr aufgrund ihrer Leistung zustand. Für diese Haltung war in erster Linie Poisson verantwortlich, der auch der Jury angehörte. Poisson glaubte, das Gebiet der Elastizitätstheorie für sich gepachtet zu haben und sah Sophie Germain als unerwünschte Konkurrentin an, die er nach Möglichkeit aus dem inneren Zirkel der Fachleute heraushalten wollte. Er bestätigte ihren Beitrag mit dürren Worten, vermied aber jede ernsthafte Diskussion mit ihr und ignorierte sie in der Öffentlichkeit. Sophie Germain aber vertiefte ihre Untersuchungen und reichte im Jahre 1825 ein weiteres Papier ein, das von einer Kommission evaluiert wurde, der Poisson, Laplace und Gaspard de Prony angehörten. Auch diese Arbeit enthielt einige mathematische Mängel. Die Kommission hielt es jedoch nicht für erforderlich, diese der Autorin mitzuteilen, sondern ließ das Papier in der Versenkung verschwinden. Erst ein halbes Jahrhundert später wurde diese Arbeit im Nachlass des Kommissionsmitglieds de Prony gefunden und 1880 veröffentlicht.

Sophie Germain erlebte diese Veröffentlichung nicht mehr, sie starb im Juni 1831 im Alter von 55 Jahren an Brustkrebs. Ungeachtet ihrer schweren Erkrankung hatte sie vorher noch Arbeiten über Zahlentheorie und gekrümmte Flächen im dreidimensionalen Raum fertig gestellt. Für einen Menschen, der keinerlei formelle Ausbildung in Mathematik genießen durfte, hat sie Enormes geleistet und insbesondere mit ihrem Mut, ein schwieriges Problem wie die Chladnischen Klangfiguren anzugehen, die professionellen Mathematiker ihrer Zeit in den Schatten gestellt.

Der Fürst der Mathematiker
Johann Carl Friedrich Gauß (30.4.1777–23.2.1855)

Nach dem Tode von Carl Friedrich Gauß im Jahre 1855 ließ der König von Hannover ihm zu Ehren eine Gedenkmünze prägen mit der Inschrift „Princeps Mathematicorum" – Fürst der Mathematiker. Hiermit hat er zutreffend die Rolle beschrieben, die Gauß in der Mathematik bis heute spielt. Dennoch ist er ihm nicht ganz gerecht geworden, denn Gauß hat auch Großes in der Physik, der Astronomie und der Geodäsie vollbracht.

Der Fürst der Mathematiker wuchs in kleinen Verhältnissen in Braunschweig auf. Sein Vater verdiente den Lebensunterhalt der Familie mit mehreren Jobs, als Maurerpolier, Buchhalter, Gärtner und Hausschlachter. Der Knabe Carl Friedrich besuchte eine Zwergschule, in der mehrere Klassen von einem Lehrer namens Büttner in einem Raum unterrichtet wurden. Der Lehrer musste immer wieder einzelne Klassen mit stiller Arbeit beschäftigen, damit er einer anderen Klasse Neues erklären konnte. So gab er der Klasse des siebenjährigen Carl Friedrich die Aufgabe, die Zahlen von 1 bis 100 zu addieren und glaubte, er habe sie damit einen Vormittag lang ruhiggestellt. Aber bereits nach wenigen Minuten stand der kleine Carl Friedrich an seinem Pult und zeigte seine Schreibtafel, auf der die Zahl 5050 stand. Büttner glaubte zunächst an einen Schwindel, aber als Carl Friedrich ihm erklärte, er habe bemerkt, dass $1 + 100 = 2 + 99 = 3 + 98$ und so fort immer gleich 101 ist und dass er 50 solche Paare bilden konnte von $1 + 100$ bis $50 + 51$ und dass 50 mal 101 kinderleicht zu rechnen sei und 5050 ergäbe, begriff er, dass er es mit einem außergewöhnlich begabten Kind zu tun hatte. Er sorgte dafür, dass Gauß die nötige geistige Förderung und schließlich auch ein Stipendium des Herzogs Karl Wilhelm Ferdinand von Braunschweig-Wolfenbüttel erhielt, das ihm den Besuch des renommierten Collegium Carolinum in Braunschweig ermöglichte. Hier entdeckte Gauß als Jugendlicher unabhängig von seinen Vorläufern den binomischen Lehrsatz (siehe al-Karaji und Pascal), das quadratische Reziprozitätsgesetz (siehe Legendre), den Primzahlsatz (siehe Legendre) und weitere grundlegende Zusammenhänge.

Gauß promovierte an der Universität Helmstedt mit einer Arbeit über den *Fundamentalsatz der Algebra*. Dieser besagt, dass jedes Polynom mit reellen Koeffizienten genauso viele Nullstellen hat, wie sein Grad angibt, wenn man komplexe Zahlen als Nullstellen zulässt (zu komplexen Zahlen siehe Cardano und Euler) und mehrfach vorkommende Nullstellen entsprechend ihrer Häufigkeit zählt. So hat zum Beispiel jedes quadratische Polynom 2 Nullstellen. Ist

$$x^2 + px + q = 0$$

so ergeben sich die Nullstellen x_1 und x_2 nach der bekannten Formel als

$$x_1 = -\frac{p}{2} + \sqrt{\frac{p^2}{4} - q} \quad x_1 = -\frac{p}{2} - \sqrt{\frac{p^2}{4} - q}$$

Ist der Ausdruck unter der Wurzel negativ, so sind diese Nullstellen komplexe Zahlen der Form $a + bi$ mit der imaginären Einheit $i = \sqrt{-1}$ (siehe Euler). Von Viète wissen wir, dass man das Polynom 2. Grades mit Hilfe seiner Nullstellen in zwei Linearfaktoren zerlegen kann:

$$x^2 + px + q = (x - x_1) \cdot (x - x_2)$$

Ist in der Formel für die Nullstellen der Ausdruck unter Wurzel gleich Null, also $q = \frac{p^2}{4}$, so ist unser Polynom selbst ein Quadrat

$$x^2 + px + q = x^2 + px + \frac{p^2}{4} = (x + \frac{p}{2})^2,$$

Das heißt, die beiden Linearfaktoren sind identisch und es gibt nur eine Nullstelle $-\frac{p}{2}$ die aber zweifach gezählt wird. Diese Fakten waren seit Viète bekannt. Es wurde vermutet, dass man auch Polynome höheren Grades als Produkt von genau so vielen Linearfaktoren schreiben kann, wie ihr Grad angibt. Für diesen Satz gab es auch schon Beweise, die Gauß alle unbefriedigend fand, weil in ihnen stillschweigend vorausgesetzt wurde, dass jedes Polynom überhaupt eine (komplexe) Nullstelle besitzt. Er zeigte daher in seiner Dissertation, dass dieses der Fall ist. Dieser Nachweis erwies sich keineswegs als einfach. Das weitere, nämlich der Nachweis, dass es genauso viele Nullstellen gibt, wie der Grad des Polynoms angibt, ist dann ein Kinderspiel. Gauß lieferte noch drei weitere Beweise des Fundamentalsatzes nach, den letzten zu seinem 50-jährigen Doktorjubiläum. Er zeigte darüber hinaus, dass der Fundamentalsatz der Algebra auch dann gilt, wenn man in den Polynomen komplexe Zahlen als Koeffizienten zulässt.

Im Jahre 1801 veröffentlichte Gauß sein Meisterwerk, die „Disquisitiones Arithmeticae" (Untersuchungen der Arithmetik), in dem er seine tiefen Erkenntnisse in der Zahlentheorie zusammenfasst. Unter anderem begründet er hier das quadratische Reziprozitätsgesetz (siehe Legendre) zum ersten Male streng. Im letzten Abschnitt dieses Werks beweist er, welche regelmäßigen Vielecke mit Zirkel und Lineal konstruierbar sind. Die Griechen konnten regelmäßige Dreiecke, Vierecke und Fünfecke konstruieren, aber zum Beispiel kein Elfeck. Sie fragten sich, wie man feststellen kann, welche Vielecke konstruierbar sind und welche nicht. Gauß leitete eine Formel ab, mit der sich diese Frage entscheiden lässt. Es ergibt sich, dass u. a. das regelmäßige Siebzehneck mit Zirkel und Lineal konstruierbar ist, nicht aber das Elfeck oder das Dreizehneck. Dies war ein Aufsehen erregender Fortschritt gegenüber der griechischen Mathematik.

Im gleichen Jahr begründete Gauß auch seinen Ruf als Astronom. Am Neujahrstag dieses Jahres entdeckte der italienische Astronom Piazzi einen Himmelskörper, der die Sonne zu umlaufen schien. Bis dieser Himmelskörper, der den Namen Ceres erhielt, hinter der Sonne verschwand, hatte Piazzi nur einen kleinen Abschnitt seiner Bahn beobachten können. Verschiedene Astronomen versuchten, die Bahn zu berechnen und die Position vorherzusagen, an der Ceres wieder auftauchen würde, so auch Gauß. Als am 7. Dezember 1801 Ceres tatsächlich erneut beobachtet wurde, befand er sich genau an der von Gauß vorausgesagten Stelle. Gauß hatte eine Bahnellipse so zwischen die gemessenen Positionen von Ceres gelegt, dass die Summe der Quadrate der Abstände zwischen den Positionen und der Ellipse minimal wurde. Diese Vorgehensweise nennt man etwas ungenau die *Methode der kleinsten Quadrate*. Gauß hatte sie bereits vor dem Auftreten von Ceres entwickelt, aber nicht veröffentlicht. Dies führte später zu einem Prioritätsstreit mit Legendre (siehe dort). Die Methode gehört heute zu den Standardwerkzeugen der Statistik.

Im Zusammenhang mit der Methode der kleinsten Quadrate steht die Gaußsche Glockenkurve. Sie beschreibt zum Beispiel die Verteilung der

Abweichungen einer Messgröße von ihrem Mittelwert. Kleine Abweichungen treten dabei häufiger auf als größere. Sehr große Abweichungen sind sehr selten. Diesen Zusammenhang beschreibt die Glockenkurve. Weil diese Verteilung bei vielen statistischen Messgrößen auftritt, wird sie *Normalverteilung* genannt, manchmal auch Gauß-Verteilung. Sie ergibt sich als Grenzverteilung, wenn man in der Binomialverteilung (siehe Pascal) die Zahl der Münzwürfe über alle Grenzen wachsen lässt.

Im Oktober 1805 heiratete Gauß. Im gleichen Jahr fiel sein Sponsor, Herzog Karl Wilhelm Ferdinand in der Schlacht von Jena und Auerstedt. Gauß musste mit seiner jungen Frau ein schwieriges Jahr durchstehen, bis er 1807 zum Direktor der Sternwarte in Göttingen berufen wurde. Kurz darauf trafen ihn weitere Schicksalsschläge. Im Jahre 1808 starb sein Vater und 1809 seine Frau Johanna im Kindbett ihres zweiten Sohnes, der sie auch nur kurz überlebte. Gauß heiratete im Jahr darauf Minna, die beste Freundin seiner Frau, mit der er drei weitere Kinder hatte. Ungeachtet der persönlichen Tragödie arbeitete Gauß weiter und veröffentlichte 1809 sein astronomisches Hauptwerk „Theoria motus corporum coelestium in sectionibus conicis Solem ambientium" (Theorie der Bewegung der Himmelskörper, die auf Kegelschnittbahnen die Sonne umlaufen). Gauß entwarf in der Folgezeit eine konsistente und mathematisch strenge Theorie der unendlichen Reihen, Methoden der numerischen Integration (Integralberechnung), und eine neue Theorie der Anziehung von kugelförmigen und ellipsoidförmigen Körpern.

Im Jahre 1818 beauftragte ihn der König von Hannover mit der Vermessung seines Landes. Gauß führte die Vermessung selbst durch, nahm tagsüber die Messungen vor und stellte nachts die nötigen Berechnungen an. Für den Austausch von Lichtsignalen über große Entfernungen entwickelte er eigens ein Gerät, das er Heliotrop nannte. Die Vermessung zog sich über Jahre hin und brachte Gauß an den Rand der physischen Erschöpfung. Nichtsdestoweniger veröffentlichte er weiter auf hohem Niveau, insbesondere über Fragen der Geodäsie, bei denen er untersuchte, wie die gekrümmte Erdoberfläche am günstigsten auf einer ebenen Landkarte darzustellen ist. Er führte die heute noch im Bauwesen gebräuchlichen Gauß-Krüger Koordinaten ein. Die Landvermessung führte auch dazu, dass sich Gauß verstärkt mit geometrischen Fragen beschäftigte, insbesondere mit der Geometrie auf krummen Flächen, für die er völlig neue, über die Methoden Eulers weit hinausgehende Ansätze fand. Er definierte ein Krümmungsmaß, das bei bestimmten Verbiegungen der Fläche unverändert bleibt (etwa so wie ein Metermaß bei einem Transport an einen anderen Ort sich nicht verändert).

Ganz nebenbei machte Gauß auch die geometrische Deutung der komplexen Zahlen als Punkte einer Ebene populär, die bisweilen noch immer als *Gaußsche Zahlenebene* bezeichnet wird. Die Idee hatten auch andere, etwa der Schweizer Buchhalter Jean Robert Argand und der Norweger Caspar Wessel; sie waren aber nicht so bekannt wie Gauß, so dass ihre einschlägigen Veröffentlichungen unbeachtet blieben. Dem geschätzten Leser ist sicherlich geläufig, dass man die reellen Zahlen mit den Punkten einer Geraden identifiziert. Da eine komplexe Zahl der Form a + b i aus zwei reellen Komponenten a und b besteht, kann man sie mit dem durch dieses Zahlenpaar gegebenen Punkt der Ebene identifizieren, d. h. man trägt die Zahl a auf der waagerechten (reellen) Koordinatenachse ab und b auf der senkrechten (imaginären). Der Schnittpunkt der in a und b errichteten Senkrechten auf den Achsen ist der Punkt a+b i. Die geometrische Deutung der komplexen Zahlen hat diesen Zahlen, derer man sich bis dahin mehr oder weniger verstohlen bediente, endlich das volle Existenzrecht im Reich der Mathematik gegeben. Darüber hinaus erwies sie sich als außerordentlich fruchtbar für die Entwicklung der Theorie der Funktionen komplexer Veränderlicher, der *Funktionentheorie*.

Im Jahre 1831 erhielt Gauß von seinem ungarischen Studienfreund Farkas Bolyai die Arbeit seines Sohnes János über *nicht-Euklidische Geometrie*, die allen Versuchen, das Parallelenpostulat des Euklid (siehe dort) zu beweisen, ein Ende setzte. Gauß hatte immer an die Möglichkeit einer nicht-Euklidischen Geometrie geglaubt, sich aber gescheut, darüber zu veröffentlichen, weil er „das Geschrei der Böotier" fürchtete, wie er sich ausdrückte. Nun hatte es der Sohn seines Studienfreundes getan, aber Gauß fertigte diese Arbeit relativ kurz und schroff mit dem Kommentar ab, er könne sie nicht loben, da sie seine eigenen Gedanken wiedergäbe, und stieß damit seinen alten Freund Farkas empfindlich vor den Kopf. Knapp 10 Jahre später wurde Gauß auf die Arbeit des Russen Lobatschewski aufmerksam gemacht, der ebenfalls eine nicht-Euklidische Geometrie entwickelt hatte. Gauß lobte diese Arbeit sehr und betonte noch einmal, dass er immer schon von der Existenz nicht-Euklidischer Geometrien überzeugt gewesen sei. In den nicht-Euklidischen Geometrien gibt es entweder gar keine oder mehr als eine Parallele zu einer Geraden durch einen gegebenen Punkt. Auch ist die Winkelsumme im Dreieck entweder größer oder kleiner als zwei rechte Winkel (180°). Dass die nicht-Euklidischen Geometrien keine Spielerei sind, zeigte sich Anfang des 20. Jahrhunderts, als der Mathematiker Hermann Minkowski Einsteins Raum-Zeit-Kontinuum mit einer nicht-Euklidischen Geometrie versah. Mit dieser lassen sich nach bisheriger Erfahrung die Bewegungsvorgänge im Weltall exakt beschreiben.

Gauß lernte mit über 60 Jahren noch die russische Sprache, um die Arbeit Lobatschewskis im Originaltext zu lesen – wie seine Freunde verbreiteten. Böse Zungen behaupten aber, dass er dies einer russischen Lebedame versprochen hatte, die er jahrelang aufgesucht hatte.

Das Jahr 1831 markiert mit der Ankunft des Physikers Wilhelm Weber in Göttingen einen Wendepunkt in Gaußens wissenschaftlicher Arbeit. Von jetzt an widmete er sich schwerpunktmäßig gemeinsam mit Weber der Erforschung des Magnetismus und speziell, in Zusammenarbeit mit Alexander von Humboldt, der Vermessung des Erdmagnetfeldes. Gauß fand heraus, dass das Erdmagnetfeld zwei Pole hat und errechnete die Lage des magnetischen Südpols. Zu seinen Ehren wird die magnetische Feldstärke in der Einheit Gauß gemessen.

Mit Wilhelm Weber baute Gauß auch den ersten Telegrafen. Die beiden spannten einen Draht über ungefähr $1\frac{1}{2}$ km von einem Turm der Johanneskirche im Göttinger Stadtzentrum zur Sternwarte, die damals am Stadtrand lag. Die erste telegrafische Nachricht lautete: „Michelmann kommt". Michelmann war der Universitätsmechaniker, der sicherlich an dieser spektakulären Aktion beteiligt war. Gauß hatte eine Art Morsecode entworfen, mit dem diese Nachricht in unterschiedlichen Signalen verschlüsselt wurde.

Die fruchtbare Zusammenarbeit mit Wilhelm Weber endete 1837 ziemlich abrupt, als 7 Göttinger Professoren, darunter Wilhelm Weber, aber auch die Brüder Grimm und Gauß' Schwiegersohn, der Orientalist Heinrich Ewald, gegen die Abschaffung der relativ liberalen Verfassung des Königreichs Hannover durch den neuen König Ernest Augustus, Herzog von Cumberland, protestierten. Sie wurden kurzerhand ihres Amtes enthoben. Wilhelm Weber lebte noch bis 1843, unterstützt von Freunden, in Göttingen; dann nahm er einen Ruf an die Universität Leipzig an. Heinrich Ewald ging mit Gauß' Tochter Wilhelmine nach Tübingen, wo Wilhelmine bereits 1840 kinderlos starb.

In den Jahren 1845 bis 1851 reorganisierte Gauß die Witwenkasse der Universität Göttingen und entwickelte dabei die Grundlagen der Versicherungsmathematik. Durch diese Beschäftigung erwarb er auch ein gutes Gespür für Finanzen und begann, durch kluge Geldanlagen ein Vermögen aufzubauen, das sich bei seinem Tode auf eine halbe Million Goldmark belief.

Im Jahre 1849 beging Gauß unter großer Anteilnahme der Göttinger Bürger sein fünfzigstes Doktorjubiläum und stellte in seinem Festvortrag seinen vierten Beweis des Fundamentalsatzes der Algebra vor. Er promovierte noch Moritz Cantor und Julius Wilhelm Richard Dedekind (siehe dort) und wohnte der Antrittsvorlesung von Bernhard Riemann (siehe dort) bei, dessen neuen Zugang zur Geometrie er ausdrücklich würdigte. Mit großem Interesse verfolgte er den Bau der Eisenbahnlinie nach Hannover, an deren Einweihung er teilnahm. Anfang 1855 verschlechterte sich sein Gesundheitszustand sehr schnell und er entschlief friedlich am frühen Morgen des 23. Februar 1855.

Gauß muss ein lausiger Vater gewesen sein, zumindest für seine beiden Söhne aus zweiter Ehe. Beide wanderten nach Amerika aus und waren dort sehr erfolgreich. Eugen Gauß gründete die First National Bank und wurde deren erster Präsident, Wilhelm Gauß wurde als Landwirt reich. Zusammen hatten sie 15 Kinder, so dass die Nachkommen von Carl Friedrich Gauß in den USA zu finden sind. Gauß' ältester Sohn Joseph hatte zwar einen Sohn Carl, der Professor für Gynäkologie in Würzburg war, aber ohne Nachkommen blieb.

Die Einführung der Strenge in die Mathematik
Augustin Louis Cauchy (21.8.1789–23.5.1857)

Cauchy war der Mathematiker, der die Infinitesimalrechnung oder Analysis auf eine feste Grundlage stellte. Während Euler, Lagrange und andere völlig bedenkenlos mit den nicht klar definierten infinitesimalen Größen gearbeitet hatten und dabei zutreffende Ergebnisse erzielten, sah Cauchy die Notwendigkeit, sichere Grundlagen zu legen. Er setzte sich mit der Konvergenz von Zahlenfolgen auseinander und fand das nach ihm benannte Kriterium, mit dem man feststellen kann, ob eine Folge konvergiert, ohne dass man ihren Grenzwert bereits kennen muss. Sodann suchte er eine strenge Definition für die Stetigkeit von Funktionen, die bis dahin eher intuitiv behandelt wurde. Eine Funktion ist – anschaulich gesprochen – *stetig*, wenn man ihr Schaubild in einem Zuge zeichnen kann, ohne abzusetzen. Cauchy führte den Begriff der Stetigkeit auf die Konvergenz von Folgen zurück, fand aber auch eine von Folgen unabhängige Definition. Schließlich beschäftigte sich Cauchy mit der *Differenzierbarkeit* von Funktionen (Möglichkeit, die Ableitung zu bilden). Er erklärte die Ableitung oder – nach Leibniz – den *Differentialquotienten* als Grenzwert von Differenzenquotienten und schaffte so das Arbeiten mit unendlich kleinen Größen (Differentialen) ab. Diese grundlegenden exakten Definitionen benutzte er in seinen Vorlesungen, was verbunden mit der Strenge seiner Beweisführung für viele Ingenieurstudenten der École Polytechnique, an der unterrichtete, eine Zumutung war. Cauchys Lehrbücher Cours d'Analyse sind aber von absoluter Klarheit und bildeten bis mindestens zum Ende des 19. Jahrhunderts den unumgänglichen Standard. Seine Behandlung der Analysis ist nach wie vor aktuell und seine Definition der Stetigkeit erwies sich als so tragfähig, dass sie heute die Grundlage für die Betrachtung sehr abstrakter Räume bildet, der *topologischen Räume*.

Cauchy war aber nicht nur der pedantische Lehrer, der seine Schüler mit abstrakten Definitionen quälte, sondern ein kreativer und ideenreicher Mathematiker, der an vielen Stellen Neuland betrat. So untersuchte Cauchy als Erster systematisch Funktionen einer komplexen Veränderlichen, erklärte Differenzierbarkeit und Integral auch für diese noch fremdartig anmutenden Objekte und fand die grundlegenden Sätze. Er berechnete Integrale reeller Funktionen, indem er diese mit Hilfe eines von ihm entdeckten Integralsatzes in die Gaußsche Zahlenebene (siehe Gauß) verschob, wo es einfacher ging.

Auch Cauchys Beiträge zur Physik sind bemerkenswert. Er beschäftigte sich intensiv mit der Elastizitätstheorie und fand unter anderem Zusammenhänge, die es ermöglichen, die Stabilität von Gebäuden mit Modellen zu testen.

Cauchy hatte nicht das Glück, wie Euler oder Lagrange sein Leben lang an Akademien zu arbeiten. Sein Lebenslauf weist mehrere Brüche auf, die zum Teil mit seiner religiösen und politischen Haltung zusammenhängen. Im Jahr der Französischen Revolution in eine streng royalistische und katholische Familie geboren, blieb er sein Leben lang dieser Prägung treu. Der 5-jährige Augustin Louis erlebte die Pariser Terrorherrschaft am eigenen Leibe, als seine Familie aus Paris floh und sich auf ihr Landhaus in Arcueil zurückzog, wo sie einige Monate in bitterster Armut und ständiger Furcht um Leib und Leben vegetierte. Erst nach Ende der Terrorherrschaft traute man sich zurück nach Paris, wo der Vater, ein Jurist, wieder eine Aufgabe im Staatsdienst übernahm. Unter Napoléon machte er dann Karriere, wurde Sekretär des Senats und lernte den Senator Lagrange und den nur einige Wochen amtierenden Innenminister Laplace kennen, die bald die hohe mathematische Begabung des Augustin Louis erkannten. Lagrange riet zunächst zu einem Studium der alten Sprachen und der Literatur, damit sich Augustin Louis nicht zu einem mathematischen Fachidioten entwickelte. Erst ab 1804 erhielt Augustin Louis intensiven Mathematikunterricht und bestand 1805 als Zweitbester die Aufnahmeprüfung an der École Polytechnique, die er nach zwei Jahren als Klassenbester verließ, um sich an der École Nationale des Ponts et Chaussées, einer Ingenieurschule für Brücken- und Straßenbau, zum Ingenieur ausbilden zu lassen. Im Jahre 1810, mit 20 Jahren, verließ er die Hochschule als aspirant-ingénieur, der Einstiegsstufe in die staatliche Ingenieurslaufbahn.

Napoléon ließ zu dieser Zeit einen neuen großen Marinehafen, den Port Napoléon in Cherbourg bauen, von dem aus er die Invasion Englands betreiben wollte. Cauchy wurde dem Ingenieurteam für dieses Bauprojekt zugeteilt. Trotz hoher Arbeitsbelastung in dem Projekt fand er noch Zeit für mathematische Studien. Er verallgemeinerte den Eulerschen Polyedersatz (siehe Euler) und bewies erstmalig einen bereits von Euklid formulierten Satz über Polyeder; womit er auf einen Schlag die Pariser Mathematikergemeinde auf sich aufmerksam machte. Je tiefer er in die Mathematik eindrang, desto mehr verlor er die Freude am Ingenieurberuf und strebte bald eine Karriere in der mathematischen Forschung an. Er bewarb sich um freie Stellen an den Pariser Akademien und Hochschulen, ohne jeden Erfolg. Viele seiner Kollegen, darunter Legendre, wurden berufen, er jedoch nicht. Erst mit dem Sturz Napoléons und der Wiedererrichtung des Königreichs unter Louis XVIII. wendete sich sein Schicksal. Cauchy als gläubiger Katholik, weltlicher Jesuitenbruder und Royalist, erhielt 1815 eine Professur an der École Polytechnique. Ein Jahr darauf entließ der König einige ihm zu revolutionär gesinnte Mitglieder der Académie des Sciences, darunter Gaspard Monge, und berief an ihrer Stelle konservative Wissenschaftler wie Cauchy, der sich mit diesem Eintritt in die Académie allerdings keine Freunde machte. Nachdem der ihm wohl gesonnene Lagrange gestorben war, brachte er Laplace gegen sich auf, dessen Vorgehensweise er als zu intuitiv und zu wenig exakt bezeichnete. Mit Poisson, den er ähnlich kritisierte, konnte er immerhin weiterhin zusammenarbeiten, aber bald hatte er, außer Ampère, keine Freunde mehr in der wissenschaftlichen Gemeinschaft. Es kam hinzu, dass er die der Académie eingereichten Arbeiten junger Wissenschaftler teilweise übermäßig kritisch besprach, teilweise überhaupt nicht, so dass der Verdacht aufkam, dass er von Zeit zu Zeit Papiere verlor. Der junge norwegische Mathematiker Niels Abel charakterisierte ihn nach einem Besuch in Paris schlichtweg als verrückt.

Mit der Julirevolution von 1830, an der sich die Studenten der École Polytechnique sehr zum Verdruss Cauchys maßgeblich beteiligten, wurde Karl X. durch den liberaleren Bürgerkönig Louis Philippe ersetzt. Allen Professoren wurden Treuschwüre auf die neue Regierung abverlangt, die für Cauchy nicht in Frage kamen. Er verließ Paris ohne seine Familie und floh zu den Jesuiten im Schweizer Kanton Fribourg. Von dort ging er nach Turin, wo er einen Lehrstuhl für Physik erhielt. Aber bereits 1833 folgte er dem abgesetzten König Karl X. in dessen Exil nach Prag, und diente ihm als Hauslehrer seines Enkels und designierten Thronfolgers Henri. Cauchy sollte diesen in Mathematik und Naturwissenschaften unterweisen, was gründlich misslang. Der Prinz zeigte nicht das geringste Interesse an Cauchys Definitionen und tanzte seinem Hauslehrer bald auf der Nase herum. Bis zum Ende der Ausbildung im Jahre 1838 entwickelte der Prinz eine intensive Abneigung gegen

Mathematik, so dass es als Glücksfall anzusehen ist, dass er den Thron nie besteigen durfte, sonst hätte er vielleicht die Académie geschlossen. Im Jahre 1834, nach vierjähriger Trennung holte Cauchy seine Familie (Ehefrau und 2 Töchter) nach Prag, das er allerdings 1838 in Richtung Paris wieder verließ, um seine Mutter zu pflegen. Karl X. erhob ihn zum Dank für seine Dienste als Hauslehrer zum Baron. Für Cauchy begann dennoch eine schwierige Zeit, da er nach wie vor nicht bereit war, einen Treueid auf Louis-Philippe zu leisten. Das Bureau des Longitudes setzte sich über die Bedingung hinweg und stellte ihn als Professor ein, allerdings ohne Gehalt. Cauchy begann nun seine produktivste Phase. In zehn Jahren von 1829 bis 1838 veröffentlichte er mehr als 300 Abhandlungen. Im Jahr 1843 bewarb er sich um eine Professur am Collège de France, ohne Erfolg. Berufen wurde ein inkompetenter Kollege, der allerdings die richtige politische Einstellung zeigte. Im Zuge dieses Berufungsverfahrens wurde das Ministerium auf das Beschäftigungsverhältnis Cauchys im Bureau des Longitudes ohne Treueid aufmerksam und beendete dieses abrupt. Cauchy widmete daraufhin ein Jahr der Unterstützung der jesuitischen Bestrebungen, Einfluss auf die Lehre an den Hochschulen zu gewinnen.

Louis-Philippe wurde seinerseits durch die Februarrevolution 1848 gestürzt. Nun kam aber nicht Cauchys Zögling Henri auf den Thron, sondern Napoléon III, der auch einen Treueid verlangte. Für Cauchy machte die neue Regierung jedoch eine Ausnahme, er erhielt wieder eine Professur – ohne Treueid. Seine Brüder jedoch, beide Juristen – verloren diesmal ihre Posten. Im Jahre 1850 bewarb sich Cauchy erneut um eine Professur am Collège de France, diesmal war der bedeutende Mathematiker Liouville sein Mitbewerber – und wurde gewählt, was zu einem hässlichen Streit führte, der Cauchys letzte Lebensjahre überschattete. In diesen Jahren widmete er sich zunehmend der Aufgabe, seine Kollegen in den Schoß der katholischen Kirche zurückzuführen. Hiermit hatte er unter anderen bei dem Mathematiker Duhamel Erfolg. Dieser hinderte ihn jedoch nicht daran, zu Unrecht die Priorität an einem Ergebnis Duhamels zu beanspruchen, wodurch er neue Feinde gewann. Cauchy verfiel in tiefe Traurigkeit. Sein Gesundheitszustand verschlechterte sich im Jahre 1857 rapide, ihm war jedoch völlige geistige Klarheit bis zu seiner letzten Stunde vergönnt. Diese trat am 23. Mai 1857 um 4 Uhr in der Frühe ein. Eine halbe Stunde zuvor rief er Jesus, Maria und Joseph an und schied dann ruhig und gelassen aus diesem Leben.

Ein Vorläufer des Computers – aus Zahnrädern
Charles Babbage (26.12.1791–18.10.1871)

Charles Babbage gebührt das Verdienst, die erste Rechenmaschine entworfen zu haben, die umfangreichere Berechnungen durchführen konnte. Die Maschine des Blaise Pascal konnte addieren und subtrahieren, die von Leibniz konnte alle vier Grundrechenarten, aber die Maschinen von Charles Babbage waren darauf ausgelegt, die Werte von Polynomen oder, was dasselbe ist, endlichen Abschnitten von Potenzreihen zu berechnen. Babbage wollte damit die mühseligen, fehleranfälligen und zeitraubenden Berechnungen von trigonometrischen und Logarithmentabellen einer Maschine übertragen. Leider hat Babbage seine Maschinen nie in Aktion gesehen, denn das feinmechanische Handwerk seiner Zeit war noch nicht in der Lage, die benötigten Zahnräder, Zahnstangen und sonstigen Teile mit der erforderlichen Präzision herzustellen. In den Jahren 1989 bis 1991 ließ das London Science Museum nach den Originalplänen von Babbage seine difference engine (Differenzmaschine) bauen. Nachdem einige kleine Konstruktionsfehler korrigiert waren, entstand eine voll funktionsfähige Rechenmaschine. Babbage entwickelte zwei Modelle der difference engine und die für allgemeinere Zwecke vorgesehene analytical engine (Analytische Maschine). Diese Maschine wäre ein Monstrum von mehr als 30 Meter Länge und 10 Meter Breite geworden, und ihre Mechanik sollte mit einer Dampfmaschine angetrieben werden. Die Eingabe von Rechenanweisungen und Daten sollte über Lochkarten erfolgen, die bereits zur Steuerung der Jacquard-Webstühle benutzt wurden. Auch ein Stanzen von Ergebnissen oder Zwischenergebnissen in Lochkarten sollte möglich sein. Als Ausgabegeräte sah Babbage ferner einen Drucker und einen Plotter vor. Die Maschine hatte einen

Arbeitsspeicher für eintausend 50-stellige Dezimalzahlen im Gleitkommaformat – das entspricht auf einem modernen Computer je nach der Art der Verschlüsselung der Zahlen zwischen 20 und 50 Kilobytes. Ein Rechenwerk, mill (Mühle) genannt, sollte die vier Grundrechenarten ausführen. Alle Berechnungen mussten gemäß dem damals aufkommenden Prinzip der Arbeitsteilung in die kleinsten Schritte (Ausführung einer Grundrechenart mit zwei Zahlenwerten) zerlegt werden, die von der Maschine in der vorgesehenen Reihenfolge abzuarbeiten waren. Die Folge der Rechenbefehle – oder das Programm – wurden der Maschine auf Lochkarten zugeführt. Verzweigungen im Rechenprogramm waren möglich. Babbage sah drei Arten von Lochkarten vor: eine für die Rechenoperationen, eine zweite für Speicheroperationen (Abholen von Zahlen aus dem Speicher in das Rechenwerk und Zurückspeichern von Rechenergebnissen) und eine dritte für die Eingabewerte. Das Gesamtkonzept unterscheidet sich damit nicht wesentlich von dem eines modernen Computers. Computerfachleute, die Babbages Entwurf überprüft haben, kamen zu dem Ergebnis, dass er einen voll funktionsfähigen Computer – auf mechanischer Basis – konstruiert hat. Es dauerte vom Beginn seiner Entwurfsarbeiten mehr als 100 Jahre, bis ein vergleichbarer Computer tatsächlich gebaut wurde. Im Jahre 1941 stellte Konrad Zuse seinen elektromechanischen Computer Z3 fertig.

Charles Babbage wurde in einem kleinen Ort in Surrey geboren, aber die Familien seiner Eltern waren in der reizvollen Grafschaft Devon beheimatet. Er schrieb sich im Jahre 1810 am Trinity College in Cambridge für Mathematik und Chemie ein. Bald war er mit dem Status der britischen Mathematik unzufrieden – tatsächlich war die Weiterentwicklung der auch von Newton erfundenen Infinitesimalrechnung im Wesentlichen auf dem Kontinent erfolgt (siehe Bernoulli, Euler, Lagrange, Laplace, Cauchy u. a.) und gründete im Jahre 1812 zusammen mit dem Astronomen John Herschel die Analytical Society, um die britische Mathematik wieder mit der des Kontinents wettbewerbsfähig zu machen. 1814 legte Babbage sein Abschlussexamen in Cambridge ab und heiratete sofort danach. Bereits 1816 wurde er in die Royal Society aufgenommen.

In den Folgejahren nahm er sein Lebenswerk, die Konstruktion von Rechenmaschinen, in Angriff. Im Jahre 1822 konnte er ein funktionstüchtiges Demonstrations-modell einer Rechenmaschine vorführen und gewann die Unterstützung der Regierung für den Entwurf der difference engine no. 1.

Zwischendurch beschäftigte er sich, etwa 20 Jahre vor Gauß, mit Versicherungsmathematik und führte Sterbetabellen in die Kalkulation von Lebensversicherungen ein.

Das Jahr 1827 hielt für Babbage einige Schicksalsschläge bereit. Während ihm nach dem Tode seines Vaters wenigstens ein Erbe zufloss, das ihm für den Rest seines Lebens finanzielle Unabhängigkeit sicherte, wurde durch den Tod seiner Frau und zweier Söhne sein persönliches Glück zerstört. Babbage suchte Ablenkung in einer Europareise, die ihn in die Niederlande, nach Deutschland, Österreich und Italien führte. In Berlin traf er Alexander von Humboldt.

Nach seiner Rückkehr wurde Babbage 1828 auf den Lucasischen Lehrstuhl für Mathematik in Cambridge berufen, den schon Sir Isaac Newton innehatte. Seine Interessen waren aber nicht auf die Mathematik beschränkt. Im Jahre 1832 erschien sein Buch „On the Economy of Machinery and Manufactures" (frei übersetzt: Über die Betriebswirtschaft der Maschinen und Produktionsprozesse), in dem er die Organisation von Produktionsprozessen untersucht und insbesondere beschreibt, wie sich durch Aufgliederung eines Produktionsprozesses in einfache Arbeitsschritte die Lohnkosten senken lassen. Ob hier die Organisation seiner Rechenmaschinen Pate gestanden hat, oder ob er sich umgekehrt die Organisation von Arbeitsprozessen bei der Konstruktion seiner Maschinen zum Vorbild genommen hat, lässt sich nicht entscheiden. Der geistige Zusammenhang liegt jedoch auf der Hand.

Ebenfalls im Jahre 1832 stellte der Mechaniker Joseph Clement ein erstes Teilstück der Differenzmaschine, bestehend aus 2000 Teilen, fertig. Für die gesamte Maschine wurden ca. 25.000 Teile benötigt, deshalb wurde sie zu Babbages Lebzeiten nie fertiggestellt. Im Jahr darauf begann Babbage die Entwurfsarbeiten für die analytical engine, die ihn mehr als ein Dutzend Jahre in Anspruch nahmen. Er fand trotzdem Zeit für die Gründung der statistischen Gesellschaft in London und für weitere Reisen, bei denen er den italienischen Mathematiker Menabrea traf, dem er das Konzept der analytical engine vorstellte. Menabrea war davon so begeistert, dass er ein Memorandum darüber verfasste, in französischer Sprache, das dann von Lady Ada Augusta, Countess of Lovelace (siehe dort) ins Englische übersetzt und umfassend kommentiert wurde.

Nach Abschluss des Entwurfs der analytical engine nahm sich Babbage noch einmal die difference engine vor und entwarf ein Modell no. 2, das mit einer erheblich geringeren Zahl von Bauteilen auskam. Außerdem beschäftigte er sich mit Kryptographie (Lehre der Verschlüsselungstechnik). Es gelang ihm einen Code zu entziffern, der bis dahin als sicher galt. Dies wurde erst nach seinem Tode bekannt, da er nichts darüber veröffentlicht hatte.

Sozusagen nebenbei erfand Babbage unabhängig von Helmholtz den Augenspiegel. Er befasste sich mit der Navigation von U-Booten, die es noch nicht gab, stellte eine Theorie der Gletscherbildung auf und entwarf den Schienenräumer, der auf Überlandstrecken an der Stirnseite von Lokomotiven angebracht wurde.

Charles Babbage beschloss sein erfindungsreiches Leben gute zwei Monate vor seinem 80. Geburtstag in London.

Die nicht-Euklidische Geometrie
Nikolai Iwanowitsch Lobatschewski
(1.12.1792–24.2.1856)

Nikolai Lobatschewski kam in ärmlichen Verhältnissen in Nischny Nowgorod im nördlichen Russland zur Welt. Sein Vater war Büroangestellter und konnte kaum seine Familie ernähren. Als Nikolai sieben Jahre alt war, starb der Vater und ließ die Mutter mit drei Söhnen praktisch mittellos zurück. Die Mutter zog nach Kasan, damals eine aufstrebende Stadt im Osten des europäischen Russlands, wo die Jungen mit staatlicher Unterstützung das Gymnasium besuchen konnten. Nikolai beendete seine Schullaufbahn mit 14 Jahren und besuchte von da ab die noch ganz junge – im Jahre 1804 gegründete – Universität von Kasan. An der Universität herrschte Aufbruchstimmung. Die Studenten lernten eifrig, gefördert von den zumeist aus Deutschland angeworbenen Professoren. Unter diesen war Martin Bartels, ein Mathematiker und Freund von Gauß. Bartels war als Gehilfe des Lehrers Büttner in Braunschweig auf den jungen Gauß aufmerksam geworden und hatte mit ihm Mathematikbücher studiert. Nun begeisterte er Lobatschewski, der zunächst etwas ungezielt einen breiten naturwissenschaftlichen Studiengang belegt hatte, für die Mathematik.

Nikolai Lobatschewski erwarb mit 19 Jahren den Magistertitel in Mathematik und Physik, wurde mit 22 Jahren Lehrbeauftragter, mit 24 Jahren außerordentlicher und 6 Jahre später ordentlicher Professor an der Universität Kasan. Er wurde Mitglied des Bauausschusses der Universität und rieb sich ständig mit dem reaktionären Kurator Magnitski, der versuchte, die wissenschaftsfeindliche Politik des alternden Zaren Alexander I an der Universität umzusetzen. Alexander war zu dem Schluss gekommen, dass die moderne Wissenschaft ein Produkt der Französischen Revolution sei und daher eine

Bedrohung für den orthodoxen Glauben darstelle, der ihm für den Zusammenhalt seines Reiches wichtig war. Die Eingriffe Magnitskis in den Jahren 1819 bis 1826 führten zu einem Niedergang der wissenschaftlichen Moral, zu Cliquenwirtschaft und zum Abgang der besten Professoren, darunter auch Bartels. Lobatschewski stellte sich diesen Entwicklungen entgegen und konnte immer wieder größeren Schaden von seiner Universität abwenden. Daneben hielt er – für einen Mathematikprofessor ungewöhnlich – pädagogisch hervorragend aufgebaute Vorlesungen von großer Klarheit, denen auch weniger Begabte folgen konnten. Er widmete sich der mathematischen Forschung, diente aber auch von 1820 bis 1825 als Dekan der Mathematisch-Physikalischen Fakultät. In dieser Funktion leitete er die Beschaffung von Instrumenten für das physikalische Labor, beaufsichtigte die Sternwarte und kümmerte sich um die Bibliothek.

Der Nachfolger Alexanders auf dem Zarenthron, Nikolaus I, teilte nicht dessen Abneigung gegen die Wissenschaft. Nach seiner Thronbesteigung im Jahre 1826 konnte man sich an den Universitäten bald wieder auf Forschung und Lehre konzentrieren. Der Kasaner Kurator Magnitski wurde entlassen und durch einen toleranteren Nachfolger – Musin-Puschkin – ersetzt, mit dem Lobatschewski ausgezeichnet zusammenarbeiten konnte. Er ließ sich 1827 zum Rektor der Universität wählen und behielt diese Position 19 Jahre lang, in denen er die Universität systematisch ausbaute.

Im Jahre 1832, im fortgeschrittenen Alter von 40 Jahren, heiratete Lobatschewski eine junge Frau, die ihm sieben Kinder gebar. Da seine Frau aus begüterten Verhältnissen stammte, begann das Ehepaar auf großem Fuße zu leben. Die Familie bewohnte ein großes Stadthaus und erwarb ein Landgut, das Lobatschewski mehr schlecht als recht verwaltete. Im Jahre 1846 wurde Lobatschewski in den Ruhestand versetzt, sein ältester Sohn starb kurz darauf, was ihn hart traf. Er erkrankte selbst und erblindete schließlich. Zudem plagten ihn in zunehmendem Maße finanzielle Schwierigkeiten. Nikolai Lobatschewski starb im Jahre 1856 im Alter von 63 Jahren in Kasan, ohne zu ahnen, dass sein Name aufgrund seiner Entdeckung der nicht-Euklidischen Geometrie in Kürze in der gesamten gebildeten Welt bekannt sein würde.

Lobatschewski hatte sein Hauptwerk, die Geometrija, schon im Jahre 1823 fertig gestellt. Es wurde erst 1909 im Urtext veröffentlicht. Im Jahre 1826 schickte er eine Kurzfassung an einige Gutachter und veröffentlichte 1829 den ersten Bericht über nicht-Euklidische Geometrie im Mitteilungsblatt der Kasaner Universität. Die Akademie in St. Petersburg lehnte eine Veröffentlichung in ihren Transaktionen ab, wahrscheinlich weil der Inhalt zu revolutionär war. Im Jahre 1840 erschien schließlich in Berlin die Zusammenfassung

"Geometrische Untersuchungen zur Theorie der Parallellinien", die Gauß so sehr lobte.

Lobatschewski hat sich, anders als viele vor ihm, zuletzt Legendre, nicht eine Minute damit aufgehalten, das 5. Euklidische Postulat – das besagt, dass es in der Ebene zu jeder Geraden und jedem nicht auf dieser Geraden liegenden Punkt genau eine Gerade gibt, die die vorgegebene Gerade nicht schneidet, eben die Parallele – zu beweisen. Er machte sich sofort an die Konstruktion einer Geometrie, in der dieses Postulat keine Gültigkeit haben muss. In der von ihm entwickelten hyperbolischen Geometrie, die alle Euklidischen Axiome und Postulate erfüllt außer Postulat 5, können durch jeden außerhalb einer Geraden gelegenen Punkt unendlich viele Parallelen gehen, also Geraden, die die vorgegebene Gerade nicht schneiden. In dieser Geometrie beträgt die Winkelsumme im Dreieck auch nicht 180°, was für Legendre noch ein unumstößlicher Glaubenssatz war, sondern weniger als 180° und kann je nach Gestalt des Dreiecks sogar beliebig klein werden. Trotzdem ist die hyperbolische Geometrie in sich völlig konsistent. Wahrscheinlich sind diese abstrus erscheinenden Eigenschaften der Grund, warum Gauß nie seine eigenen Erkenntnisse über nicht-Euklidische Geometrie veröffentlichte. Das „Geschrei der Böotier", also der Reaktionäre, das Gauß so fürchtete, bekam Lobatschewski zu spüren, als sich die große Petersburger Akademie weigerte, seine Abhandlung zu veröffentlichen.

Es gab Spekulationen, dass Gauß über seinen Freund Bartels seine Ideen über nicht-Euklidische Geometrie dem jungen Lobatschewski zugänglich gemacht habe. Dafür findet sich im Schriftwechsel zwischen Gauß und Bartels jedoch kein Beleg. Wir müssen daher davon ausgehen, dass Lobatschewski seine Entdeckungen völlig eigenständig gemacht hat.

Nicht-Euklidische Geometrien kann man in Modellen veranschaulichen. Die hyperbolische Ebene stellt man in einem Kreis, dem Grundkreis, dar, dessen innere Punkte die Punkte der hyperbolischen Ebene sind. Die Geraden dieser Geometrie sind die Kreisbögen, die im Inneren des Grundkreises verlaufen und auf dessen Umfang senkrecht stehen (im Euklidischen Sinne). Solche Bögen können sich schneiden, müssen es aber nicht. Das Modell sieht so aus, als ob die hyperbolische Ebene nicht unendlich ausgedehnt sei. Sie ist es aber doch, da der Rand (die Kreislinie) des Grundkreises nicht zu der „Ebene" gehört. Man kann diesem Rand beliebig nahekommen, und doch liegen immer noch Punkte zwischen diesem beliebig dicht am Rand gelegenen Standort und dem Rand.

Die merkwürdigen Verhältnisse in der hyperbolischen Geometrie werden durch das folgende Bild verdeutlicht. Zunächst einmal sieht man, dass sich zu jedem Kreisbogen beliebig viele andere finden lassen, die ihn nicht schneiden. Außerdem können zwei „Geraden", also Kreisbögen im Modell, sich schneiden und trotzdem gemeinsame Parallelen besitzen. Wir sehen auch Kreisbögen, die dem Rand des Grundkreises immer näherkommen. Trotzdem stellen auch sie volle hyperbolische Geraden dar. Die von den gezeichneten Kreisbögen begrenzten Fünfecke werden zum Rand hin immer kleiner – im Euklidischen Sinne – haben aber mit dem hyperbolischen Flächenmaß alle dieselbe Fläche.

Lobatschewski hat weitere wichtige Entdeckungen gemacht, so etwa ein Näherungsverfahren zur Ermittlung der Nullstellen von Polynomen. Dieses wurde fast gleichzeitig auch von zwei anderen Mathematikern entdeckt, daher ist es heute nur in Russland nach Lobatschewski benannt.

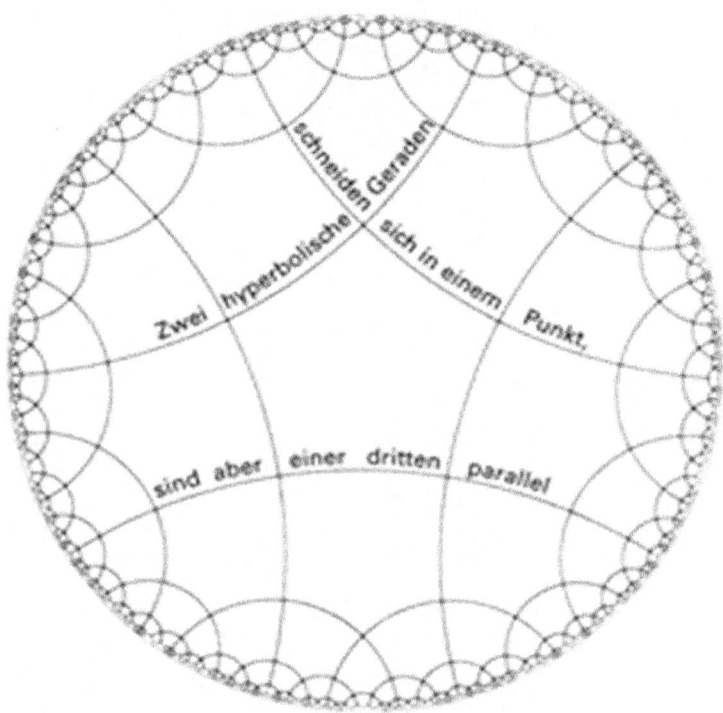

Modell der hyperbolischen Ebene

Ein Genie aus dem hohen Norden
Niels Henrik Abe (5.8.1802–6.4.1829)

Niels Henrik Abel wurde in dem kleinen Ort Frindö bei Stavanger in Norwegen in turbulenten Zeiten geboren. In Europa tobten die Napoleonischen Kriege, England widersetzte sich dem Expansionsdrang des Kaisers der Franzosen. Dieser verhängte eine Handelsblockade gegen England, die Kontinentalsperre. Dänemark, zu dem Anfang des 19.Jahrhunderts auch Norwegen gehörte, wollte neutral bleiben. Die englische Regierung befürchtete aber, dass die dänische Flotte dennoch gegen ihr Land eingesetzt werden könnte und zerstörte diese kurzerhand im Jahre 1801 vor Kopenhagen. Außerdem blockierte es seinerseits die norwegische Küste. Dadurch kam der norwegische Außenhandel völlig zum Erliegen und die Bevölkerung verarmte schnell. Aus diesem Grunde wuchs Niels mit seinen 6 Geschwistern in bitterer Armut auf. Sein Vater, ein protestantischer Pfarrer, unterrichtete seine Kinder zu Hause. Erst im Alter von 13 Jahren wurde Niels nach Christiania – heute Oslo – zur Schule geschickt. Diese Schule hatte einen guten Ruf, aber im Jahre 1815 ein niedriges Niveau, da ihre besten Lehrer in die 1813 gegründete Universität Christiania abgeordnet worden waren. Niels langweilte sich und zeigte nur mäßige Leistungen. Erst zwei Jahre später ließ er sich von einem neuen Mathematiklehrer, Holmbö, inspirieren, anspruchsvolle mathematische Schriften zu studieren. Er las Newton, Euler, d'Alembert, Lagrange und Laplace und begann, eine große mathematische Begabung zu zeigen.

Als Niels 18 Jahre alt war, starb sein Vater. Er hatte sich vorher bereits als Mitglied des Storting (norwegisches Parlament) unmöglich gemacht und musste seine politische Laufbahn beenden, wozu auch seine exzessiven

Trinkgewohnheiten beigetragen haben mögen. Die Familie war ohne jedes Einkommen und Niels musste sich eine Arbeit suchen, um seine Mutter und Geschwister unterstützen zu können. Dies ließ jedoch sein Mathematiklehrer Holmbö nicht zu. Er verschaffte Niels ein Stipendium und sammelte zusätzliche Mittel bei seinen Kollegen ein, mit deren Hilfe Niels die Schule beenden und anschließend an der Universität von Christiania studieren konnte, wo er bereits mit 20 Jahren sein Examen ablegte. Noch als Schüler hatte er an einer Lösung der Gleichung 5. Grades durch Radikale (Wurzelausdrücke) gearbeitet und glaubte eine Lösung gefunden zu haben, ähnlich wie sie del Ferro für die Gleichung 3. Grades gefunden hatte (siehe dort). Er schickte seine Arbeit an die Dänische Akademie in Kopenhagen. Als der Gutachter Ferdinand Degen ihn um ein Zahlenbeispiel für seine Methode bat, fiel ihm allerdings auf, dass er einen Fehler gemacht hatte. Degen war dennoch von der Arbeit beeindruckt und legte Niels Abel ein erfolgversprechenderes Arbeitsgebiet nahe: die elliptischen Integrale, die schon Legendre mit großer Akribie bearbeitet hatte. Abel durfte nach Kopenhagen reisen, um Ferdinand Degen persönlich kennen zu lernen. Die Reise zeitigte ein unerwartetes Ergebnis: Niels Henrik Abel lernte Christine Kemp kennen, mit der er sich kurze Zeit später verlobte.

An der Universität in Christiania nahm sich nun der Astronomieprofessor Christoph Hansteen Abels an, sorgte für finanzielle Unterstützung und nahm ihn in seine Familie auf. Hansteen gab auch eine wissenschaftliche Zeitschrift heraus, in der Abel seine ersten Arbeiten publizierte. In einer Arbeit gab er die erste Lösung einer Integralgleichung an. In einer *Integralgleichung* wird eine unbekannte Funktion in Beziehung gesetzt zu einer Funktion, die sich durch Umformung der unbekannten Funktion in einem Integralausdruck ergibt. Die Aufgabe besteht darin, die unbekannte Funktion zu finden (siehe auch Hilbert und Fredholm).

Abel konnte seinen Fehler mit der Gleichung 5. Grades nicht auf sich beruhen lassen und befasste sich erneut mit diesem Gleichungstyp. Auch sah er Zusammenhänge mit seinem neuen Forschungsgebiet der elliptischen Integrale und Funktionen. Schließlich konnte er 1824 beweisen, dass die allgemeine Gleichung 5. Grades nicht durch Radikale (Wurzelausdrücke) lösbar ist. Er veröffentlichte dieses Ergebnis aus Kostengründen in knappster Form in einem Selbstdruck, den er an verschiedene Mathematiker schickte, darunter Gauß. Dieser hielt allerdings die Fragestellung, ob eine Gleichung durch Radikale lösbar sei oder nicht, für nicht sehr relevant und schaute sich die Arbeit gar nicht erst an.

Im Jahre 1825 erhielt Abel ein Stipendium für eine Europareise, um die führenden Mathematiker des Kontinents zu besuchen. In Kopenhagen gab man ihm ein Empfehlungsschreiben an August Leopold Crelle mit, den Herausgeber des Journals für reine und angewandte Mathematik, kurz Crelles Journal, in Berlin. Abel freundete sich mit dem über 20 Jahre Älteren an und veröffentlichte seine weiteren Arbeiten in Crelles Journal. Crelle ermutigte Abel, seine Arbeit über die Gleichung 5. Grades ausführlicher darzustellen. Daraus wurde „Récherches sur les fonctions élliptiques" (Untersuchungen über die elliptischen Funktionen), eine umfangreiche Abhandlung, die 1827 in Crelles Journal erschien.

Da Abel zugetragen wurde, dass Gauß seine kurze Abhandlung über die Gleichung 5. Grades ungnädig entgegengenommen hatte, reiste er nicht, wie ursprünglich geplant, nach Göttingen, sondern mit einigen Freunden zunächst nach Italien und dann nach Paris. Ein Paris fand er nur wenig Beachtung. Cauchy, dem er eine neue Arbeit zeigte, würdigte diese und auch den Autor selbst kaum eines Blickes. Immerhin durfte Abel die Arbeit im Institut National vorstellen. In dieser Arbeit verallgemeinert er das von Euler gefundene Additionstheorem für elliptische Integrale (siehe Legendre) in fulminanter Weise auf eine Klasse von Integralen allgemeinerer Funktionen. Das Institut beauftragte Cauchy und Legrendre mit der Begutachtung der Arbeit, die nie erfolgte. Abel blieb noch einige Monate in immer schlechterer Verfassung in Paris. Als sein Geld zu Ende ging, fuhr er zurück nach Berlin, wo er sich Geld lieh, um weiter über elliptische Funktionen zu arbeiten. Er veröffentlichte eine weitere Abhandlung über dieses Thema mit einem völlig neuen eleganten Ansatz.

Hoch verschuldet kehrte Abel 1827 nach Christiania zurück. Mit Nachhilfeunterricht und dem Einkommen seiner Verlobten als Gouvernante konnte er sich eine Weile über Wasser halten. Als sein Mentor Hansteen nach Sibirien aufbrach, um dort Messungen des Erdmagnetismus vorzunehmen, übernahm Abel dessen Lehrverpflichtungen an der Universität und an der Militärakademie, und seine Situation entspannte sich ein wenig.

Inzwischen beschäftigte sich in Deutschland Carl Gustav Jacobi ebenfalls mit elliptischen Integralen. Er veröffentlichte 1828 eine Arbeit über bestimmte Transformationen elliptischer Integrale. Abel erkannte schnell, dass sich Jacobis Resultate aus den seinigen herleiten ließen und fügte eine entsprechende Randbemerkung seiner eigenen Arbeit an. Er sah sich jetzt jedoch im Wettbewerb mit Jacobi und veröffentlichte schnell einige weitere Abhandlungen über elliptische Integrale. Der Wettbewerb beflügelte die Entwicklung der Theorie der elliptischen Funktionen. Selbst Legendre, dessen Lebenswerk durch die Resultate von Abel und Jacobi zum Teil obsolet wurde, lobte die großartigen Ideen der beiden jüngeren Forscher.

Abels Gesundheitszustand – er litt an Tuberkulose – verschlechterte sich im Jahre 1828 rapide. Er arbeitete jedoch rastlos weiter und fertigte auch eine Kurzfassung seines Pariser Papiers, das verloren schien. Das Weihnachtsfest 1828 verbrachte er noch fröhlich mit seiner Verlobten. Crelle bemühte sich in der Zwischenzeit um eine Stelle für Abel in Berlin. Als er es geschafft hatte, schrieb er Abel am 8. April 1828, nicht ahnend, dass dieser am Morgen des 6. April nach einer schlimmen Nacht friedlich verschieden war.

Nach der Nachricht von Abels Tod startete Cauchy eine Suchaktion nach dessen Pariser Abhandlung, die er begutachten sollte. Er fand sie schließlich und ließ sie im Jahre 1840 veröffentlichen. Danach verschwand die Arbeit erneut und tauchte erst 1952 in Florenz wieder auf.

Nicht-Euklidische Geometrie, Teil 2
János Bolyai (15.12.1802–27.1.1860)

János Bolyai war der Sohn von Farkas Bolyai, dem Göttinger Studienfreund von Carl Friedrich Gauß. Er kam in Klausenburg – Koloszvár, in Siebenbürgen, heute Cluj in Rumänien zur Welt. János zeigte seine vielseitigen Begabungen bereits als Kind. Mit 5 Jahren konnte er lesen; er hatte es sich selbst beigebracht Mit sieben Jahren begann er Violine zu spielen und brachte es bald zu großer Meisterschaft auf diesem Instrument. Er lernte auch Sprachen sehr leicht und sprach später 9 Sprachen, darunter Chinesisch und Tibetisch. Da Vater Farkas sich sehr wünschte, dass János wie er Mathematiker würde, nahm er den Mathematikunterricht seines Sohnes selbst in die Hand, während er ihn in allen übrigen Fächern von Studenten des Calvinistischen Kollegs in Marosvásárhely unterweisen ließ, an dem er selbst unterrichtete. Von seinem 10. Lebensjahr an besuchte dann János diese Schule. Mit 13 Jahren beherrschte er die Infinitesimalrechnung und die analytische Mechanik, und sein Vater fuhr fort, ihn in die Höhere Mathematik einzuführen. János besuchte auch in anderen Fächern die Kurse der höheren Klassen und konnte bald am Kolleg nichts mehr lernen. Vater Farkas schrieb daher an seinen Jugendfreund Gauß und bat ihn, János bei sich aufzunehmen und für seine weitere mathematische Ausbildung zu sorgen. Gauß aber lehnte ab. Ein Auslandsstudium an einer renommierten Hochschule konnte Farkas Bolyai aus seinem schmalen Einkommen als Dozent nicht bezahlen, daher überlegte der Familienrat, wie János im Rahmen begrenzter Mittel die bestmögliche mathematische Ausbildung erhalten könne, und fand schließlich die Lösung, dass János an der königlichen Ingenieurschule in Wien militärisches Ingenieurwesen studieren sollte. Dieses Studium war mit einer militärischen Ausbildung und der Verpflichtung zum Militär verbunden, dafür aber kostenlos.

János legte 1817 die Reifeprüfung am Calvinistischen Kolleg in Marosvásárhely ab und schloss den auf sieben Jahre angelegten Militäringenieurkurs innerhalb von vier Jahren ab. Er bestand sein Examen mit hohen Auszeichnungen im September 1822, noch nicht ganz zwanzigjährig und durfte sich noch ein Jahr in Wien der mathematischen Forschung widmen, bevor er im September 1823 seinen Militärdienst antrat, den er insgesamt 11 Jahre lang versah. Er war nicht nur ein guter Ingenieur, sondern galt auch als der beste Fechter und Tänzer der k.u.k. Armee und zeigte für einen Offizier ungewöhnliche Enthaltsamkeit beim Rauchen und Trinken.

Vater Farkas Bolyai gehörte zu den Legionen von Mathematikern, die versucht haben, Euklids Parallelenpostulat aus den übrigen Axiomen und Postulaten abzuleiten. Sohn János folgte ihm zunächst auf diesem Wege, stellte aber die Überlegungen in diese Richtung noch während seines Studiums in Wien ein und begann eine Geometrie zu entwerfen, in der das Parallelenpostulat nicht gilt. Bis Ende 1823 konnte er die Grundzüge seiner nicht-Euklidischen Geometrie erkennen und schrieb seinem Vater, er habe eine neue Welt aus dem Nichts erschaffen. Dies war noch etwas übertrieben, aber im Folgejahr hatte er die Hauptsätze seiner neuen Geometrie zusammen. Die Geometrie ist eine hyperbolische wie die von Lobatschewski, und beide Forscher haben sie fast gleichzeitig unabhängig voneinander entdeckt.

Im Frühjahr 1825 stellte János seine Entdeckung seinem Vater vor, der sie jedoch eher zurückhaltend aufnahm, was Jànos sehr enttäuschte. Auch sein Mathematiklehrer an der Ingenieurschule, Wolther von Eckwehr, zeigte nicht den geringsten Enthusiasmus für diese großartige Theorie. Farkas Bolyai brauchte 5 Jahre, um zu begreifen, was sein Sohn vollbracht hatte. Dann allerdings drängte er ihn zu einer raschen Veröffentlichung. János fügte die Ausarbeitung seiner Geometrie daher als Anhang dem Werk „Tentamen" seines Vaters an, das kurz vor der Drucklegung stand. In diesem Werk stellte Farkas Bolyai die Sätze vor, die er bei seinen Versuchen gefunden hatte, das Parallelenpostulat zu beweisen.

János Bolyai stellt in seiner Abhandlung seine Geometrie, in der das Parallelenpostulat nicht zutrifft, der Euklidischen Geometrie gegenüber, in der es zutrifft. Alle Sätze, die unabhängig vom Parallelenpostulat gültig sind, ordnet er einer Kerngeometrie, der so genannten absoluten Geometrie zu. Auf diese Weise konnte er die Auswirkungen der Gültigkeit des Parallelenpostulats klar abgrenzen. Tentamen erschien mit dem Anhang 1831 im Druck. Farkas Bolyai schickte eine Kopie des Anhangs an Gauß, der seinerseits einem Freunde schrieb, er betrachte den jungen Bolyai als „Genie erster

Ordnung". Dem Vater antwortete er allerdings, er könne die Arbeit nicht loben, da er sich sonst selbst loben müsste, denn sie gäbe genau seine eigenen Gedanken wieder. Tatsächlich hatte Gauß auch bereits im Jahre 1824 in einem Brief eine nicht-Euklidische Geometrie beschrieben, die er zu seiner vollen Zufriedenheit entwickelt habe, und in der er jedes Problem lösen könne. Da er angibt, dass die Winkelsumme im Dreieck in dieser Geometrie kleiner als 180° sei, muss es sich bei der Gaußschen Geometrie auch um die hyperbolische handeln. János Bolyai war nunmehr nicht nur enttäuscht, sondern geradezu entsetzt, dass seine Entdeckung dem großen Gauß bereits bekannt war. Er wurde unleidlich und litt unter rätselhaften Fieberschüben, so dass er 1833 mit 31 Jahren um seine Versetzung in den Ruhestand nachsuchte, die auch gewährt wurde. Er zog sich auf ein Landgut zurück, das die Familie von seiner Großmutter geerbt hatte und lebte dort mit seiner Freundin Rózalia Kibédi Orbán zusammen, die er nicht heiraten konnte, weil er die vor einer Hochzeit zu hinterlegende Geldsumme nicht aufbringen konnte. Er führte das Landgut – wie Lobatschewski – eher schlecht als recht, beschäftigte sich jedoch weiter mit Mathematik. Da er aber weitab vom mitteleuropäischen Forschungsbetrieb lebte, verfolgte er Ideen, die dort nicht en vogue waren. In seinen nachgelassenen Aufzeichnungen finden sich geometrische Konzepte, die ihrer Zeit weit voraus waren. Sein größtes Projekt, eine axiomatische Grundlegung der gesamten Mathematik, konnte er nicht zu Ende führen. Heute wissen wir, dass dieses Ziel ebenso unerreichbar ist wie ein Beweis des Parallelenpostulats.

Erst 1848 erfuhr János Bolyai von der 1829 veröffentlichten Abhandlung Lobatschewskis und erlitt einen weiteren Schock. Er studierte sie genauestens und schrieb einen Kommentar dazu, indem er sie als streckenweise genial charakterisiert, aber auch seinen Gefühlen freien Lauf lässt. So vermutete er, dass Lobatschewski gar nicht existierte, sondern dass Gauß unter diesem Namen seine Theorie der nicht-Euklidischen Geometrie veröffentlicht habe.

Im Jahre 1852 verließ János Bolyai seine Lebensgefährtin Rozália. Da sein Vater diese nie leiden konnte, hatte diese Beziehung zu einer Entfremdung zwischen Vater und Sohn geführt. Nun konnte János sein Verhältnis zum Vater wieder in Ordnung bringen. Er gab seine mathematischen Studien auf und begann eine Theorie des Wissens aufzubauen. Dieses Gebiet hat heute als Wissensmanagement eine gewisse Aktualität erlangt.

János Bolyai starb am 27. Januar 1860 in Marosvásárhely an einer Lungenentzündung, nur vier Jahre nach seinem Vater.

Die elliptischen Funktionen
Carl Gustav Jacob Jacobi (10.12.1804–18.2.1851)

Carl Gustav Jacobi kam als 2. Kind des wohlhabenden jüdischen Bankiers Simon Jacobi in Potsdam zur Welt und erhielt bei seiner Geburt die Vornamen Jacques Simon. Er würde heute als Höchstbegabter eingestuft und man würde versuchen, ihn zu fördern. Allerdings ist es fraglich, ob ihm die Förderung zuteilwerden könnte, die im frühen 19. Jahrhundert in einer begüterten Familie möglich war: Jacques Simon wurde von einem Bruder seiner Mutter in alten Sprachen, Geschichte, Mathematik und Naturwissenschaften unterrichtet. Als er schließlich mit zwölf Jahren in das Potsdamer Gymnasium eintrat, kam er mit dieser Vorbildung direkt in die Oberprima. Obwohl er so noch als Zwölfjähriger die Hochschulreife erreichte, musste er noch vier Jahre in dieser Klassenstufe verbleiben, weil die Berliner Universität für ihre Studenten ein Mindestalter von 16 Jahren vorschrieb. Um sich nicht zu langweilen, nahm er sich Eulers klassische Einführung in die Infinitesimalrechnung „Introductio in analysin infinitorum" (Einführung in die Analysis des unendlich Kleinen) vor und versuchte sich – wie der 2 Jahre ältere Niels Abel, von dem er zu dieser Zeit noch nichts wusste – an der Lösung der allgemeinen Gleichung 5. Grades durch Radikale (Wurzelausdrücke).

Im Jahre 1821 schrieb er sich an der Universität Berlin ein und studierte zunächst Philosophie, Klassische Philologie und Mathematik, merkte jedoch bald, dass selbst er sich auf ein Fach konzentrieren musste. Er entschied sich für Mathematik, besuchte allerdings kaum Vorlesungen, da ihm diese zu elementar waren. Stattdessen las er die Werke von Lagrange und anderen bedeutenden Mathematikern. Nach drei Jahren legte er die Prüfungen für das höhere Lehramt ab und erhielt unmittelbar das Angebot einer Lehrerstelle an einem Berliner Gymnasium. Vorher hatte er bereits seine Doktorarbeit eingereicht, die so gut aufgenommen wurde, dass er zur Habilitation (Ausbildung zum Professor) aufgefordert wurde. Bereits im folgenden Jahr 1825 legte er der Berliner Akademie eine Schrift über iterierte Funktionen vor (das sind wiederholt auf sich selbst angewandte Funktionen), die aber eher gleichgültig aufgenommen wurde. Die Akademie fand sie einer Publikation nicht für würdig, aber Jacobi erhielt trotzdem die venia legendi (Lehrbefugnis), nachdem er zum Christentum konvertiert war und die Vornamen angenommen hatte, unter denen er bekannt ist. Da die Aussichten auf einen Lehrstuhl in Berlin nicht günstig waren, ging Jacobi 1826 nach Königsberg, wo er bis 1843 arbeitete.

Noch in Berlin hatte Jacobi sich mit zahlentheoretischen Fragen beschäftigt und interessante Resultate über kubische Reste herausgefunden (siehe hierzu die Erläuterungen über quadratische Reste bei Legendre), die er Gauß zuschickte. Gauß zeigte sich so beeindruckt, dass er über seinen Freund, den Astronomen Bessel in Königsberg, mehr über diesen jungen Mathematiker herauszufinden trachtete. Jacobi hatte aber bereits das Thema seines Lebens aufgegriffen: die elliptischen Funktionen (siehe ebenfalls Legrendre und Abel). Ungefähr gleichzeitig mit Abel kamen ihm die zündenden Ideen, die die Theorie dieser Funktionen voranbrachten: Statt die elliptischen Integrale als Funktion einer reellen Variablen zu untersuchen, begann er damit, die Eigenschaften ihrer Umkehrfunktionen herauszufinden, und er betrachtete diese Funktionen als Funktionen einer komplexen Variablen. Jacobi teilte seine ersten Ergebnisse dem führenden Experten für elliptische Integrale, Adrien-Marie Legendre mit, der außerordentlich enthusiastisch auf die neuen Ansätze von Jacobi und Abel reagierte. Im Jahre 1829 erschien Jacobis grundlegende Arbeit über seine Theorie der elliptischen Funktionen „Fundamenta nova theoria functionum ellipticorum" (Neue Grundlagen der Theorie der elliptischen Funktionen). Inzwischen hatte auch Abel seine Beiträge zur Theorie der elliptischen Funktionen veröffentlicht, und die beiden jungen Mathematiker entwickelten die Theorie im konkurrierenden Wechselspiel weiter, das auch der fast 80jährige Legendre mit großer Anteilnahme verfolgte. Das Hauptergebnis ist, dass die elliptischen Funktionen zwei Perioden haben. 1834 bewies Jacobi den für die Theorie der doppelt-periodischen Funktionen grundlegenden Satz, dass das Verhältnis der Perioden keine reelle Zahl sein kann (sondern eine komplexe). Dies ist damit gleichbedeutend, dass die Perioden in der Gaußschen Zahlenebene nicht auf einer Geraden liegen können, die durch den Nullpunkt geht. Das heißt wiederum, dass die ganzzahligen Vielfachen der Perioden ein

Gitter von Parallelogrammen über die Gaußsche Zahlenebene legen. Die elliptische Funktion ist vollständig bestimmt, wenn man ihre Werte in einem Parallelogramm kennt, denn aufgrund der Periodizität wiederholen sie sich in jedem anderen Parallelogramm, genauso wie sich etwa die einfach-periodische Sinusfunktion in jedem Abschnitt der Länge 2π auf der Zahlenachse wiederholt. Jacobi modellierte seine doppelt-periodischen (elliptischen) Funktionen nach dem Vorbild der trigonometrischen Funktionen Sinus und Cosinus und nannte sie daher auch S und C. Nur benötigte er zur vollständigen Beschreibung der Zusammenhänge eine dritte Funktion namens Δ (Delta).

Im Jahre 1831 heiratete Jacobi und wurde kurze Zeit darauf ordentlicher Professor in Königsberg. Sein Ruf als hervorragender Lehrer ging bald durch ganz Deutschland und zog eine Reihe begabter Studenten an, die eine regelrechte Jacobi-Schule begründeten.

Nicht nur bei den elliptischen Funktionen, sondern in den verschiedensten mathematischen Teilgebieten erzielte Jacobi Ergebnisse von hohem Rang. Er untersuchte die Ableitungen eines Systems von Funktionen (deren Anzahl n sei) von n Variablen. Die $n \cdot n$ Ableitungen der Funktionen nach allen Variablen stellte er in einer quadratischen Tabelle zusammen, in der Mathematik auch *Matrix* genannt (siehe Cayley). Jeder quadratischen Matrix lässt sich nun ein aus ihren Elementen errechneter Wert zuordnen, ihre *Determinante*. Der Wert der Determinante sagt etwas über die Eigenschaften der Matrix aus. Eine wichtige Eigenschaft ist die Unabhängigkeit der Zeilen oder Spalten einer Matrix voneinander. Eine Zeile gilt als unabhängig von den übrigen Zeilen, wenn sie sich nicht durch rationale Rechenoperationen (Grundrechenarten) aus diesen herleiten lässt. Sind die Zeilen (und damit auch die Spalten einer Matrix) unabhängig, so ist der Wert der Determinante von Null verschieden und umgekehrt. Die Determinante der Ableitungen eines Funktionensystems nannte Jacobi *Funktionaldeterminante* und zeigte, dass diese analog genau dann gleich Null ist (für alle Werte der Variablen), wenn man mindestens eine Funktion des Funktionensystems mittels der Grundrechenarten aus den übrigen Funktionen herleiten kann. Die Funktionaldeterminante ist nach Jacobi benannt und heißt insbesondere im englisch-sprachigen Raum einfach „Jacobian".

Neben vielen anderen Ergebnissen erzielte Jacobi schöne Resultate in der Differentialgeometrie, die sich mit Kurven und gekrümmten Flächen im Raum beschäftigt (siehe Gauß).

Im Jahre 1843 wurde bei Jacobi Diabetes diagnostiziert, eine damals – vor der Entdeckung des Insulins – unheilbare Krankheit, die über kurz oder lang zum Tode führen musste. Die Ärzte empfahlen einen Aufenthalt in einem milden Klima. Da Jacobi inzwischen sein ererbtes Vermögen bei dem Zusammenbruch einer Bank verloren hatte, war er auf die Großzügigkeit des preußischen Königs Friedrich Wilhelm IV angewiesen, der ihm auf Fürsprache Alexander von Humboldts die Mittel für eine ausgedehnte Italienreise zur Verfügung stellte. Jacobi verbrachte den Winter mit einigen Kollegen in Rom, wo er die in der Bibliothek des Vatikans aufbewahrten Werke von Diophant studierte. Sein Befinden besserte sich in Italien tatsächlich so sehr, dass er im Frühjahr 1844 nach Deutschland zurückkehrte, wo seine Kollegen inzwischen König Friedrich Wilhelm IV bewogen hatten, ihn mit Gewährung einer Hauptstadtzulage nach Berlin zu versetzen, weil dort im Vergleich zu Königsberg ein etwas milderes Klima herrscht. Er konnte nicht mehr regelmäßig Vorlesungen halten, hielt aber im Winter 1847/48 eine Vorlesung über Analytische Mechanik, in der er die Sicht Lagranges kritisierte, der die Mechanik als eine axiomatisch (nach Euklids Methode) aufgebaute mathematische Theorie behandelt hatte. Jacobi, der in jüngeren Jahren selbst dieser Interpretation angehangen hatte, hob nun den empirisch ermittelten physikalischen Inhalt stärker hervor.

Im Revolutionsjahr 1848 begab sich Jacobi auf ein ihm unbekanntes Terrain und brachte das Kunststück fertig, mit einer einzigen politischen Rede sowohl die Königstreuen als auch die Republikaner gegen sich aufzubringen (was bedeutet, dass er vermutlich einige Wahrheiten ausgesprochen hat). Das Ergebnis war, dass die Regierung nach der Niederschlagung des Aufstandes Jacobis Berliner Gehaltszulage strich, und ihn damit zwang, nach Gotha umzuziehen, weil er sich das teurere Leben in Berlin nicht mehr leisten konnte. Hier erreichte ihn ein Ruf an die Universität Wien, den er annahm. Nun lenkte die preußische Regierung ein und arbeitete ein Arrangement aus, nach dem Jacobi seinen Wohnsitz in Gotha behalten und trotzdem in Berlin lehren konnte. So gelang es, diesen großen Mathematiker in Preußen zu halten. Jacobi hielt sich während der Semester in Berlin auf und verbrachte die Ferien bei seiner Familie in Gotha. Im Januar 1851 zwang ihn eine schwere Grippe ins Bett. Noch geschwächt von dieser Attacke bekam er Windpocken, an denen er am 18. Februar 1851 im Alter von 46 Jahren verstarb.

Die Analytische Zahlentheorie
Johann Peter Gustav Lejeune Dirichlet
(13.2.1805–5.5.1859)

Johann Peter Lejeune Dirichlet kam in Düren im Rheinland als Sohn des örtlichen Postmeisters zur Welt. Dieser war aus dem belgischen Richelet bei Lüttich zugezogen und nannte sich Le jeune de Richelet (der Junge aus Richelet), woraus der Name Lejeune Dirichlet wurde. Der junge Johann Peter besuchte zunächst ab 1817 das Gymnasium in Bonn (heute Beethoven-Gymnasium), wechselte aber zwei Jahre später auf das Jesuitenkolleg in Köln, wo er das Glück hatte, Georg Simon Ohm (Ohmsche Gesetze) unter seinen Lehrern zu finden. Mit 16 Jahren erlangte er die Hochschulreife und entschied sich für ein Studium der Mathematik in Paris, da ihm der Standard an deutschen Universitäten zu niedrig erschien, ähnlich wie seinem späteren Freund Jacobi. In Paris lernte er die damals führenden französischen Mathematiker kennen, darunter Legendre, Laplace, Fourier. Im Jahre 1825, im Alter von zwanzig Jahren, legte er der Académie seine erste Arbeit vor, die ihn schlagartig bekannt machte, weil er einen Teil der Fermatschen Vermutung (siehe Fermat) für den Exponenten $n=5$ bewiesen hatte. Legendre, der zum Gutachterteam gehörte, gelang es, den Beweis zu vervollständigen.

Dirichlet wirkte in Paris als Deutschlehrer bei dem pensionierten napoleonischen General Maximilien Sébastien Foy, der ihn nicht nur gut bezahlte, sondern auch in die Familie aufnahm. Als Foy 1825 starb, kehrte Dirichlet nach Deutschland zurück, wo sich Alexander von Humboldt um eine Professorenstelle für ihn bemühte, was schwierig war, da Dirichlet weder habilitiert noch promoviert war. Außerdem fehlte ihm das Latinum, der Nachweis, dass er die lateinische Sprache beherrsche, damals eine unabdingbare

Voraussetzung für eine akademische Laufbahn. Immerhin muss Dirichlet in der Lage gewesen sein, mathematische Texte in lateinischer Sprache zu lesen, denn er hatte Gaußens Disquisitiones Arithmeticae immer bei sich und hatte sie natürlich intensiv studiert. Die Universität Köln löste letztlich den Knoten, indem sie Dirichlet einen Ehrendoktor verlieh, der ihn in die Lage versetzte, der Universität Breslau eine Habilitationsschrift über eine spezielle Klasse von Polynomen vorzulegen. Nachdem Erhalt der Lehrbefugnis nahm Dirichlet seine Lehrtätigkeit in Breslau auf, war jedoch bald unglücklich über den niedrigen Stand der mathematischen Ausbildung an dieser Universität, so dass er seinen Förderer Alexander von Humboldt bat, ihn bei einem Wechsel nach Berlin zu unterstützen, der schon im Jahre 1828 gelang. Allerdings erhielt Dirichlet in Berlin zunächst nur einen Lehrauftrag an der Militärakademie mit der Berechtigung, auch an der Universität zu lesen. Bald wurde er jedoch als Professor an die Universität berufen und 1831, mit gerade 26 Jahren, in die Berliner Akademie aufgenommen. Im gleichen Jahr heiratete er Rebecca Mendelssohn, eine Schwester des Komponisten Felix Mendelssohn. Inzwischen hatte er den nur 2 Monate älteren Carl Gustav Jacobi kennen gelernt und zum Freund gewonnen. Als dieser 1843 an Diabetes erkrankte, war es Dirichlet, der alle Hebel in Bewegung setzte, um die nötigen Geldmittel für einen Italienaufenthalt seines Freundes aufzutreiben, die schließlich nach Befürwortung Alexander von Humboldts von König Friedrich Wilhelm IV bewilligt wurden. Dirichlet selbst erhielt 18 Monate Urlaub und konnte Jacobi begleiten, blieb aber nicht die ganze Zeit bei ihm, sondern besuchte noch Sizilien und Florenz, um dann ab Frühjahr 1845 seinen fast erdrückenden Lehrverpflichtungen an der Universität und an der Militärakademie wieder nachzukommen.

Als Jacobi trotz aller Fürsorge seinen Krankheiten erlag, würdigte Dirichlet seinen Freund am 1. Juli 1851 mit einer eindrucksvollen Gedenkrede vor der Akademie der Wissenschaften. Dirichlet nennt Jacobi völlig zu Recht den bedeutendsten Mathematiker der Berliner Akademie nach Lagrange. Er hätte gleich hinzufügen können, dass er selbst denselben Rang einnahm, aber davon hielt in seine große Bescheidenheit ab.

Nach Gaußens Tod berief die Universität Göttingen Dirichlet auf den Lehrstuhl für Höhere Mathematik. Dirichlet sagte erst zu, nachdem seine Bleibeverhandlungen mit dem Preußischen Kultusministerium gescheitert waren. Er hatte lediglich den bescheidenen Wunsch geäußert, von der Lehrverpflichtung an der Militärakademie entbunden zu werden, aber bereits dieser Wunsch überforderte offensichtlich die Ministerialbürokratie, so dass sie die Verhandlungen nur schleppend führte. In Göttingen fand Dirichlet

Die Analytische Zahlentheorie

endlich die Ruhe für eine intensive Forschungstätigkeit. Er hatte auch das Glück, mit einigen hervorragenden Schülern zusammenarbeiten zu können. Leider währte diese produktive Phase nicht lange, denn im Jahre 1858 erlitt er bei einer Konferenz in Montreux einen Herzinfarkt. Er kehrte unter großen Mühen nach Göttingen zurück, nur um dort, selbst noch schwerkrank, den plötzlichen Tod seiner Frau zu beklagen. Dirichlet erholte sich nicht mehr von diesem doppelten Schlag. Er starb am 5. Mai 1859 in Göttingen.

Dirichlets mathematische Leistungen sind außerordentlich weit gefächert. Insbesondere die Zahlentheorie verdankt ihm sehr viel. Dirichlet bewies, dass in jeder arithmetischen Folge (siehe Bhaskara) natürlicher Zahlen unendlich viele Primzahlen auftreten, sofern nur das erste Glied und die Differenz der Glieder keinen gemeinsamen Teiler besitzen. Man kann das als eine Verfeinerung der von Euklid bewiesenen Aussage sehen, dass es überhaupt unendlich viele Primzahlen gibt. Diese verteilen sich offenbar in dem Sinne gleichmäßig über die betrachteten arithmetischen Folgen, dass in jeder Folge auch unendlich viele Primzahlen vorkommen. Für den Beweis musste Dirichlet – anders als Euklid, der mit ganz einfachen Schlussweisen zum Ziel kam (siehe Euklid) – das ganze Arsenal der Analysis aufbieten. Er hat damit den bis heute mächtigen Zweig der *Analytischen Zahlentheorie* begründet. Diese bereicherte er sodann um die nach ihm benannten *Dirichlet-Reihen*, eine Verallgemeinerung der Zetafunktion (siehe Euler). Diese Reihen spielen in der Zahlentheorie, speziell bei Problemen der Primzahlverteilung, eine große Rolle.

Ein wichtiges Werk Dirichlets sind seine „Vorlesungen über Zahlentheorie", in dem er vorrangig algebraische Zahlentheorie behandelt und dabei völlig neue Konzepte benutzt. Dirichlet erzielte aber auch herausragende Ergebnisse in der Mechanik und Hydrodynamik, insbesondere mit neuen Methoden zur Auswertung mehrfacher Integrale und Lösung partieller Differentialgleichungen.

Er arbeitete über Fourierreihen (siehe Fourier), gab Bedingungen für ihre Konvergenz an und zeigte, wie man beliebige Funktionen durch Fourierreihen darstellen kann. Auch konnte er Lücken in Cauchys Arbeiten über Fourierreihen füllen. Deshalb gilt Dirichlet als der eigentliche Begründer der Theorie der Fourierreihen. In diesem Zusammenhang gab er als erster die moderne Definition einer *Funktion*, als einer Vorschrift, die in eindeutiger Weise jeder Zahl eines bestimmten Zahlbereiches (des Definitionsbereiches) eine Zahl eines anderen Zahlbereiches (des Wertebereiches) zuordnet, wobei der Art der Zuordnung nicht näher festgelegt ist.

Dirichlet galt als hervorragender Lehrer, der immer mit größter Klarheit formulierte. Er war bescheiden, in höherem Alter fast scheu. Seine Abneigung gegen öffentliche Auftritte schützte ihn davor, im Revolutionsjahr 1848 wie sein Freund Jacobi politische Reden zu halten. In seiner Berliner Zeit setzte Dirichlet Standards, die in der Folgezeit die Berliner Universität zu einer der führenden mathematischen Forschungsstätten werden ließen.

Eine großartige Erfindung
Sir William Rowan Hamilton (4.8.1805–2.9.1865)

William Hamiltons Geschichte ist die einer unglücklichen Liebe und einer wunderbaren Erfindung, die nicht hielt, was er sich von ihr versprach. William Hamilton wurde in Dublin geboren und verbrachte sein gesamtes Leben in und in unmittelbarer Nähe dieser Stadt. Seine Familie stammte ursprünglich aus Schottland.

Auch William Hamilton zeigte seine hohe Begabung früh. Mit fünf Jahren beherrschte er bereits die lateinische, griechische und hebräische Sprache, die ihm sein Onkel, ein Pfarrer, beigebracht hatte. Er lernte noch mindestens 8 weitere Sprachen, darunter Deutsch und Französisch, aber auch Farsi und Arabisch, bis er mit zwölf Jahren sein Interesse für Mathematik entdeckte. Ein französisches Algebrabuch verschaffte ihm den Einstieg, mit 15 Jahren begann er die Werke von Newton und Laplace zu lesen. Mit 17 Jahren erregte er zum ersten Male Aufsehen, als er einen Fehler in Laplaces Mécanique Céleste entdeckte.

William Hamilton studierte von 1824 bis 1827 am Trinity College in Dublin Alte Sprachen und Naturwissenschaften und erhielt Jahr für Jahr die besten Noten bis auf das Jahr 1825, das er nur mit „Gut" abschloss. Der Grund war ein Liebeskummer, der ihn fast zum Selbstmord trieb. Im Jahr zuvor hatte er mit seinem Onkel die befreundete Familie Disney besucht und sich sofort unsterblich in die Tochter des Hauses, Catherine, verliebt. Wir können davon ausgehen, dass seine Gefühle erwidert wurden. Gerne hätte er Catherine sofort einen Heiratsantrag gemacht, aber als Student konnte er ihr natürlich noch keine Lebensgrundlage bieten, damals unbedingte Voraussetzung für eine Ehe. Im folgenden Frühjahr musste er dann erleben, wie Catherine Disney mit einem erheblich älteren, aber wohlhabenden Manne verlobt wurde. Wie in späteren Krisen versuchte William sich mit dem Schreiben von Gedichten Erleichterung zu verschaffen, was insoweit gelang, als er im Folgejahr in seinem Studium wieder Bestnoten erzielte. In seinem Abschlussjahr legte er der Royal Irish Academy eine Abhandlung über geometrische Optik (Theory of Systems of Rays – Theorie von Strahlensystemen) vor, in der er seine *charakteristische Funktion* einführt, aus der die Wege der Lichtstrahlen abgeleitet werden können. Kurz nach seiner Abschlussprüfung bewarb sich William Hamilton um die Stelle des Königlichen Astronomen von Irland am Observatorium Dunsink und wurde berufen, obwohl er erst 21 Jahre alt war und nur geringe praktische Erfahrung in der Sternbeobachtung hatte. Er bezog die Dienstwohnung im Observatorium, die er sein Leben lang bewohnte. Dunsink liegt etwa 8 km nordwestlich vom Dubliner Stadtzentrum, Anfang des 19. Jahrhunderts noch ganz im Grünen.

Nach kurzer Zeit verlor Hamilton jedoch jedes Interesse an der Astronomie und widmete sich nur noch der Mathematik. Zeitweise hatte er allerdings einen Assistenten, der so eifrig die Sterne beobachtete, dass er sein Augenlicht in Gefahr brachte. Hamilton selbst ließ sich von diesem Arbeitseifer anstecken, was zu einem Zusammenbruch durch Überarbeitung führte. Daraufhin begab er sich auf eine Erholungsreise in das County Armagh, wo er einen Kollegen besuchte, aber auch seine Jugendliebe Catherine. Als diese zu einem Gegenbesuch nach Dunsink kam, zerbrach William Hamilton aus übergroßer Nervosität das Okular seines Teleskops, das er ihr gerade erklärte. Dieses Missgeschick brachte ihm sein Leiden an der verlorenen Liebe wieder voll ins Bewusstsein, so dass er erneut in der Poesie Zuflucht suchte. Wahrscheinlich hätte er nicht damit aufgehört, wenn nicht der Dichter Wordsworth, den er während einer Bildungsreise durch England kennen gelernt und zum Freund gewonnen hatte, ihm freundlich, aber bestimmt erklärt hätte, dass seine Berufung in der Mathematik und nicht in der Dichtung lag.

Mit 25 Jahren dachte William Hamilton ernsthaft daran, sich zu verheiraten. Da er der Meinung war, wenn er Catherine nicht haben könne, sei es egal, mit wem er verheiratet sei, ging er keine weiten Wege, sondern heiratete Helen Maria Bayly, eine Bauerntochter aus einer direkt bei Dunsink gelegenen Farm. Mit ihr hatte er drei Kinder, aber die Ehe war keineswegs glücklich. Helen war häufig außer Haus, um ihre Mutter zu pflegen, sofern sie nicht selbst krank darniederlag. Hamilton veröffentlichte dessen ungeachtet 1832 seine dritte Ergänzung der Theory of Systems of Rays, in der er mit seiner Methode der charakteristischen Funktion einen Lichtbrechungseffekt vorhersagte, der kurz darauf experimentell nachgewiesen werden konnte, was ihm schlagartig großen Ruhm verschaffte.

1834 wandte Hamilton seine Methode der charakteristischen Funktion auf die klassische Mechanik an. Die nach ihm benannte Hamiltonfunktion stellt die Gesamtenergie eines dynamischen Systems dar. Sie ist der Funktion ähnlich, aus der schon Lagrange die Bewegungsgesetze der Mechanik abgeleitet hatte, hat aber den großen Vorteil, dass sie auf die Quantenmechanik übertragbar ist. Dort spielt sie als Hamilton-Operator eine zentrale Rolle.

In der Zwischenzeit hatte sich Hamilton mit den komplexen Zahlen (siehe Cardano, Euler, Gauß) beschäftigt und bemerkt, dass man sie als Paare reeller Zahlen behandeln kann, mit denen man unter Anwendung der bekannten Rechenregeln rechnen kann. Tatsächlich läuft das darauf hinaus, dass man statt des Ausdrucks a+bi, wo a und b reelle Zahlen sind, die Zahlenpaare (a; b) betrachtet. Diese kann man in ganz natürlicher Weise als Koordinaten eines Punktes der Ebene interpretieren. Addition und Multiplikation zweier Paare (a; b) und (c; d) werden dann wie folgt definiert:

$$(a\ ;\ b) + (c\ ;\ d) = (a+c\ ;\ b+d)$$

$$(a\ ;\ b) \cdot (c\ ;\ d) = (ac - bd\ ;\ ad + bc)$$

Dies ist im Einklang mit der bis dahin üblichen Rechenmethode

$$(a + bi) + (c + di) = a + c + bi + di = (a+c) + (b+d)i$$

$$(a + bi) \cdot (c + di) = ac + adi + bci + bdi = (ac - bd) + (ad + bc)i,$$

unter Beachtung von $i^2 = -1$.

Hamilton fragte sich nun, ob man nicht auch mit den Punkten des dreidimensionalen Raumes eine Rechenstruktur wie die der komplexen Zahlen aufbauen könne. Da die Punkte des Raumes sich analytisch durch Zahlentripel (a; b; c) mit drei reellen Zahlen a, b, c beschreiben lassen, läuft die Frage darauf hinaus, ob man für solche Tripel Addition und Multiplikation so erklären kann, dass alle bekannten Rechenregeln erfüllt sind. Diese Frage machte ihm lange zu schaffen. Als seine Kinder groß genug waren, um zu ahnen, woran er arbeitete, fragten sie ihn jeden Morgen, ob er Tripel multiplizieren könne. Die Antwort lautete jedes Mal Nein. Dies ist kein Wunder, denn wir wissen heute, dass es unmöglich ist, ein Zahlsystem ähnlich den komplexen Zahlen mit Zahlentripeln zu begründen. Hamilton jedoch verfiel über dieser Frage, aber auch wegen der häufigen Abwesenheiten seiner Frau, in Schwermut, die er mit Alkohol bekämpfte.

Die Qual endete im Herbst 1843, als Hamilton auf dem Weg zu einem Meeting der Royal Irish Academy plötzlich die Erleuchtung hatte, dass es möglich sein müsste, mit Zahlenquartetten (a; b; c; d) ein Zahlsystem aufzubauen. In klassischer Schreibweise braucht man dazu 3 imaginäre Einheiten, die Hamilton i, j, k nannte. Mit den Regeln

$$i^2 = j^2 = k^2 = i \cdot j \cdot k = -1$$

lassen sich die „Zahlen" a + bi + cj + dk (a, b, c, d reelle Zahlen) multiplizieren, so dass man wieder Zahlen derselben Struktur erhält. Es gelten alle bekannten Rechenregeln mit einer Ausnahme. So ist zum Beispiel i · j = −j · i, wie aus obigen Gleichungen abgeleitet werden kann. Das heißt: schon die Einheiten kann man bei der Multiplikation nicht wie gewohnt einfach vertauschen. Dies gilt dann erst recht für die vollen Zahlenquartette. Der Mathematiker sagt, dass ihre Multiplikation nicht *kommutativ* ist. Hamilton hat also das erste Zahlsystem mit nichtkommutativer Multiplikation entdeckt.

Hamilton nannte seine Zahlquartette *Quaternionen* (lateinisch quatuor = vier Das Wort Quaternion tritt erstmals in der lateinischen Bibelfassung, der Vulgata, auf, Apostelgeschichte 12,4, wo berichtet wird, dass Herodes den gefangenen Petrus von 4 Rotten mit je 4 Kriegsknechten bewachen lässt. Diese Rotten heißen in der Vulgata Quaterniones) und versprach sich von ihnen, dass sie die Physik revolutionieren würden. Dazu ist es nicht gekommen. Zwar lassen sich einige physikalische Phänomene mit Hilfe der Quaternionen sehr elegant beschreiben, ebenso wie Drehungen im dreidimensionalen Raum, aber zu neuen physikalischen Erkenntnissen haben die Quaternionen nicht verholfen.

Bald nach der Entdeckung der Quaternionen verursachte ein Besuch von Thomas Disney mit seiner Schwester Catherine in Dunsink neue Turbulenzen in Hamiltons Leben. Er begann wieder mehr zu trinken und fiel jetzt auch in der Öffentlichkeit aus der Rolle. Danach nahm er sich vor, keinen Alkohol mehr anzurühren, schaffte es zwei Jahre lang, bis im Jahre 1847 seine beiden Onkel starben und ein Kollege Selbstmord beging. Dies brachte William Hamilton so durcheinander, dass er wieder zur Flasche griff. Zudem begann Catherine ihm zu schreiben, was in seinem Zustand nicht förderlich war. Nach 6 Wochen immer vertraulicherer Korrespondenz bekam Catherine Gewissensbisse und beichtete ihrem Mann. William wollte sich daraufhin ganz zurückziehen, aber Catherine schrieb ihm erneut und versuchte sich dann das Leben zu nehmen. Als das nicht gelang, verließ sie ihren Mann und lebte fortan bei ihrer Mutter oder ihren Geschwistern. William setzte daraufhin die Korrespondenz seinerseits fort.

Ungeachtet seines starken Alkoholkonsums stürzte sich William Hamilton wieder in seine Arbeit, schrieb „Lectures on Quaternions" (Vorlesungen über Quaternionen), fand aber selbst dieses Buch nicht gut und begann ein weiteres Werk „Elements of Quaternions" (Elemente der Quaternionen), das bewusst in Anlehnung an Euklids Elemente konzipiert war. In der Zwischenzeit bereitete er Catherines Sohn James auf das Fellowship Examen vor, ausgerechnet mit dem Thema Quaternionen. Hieraus zog er tiefe innere Befriedigung, weil er James eine Hilfe angedeihen lassen konnte, die ihm sein Vater nicht zu geben in der Lage war. Catherine erkrankte, fühlte den Tod nahen und bat William um eine letzte Zusammenkunft. Er eilte zu ihr und schenkte ihr ein Exemplar seiner Lectures on Quaternions. Zwei Wochen später starb Catherine. William ertränkte seine Trauer nicht nur in Alkohol, sondern begann, die Familie Disney und andere Vertraute mit Briefen zu bombardieren. Seine Frau Helen kam schließlich dahinter, dass ihr Mann eine andere große Liebe hatte und zog sich noch mehr zurück.

Die Elemente hatte Hamilton auf 400 Seiten veranschlagt und wollte sie in zwei Jahren fertigstellen. Als er am 2. September 1865 an einem schweren Gichtanfall starb, hatte er ungefähr 800 Seiten vollendet und war 7 Jahre damit beschäftigt gewesen. Das Schlusskapitel fehlte noch.

Die mathematische Fachwelt nahm die Quaternionen mit gemischten Gefühlen auf. Sie wurden als ingeniöse Erfindung betrachtet, deren Nutzen allerdings nicht auf der Hand lag. Dies mag einerseits an der schwer zu lesenden Darstellung Hamiltons liegen, andererseits aber auch daran, dass es kein brennendes Problem gab, welches die Quaternionen lösten. Alle anderen Erfindungen neuer Zahlen adressierten anders nicht lösbare Probleme. So benötigt man negative Zahlen und Brüche, um beliebige lineare Gleichungen zu lösen, Irrationalzahlen wie etwa Wurzeln, um quadratische Gleichungen und Gleichungen höheren Grades zu lösen, komplexe Zahlen, um allen quadratischen Gleichungen und damit auch allen Gleichungen höheren Grades Lösungen zuweisen zu können. Ein analoges Problem, das Quaternionen notwendig gemacht hätte, gab es nicht. Insofern könnte man die Quaternionen als eine interessante Spielerei abtun, aber in der Mathematik wird aus jeder Spielerei einmal Ernst. Die Quaternionen haben zwar nicht die Erwartungen Hamiltons erfüllt, dafür aber in der Entwicklung der modernen Algebra eine wichtige Rolle gespielt. Dem tut auch die Tatsache keinen Abbruch, dass schon bald nach der ersten Veröffentlichung Arthur Cayley (siehe dort) erkannte, dass die Quaternionen nichts anderes sind als eine Untermenge der $2 \cdot 2$ –Matrizen (Zahlentabellen mit zwei Zeilen und zwei Spalten, mit denen man rechnen kann), deren Elemente komplexe Zahlen sind.

Hamiltons Erfolg mit den Quaternionen hat andere Mathematiker und auch Laien veranlasst, weitere „hyperkomplexe" Zahlsysteme zu konstruieren. So erfand John T. Graves, Esq. ein Zahlsystem, dessen „Zahlen" aus 8 reellen Zahlen bestehen. Er nannte sie Oktaven. Damit dieses System funktioniert, musste er aber nicht nur wie Hamilton auf die Kommutativität der Multiplikation verzichten, sondern auch noch auf die Assoziativität, das heißt für Oktaven gilt nicht die bekannte Klammerregel:

$$a \cdot (b \cdot c) = (a \cdot b) \cdot c$$

Aber man kann Oktaven uneingeschränkt dividieren (außer durch 0). Heute wissen wir, dass es über den reellen Zahlen nur drei Zahlsysteme mit uneingeschränkter Division gibt: diese sind die komplexen Zahlen (Paare reeller Zahlen), die Quaternionen (Quartette reeller Zahlen) und die Oktaven (Oktette reeller Zahlen). Die Kenntnis dieser Tatsache hätte manchem Mathematiker im 19. Jahrhundert viel vergebliche Mühe erspart.

Hamilton wurde mit äußerlichen Ehren überhäuft. 1835 erhielt er den Ritterschlag und durfte seinem Namen den Titel Sir voranstellen. 1837 wurde er zum Präsidenten der Royal Irish Academy gewählt und bald darauf korrespondierendes Mitglied der St. Petersburger Akademie. Kurz vor seinem Tode erreichte ihn noch die Nachricht, dass ihn die National Academy of Sciences der USA als erstes europäisches Mitglied aufgenommen hatte. Dennoch kann man sein Leben nicht glücklich nennen, da er es nicht mit der Frau teilen konnte, die er über alles liebte.

Ideale Zahlen
Ernst Eduard Kummer (29.1.1810–14.5.1893)

Ernst Eduard Kummer stammt aus dem kleinen Ort Sorau in Brandenburg, wo sein Vater als Arzt praktizierte. Er starb, als Eduard gerade drei Jahre alt war, so dass die Mutter Eduard und seinen Bruder allein großziehen musste. Sie sorgte für die bestmögliche Ausbildung. Eduard erhielt Privatunterricht, bis er mit 9 Jahren in das Sorauer Gymnasium aufgenommen wurde. Mit 18 Jahren begann er mit dem Studium der evangelischen Theologie in Halle. Damals mussten die angehenden Theologen auch Mathematik lernen, als Vorbereitung für die Beschäftigung mit Philosophie – eine sehr vernünftige Idee. In diesem Mathematikkurs entdeckte Eduard Kummer seine Neigung für Mathematik. Bald studierte er nur noch dieses Fach. Mit 21 Jahren legte er bereits sein Staatsexamen ab und gewann mit einer einzigen mathematischen Abhandlung nicht nur einen Preis, sondern auch gleich den Doktortitel. Kummer ging in den Schuldienst, zuerst an das Gymnasium in Sorau, wo er selbst die Schulbank gedrückt hatte, dann an das Gymnasium in Liegnitz in Schlesien. Hier traf er auf zwei Schüler, die später selbst zu den führenden Mathematikern gehören sollten: Leopold Kronecker und Ferdinand Joachimsthal. Unter Kummers Anleitung begannen sie bereits als Schüler mit mathematischen Forschungsprojekten.

Kummer selbst beschäftigte sich mit so genannten hypergeometrischen Reihen, wie der Name schon andeutet, eine Verallgemeinerung der geometrischen Reihen (*geometrische Reihen* erhält man, wenn die die Glieder geometrischer Folgen (siehe Bhaskara) summiert, zum Beispiel.

$$1 + \frac{1}{2} + \frac{1}{4} + \frac{1}{8} + \cdots = 2$$

Hypergeometrische Reihen sind erheblich komplizierter.) Er veröffentlichte einen Artikel hierüber in Crelles Journal und schickte eine Kopie an Jacobi. Die Arbeit erregte Jacobis Interesse, er begann mit Kummer zu korrespondieren und machte auch bald seinen Freund Dirichlet auf diesen fähigen Mathematiker aufmerksam. Dirichlet setzte sich mit Erfolg für Kummers Aufnahme in die Berliner Akademie der Wissenschaften ein, aber sowohl Jacobi als auch Dirichlet waren sich darüber im klaren, dass Kummers Talent sich nur an einer Universität voll entfalten konnte. Sie erreichten schließlich 1842 seine Berufung an die Universität Breslau. In der Zwischenzeit hatte auch Kummer verwandtschaftliche Beziehungen zur Familie Mendelssohn begründet, indem er sich mit einer Kusine von Dirichlets Frau Rebecca Mendelssohn verehelichte. Bereits nach acht Jahren musste er aber seine Frau schon zu Grabe tragen. Er heiratete bald darauf erneut.

In Breslau begann Kummer seine Untersuchungen in der Zahlentheorie. Er präsentierte sich auch als ausgezeichneter Lehrer, der nicht nur bis ins Detail ausgearbeitete Vorlesungen abhielt, sondern sich auch für seine Studenten einsetzte.

Als im Jahre 1855 Dirichlet nach Göttingen ging, empfahl er Kummer als seinen Nachfolger in Berlin. Kummer wünschte sich sehr, mit dem 5 Jahre jüngeren Wilhelm Weierstraß zusammenzuarbeiten. Dieser war jedoch ein favorisierter Kandidat für seine eigene Nachfolge in Breslau. Kummer empfahl daher der Universität Breslau nachdrücklich seinen früheren Schüler Joachimsthal, der auch berufen wurde. Nun musste er nur noch dafür sorgen, dass Weierstraß nach Berlin berufen wurde, was ihm 1856 auch gelang. Auch Kronecker hatte bereits 1855 den Weg nach Berlin gefunden, wo er zunächst als Privatgelehrter wirkte. Mit Dreigestirn Kummer – Weierstraß – Kronecker wurde Berlin in der zweiten Hälfte des 19. Jahrhunderts die führende mathematische Forschungsstätte. Viele bedeutende Mathematiker der nächsten Generationen verdienten sich hier ihre Sporen.

Im Jahre 1843 stellte der französische Mathematiker Gabriel Lamé einen Beweis für die Fermatsche Vermutung vor (siehe Fermat). Leider war er fehlerhaft, und Kummer entdeckte den Fehler. Lamé hatte mit *algebraischen ganzen Zahlen* gearbeitet, also Zahlen der Form $a + b\sqrt{c}$, wo a, b und c gewöhnliche ganze Zahlen sind. Er konnte auch für Zahlen dieser Gestalt Teilbarkeitsregeln angeben und hatte gefunden, dass es auch hier Primzahlen gibt, etwa die komplexe Zahl $1 + 2\sqrt{-5}$. Er übersah aber, dass die Zerlegung algebraischer ganzer Zahlen in Primfaktoren nicht – wie bei gewöhnlichen ganzen Zahlen – eindeutig ist. So ist zum Beispiel im Bereich der gewöhnlichen ganzen Zahlen

$$30 = 2 \cdot 3 \cdot 5 \text{ oder } 21 = 3 \cdot 7,$$

Und wir können uns eine andere Zerlegung gar nicht vorstellen. Lässt man aber algebraische ganze Zahlen zu, so ergeben sich zum Beispiel für die Zahl 21 zwei verschiedene Zerlegungen.

$$21 = 3 \cdot 7 = (1 + 2\sqrt{-5}) \cdot (1 - 2\sqrt{-5}),$$

In die (algebraischen) Primzahlen $3, 7, 1 + 2\sqrt{-5}$ und $1 - 2\sqrt{-5}$.

Lamés Beweis beruhte aber auf der stillschweigenden Annahme, dass die Eindeutigkeit der Primzahlzerlegung auch im Bereich der algebraischen ganzen Zahlen gegeben sei. Moral: In der Mathematik, wie im alltäglichen Leben, sollte man nie noch so evident erscheinende Annahmen ungeprüft übernehmen. Kummer versuchte nun, den Laméschen Beweis zu retten. Er erfand zu diesem Zweck einen neuen Typ von Zahlen, die er *ideale Zahlen* nannte. Diese haben die Entwicklung zur abstrakten Algebra sehr gefördert, und waren auch lange Zeit Ausgangspunkt für weitere Versuche, die Fermatsche Vermutung zu beweisen; den Durchbruch bei diesem schon lange ungelösten Problem haben sie aber nicht gebracht.

Lamés Arbeit war wohl dadurch beflügelt worden, dass die Pariser Akademie einen Preis auf den Beweis der Fermatschen Vermutung ausgesetzt hatte. Nun konnte er ihn nicht erhalten. Also beschloss man, in Ermanglung einer vollständigen Lösung, Eduard Kummer damit auszuzeichnen. Kummer wurde in die Académie des Sciences aufgenommen und – im Jahre 1863 – zum Fellow der Royal Society gewählt. In der Berliner Akademie diente er von 1863 bis 1878 als Sekretär. 1868 bis 1869 war er Rektor der Universität Berlin.

Kummer beschäftigte sich auch mit den von William Hamilton eingeführten Strahlensystemen (siehe Hamilton). Er behandelte diese Systeme algebraisch.

Im 19. Jahrhundert konnten Professoren noch so lange arbeiten, wie sie wollten. Gauß etwa gab seinen Lehrstuhl erst mit seinem Tode im Alter von 77 Jahren frei. Kummer stellte im Alter von 73 Jahren bei sich eine Gedächtnisschwäche fest, die sonst niemandem auffiel, und ließ sich emeritieren. Möglicherweise war dieser Schritt auch ein wenig durch die traurige

Tatsache motiviert, dass das Dreigestirn Kummer – Weierstraß – Kronecker Ende der 1870er Jahre auseinandergefallen war, weil Kronecker und Weierstraß sich nicht mehr vertrugen. Kummer versuchte, mit beiden weiterhin auszukommen, setzte sich damit aber zwischen alle Stühle. Er starb 10 Jahre nach seiner Emeritierung bei weiterhin guter Gedächtnisleistung im Alter von 83 Jahren in Berlin.

Ein revolutionärer Geist
Évariste Galois (25.10.1811–31.5.1832)

Évariste Galois hat in seinem kurzen Leben einen der originellsten und tiefgründigsten Beiträge zur Mathematik erbracht. Er kam in Bourg La Reine nahe Paris als Sohn eines gebildeten republikanisch gesinnten Ehepaares zur Welt. Sein Vater wurde wenige Jahre später zum Bürgermeister von Bourg La Reine gewählt. Wie so mancher seiner Zeitgenossen besuchte der kleine Évariste keine Schule, bis er zwölf Jahre alt war. Seine Lehrerin bis dahin war seine Mutter, die ihm Latein, Griechisch und Religion, oder besser: eine skeptische Betrachtung derselben, beibrachte. Ab dem Jahr 1823 besuchte Évariste die Internatsschule Louis-le Grand in Paris, wo er ein unauffälliger guter Schüler war, bis im Jahre 1827 sein erster Mathematikkurs begann. Schon bald hatte er sich so sehr in die Mathematik vertieft, dass er sich für kein anderes Fach mehr interessierte, sondern vielmehr ständig den Unterricht störte und seine Lehrer mit mathematischen Problemen traktierte. Er wurde als zunehmend eigenartig und originell beschrieben. Sein ganz individueller Zugang zur Mathematik ist wahrscheinlich der Grund dafür, dass er zweimal an der Aufnahmeprüfung zur École Polytechnique scheiterte. Seine Lehrer und Prüfer waren nicht in der Lage, sein Genie zu erkennen, das sich allerdings unter seinen eher konfusen Äußerungen verbarg.

Mit 17 Jahren veröffentlichte Évariste seine erste Abhandlung über Kettenbrüche (siehe Lagrange), kurz darauf legte er der Académie des Sciences zwei Arbeiten über die algebraische Lösung von Gleichungen höheren Grades vor. Cauchy wurde als Gutachter bestellt und ließ die Arbeiten zunächst liegen. Dies fiel Évariste kaum auf, weil er ganz plötzlich den Tod seines Vaters verkraften musste, der als Republikaner Opfer einer infamen Intrige des Pfarrers von Bourg La Reine wurde. Er konnte dem dadurch entfachten Skandal nicht standhalten und erhängte sich.

Nach dem zweimaligen Scheitern an der École Polytechnique musste sich Évariste mit einem Studium an der École Normale begnügen. Die École Normale verlangte im Gegensatz zur École Polytechnique ein Bakkalaureat (Abitur), das Évariste mit einiger Mühe am Lycée Louis-Le-Grand ablegte. Mehr Energie steckte er in weitere Arbeiten über Gleichungen höheren Grades, bis er auf eine posthum veröffentlichte Abhandlung von Niels Abel stieß, die seine Ergebnisse zum großen Teil schon vorwegnahm. Cauchy, der diese Arbeiten sogar gelesen hatte, riet ihm, eine neue Abhandlung über die Bedingungen zu schreiben, unter denen eine Gleichung höheren Grades durch Radikale lösbar ist. Eine solche Arbeit reichte Galois Anfang 1830 bei der Académie ein. Cauchy übergab die Arbeit dem Sekretär der Académie, Jean-Baptiste Fourier, damit sie bei der Vergabe des Großen Mathematikpreises berücksichtigt wurde. Fourier starb im April 1830, und die Arbeit wurde nach seinem Tode nicht mehr aufgefunden.

Galois beschäftigte sich nun mit den Arbeiten von Jacobi und Abel. Er veröffentlichte mehrere durchaus preiswürdige Abhandlungen über elliptische Funktionen und Abelsche Integrale, musste aber Mitte 1830 erleben, dass der Große Preis der Académie an Jacobi und Abel (posthum) verliehen wurde.

Das Jahr 1830 sah auch die Julirevolution in Frankreich, mit der König Charles X gestürzt und der Bürgerkönig Louis Philippe inthronisiert wurde. Der Direktor der École Normale ließ die Türen verriegeln, damit seine Studenten sich nicht an den Straßenkämpfen beteiligen konnten. Galois versuchte auszubrechen, wurde aber ertappt und musste in der Schule bleiben. Der Direktor schrieb später Zeitungsartikel, in denen er seine Studenten kritisierte. Als Galois hierauf mit einer Stellungnahme antwortete, flog er aus der Schule. Er trat danach sofort in Nationalgarde ein, eine republikanische Miliz, die im Dezember 1830 von Louis-Philippe verboten wurde.

Ungeachtet seiner politischen Aktivitäten, veröffentlichte Galois um die Jahreswende 1830/31 noch zwei kleinere Arbeiten, die letzten Veröffentlichungen seines Lebens. Im Januar 1831 reichte Galois auf Aufforderung von Poisson die dritte Version seiner Arbeit über Gleichungstheorie bei der Académie ein. Inzwischen setzte sich Sophie Germain nachdrücklich für Galois ein. Sie schrieb, dass er trotz seiner Unverschämtheit dringend der Hilfe bedürftig sei, weil er sonst verrückt werde. Galois ließ sich in der Tat zu politisch gefährlichen Aktionen hinreißen. Auf einer republikanischen Versammlung am 09. Mai 1831 sprach er mit gezücktem Dolch einen Toast auf Louis-Philippe aus, indem er ihm den Dolch für den Fall androhte, dass er das Volk betröge. Er wurde unmittelbar nach der Veranstaltung inhaftiert, aber schon im Juni freigesprochen. Am 14. Juli, dem Jahrestag der Erstürmung der Bastille, lief er schwer bewaffnet in der Uniform der verbotenen Nationalgarde durch Paris und wurde erneut verhaftet. Im Gefängnis erreichte ihn die Ablehnung seiner Arbeit über Gleichungstheorie durch die Académie. Poisson bemängelte mangelnde Klarheit und Ausführlichkeit. Galois arbeitete daraufhin im Gefängnis an einer ausführlicheren Version seiner Arbeit. Als 1832 Paris von einer Choleraepidemie heimgesucht wurde, wurden die Gefängnisinsassen nach außerhalb verlegt, wo sie sich halbwegs frei bewegen konnten. Galois lernte Stéphanie-Félice du Motel kennen, eine Arzttochter, in die er sich verliebte. Nach seiner Haftentlassung am 29. April 1832 begann er einen Briefwechsel mit Stéphanie, aber es scheint, dass diese seine Gefühle nicht erwiderte.

Am 30. Mai 1832 stellte sich Galois in einem Duell, über dessen Auslöser es nur Vermutungen gibt, einem Perscheux d'Herbinville, der ihn – ebenso wie Galois eigene Sekundanten – verwundet liegen ließ, ohne Hilfe zu leisten. Galois wurde von einem Bauern gefunden und in ein Krankenhaus gebracht, in dem er am folgenden Tage starb. Am 02. Juni 1832 fand seine Beisetzung unter großer Anteilnahme der Republikaner statt. Die Anteilnahme mündete in mehrtägige Krawalle, die die Regierung nur mühsam unterdrücken konnte.

In der Nacht vor dem Duell hatte Évariste Galois seine gesammelten mathematischen Erkenntnisse zu Papier gebracht. In diesem fast unleserlichen Dokument erscheint mehrfach der Name Stéphanie. Auch vermerkt er am Rande, dass eine Beweisführung noch unvollständig sei, er habe aber nicht die Zeit sie voll auszuführen. Hier ist eine neue Theorie angesprochen, die Galois in seiner Gleichungstheorie benutzt, die *Gruppentheorie*. Sie basiert auf der Beobachtung, dass man an mathematischen Gegenständen Transformationen ausführen kann, die die jeden Gegenstand in einen Gegenstand derselben Klasse überführen. Führt man nun zwei solche Transformationen nacheinander aus, so kann man dasselbe Ergebnis auch direkt mit einer dritten Transformation erreichen. Das heißt, dass man diese dritte Transformation als zusammengesetzt aus den beiden anderen betrachten kann.

Ein einfaches Beispiel soll das erläutern. Betrachten wir die Vertauschungen oder wie der Mathematiker sagt, *Permutationen* von 3 Dingen, die A, B und C heißen mögen. Man etwa A mit B vertauschen, woran C nicht teilnimmt. Ebenso kann man B mit C sowie A mit C vertauschen. Außerdem kann man mit den drei Dingen eine Art Rundtanz aufführen, bei dem A in B, B in C und C wieder in A übergeht. Tanzt man andersherum, so geht A in C, C in B und B in A. Der Trick kommt jetzt: Führt man zwei

Vertauschungen von 2 Dingen, nacheinander aus, vertauscht also zum Beispiel erst A mit B und anschließend B mit C, so erhält man denselben Endzustand, als hätte man den Rundtanz A → C → B → A ausgeführt. Vertauscht man erst A mit B und anschließend B mit A, so kehrt man zum Anfangszustand zurück; genauso gut hätte man gar nichts machen können. Führt man erst einen Rundtanz, etwa den obigen A → C → B → A aus, und vertauscht dann A mit C, so erhält man denselben Endzustand, als hätte man B mit C vertauscht. Führen wir zwei Rundtänze nacheinander aus, also zum Beispiel erst A → B → C → A und dann A → C → B → A, so ergibt sich im Endeffekt, dass A in A, B in B und C in C übergegangen ist, also wieder dasselbe, als ob man gar nichts gemacht hätte. Führt man denselben Rundtanz zweimal nacheinander aus, etwa A → B → C → A, so geht A in C, B in A und C in B über. Das Ergebnis ist also dasselbe, als hätten wir den Rundtanz A → C → B → A ausgeführt. Mit diesen Beispielen wird klar, dass wir im System der genannten Vertauschungen und Rundtänze bleiben, wenn wir zwei solche Permutationen nacheinander ausführen, vorausgesetzt, wir nehmen noch eine weitere hinzu, nämlich die, dass gar nichts geschieht. Diese nennen wir die Einheit.

Fassen wir unsere Ergebnisse zusammen, indem wir für den Rundtanz A → B → C → A den Kurznamen d_1 einführen, für A → C → B → A den Namen d_2, für die Vertauschung A ↔ B den Namen s_1, für B ↔ C den Namen s_2 und für C ↔ A den Namen s_3 und schließlich für die Einheit (das Nichtstun) das Symbol e, sowie für Nacheinanderausführung das Multiplikationszeichen ×.

Dann ist in der Reihenfolge wie oben beschrieben

$$s_2 \times s_1 = d_2$$

$$s_1 \times s_1 = e$$

$$s_2 \times d_2 = s_3$$

$$d_2 \times d_1 = e$$

$$d_1 \times d_1 = d_2$$

Hierbei haben wir die zuerst ausgeführte Permutation rechts und die danach ausführte links aufgeschrieben. Die Idee dabei ist, dass wir uns ganz rechts die Dinge denken, die permutiert werden (hier A, B, C). Die Permutation (also etwa s_2, s_1 oder d_2) wirkt dann von links her auf die Dinge A,B,C.

Werden zwei Permutationen nacheinander ausgeführt, so kommt die zweite eben von links dazu.

Außerdem kommt es auf die Reihenfolge an, in der die Permutationen ausgeführt werden, wie wir sofort erkennen, wenn wir erst s_2 (B ↔ C) und dann s_1 (A ↔ B) ausführen. Dies bewirkt im Endeffekt den Übergang von A in B, B in C und C in A, also dasselbe Ergebnis, das man mit der Permutation d_1 erhält. Das heißt

$$s_1 \times s_2 = d_1$$

und damit $d_2 = s_2 \times s_1 \neq s_1 \times s_2 = d_1$

Wir haben mit Vorbedacht für die Nacheinanderausführung von Permutationen ein Multiplikationssymbol gewählt, weil sie sich im großen Ganzen wie eine Multiplikation verhält. Insbesondere kommt dasselbe heraus, wenn wir drei Permutionen p_1, p_2, p_3 auf unterschiedliche Weise nacheinander ausführen: wir können entweder erst die beiden ersten zu einer Permutation zusammensetzen:

$p_2 \times p_1 = p$ und dann das Ergebnis p mit der dritten kombinieren:

$$p_3 \times p = p_3 \times (p_2 \times p_1)$$

oder erst die erste Permutation anwenden und darauf die Kombination der beiden anderen:

$p_3 \times p_2 = q$ angewandt auf p_1: $q \times p_1 = (p_3 \times p_2) \times p_1$.

Da Ergebnis ist dasselbe, wie der Leser an Beispielen nachprüfen möge, also.

$$p_3 \times (p_2 \times p_1) = (p_3 \times p_2) \times p_1$$

Diese Regel gilt auch beim Multiplizieren von Zahlen. Der Mathematiker gibt ihr einen Namen: *Assoziativgesetz*. Dass dieses sowohl für die Multiplikation von Zahlen als auch für die Nacheinanderausführung von Permutationen gültig ist, gibt uns die Rechtfertigung, letztere als eine Art Multiplikation zu betrachten. Ganz offensichtlich spielt auch die Permutation e („Nichtstun") die Rolle, die die 1 bei der Multiplikation von Zahlen spielt, denn für jede Permutation p gilt (offensichtlich!).

$$p \times e = e \times p = p$$

Der große Unterschied zwischen dem Multiplizieren von Zahlen und der Nachein-anderausführung von Permutationen liegt jedoch darin, dass es bei den Permutationen auf die Reihenfolge der Faktoren ankommt. Während $8 \cdot 5 = 5 \cdot 8$, haben wir oben gesehen, dass.

$$s_2 \times s_1 \neq s_1 \times s_2$$

Wir sagen, die Multiplikation von Zahlen ist *kommutativ*, während die Nacheinanderausführung von Permutationen das nicht ist.

Da wir oben festgestellt haben, dass $d_1 \times d_1 = d_2$, vereinfachen wir jetzt unsere Symbolik, indem wir d_1 in d umbenennen. Dann können wir für d_2 auch $d^2 = d \times d$ schreiben, was nichts weiter bedeutet als: d zweimal nacheinander ausgeführt. Da ferner (s. o.) $d_2 \times d_1 = e$, ist in der vereinfachten Symbolik $d^2 \times d = e$. Unterstellen wir, was wir dürfen, aber streng genommen erst begründen müssen, dass die Regeln der Potenzrechnung auch auf die Nacheinanderausführung von Permutationen anwendbar sind, so ergibt sich $d^3 = e$. Das heißt aber nicht anderes, als dass die Permutation d (Rundtanz A → B → C → A) nach dreimaliger Anwendung in den Anfangszustand zurückführt, wovon sich der Leser überzeugen möge.

Die Ergebnisse aller möglichen Kombinationen von zwei Permutationen stellen wir am geschicktesten in einer Tabelle wie folgt zusammen:

×	e	d	d^2	s_1	s_2	s_3
e	e	d	d^2	s_1	s_2	s_3
d	d	d^2	e	s_3	s_1	s_2
d^2	d^2	e	d	s_2	s_3	s_1
s_1	s_1	s_2	s_3	e	d	d^2
s_2	s_2	s_3	s_1	d^2	e	d
s_3	s_3	s_1	s_2	d	d^2	e

Die Tabelle ist so zu lesen, dass am linken Rand die Permutationen stehen, die bei der Nacheinanderausführung als zweite drankommen, also links stehen, am oberen Rand die Permutationen, die bei Nacheinanderausführung als erste drankommen, also rechts stehen. Gehen wir in einer Zeile in die Tabelle hinein, so finden wir in jeder Spalte das Ergebnis der Nacheinanderausführung der Permutation am Kopf der Spalte mit der Permutation am Anfang der Zeile. Diese Tabelle ist also eine Art Multiplikationstabelle, ähnlich einer 1 · 1-Tabelle. An ihr erkennen wir

1. es gibt genau 6 Permutationen von 3 Dingen
2. bei Nacheinanderausführung zweier Permutationen entsteht wieder eine der 6 Permutationen; sie bleiben also bei dieser Operation unter sich
3. die Nichtkommutativität zeigt sich daran, dass die Tabelle nicht symmetrisch zur Hauptdiagonalen (von oben links nach unten rechts) ist

Insgesamt bilden die Permutationen also eine Rechenstruktur, ähnlich der Multiplikation von Zahlen. Solche Rechenstrukturen mit nur einer Rechenoperation heißen *Gruppen*. Wir haben es hier mit einer endlichen nicht kommutativen Gruppe mit 6 Elementen zu tun.

Natürlich kann man dieselben Betrachtungen wie oben auch für Permutationen von 4, 5 oder beliebig vielen Dingen anstellen. Zu jeder Anzahl von Dingen gibt es die Gruppe ihrer Permutationen, kurz ihre Permutationsgruppe. Die Permutationsgruppe von 4 Dingen hat 24 Elemente, die von 5 Dingen 120 und allgemein die von n Dingen $n! = n \cdot (n-1) \cdot (n-2) \cdot \ldots \cdot 2 \cdot 1$ Elemente. Dabei ist n!, gesprochen „n Fakultät", die Anzahl der verschiedenen Reihenfolgen, in die man n Dinge bringen kann, mit anderen Worten, die Anzahl ihrer Permutationen (siehe auch Taylor).

Erste Schritte in Richtung auf eine Theorie der Gruppen hatten bereits Euler und andere getan, aber Galois war der erste, der die Gruppentheorie systematisch bei der Lösung eines algebraischen Problems eingesetzt hat. Galois hatte erkannt, dass sich eine Gleichung nicht ändert, wenn man ihre Lösungen permutiert. Die Permutationen der Lösungen bilden – wie wir gesehen haben – eine Gruppe. Durch die Untersuchung der Struktur solcher Gruppen konnte Galois nun herausfinden, ob eine vorgelegte Gleichung durch Radikale lösbar ist oder nicht. Ein kleiner Hinweis soll zeigen, was damit gemeint ist: in der obigen Permutationsgruppe von 3 Dingen bleiben die Rundtänze d, d^2 und die Einheit e = d^3 bei der Nacheinanderausführung unter sich, wie man an der obigen Gruppentafel nachprüfen kann. Sie bilden also auch eine Gruppe mit 3 Elementen, eine *Untergruppe* der vollen Permutationsgruppe. Ebenso bildet jede Vertauschung s_i zusammen mit der Einheit e eine Untergruppe, da $s_i \times s_i = e$ (i = 1;2;3). Eine der ersten Aufgaben, die sich der Gruppentheorie stellt, ist das Auffinden der Untergruppen einer gegebenen Gruppe. In der Theorie der Gleichungen kann man das Problem der Lösung durch Radikale auf die Frage zurückführen, ob es in der Permutationsgruppe eine Untergruppe mit ganz besonderen Eigenschaften gibt. Wie sich herausstellt, ist das ab dem 5. Grade nicht mehr der Fall. Dies war die Erkenntnis, die man aus Galois' Aufzeichnungen einigermaßen mühsam herausfiltern konnte.

Evariste Galois' Bruder und ein Freund erfüllten seinen letzten Wunsch und schickten Kopien seiner nachgelassenen Papiere an Gauß und Jacobi mit Bitte um Kommentierung. Die beiden äußerten sich jedoch nie. So ist es als Glücksfall anzusehen, dass der französische Mathematiker Liouville ebenfalls in den Besitz der Papiere kam. Er stellte sie 11 Jahre nach Galois' Tod der Académie vor, mit der Beurteilung, dass sie eine ebenso richtige wie tiefgründige Lösung des alten Problems enthielten, welche Gleichungen durch Radikale lösbar sind. Die Gedankenskizzen von Galois wurden von nachfolgenden Mathematikern zu einer vollen Theorie ausgearbeitet, die an Schönheit und Geschlossenheit kaum zu überbieten ist.

Die Algebra der Logik
George Boole (2.11.1815–8.12.1864)

George Boole wurde in Lincoln, Lincolnshire in England als ältestes von vier Kindern eines Schusters geboren. Er besuchte Schulen für Kinder von Händlern und Handwerkern, in denen er keine klassische Bildung erhielt. Latein lernte er daher bei einem Buchhändler und eine erste Einführung in die Mathematik erhielt er von seinem Vater, der sich als Laie für Mathematik und Naturwissenschaften begeisterte. Griechisch brachte sich George selber bei, ebenso wie Deutsch und Französisch.

Der Vater machte mit seinem kleinen Schuhladen Konkurs, als George 16 Jahre alt war. Um seine Familie zu unterstützen, verdingte George sich als Hilfslehrer. Nebenbei begann er, sich ernsthaft mit Mathematik zu beschäftigen, las französische Lehrbücher über Differential- und Integralrechnung (Analysis) und stellte später fest, dass er mit sachkundiger Anleitung schneller zum Ziel gekommen wäre. 1833 nahm er volle Lehrerstellen an, zunächst in Liverpool, dann in dem kleinen Ort Waddington bei Lincoln, gründete aber bereits 1834, mit 19 Jahren, eine eigene Schule in Lincoln. 1838 übernahm er die Schule in Waddington, an der er kurz tätig gewesen war, und zog mit seinen Eltern und Geschwistern dorthin um. Eltern und Geschwister halfen bei der Führung des Schulinternats. Zu dieser Zeit hatte sich George Boole bis zu den Werken von Lagrange und Laplace vorgearbeitet und bereitete seine erste mathematische Abhandlung vor. Der Herausgeber des Cambridge Mathematical Journal, Duncan Gregory, ermutigte ihn, seine Arbeiten zu veröffentlichen und versuchte, ihn auch anderweitig zu fördern. Dem Rat, Mathematikvorlesungen in Cambridge zu hören, konnte George Boole allerdings nicht folgen, da er nach wie vor der einzige

Ernährer seiner Familie war. Auf Anregung Gregorys begann er aber, sich mit Algebra zu beschäftigen. Er wandte algebraische Methoden zur Lösung von Differentialgleichungen an und erhielt hierfür von der Royal Society im Jahre 1844 hohe Anerkennung in Form einer Königlichen Medaille. Wichtiger war aber, dass George Boole nun den Ruf als fähiger Mathematiker genoss. Als in den folgenden Jahren in Irland Queens Colleges gegründet wurden, bewarb er sich sicherheitshalber gleich bei allen um eine Professorenstelle. Er wurde schließlich im Jahre 1849 auf den Lehrstuhl für Mathematik am Queens College in Cork berufen. Hier blieb er bis an sein Lebensende. Er galt als hervorragender Lehrer und übernahm auch das Amt des Dekans der naturwissenschaftlichen Fakultät. Um 1850 herum lernte George Boole Mary Everest kennen, eine Nichte von Sir George Everest, der seinen Namen dem höchsten Berg der Erde gab. Ihr erteilte er Mathematikunterricht. Als 1855 Marys Vater starb, war sie gerade 20 Jahre alt und mittellos. George Boole, obwohl 17 Jahre älter, heiratete sie und begann damit eine Ehe, die sich als sehr glücklich erweisen sollte. George und Mary hatten fünf Töchter, die im Zweijahresabstand zwischen 1856 und 1864 geboren wurden.

Kurz vor seiner Vermählung, im Jahre 1854, veröffentlichte George Boole das Werk, das bis heute seine Berühmtheit begründet: „An investigation into the Laws of Thought, on which are founded the Mathematical Theories of Logic and Probabilities" (Eine Untersuchung der Gesetze des Denkens, auf denen die mathematischen Theorien der Logik und der Wahrscheinlichkeiten beruhen). In diesem Werk behandelt Boole die Regeln der Logik algebraisch. Er führt die nach ihm benannte *Boolesche Algebra* ein, in der man mit den Wahrheitswerten von logischen Aussagen rechnen kann (siehe hierzu auch Leibniz). Das Rechnen in dieser Algebra ähnelt dem Rechnen, mit den binären Zahlen 0 und 1, das Leibniz einführte, ist aber nicht dasselbe. Über die große praktische Bedeutung hinaus, die die Boolesche Algebra beim Bau von Computern erlangt hat, ist sie auch ein weiterer Meilenstein auf dem Wege zur abstrakten Algebra, den bereits Hamilton mit seinen Quaternionen und Galois mit der Gruppentheorie eingeschlagen hatten.

Boole beschäftigte sich auch mit dem Kalkül der endlichen Differenzen – im Gegensatz zum Differentialkalkül – und schrieb hierüber 1860 ein noch heute erhältliches Buch „Treatise on the Calculus of Finite Differences" (Abhandlung über den Kalkül der endlichen Differenzen). Eine weite Verbreitung fand auch sein 1859 erschienenes Werk „Treatise on Differential Equations" über Differentialgleichungen.

Im Jahre 1857 nahm die Royal Society George Boole in ihre Reihen auf. Er gehörte ihr gerade einmal sieben Jahre an, denn an einem regnerischen Herbsttag im Jahre 1864 ging er wie üblich die zwei Meilen von seiner Wohnung zum College zu Fuß und traf dort triefend nass ein. In diesem Zustand hielt er seine Vorlesungen. Bald musste er sich mit Fieber ins Bett legen. Seine Frau Mary glaubte an den Grundsatz, Gleiches mit Gleichem zu behandeln. Da in diesem Falle die Erkrankung durch Nässe ausgelöst war, bestand ihre Therapie darin, den fiebernden George mit Eimern voll Wasser zu begießen. Mit dieser gut gemeinten Behandlung hat sie ihn höchstwahrscheinlich umgebracht. George Boole starb am 08. Dezember 1864 in seinem Haus in Ballintemple bei Cork an einer Lungenentzündung.

Der Konstrukteur der Funktionen
Karl Theodor Wilhelm Weierstraß (31.10.1815–19.2.1897)

Karl Theodor Weierstraß wurde als ältestes von 4 Kindern eines kleinen preußischen Beamten in dem idyllischen kleinen Ort Ostenfelde, heute ein Ortsteil von Ennigerloh, Kreis Warendorf im Münsterland geboren. Sein Vater brachte es im Laufe vieler Versetzungen bis zum Direktor der Salzwerke in Westernkotten bei Lippstadt. Im Alter von 12 Jahren verlor Wilhelm seine Mutter und bekam mit der neuen Heirat seines Vaters ein Jahr später eine Stiefmutter. Ab 1829 arbeitete Vater Weierstraß am Finanzamt Paderborn. Hier besuchte Wilhelm das Gymnasium und brillierte in allen Fächern, obwohl er einen Nebenjob als Buchhalter übernehmen musste, um die Familie zu unterstützen. Wilhelm begann Crelles Journal zu lesen und hatte bald die gesamte Schulmathematik weit hinter sich gelassen. Trotz dieser auffallenden Neigung wünschte sich sein Vater, dass er Wirtschafts- und Finanzwissenschaften und Recht studierte, um eine Karriere im preußischen Staatsdienst zu machen. Gehorsam nahm Wilhelm das Studium dieser Fächer an der Universität Bonn auf, empfand aber einen tiefen Konflikt zwischen der Pflicht zu dem vom Vater angeordneten Studium und seiner Neigung zur Mathematik. Diesen Konflikt löste er dadurch, dass er sich gute drei Jahre voll dem Verbindungsleben hingab, Bier trank und Mensuren schlug und um die Universitätsgebäude einen großen Bogen machte. Er las in dieser Zeit jedoch die Mécanique céleste von Laplace und Jacobis Arbeiten über elliptische Funktionen. Nachdem er einige selbst gestellte Probleme im Bereich der elliptischen Funktionen zu seiner Zufriedenheit gelöst hatte, fasste er den Entschluss, sich ausschließlich der Mathematik zu widmen. Es war ihm aber völlig unklar, wie er diesen Entschluss seinem Vater vermitteln konnte. Daher verbrachte er sein 8. Semester noch in Bonn, weiterhin ohne sich mit Wirtschaft und Finanzen auseinanderzusetzen, und verließ dann die Universität ohne Examen, was seinen Vater – wie nicht anders zu erwarten – furchtbar aufregte. Ein Freund der Familie riet jedoch zur Gelassenheit und empfahl, Wilhelm an der Theologisch/Philosophischen Akademie in Münster zum Gymnasiallehrer ausbilden zu lassen. In Münster besuchte Wilhelm vorwiegend die Vorlesungen des Mathematikers Gudermann über elliptische Funktionen, fand aber auch Zeit für die vorgeschriebenen Fächer und legte 1840 sein Lehrerexamen ab. Auf eigenen Wunsch reichte er auch eine Abhandlung über elliptische Funktionen ein, die von Gudermann als den Arbeiten Abels und Jacobis völlig ebenbürtig gepriesen wurde.

In den Jahren 1841/42 arbeitete Weierstraß als Referendar am Gymnasium in Münster. In dieser Zeit legte er bereits die Grundzüge seiner späteren Behandlung der Funktionen komplexer Variabler fest, veröffentlichte sie jedoch nicht. Die Schulkarriere führte Weierstraß nach Westpreußen. Er unterrichtete außer Mathematik auch Physik, Botanik, Geografie, Geschichte, Deutsch und Sport, fand aber die Schultätigkeit unerträglich langweilig. Jede freie Minute nutzte er für seine mathematischen Forschungen, deren Ergebnisse er 1854 in Crelles Journal veröffentlichte. Mit dem Artikel „Zur Theorie der Abelschen Funktionen" machte er die Fachkreise auf sich aufmerksam. Die Universität Königsberg verlieh ihm einen Ehrendoktor, mit dem er sich um eine Professorenstelle bewerben konnte. Er hatte gute Aussichten, nach Breslau berufen zu werden, aber – siehe Kummer – Ernst Eduard Kummer, der gerade von Breslau nach Berlin wechselte, hatte andere Pläne. Er wollte mit Weierstraß in Berlin zusammenarbeiten. Dirichlet unterstützte diese Bestrebungen mit seinem Einfluss beim preußischen Kultusministerium. Tatsächlich wurde Weierstraß 1856 zunächst an die Technische Hochschule, dann an die Universität Berlin berufen.

Hier wirkte er in erster Linie durch seine sorgsam ausgearbeiteten Vorlesungen, die zahlreiche Nachwuchsmathematiker anzogen. Im Mittelpunkt stand seine neue strenge Begründung der Analysis und sein neuer Zugang zur Funktionentheorie (Theorie der Funktionen von komplexen Veränderlichen und mit komplexen Werten). Hier muss noch einmal erläutert werden, wie sich der Funktionsbegriff im Laufe der Jahrhunderte herausgebildet hat. Euler und seine Zeitgenossen verstanden als Funktion einen Rechenausdruck, der auch ein Grenzwert oder ein Integralausdruck sein konnte. In diesem Sinne wurden im 18. Jahrhundert auch unendliche Reihen, insbesondere Potenzreihen (siehe Taylor), als Funktionen betrachtet. Taylor zeigte, dass sich jede in einen Punkt beliebig oft differenzierbare Funktion um diesen Punkt herum als Potenzreihe darstellen lässt (mit Ausnahme einiger „perverser" Funktionen), das heißt, dass man die Funktionswerte in der Nähe des ausgewählten Punktes näherungsweise mit den ersten Gliedern der Potenzreihe berechnen kann. Das Ergebnis wird umso genauer, je mehr Glieder man in die Berechnung einbezieht. Damit wurden Tabellenwerke mit den Werten der gängigen *transzendenten Funktionen* möglich. Transzendente Funktionen sind solche, die sich nicht durch einen endlichen Rechenausdruck darstellen lassen, sondern nur durch Potenzreihen oder andere Grenzwertausdrücke. Dazu gehören die Exponentialfunktion, die Logarithmusfunktion (Umkehrfunktion der Exponentialfunktion), die trigonometrischen Funktionen Sinus, Cosinus, Tangens und die elliptischen Funktionen.

Man wusste inzwischen auch, dass im Bereich der komplexwertigen Funktionen von komplexen Veränderlichen die Differenzierbarkeit eine sehr starke Eigenschaft ist. Ist nämlich eine solche Funktion einmal differenzierbar, so ist sie es gleich beliebig oft. Dies bedeutet, dass man im Komplexen jede differenzierbare Funktion in eine Potenzreihe (Taylorreihe) entwickeln kann. Die komplexen differenzierbaren Funktionen erhielten daher einen speziellen Namen: sie heißen *analytische Funktionen*, weil sie sich in der Analysis so angenehm verhalten. Man hatte auch die reellwertigen Funktionen auf komplexe Argumente und Werte ausgedehnt und dabei eigenartige Zusammenhänge gefunden. So gilt im Komplexen (mit der komplexen Veränderlichen z) die bereits Euler und einigen Vorläufern bekannte Beziehung

$$e^{iz} = \cos(z) + i \sin(z)$$

zwischen der Exponentialfunktion und den trigonometrischen Funktionen, wobei i die imaginäre Einheit ist. Da die trigonometrischen Funktionen (auch im Komplexen) periodisch sind mit der Periode 2π, gilt dies auch für die komplexe Exponentialfunktion (mit der Periode $2\pi i$). Ihre Umkehrfunktion, der Logarithmus, ist daher – ebenso wie die Umkehrfunktionen von Sinus und Kosinus – unendlich vieldeutig. Man muss also bei allen Überlegungen mit dem Logarithmus angeben, in welchem Wertebereich man sich befindet. Aber bereits eine relativ einfache Funktion wie die Quadratwurzel ist im Komplexen gar nicht so einfach zu berechnen. Es ist nämlich die Gleichung

$$(x + iy)^2 = a + ib$$

bei festen reellen Zahlen a und b nach den reellen Zahlen x und y aufzulösen. Rechnet man das Quadrat aus, so kommt man auf die Gleichungen

$$x^2 - y^2 = a \quad \text{und} \quad 2xy = b$$

Setzt man jetzt y aus der zweiten Gleichung in die erste ein, so erhält man eine Gleichung 4. Grades in x, die glücklicherweise durch Radikale lösbar ist. Es ergibt sich

$$x = \pm\sqrt{\frac{\sqrt{a^2 + b^2} + a}{2}}$$

und

$$y = \pm\sqrt{\frac{\sqrt{a^2 + b^2} - a}{2}}$$

In diesen Ausdrücken muss zweimal die (reelle) Wurzel gezogen werden, was über Näherungsverfahren oder mit Potenzreihen geschehen kann. Es zeigt sich, dass die komplexe Quadratwurzel – im Bereich der reellen Zahlen betrachtet – schon eine recht komplizierte Funktion ist, für deren analytische Behandlung (Differenzieren, Integrieren) man einige Geschicklichkeit oder ihre Entwicklung in eine Potenzreihe benötigt.

Weierstraß drehte daher in seiner Einführung in die Funktionentheorie den Spieß um und führte die analytischen Funktionen gleich als Potenzreihen ein. Potenzreihen im Komplexen haben die Eigenschaft, dass sie immer an allen inneren Punkten eines Kreises in der Gaußschen Zahlenebene konvergieren (einem endlichen Wert zustreben). Der Mittelpunkt dieses Kreises ist der Punkt, um den herum die Potenzreihe entwickelt wurde, also bei der Potenzreihe

$$a_0 + a_1(z - a) + a_2(z - a)^2 + a_3(z - a)^3 + a_4(z - a)^4 + \ldots$$

die komplexe Zahl (=Punkt der Ebene) a. Der Kreis kann entarten und auf seinen Mittelpunkt a schrumpfen oder sich auf die ganze Ebene ausdehnen. Im ersteren Fall ist die Potenzreihe, außer im Punkt a, wo sie den Wert a_0 annimmt, nirgendwo konvergent. Im zweiten Fall ist sie überall, also in der ganzen Zahlenebene konvergent. Auf dem Rande des Konvergenzkreises liegt immer mindestens eine Singularität, also ein Punkt, an dem die Funktion keinen endlichen Wert annimmt.

So kann man zum Beispiel die Funktion $f(z) = \frac{1}{(1-z)}$ um den Punkt $z = 0$ herum in eine Potenzreihe entwickeln

$$\frac{1}{(1 - z)} = 1 + z + z^2 + z^3 + z^4 + \ldots$$

Der Konstrukteur der Funktionen 281

(dies ist eine geometrische Reihe, siehe hierzu Bhaskara, wo die geometrische Folge definiert ist. Eine geometrische Reihe ist die Summe der Glieder einer geometrischen Folge, also hier der Folge 1, z^2, z^3, ... Der Radius ihres Konvergenzkreises ist 1. Tatsächlich hat die Funktion für $z = 1$ keinen endlichen Wert, was man sowohl an dem Rechenausdruck $\frac{1}{(1-z)}$ sieht, als auch an der Potenzreihe, die für $z = 1$ eine Summe von unendlich vielen Einsen wird.

Unsere Funktion $\frac{1}{(1-z)}$ nimmt aber auch außerhalb des Konvergenzkreises der Potenzreihe sinnvolle Werte an. Die einzige Ausnahme ist tatsächlich der Punkt $z = 1$. Die obige Potenzreihendarstellung gilt aber nur innerhalb des Konvergenzkreises. Um die Funktion überall, wo sie definiert ist, durch eine Potenzreihe darzustellen, führte Weierstraß das Verfahren der *analytischen Fortsetzung* ein.

So kann man die obige Potenzreihe zum Beispiel umrechnen in eine, die um den Punkt $z = -\frac{1}{2}$ herum entwickelt ist. Diese Potenzreihe hat folgende Gestalt

$$\frac{1}{(1-z)} = \frac{2}{3} + \left(\frac{2}{3}\right)^2 (z+\frac{1}{2}) + \left(\frac{2}{3}\right)^3 (z+\frac{1}{2})^2 + \left(\frac{2}{3}\right)^4 (z+\frac{1}{2})^3 + \left(\frac{2}{3}\right)^5 (z+\frac{1}{2})^4 + \cdots$$

mit dem Konvergenzradius $\frac{3}{2}$. Wo die beiden Konvergenzkreise überlappen, liefern beide Reihen dieselben Werte, außerhalb des Einheitskreises um 0 liefert die Entwicklung um den Punkt $z = -\frac{1}{2}$ weitere Werte der Funktion

$$f(z) = \frac{1}{(1-z)}$$

Setzen wir zum Beispiel $z = -\frac{3}{2}$ in die Potenzreihe ein, so erhalten wir

$$\frac{2}{3} + \left(\frac{2}{3}\right)^2 (-1) + \left(\frac{2}{3}\right)^3 (-1)^2 + \left(\frac{2}{3}\right)^4 (-1)^3 + \left(\frac{2}{3}\right)^5 (-1)^4 + \ldots$$

oder

$$\frac{2}{3}\left(1 - \left(\frac{2}{3}\right) + \left(\frac{2}{3}\right)^2 - \left(\frac{2}{3}\right)^3 + \left(\frac{2}{3}\right)^4 + \cdots\right) = \frac{2}{3} \cdot \frac{1}{(1+\frac{2}{3})} = \frac{2}{5}$$

Auf der anderen Seite ist auch $f(-\frac{3}{2}) = \frac{1}{(1+\frac{3}{2})} = \frac{2}{5}$.

Das heißt: am Punkt $z = -\frac{3}{2}$ liefert die Potenzreihe denselben Wert wie der Funktionsausdruck. Dies gilt auch für alle anderen Punkte innerhalb ihres Konvergenzkreises.

Das Gebiet, in dem die Funktion f(z) durch Potenzreihen definiert ist, hat sich insgesamt erweitert. Nun kann man diesen Prozess beliebig fortsetzen, indem man um Punkte in dem neuen Konvergenzkreis herum entwickelt und weitere Potenzreihen erhält, deren Konvergenzkreise das Definitionsgebiet der Funktion wiederum erweitern. Letztendlich erreicht man mit dieser Vorgehensweise alle Punkte der Gaußschen Zahlenebene, an denen die vorliegende Funktion überhaupt definiert werden kann.

Mit dem Prozess der analytischen Fortsetzung kann man alle analytischen Funktionen als Funktionen im Sinne Dirichlets auffassen, der (siehe dort) als erster den modernen Funktionsbegriff einführte. Danach gehört zu einer Funktion ein Definitionsbereich, ein Wertebereich und eine wie auch immer geartete Vorschrift, die jedem Wert des Definitionsbereichs einen (und nur einen) Wert des Wertebereichs zuordnet. Eine analytische Funktion nach Weierstraß stellt sich – locker gesprochen – ihren Definitionsbereich selbst zusammen.

Mit einer ähnlich konkreten Konstruktion begründete Weierstraß seine Theorie der elliptischen Funktionen. Er ging nicht mehr wie Abel und Jacobi von den elliptischen Integralen aus, sondern baute eine Funktion mit zwei vorgegebenen Perioden zusammen, die nach ihm benannte Weierstraß'sche $\wp$- Funktion, die ihm als Basis für seine Behandlung der elliptischen Funktionen dient.

Weierstraß hat sehr viel für die Grundlagen der Analysis getan, sowohl mit einer strengen Definition der reellen Zahlen als auch mit dem Nachweis, dass die komplexen Zahlen die einzige Erweiterung der reellen Zahlen sind, bei der die Vertauschbarkeit der Faktoren (Kommutativität) bei der Multiplikation erhalten bleibt. Wir erinnern uns: Hamiltons Quaternionen hatten diese Eigenschaft nicht mehr (siehe Hamilton).

Ab etwa 1850 klagte Weierstraß über gesundheitliche Probleme, die ihm das Arbeiten zeitweise erschwerten. Nach einem Zusammenbruch im Dezember 1861, von dem er sich nur mühsam erholte, hielt er seine Vorlesungen im Sitzen ab. In seinen letzten Jahren war er an einen Rollstuhl gebunden, leitete aber noch die Edition seiner Werke. Da er wenig veröffentlicht hat, sind seine Vorlesungsmanuskripte die Hauptquelle für seine tiefen Erkenntnisse über den Charakter der reellen und komplexen Zahlen, die strenge Begründung der reellen Analysis, die Begründung der komplexen

Funktionentheorie und der elliptischen Funktionen. Weierstraß als Lehrer hat zahlreiche bedeutende Mathematiker der nächsten Generation ausgebildet, die seine Ideen weiterverfolgten, wie etwa Adolf Hurwitz aus Hildesheim, der ein noch heute aktuelles Lehrbuch über Funktionentheorie und elliptische Funktionen im Weierstraßschen Sinne schrieb.

Karl Theodor Wilhelm Weierstraß starb unverheiratet und kinderlos, aber hochgeehrt am 19. Februar 1897 in Berlin.

Die Poetin der Mathematik
Augusta Ada King, Countess of Lovelace
(10.12.1815–27.11.1852)

Augusta Ada ist die einzige Tochter des Dichters Lord George Gordon Byron und seiner Ehefrau Anne Isabelle, geborene Milbanke. Lord Byron genoss in der Londoner Gesellschaft einen zweifelhaften Ruf. Als Dichter hochgeachtet und verehrt, pflegte er einen ausschweifenden Lebensstil, der regelmäßig auch im nicht sehr sittenstrengen georgianischen England für Aufsehen sorgte. Spielsucht und Verschwendungssucht waren noch die geringsten seiner Laster. In den Salons flüsterte man sich mit wohligem Erschauern das Gerücht von seinem inzestuösen Verhältnis mit seiner Halbschwester Augusta zu, dem angeblich auch eine Tochter entspross, die je nach Blickwinkel die Kusine oder die Halbschwester von Augusta Ada war.

Anne Isabelle war das genaue Gegenteil des Lords. Sie bevorzugte eine ordentliche Lebensführung, interessierte sich für Mathematik und hatte rigide moralische Grundsätze. Vermutlich hoffte sie, wie so manche Geschlechtsgenossin, die einen charmanten Tunichtgut heiratet, ihren Gemahl zu ihrer ernsthaften Lebensauffassung zu bekehren. Kurz nach Adas Geburt muss sie erkannt haben, dass dieses Vorhaben gescheitert war. Sie verließ den Lord, der sich bald darauf nach Griechenland einschiffte, um den Freiheitskampf der Griechen zu unterstützen. In Griechenland starb er 1820 an der Malaria. Ada hat ihren Vater außer als Neugeborene nie gesehen. Ihre gesamte von ihrer Mutter organisierte Erziehung zielte darauf ab, dass sie nicht in Vaters Fußstapfen trat, also keine Gedichte schrieb, ihre Arbeiten systematisch in guter Ordnung erledigte und sich keinen ideellen oder materiellen Ausschweifungen hingab. Dabei kümmerte die Mutter selbst sich nur wenig um ihre Tochter, sorgte aber dafür, dass diese von einer nicht abreißenden

Folge von Gouvernanten, Hauslehrern und Gesellschaftsdamen gegängelt und überwacht wurde. Hatte Ada ihre Lektionen diszipliniert und fleißig gelernt, erhielt sie kleine Belohnungen, im anderen Falle bekam sie Zimmerarrest, sinnentleerte Strafarbeiten oder andere Maßnahmen aus der pädagogischen Trickkiste des 19. Jahrhunderts zu spüren. Kein Wunder, dass Ada mit einem jungen Hauslehrer ausriss und einige Tage verschwunden war, kaum dass sie 15 Jahre alt war. Im Alter von 20 Jahren durfte sie zum ersten Male ein Porträt ihres Vaters sehen. In der Folgezeit beschäftigte sie sich zunächst heimlich, später als Countess of Lovelace offen, mit seinen Gedichten und entdeckte manche charakterliche Ähnlichkeit. Ihrer Mutter nahm sie übel, dass sie versucht hatte, sie ihrem Vater zu entfremden. Ihre größte Begabung aber, die für die Mathematik, hatte sie von ihrer Mutter geerbt. Diese legte bereits bei der Erziehung des Kindes größten Wert auf Mathematikunterricht, aber natürlich bekam Ada wie alle Frauen ihres Zeitalters keine formale Ausbildung an einer Universität. Dafür wurde sie wie alle jungen Frauen ihrer Gesellschaftsschicht mit 18 Jahren als Debütantin bei Hofe eingeführt, lernte aber auch zwei Personen kennen, die ihren weiteren Lebensweg stark beeinflussen sollten, Mary Somerville – eine mathematisch gebildete Frau, die ihr geeignete Mathematikbücher empfahl und sie zu eigenen Untersuchungen anregte – und Charles Babbage, der gerade den Bau seiner difference engine überwachte (siehe Babbage).

Mit zwanzig Jahren heiratete Augusta Ada William King, einen Landedelmann, der später zum Earl of Lovelace avancierte. Die beiden hatten drei Kinder, Byron, Annabella und Ralph Gordon, die in rascher Folge zwischen 1836 und 1839 zur Welt kamen. Nach der letzten Kinderpause, im Jahre 1841, begann Augusta Ada sich ernsthaft mit Mathematik zu beschäftigen. Ihr Mentor war der Mathematiker Augustus De Morgan, nach dem einige Rechenregeln in der Boole'schen Algebra benannt sind (siehe Boole). Über eine rein rezeptive Beschäftigung mit der Mathematik kam Augusta Ada allerdings kaum hinaus. Ihre große kreative Leistung erbrachte sie 1843, als sie „Notizen" zu einer Beschreibung der analytical engine von Babbage durch den Italiener Menabrea (siehe Babbage) verfasste, dessen in französischer Sprache verfasste Schrift sie zuvor ins Englische übersetzt hatte. In diesem Memoire, das die Arbeit Menabreas in Umfang und Inhalt bei weitem übertraf, gab sie nicht nur eine vollständige und detaillierte Beschreibung der Funktionsweise der Analytischen Maschine, sondern stellte auch dar, wie diese programmiert werden konnte. Ihre beispielhafte Zusammenstellung von Anweisungen für eine bestimmte Berechnung wird heute als das erste Computerprogramm betrachtet. Augusta Ada Countess of Lovelace gilt daher als die erste Programmiererin. Dies zumindest in dem Sinne, dass sie als erste eine mathematische Aufgabe programmiert hat. Ihr Vorbild war dabei die bereits übliche Programmierung von Webstühlen, bei der das Programm für das zu webende Muster in Lochkarten gestanzt wurde, die dann den Webstuhl steuerten. Etwas blumig stellte Augusta Ada fest, dass der Jacquard-Webstuhl Muster von Blumen und Blättern in die Stoffe webt, während die Analytische Maschine algebraische Muster webt.

Augusta Adas Mémoire wurde anonym unter dem Kürzel AAL veröffentlicht, aber natürlich wussten ihre Freunde, wer sich dahinter verbarg und sie genoss die Hochachtung, die ihr dafür entgegengebracht wurde.

Inzwischen zeigte Augusta Ada, dass sie eine echte Byron war, und alle Anstrengungen ihrer Mutter, ihr väterliches Erbgut zu unterdrücken, nicht gefruchtet hatten. Augusta Ada stürzte sich in Amouren mit ihren wissenschaftlichen Gesprächspartnern, trank immer häufiger Wein nicht zum Essen, sondern an Stelle einer Mahlzeit und häufte bis zu ihrem Tode ungefähr £ 2000 an Wettschulden auf. Um das resultierende Geschwätz in Grenzen zu halten, stöberte ihr hart geprüfter Ehemann den größten Teil ihrer Korrespondenz mit ihren Liebhabern auf und vernichtete sie. Zusätzlich zu Adas ausschweifenden Lebenswandel stellten sich gesundheitliche Probleme ein, die es ihr unmöglich machten, ihre Pläne für eine weitere wissenschaftliche Arbeit umzusetzen, in der sie die Ohmschen Gesetze (zu Ohm siehe Dirichlet) mathematisch begründen wollte.

Mit gerade erst 37 Jahren starb Augusta Ada Countess of Lovelace nach einem durchaus Byronschen Leben an Brustkrebs.

Als das Department of Defense (Verteidigungsministerium) der Vereinigten Staaten nach schlechten Erfahrungen mit den damals vorhandenen Programmiersprachen in den 1970er Jahren eine neue narrensichere Programmiersprache entwerfen ließ, nannte man diese zu Ehren von Augusta Ada Countess of Lovelace einfach Ada. Die Sprache Ada wird in sicherheitskritischen Anwendungen benutzt, also zum Beispiel in Waffensystemen, in der Raumfahrt und Flugsicherung.

Koordinaten für abstrakte Räume
Pafnuti Lwowitsch Tschebyschow
(16.5.1821–8.12.1894)

Pafnuti Lwowitsch Tschebyschow, oder wie sein Name am häufigsten aus dem Russischen übertragen wird: Tschebyscheff, ist der zweite bedeutende russische Mathematiker des 19. Jahrhunderts. Er wurde als eines von 9 Kindern eines Gutsherrn in Okatovo westlich von Moskau geboren, als sein Vater gerade seine Militärkarriere beendet hatte, in der er auch gegen Napoléons Armeen gekämpft hatte. Pafnutis frühen Unterricht übernahmen seine Mutter und eine Kusine. Von der Kusine lernte er die französische Sprache, die ihm später den Zugang zu Kollegen im Westen erleichterte. Als Pafnuti elf Jahre alt war, zog die Familie nach Moskau, wo er weiter Privatunterricht erhielt, darunter auch professionellen Mathematikunterricht, der ihn so fesselte, dass er mit sechzehn Jahren an der Universität Moskau Mathematik zu studieren begann. Er zeichnete sich bald als einer der besten Studenten aus und nahm an einem Wettbewerb teil, bei dem er unfairerweise nur den zweiten Preis erhielt. Seine Wettbewerbsarbeit wurde erst in den 1950er Jahren veröffentlicht. Sie beschäftigt sich mit der Lösung allgemeiner Funktionalgleichungen der Form $y = f(x)$, wo x die gesuchte unbekannte Veränderliche ist. Im Jahre 1841 legte Tschebyscheff sein erstes Examen ab und begann seine Magisterarbeit. Seine erste Veröffentlichung besorgte der französische Mathematiker Liouville, dem er eine – französisch geschriebene – Arbeit über mehrfache Integrale zugeschickt hatte. Obwohl die Arbeit eine unbewiesene Formel enthielt, fand Liouville sie interessant genug für sein Journal. Den Beweis der Formel steuerte in derselben Ausgabe sein Kollege und Mitherausgeber Catalan bei. 1844 erschien Tschebyschows zweite Arbeit über Taylorreihen (siehe Taylor) in Crelles Journal. In seiner Magisterarbeit

„Ein Versuch zur elementaren Analyse der Wahrscheinlichkeitstheorie" legte er eine elementare, aber strenge Begründung der Wahrscheinlichkeitstheorie vor. Insbesondere beschäftigte er sich mit dem „schwachen Gesetz der großen Zahlen". Das erste Gesetz der großen Zahlen wurde bereits von Jacob Bernoulli aufgestellt (siehe Bernoulli). Stellt man bei wiederholtem Wurf einer Münze die Häufigkeit fest, mit der die Ereignisse „Zahl" und „Adler" auftreten, so wird man beobachten, dass diese sich (gleichmäßig geformte Münze ohne Unwucht vorausgesetzt) umso mehr dem Wert $\frac{1}{2}$ der theoretischen Wahrscheinlichkeit dieser Ereignisse annähern, je öfter man die Münze wirft. Allerdings kann es bei dieser Annäherung durchaus größere Schwankungen geben. Mathematisch wird das so formuliert: Die Wahrscheinlichkeit, dass die Häufigkeit des Auftretens etwa von „Zahl" spürbar von der theoretischen Wahrscheinlichkeit $\frac{1}{2}$ dieses Ereignisses abweicht, geht mit wachsender Zahl der Münzwürfe gegen Null. Wer genau liest, merkt, dass es durchaus passieren kann, dass auch bei einer großen Zahl von Münzwürfen noch einmal eine spürbare Abweichung auftritt, aber solche „Ausreißer" werden eben immer unwahrscheinlicher. Bernoulli hatte dieses Gesetz bereits etwas allgemeiner formuliert, so dass es auch die Fälle abdeckt, in denen die Wahrscheinlichkeit des Ereignisses nicht genau $\frac{1}{2}$ ist, andere Mathematiker wie Poisson hatten es auf andere Versuchsanordnungen erweitert. Tschebyschow bewies nun eine nützliche Ungleichung, die zum Beweis herangezogen werden kann, dass bei vorgegebener Versuchsanordnung ein Gesetz der großen Zahlen gilt. Und er formulierte das bis dahin weitestreichende Gesetz der großen Zahlen.

In einer Arbeit, mit der er die Berechtigung zur Lehre erwerben wollte, beschäftigte sich Tschebyschow mit der Integration von algebraischen Funktionen, die als Bruch geschrieben werden können, bei dem im Zähler ein Polynom und im Nenner die Wurzel aus einem Polynom steht. Hier handelt es sich um eine Verallgemeinerung der elliptischen Integrale, mit der sich bereits Abel auseinandergesetzt hatte. Tschebyschow konnte eine von Abel geäußerte Vermutung über diese Integrale beweisen. Mit dieser Arbeit lieferte Tschebyschow den letzten Nachweis seiner hohen Qualifikation und wurde auf eine Dozentenstelle an der Universität von St. Petersburg berufen.

Tschebyschow bereicherte auch die Zahlentheorie mit großartigen Resultaten. Im Jahre 1849 legte er sein Buch Teoria sravneny (Theorie der Kongruenzen) als Doktorarbeit vor, die mit einem Preis der St. Petersburger Akademie ausgezeichnet wurde. Er bewies eine weitere Vermutung, die besagt, dass für alle natürlichen Zahlen n ab der Zahl 3 zwischen der Zahl n und der Zahl 2n mindestens eine Primzahl liegt. Der Leser mag diesen Satz für die Zahlen n = 3 bis n = 100 überprüfen. Schließlich beschäftigte sich Tschebyschow mit dem noch unbewiesenen Primzahlsatz (siehe Legendre), nach dem die Anzahl P(N) der Primzahlen, die bis zu einer bestimmten natürlichen Zahl N auftreten, mit steigendem N in demselben Tempo wächst wie $\frac{N}{\ln(N)}$ (ln ist der Logarithmus zur Basis e, der so genannte natürliche Logarithmus, e die Eulersche Zahl, siehe Stifel, Neper, Briggs, Euler), aber der noch ausstehende Beweis gelang ihm nicht.

Tschebyschows Name ist jedoch in erster Linie mit seinen Arbeiten über die bestmögliche Approximation beliebiger Funktionen (mit bestimmten Eigenschaften) durch Polynome verbunden. Solche Approximationen sind für die praktische Berechnung von Funktionswerten interessant, da Polynome nichts anderes sind als Rechenanweisungen. Tschebyschow konstruierte einen geeigneten Satz von Polynomen, die in einem gewissen Sinne zueinander senkrecht sind, und mit denen eine gute Approximation möglich ist: die nach ihm benannten *Tschebyschow-Polynome*. In moderner Sprechweise kann man diese Polynome als Koordinatenachsen eines unendlich-dimensionalen Raumes benutzen, dessen „Punkte" die zu approximierenden Funktionen sind. Tschebyschow gehört damit zu den Vätern der im 20. Jahrhundert begründeten Funktionalanalysis, die solche abstrakten Räume untersucht. Merkwürdigerweise kommen die Tschebyschow-Polynome erstmalig in einer Arbeit vor, in der er Mechanismen untersucht, etwa einen solchen zur Umsetzung einer Kreisbewegung in eine Geradeausbewegung. (Möglicherweise wurde er hierzu durch die Betrachtung von Dampfmaschinen angeregt. Hier wird häufig die geradlinige Hin- und Herbewegung des Kolbens in eine Kreisbewegung umgesetzt, etwa bei der Dampflokomotive)

Tschebyschow zielte immer darauf ab, in der Liga der westlichen, speziell der französischen und deutschen Mathematiker mitzuspielen. Diesem Ziel dienten seine zahlreichen Reisen nach Frankreich, wo er an Mathematiker-Konferenzen teilnahm und auch häufig das Wort ergriff, um eigene Ergebnisse vorzutragen, sowie auch einige wenige Reisen nach Deutschland.

Tschebyschow wurde als Lehrer sehr gelobt. Er überfrachtete seine Vorlesungen nicht mit Stoff, sondern konzentrierte sich auf das Wesentliche und verhalf seinen Studenten zu eigenen Einsichten.

Auch Tschebyschow blieb – wie Weierstraß – sein Leben lang Junggeselle, aber er hatte eine uneheliche Tochter, die er zwar nicht anerkannte, aber dennoch alimentierte und auch regelmäßig besuchte. Er selbst lebte allein in einem großen Haus und benutzte seinen geerbten Reichtum zum Erwerb von Immobilien, seiner zweiten großen Leidenschaft neben der Mathematik.

Im Laufe seines Lebens wurde Tschebyschow von fast allen europäischen Akademien als korrespondierendes Mitglied aufgenommen, alle russischen Universitäten verliehen ihm Ehrentitel. Mit 71 Jahren ließ er sich emeritieren. 12 Jahre später starb er am 08. Dezember 1894 in St. Petersburg.

Die Gruppentheorie
Arthur Cayley (16.8.1821–26.1.1895)

Arthur Cayley wurde als Sohn eines englischen Kaufmannes in St. Petersburg geboren, und verbrachte seine ersten Lebensjahre in der Hauptstadt des russischen Reiches, bevor seine Eltern nach England zurückkehrten und sich in der Nähe von London niederließen. Arthur besuchte von seinem 14. Lebensjahr an das King's College in London, wo seine mathematische Begabung offenkundig wurde. Sein Mathematiklehrer überzeugte seine Eltern davon, dass es für Arthur besser sei, Mathematik zu studieren als in das Geschäft seines Vaters einzutreten. Also ging Arthur 1838 nach Cambridge und schrieb sich am Trinity College ein. Noch während seines Studiums veröffentlichte er einige Artikel im Cambridge Mathematical Journal. Nach seinem Examen wurde er befristet als Fellow im Trinity College aufgenommen und lehrte Mathematik. Als sein Vertrag auslief, musste er sich um einen Beruf kümmern, in dem er Geld verdienen konnte. Er studierte noch Rechtswissenschaften und wurde 1849 als Rechtsanwalt zugelassen. In den 14 Jahren, die er als Anwalt arbeitete, verdiente er nicht nur viel Geld, sondern veröffentlichte auch ungefähr 250 mathematische Abhandlungen, mehr als mancher hauptberufliche Mathematiker. Einer seiner Anwaltskollegen war James Joseph Sylvester, der sich unter anderem mit dem Matrizenkalkül beschäftigte. Mit ihm diskutierte er in jeder Verhandlungspause bei Gericht mathematische Fragen.

Im Jahre 1863 erhielt Cayley schließlich eine Professur für Reine Mathematik in Cambridge. Nun konnte er seine Produktivität noch steigern und publizierte im Verlauf der folgenden Jahre mehr als 900 Abhandlungen über Fragen aus fast allen Gebieten der Mathematik.

Cayley gilt neben Sylvester als einer der Begründer des Matrizenkalküls. Matrizen sind rechteckige Zahlenschemata, die man sich wie eine Tabelle in einem Tabellenkalkulationsprogramm vorstellen kann. Man kann mit Matrizen rechnen. Eine Addition zweier Matrizen, die in der Anzahl ihrer Zeilen und Spalten übereinstimmen müssen, führt man durch, indem man die Zahlen addiert, die in beiden Matrizen an gleicher Stelle stehen. Die Summen stellt man an derselben Stelle in einer dritten Matrix ein, der Summenmatrix.

Beispiel für Matrizen mit 2 Zeilen und Spalten:

$$\begin{pmatrix} 1 & 2 \\ 3 & 4 \end{pmatrix} + \begin{pmatrix} 5 & 6 \\ 7 & 8 \end{pmatrix} = \begin{pmatrix} 6 & 8 \\ 10 & 12 \end{pmatrix}$$

Man kann also sagen, dass die Matrizenaddition mehrere gewöhnliche Additionen zusammenfasst. Matrizen kann man auch multiplizieren, aber nur wenn die Anzahl der Spalten des ersten Faktors mit der Anzahl der Zeilen des zweiten Faktors übereinstimmt. Hieraus erkennt man schon, dass man die Faktoren bei der Matrixmultiplikation nicht einfach vertauschen kann, wie es bei der Multiplikation von Zahlen erlaubt ist. Vielmehr verhalten sich Matrizen bei der Multiplikation wie Hamiltons Quaternionen: ihre Multiplikation ist nicht kommutativ. Die Regel für die Multiplikation sei hier weggelassen, sie ist etwas komplizierter als die für die Addition. Aber man kann nachweisen, dass für Multiplikation und Addition von Matrizen dieselben Regeln gelten wie bei Zahlen, wenn man von der Vertauschbarkeit der Faktoren bei der Multiplikation absieht. Die quadratischen Matrizen, das sind solche mit gleicher Zeilen -und Spaltenzahl, ergeben bei Addition und Multiplikation wiederum eine gleichartige quadratische Matrix, Betrachtet man etwa die Gesamtheit aller 2 · 2-Matrizen (mit je 2 Zeilen und Spalten wie im obigen Beispiel), so erhält man bei Addition und Multiplikation zweier solcher Matrizen immer eine 2 · 2-Matrix, das heißt, dass diese Gesamtheit gegenüber den Rechenoperationen Addition und Multiplikation abgeschlossen ist wie etwa auch die Gesamtheit der ganzen Zahlen. Die Matrix

$$\begin{pmatrix} 0 & 0 \\ 0 & 0 \end{pmatrix}$$

übernimmt in dieser Gesamtheit die Rolle der Null und die Matrix

$$\begin{pmatrix} 1 & 0 \\ 0 & 1 \end{pmatrix}$$

die Rolle der Eins.

Der Gesamtheit der ganzen Zahlen ähnelt die Gesamtheit der 2 · 2-Matrizen darin, dass eine Division nur eingeschränkt möglich ist. Man kann also nicht jede 2 · 2-Matrix durch jede andere teilen. Es ist sogar noch schlimmer: Man kann von der Nullmatrix verschiedene 2 · 2- Matrizen angeben, deren Produkt die Nullmatrix ist. Der Mathematiker sagt, dass es in der Gesamtheit der quadratischen Matrizen Nullteiler gibt. Was hier für 2 · 2-Matrizen ausgeführt wurde, gilt ebenso für n · n-Matrizen mit jeder natürlichen Zahl n ab 2. Insgesamt bilden aber die Gesamtheiten der n · n -Matrizen Rechenstrukturen, in denen sich passabel rechnen lässt. Für solche Strukturen, in denen man addieren, multiplizieren, aber nicht uneingeschränkt dividieren kann, hat sich später die Bezeichnung *Ring* (siehe Hilbert) durchgesetzt. Matrizenringe werden meistens als *Algebren* bezeichnet. Matrizen werden heute für unterschiedlichste Berechnungen benutzt, etwa im Bereich der Statik, zur Beschreibung physikalischer Phänomene, aber auch in den Wirtschaftswissenschaften.

Cayley erkannte nun, dass Permutationen, wie sie Galois benutzt und Cauchy weiter untersucht hatte, quadratische Matrizen und die Einheiten 1, i, j, k der Quaternionen (siehe Hamilton) etwas gemeinsam hatten, nämlich ihre Rechenstruktur. Man kann sie alle mit einer Art Multiplikation miteinander verknüpfen, Matrizen außerdem mit einer Addition. Bei Permutationen und Quaternioneneinheiten kann man die Multiplikation rückgängig machen, mit anderen Worten: es gibt inverse Elemente. Diese bilden demnach *Gruppen*. Im Bereich der quadratischen Matrizen gilt das nicht allgemein. Diese bilden also mit der Matrizenmultiplikation keine Gruppe, wohl aber mit der Addition.

Eine *Gruppe* wird in moderner Terminologie wie folgt definiert:

Sie ist eine Menge von Elementen mit einer Verknüpfung (× oder +, oder anderes Symbol), die jedem Paar von Elementen ein drittes so zuordnet,

dass das **Assoziativgesetz** gilt, also für 3 beliebige Elemente a,b,c der Gruppe immer gilt (a × b) × c = a × (b × c),

dass es ein **neutrales Element** gibt, häufig Eins, Einselement oder Einheit (oder Null oder Nullelement, wenn die Gruppenverknüpfung eine Addition ist) genannt, das bei Verknüpfung mit jedem anderen Element dieses nicht verändert und dass es schließlich zu jedem Element ein **inverses Element** gibt, so dass die Verknüpfung des Elements mit seinem Inversen das Einselement ergibt.

In der Gruppe der Permutationen (siehe Galois) ist jede Vertauschung s_i zu sich selbst invers ($s_i \times s_i = e$) und die „Rundtänze" d und d^2 sind zueinander invers ($d \times d^2 = d^2 \times d = e$).

Das Konzept der Gruppe hat sich als außerordentlich tragfähig und weitreichend erwiesen. Cayleys Untersuchungen bilden den Anfang der Gruppentheorie, eines Teilgebiets der Mathematik, das unzählige Anwendungen bis hin zur Quantentheorie erfahren hat. Übrigens sind sowohl rationalen als auch die reellen Zahlen Gruppen bezüglich der Addition und der Multiplikation. Die ganzen Zahlen bilden mit der Addition eine Gruppe, mit der Multiplikation aber nicht. Bezüglich beider Rechenoperationen sind sie ein Ring.

Viele Gruppen haben nur endlich viele Elemente, so etwa die uns schon bekannten Permutationsgruppen endlich vieler Dinge und die Gruppe der Quaternionen-einheiten. Für endliche Gruppen kann man Verknüpfungstabellen aufstellen, die zu jedem Paar von Elementen das Produkt enthalten. Die Verknüpfungstabelle der Gruppe der Permutationen von 3 Dingen wurde bereits bei Galois vorgestellt, obwohl erst Cayley diese Methode eingeführt hatte. Er hat die Verknüpfungstabellen zahlreicher endlicher Gruppen aufgestellt. Wir geben als weiteres Beispiel die Tabelle der Quaternioneneinheiten an.

Aus Hamiltons Formeln $i^2 = j^2 = k^2 = i \cdot j \cdot k = -1$ leitet man leicht ab

$$i \cdot j = k, \; j \cdot k = i, \; k \cdot i = j, \; j \cdot i = -k, \; k \cdot j = -i, \; i \cdot k = -j$$

Damit ergibt sich folgende Tabelle, in die wir die negativen Einheiten $-i$, $-j$, $-k$ sowie die 1 und -1 einbeziehen müssen, weil diese als Rechenergebnisse vorkommen:

×	1	−1	i	−i	j	−j	k	−k
1	1	−1	i	−i	j	−j	k	−k
−1	−1	1	−i	i	−j	j	−k	k
i	i	−i	−1	1	k	−k	−j	j
−i	−i	i	1	−1	−k	k	j	−j
j	j	−j	−k	k	−1	1	i	−i
−j	−j	j	k	−k	1	−1	−i	i
k	k	−k	j	−j	−i	i	−1	1
−k	−k	k	−j	j	i	−i	1	−1

Die Tabelle ist nach demselben Schema aufgebaut wie die Verknüpfungstabelle der Permutationen.: Wir finden das Produkt etwa von −i und k an der Schnittstelle der Zeile mit dem fetten **−i** und der Spalte mit dem fetten **k** und sehen, dass das Produkt (−i) · k = j ist. Drehen wir die Reihenfolge um, so finden wir das Produkt k · (−i) in der Schnittstelle der Zeile mit dem fetten **k** und der Spalte mit dem fetten **−i**. Dort steht −j, das heißt (−i) · k ≠ k · (−i). An der Tabelle können wir einige Eigenschaften der Gruppe der Quaternioneneinheiten ablesen:

- Die Gruppe der Quaternioneneinheiten besteht aus 8 Elementen
- Jedes Produkt von zwei Einheiten ist wieder eine Quaternioneneinheit
- Die 1 ist das Einselement
- Die Multiplikation ist nicht kommutativ
- In jeder Zeile und jeder Spalte kommt jedes Element genau einmal vor, daraus kann man schließen, dass jedes Element ein eindeutig bestimmtes inverses Element hat. Dieses findet man, wenn man in der Zeile des Elements zu der Spalte geht, in der die 1 steht. Das inverse Element steht dann fettgedruckt am Spaltenkopf. Suchen wir etwa das Inverse zu −k, so finden wir in der Zeile **−k** an der zweitletzten Stelle eine 1. Diese gehört zur Spalte **k**, so dass wir feststellen können: (−k) · k = 1. Dies folgt aus der Hamiltonschen Grundformel
- $k^2 = -1$.
- Die Tabelle zeigt ein klares Muster. Sie zerfällt in Viererblöcke, in denen jeweils nur ein Element und sein Negatives vorkommen, also etwa 1 und −1, i und −i und so fort. Es gibt also Anklänge an ein Sudoku.

Wir können weiter feststellen, dass die Elemente 1 und −1 bei der Multiplikation unter sich bleiben. Dasselbe gilt für die 4 Elemente 1, −1, i, −i und genauso für 1, −1, j, −j und 1, −1, k, −k.

Das heißt, dass auch die beiden Elemente 1 und −1 schon eine Gruppe bilden, ebenso 1, −1, i, −i und die beiden anderen Viererkombinationen aus 1, −1 und einer Quaternioneneinheit. Wir haben damit 1 Untergruppe mit zwei Elementen (der *Ordnung* 2, wie der Gruppentheoretiker sagt) gefunden, die ihrerseits in den drei Untergruppen der Ordnung 4 enthalten ist. Eine wichtige Aufgabe der Gruppentheorie ist das Auffinden aller Untergruppen einer Gruppe. Wenn man sie kennt, weiß man schon sehr viel über die Struktur der Gruppe. Im vorliegenden Beispiel haben wir bereits alle Untergruppen gefunden. Eine gute Hilfe bei der Suche nach Untergruppen endlicher Gruppen gibt ein bereits von Cauchy gefundener elementarer Satz, nach dem die Anzahl der Elemente einer Untergruppe (ihre *Ordnung*) die Anzahl der Elemente der umfassenden Gruppe teilt – kurz: die Ordnung der Untergruppe teilt die Gruppenordnung. So kommen im vorliegenden Beispiel nur Untergruppen mit 2 oder 4 Elementen in Frage. Nicht unterschlagen wollen wir allerdings die triviale Untergruppe, die es in jeder Gruppe gibt und die nur aus dem Einselement besteht. In unserem Beispiel bemerken wir weiterhin, dass alle Untergruppen kommutativ sind, oder wie man zu Ehren von Niels Abel sagt, der auch zu den Pionieren der Gruppentheorie gehört: *Abelsch*. Die Nichtkommutativität der Gruppe der Quaternioneneinheiten kommt erst durch die Interaktion der Einheiten i, j und k zu Stande.

Diese Erläuterungen mögen dem Leser einen Eindruck vermitteln, welche Tür Cayley aufgestoßen hat und welche Schätze hinter dieser Tür zu finden sind.

Cayley erweiterte die analytische Geometrie der Ebene und des Raumes, die ja die geometrischen Objekte wie Punkte, Geraden, Ebenen, Polygone, Polyeder, Kegelschnitte mit Zahlenkombinationen und Gleichungen beschreibt, auf vierdimensionale und höherdimensionale Räume, von denen uns die Anschauung fehlt. Die Zahlenkombinationen und Gleichungen kann man aber ohne weiteres auf höherdimensionale Räume übertragen. Cayley gehört mit diesen Arbeiten zu den Mathematikern, die die Grundlagen für das vierdimensionale Raum-Zeit-Kontinuum der Relativitätstheorie legten.

Obwohl er Lobatschewskis nicht-Euklidische Geometrie kannte, hielt Cayley daran fest, dass die Geometrie unserer Erfahrung und des physikalischen Raumes Euklidisch sei. Dieser Glaube wurde zumindest in Hinblick auf die Geometrie des Weltalls von Einstein endgültig widerlegt. Cayley behielt jedoch darin Recht, dass in irdischen Maßstäben mit mehr als ausreichender Genauigkeit die Euklidische Geometrie gilt.

Cayley verließ diese Erde im Alter von 73 Jahren. Er starb nach einem arbeits- und erfolgreichen Leben am 26.01.1895 in Cambridge.

Die erste transzendente Zahl
Charles Hermite (24.12.1822–14.1.1901)

Charles Hermite erblickte in Dieuze in Lothringen das Licht der Welt. Er war das sechste von sieben Kindern seiner Eltern. Sein Vater Ferdinand Hermite arbeitete zunächst als Ingenieur an einem Salzbergwerk in der Nähe, trat aber nach seiner Vermählung in den Tuchhandel seiner Schwiegerfamilie ein. Als Charles 7 Jahre alt war, verlegte die Familie ihren Firmensitz nach Nancy, und auch Ferdinand Hermite zog mit seinen Angehörigen dorthin um. Obwohl sich die Eltern vorrangig um das Geschäft kümmerten, sorgten sie doch für eine gute Ausbildung ihrer Kinder. Charles begann auf dem Collège de Nancy, wurde dann auf ein anderes Kolleg nach Paris geschickt und wechselte mit 17 Jahren auf das Collège Louis-Le-Grand, an dem 15 Jahre früher der rebellische Evariste Galois studiert hatte. Charles' Mathematiklehrer war derselbe, den schon Galois zur Verzweiflung getrieben hatte. Auch Hermite interessierte sich nur wenig für den Mathematikunterricht; er las lieber die Werke von Euler, Lagrange und Gauß. Ob es der Geist der Schule war oder eine Wahlverwandtschaft, können wir nicht entscheiden; auf jeden Fall ließ sich auch Charles Hermite wie Galois von der Gleichung 5. Grades anziehen und veröffentlichte zwei Arbeiten, in denen er versuchte, ihre Unlösbarkeit mit Radikalen (Wurzelausdrücken) zu beweisen. Er kannte die Arbeiten von Galois nicht, diese verstaubten noch in der Académie und wurden erst 1843 von Liouville wieder aufgefunden. Aber auch die Arbeiten von Abel und die Beiträge des Italieners Ruffini zum Problem der Gleichung 5. Grades waren ihm unbekannt, so dass er Gefahr lief, das Rad zum wiederholten Mal zu erfinden.

Wie Galois strebte Hermite einen Studienplatz an der École Polytechnique an, und bestand im Gegensatz zu jenem sogar die Aufnahmeprüfung, allerdings nur als Achtundsechzigster. Ein Jahr später wollte ihn die Hochschulleitung exmatrikulieren, weil er durch einen Klumpfuß in seiner Beweglichkeit stark behindert war. Natürlich zeigte sich später, dass ihn das in der Ausübung seines Berufs als Mathematiker nicht im Geringsten beeinträchtigte. Obwohl die Diskriminierung Behinderter im 19. Jahrhundert und auch später gang und gäbe war, gab es doch auch Personen, die gegen solche Praktiken vorgingen. Auch im Falle Hermite fanden sich einflussreiche Persönlichkeiten, die die Hochschulleitung zum Einlenken brachten. Hermite durfte bleiben, allerdings nur unter Auflagen, die er nicht akzeptierte. Er verließ die École Polytechnique, was nicht zu deren Ruhm beiträgt. Charles Hermite ging nun seinen individuellen Weg, machte sich den führenden Mathematikern bekannt, und begann einen Schriftwechsel mit Jacobi über elliptische Funktionen. Er fand eine Differentialgleichung, der gewisse von Jacobi entdeckte Funktionen genügten und er benutzte Fourier-Reihen (siehe Fourier und Dirichlet), um sie zu lösen.

Im Jahre 1847 erhielt Hermite die Lehrbefugnis und ausgerechnet an der École Polytechnique seine erste Stelle als Repetitor und Prüfer im Aufnahmeverfahren. In dieser Position hatte er Zeit für die Forschung und erzielte einige herausragende Resultate über doppelt-periodische Funktionen. Unter anderem zeigte er, dass sich jede doppelt-periodische Funktion als Quotient zweier periodischer Funktionen darstellen lässt. Er fand interessante Zusammenhänge zwischen Zahlentheorie, elliptischen Funktionen und Transformationen von Abelschen Funktionen.

Im Jahre 1856 wurde Hermite in die Académie des Sciences aufgenommen. Im gleichen Jahr erkrankte er an den Pocken. Cauchy mit seinem starken Glauben half ihm über diese Krise hinweg mit dem Ergebnis, dass sich auch Hermite zu einem gläubigen Katholiken und – wie Cauchy – zu einem Royalisten entwickelte.

Die Gleichung 5. Grades ließ Hermite nicht los, obwohl er inzwischen die Arbeiten von Galois, Abel und Ruffini kannte. Er konnte aber zeigen, dass sie sich mit Hilfe elliptischer Funktionen lösen lässt. Dieses Resultat konnte er dann wiederum anwenden, um neue Ergebnisse in der Zahlentheorie zu gewinnen.

1869 wurde Hermite schließlich Professor an der École Polytechnique, die er als Student verlassen hatte, und an der Sorbonne. Er gab den Lehrstuhl an der Polytechnique einige Jahre später auf, blieb aber bis zu seiner Emeritierung im Jahre 1897 an der Sorbonne.

Im Jahre 1873 bewies Hermite, dass die Eulersche Zahl e (siehe Euler) transzendent ist, also nicht Nullstelle eines Polynoms (siehe Abu Kamil Shuja) mit rationalen Koeffizienten. Damit hat er die erste transzendente Zahl konkret vorgezeigt. Er war auch nahe daran, die Transzendenz der Kreiszahl π nachzuweisen. Allerdings kam er nicht auf den letzten Dreh, den dann der deutsche Mathematiker von Lindemann fand (siehe Kronecker). Eine reelle Zahl heißt *algebraisch,* wenn sie Nullstelle eines Polynoms mit rationalen Koeffizienten ist, sonst *transzendent.*

Hermite fand auch ein nach ihm benanntes System orthogonaler Polynome (siehe hierzu Tschebyschow), die sich als Lösungen einer ebenfalls nach ihm benannten Differentialgleichung ergeben. Auch sind Matrizen mit bestimmten Eigenschaften nach ihm benannt (zu Matrizen siehe Cayley).

In der Wahl seiner mathematischen Themen war Hermite sehr selektiv. Er hasste Geometrie und liebte Analysis. Daher hatte er für Weierstraß, der die Analysis endgültig auf feste Füße gestellt hatte, den allergrößten Respekt, den er auch nach dem deutsch-französischen Krieg von 1870/71 nicht verlor. Als der junge Schwede Gösta Mittag-Leffler in Paris versuchte, seinen Vorlesungen zu folgen, empfahl er ihm, nach Berlin zu Weierstraß zu gehen, denn dieser sei der „Meister von uns allen". Wie wir im Artikel über Mittag-Leffler erfahren, folgte dieser tatsächlich dem Rat und wurde von Weierstraß stark beeinflusst.

Hermites Schüler hoben seinen ansteckenden Enthusiasmus für die Mathematik hervor, aber auch seine Bescheidenheit, seinen tiefen Glauben und seine Sorge für seine Familie. Er war mit der Schwester eines Kollegen verheiratet und hatte zwei Töchter. Mit seiner Familie lebte er zurückgezogen und widmete sich in seiner freien Zeit der mathematischen Forschung. Er war ein Platoniker, der glaubte, dass die Mathematik in einem Reich der Ideen bereits vorhanden ist und nur entdeckt werden muss. Aus diesem Grunde lehnte er Cantors Welt der unendlichen Mengen ab (siehe Cantor), die er – nicht unähnlich Kronecker – als reine Erfindung betrachtete.

Charles Hermite verfehlte seinen 80. Geburtstag nur knapp, aber erlebte noch das neue Jahrhundert. Er verstarb am 14. Januar 1901 in Paris.

Der Papst der Mathematik
Leopold Kronecker (7.12.1823–29.12.1891)

Leopold Kronecker ist der dritte im Bunde der Berliner Mathematiker, die in der zweiten Hälfte des 19. Jahrhunderts die Szene beherrschten. Er wurde in Liegnitz/Schlesien als Sohn eines wohlhabenden jüdischen Kaufmannes geboren. In zeittypischer Weise erhielt er Privatunterricht, bis er in das Liegnitzer Gymnasium eintrat. Hier hatte er das große Glück, einen Lehrer wie Ernst Kummer (siehe dort) zu finden, seinen späteren Kollegen in Berlin. Kummer erkannte das mathematische Talent seines Schülers und förderte ihn weit über den Schulstoff hinaus.

Kronecker schrieb sich 1841 an der Universität Berlin ein und studierte unter anderen bei Dirichlet (siehe dort). Er interessierte sich neben der Mathematik für Philosophie, aber auch für Astronomie, Meteorologie, und Chemie. Nach zwei Jahren wechselte er an die Universität Bonn, zog aber nach einem Semester weiter nach Breslau, wo sein früherer Lehrer Kummer inzwischen an der Universität lehrte. Nach einem Jahr in Breslau kehrte er nach Berlin zurück und schrieb bei Dirichlet seine Doktorarbeit, für die ihm 1845 der Doktortitel verliehen wurde. Er lernte Jacobi kennen, der aus Gesundheitsgründen von Königsberg nach Berlin versetzt worden war, und auch den in Berlin lehrenden Mathematiker Eisenstein. Beider Einfluss ist in seinen späteren Forschungsinteressen deutlich zu erkennen. Der natürliche nächste Schritt für Kronecker wäre nun die Anfertigung einer Habilitationsschrift gewesen, aber er zog sich zunächst in das Bankgeschäft seines Onkels zurück. Hier machte er nicht nur ein Vermögen, sondern er heiratete auch seine Kusine Fanny, die Tochter seines Onkels. Neben dem Bankgeschäft beschäftigte er sich weiterhin mit Mathematik, veröffentlichte allerdings nichts.

Im Jahre 1855 hatte Kronecker genügend Vermögen angesammelt, um sich das Leben eines Privatgelehrten leisten zu können. Er kehrte an die Universität Berlin zurück, wo inzwischen sein alter Lehrer Kummer die Nachfolge von Dirichlet angetreten hatte. Ein Jahr darauf wurde Weierstraß berufen. Kronecker veröffentlichte jetzt in rascher Folge Arbeiten über die verschiedensten Themen aus der Zahlentheorie, über elliptische Funktionen und Algebra und vor allen Dingen erforschte er die Querverbindungen zwischen diesen verschiedenen mathematischen Disziplinen.

Im Jahre 1861 wurde Kronecker auf Vorschlag Kummers in die Berliner Akademie aufgenommen. Damit erwarb er das Recht, an der Universität zu lehren, auch ohne dort einen Lehrstuhl innezuhaben. Er konnte es sich leisten, anspruchsvolle Vorlesungen zu halten, denen nur die besten Studenten folgen konnten. Diesen bot er sehr viel, indem er ihnen neue Sichtweisen auf bestehende Theorien vermittelte. Einer seiner Studenten war Georg Cantor (siehe dort), der Erfinder der Mengenlehre, die Kronecker später vehement ablehnte.

Kronecker fand die Atmosphäre in Berlin mit den Kollegen Kummer und Weierstraß und vielen begabten Studenten so anregend, dass er im Jahre 1868 sogar einen Ruf nach Göttingen ablehnte. Dennoch verschlechterte sich sein Verhältnis zu seinen Kollegen ab Anfang der 1870er Jahre zunehmend, weil er in der Mathematik einen extremen Standpunkt einnahm. Er akzeptierte nur Methoden und Konstruktionen, die sich auf die natürlichen Zahlen stützten und mit einer endlichen Anzahl von Schritten ausführbar waren. Bekannt ist sein Ausspruch: „Die natürlichen Zahlen hat Gott erschaffen, alles andere ist Menschenwerk", eine Position, mit der er sich um 2500 Jahre in die Zeit des Pythagoras zurückversetzte. Er begann, irrationale Zahlen und die damals neuen Konzepte der reellen Zahlen abzulehnen, weil sie nicht in seinem Sinne konstruktiv sind. Weierstraß führte zum Beispiel reelle Zahlen als Grenzwerte von Folgen rationaler Zahlen ein. Damit sind sie nicht in endlich vielen Schritten konstruierbar. (Anmerkung: es ist noch niemandem gelungen, ein Verfahren anzugeben, mit dem irrationale Zahlen in endlich vielen Schritten zu konstruieren sind. Natürlich ist das auch unmöglich, denn mit endlich vielen Schritten kann man aus rationalen Zahlen nur rationale Zahlen gewinnen.)

Ungeachtet seiner extremen Position wuchs Kroneckers Einfluss in der Mathematikergemeinde ständig, insbesondere durch viele persönliche Kontakte, die er im In- und Ausland pflegte. Kroneckers Rat wurde bei der Besetzung freier Professorenstellen mindestens ebenso oft eingeholt wie der von Weierstraß. Kronecker war Mitherausgeber und ab 1880 alleiniger Herausgeber von Crelles Journal und versuchte in dieser Funktion mehrfach, die Veröffentlichung von Abhandlungen zu unterbinden, die nicht in seine Weltanschauung passten. Das bedeutendste Beispiel liefern die Arbeiten seines Schülers Cantor, von denen er sagte, sie beschäftigten sich mit mathematischen Gegenständen, die überhaupt nicht existierten. Nach Kummers Emeritierung folgte ihm Kronecker nicht nur auf seinem Lehrstuhl nach, sondern wurde auch Kodirektor des von Kummer und Weierstraß gegründeten Berliner Mathematikseminars. Kronecker wuchs damit eine in der Mathematikgeschichte einmalige Machtposition zu, in der er souverän entschied, was sinnvolle Mathematik war und was nicht.

Eine lange Zeit offene Frage war, ob die Kreiszahl π eine algebraische Irrationalzahl (d. h. Nullstelle eines Polynoms) ist oder nicht. Im Jahre 1882 bewies der Mathematiker von Lindemann nach der Vorarbeit von Hermite, dass letzteres der Fall ist. Seitdem wissen wir, dass π eine transzendente Zahl ist, was unter anderem bedeutet, dass die Quadratur des Kreises mit Zirkel und Lineal nicht möglich ist. Kronecker gratulierte Lindemann zu seinem wunderschönen Beweis, fügte aber hinzu, dass dieser völlig nutzlos sei, da es so etwas wie transzendente Zahlen nicht gebe. Aus der gleichen Motivation lehnte er Cantors Mengenlehre ab. Sogar sein Freund Weierstraß bemerkte, dass Kronecker seinen Studenten gegenüber durchblicken ließ, dass er die Weierstraßsche Analysis für gegenstandslos hielt. Er bestritt den (unendlichen) Potenzreihen, die Weierstraß an den Anfang seiner Funktionentheorie stellte, die Existenz und forderte, man solle nur mit endlichen Summen arbeiten. Dies führte 1888 zu einem Zerwürfnis, das nicht mehr zu kitten war. Weierstraß erwog sogar, Berlin zu verlassen, entschloss sich aber dann doch zu bleiben, um Kroneckers Einfluss nicht ins Unermessliche wachsen zu lassen.

Kroneckers Ehrgeiz ist sicherlich zum Teil durch seine kleine Statur begründet. Wie viele kleine Männer reagierte er empfindlich auf Anspielungen auf seine Größe. Als der junge Mathematiker Schwarz ihm 1885 einen Gruß schickte, in dem er scherzhaft formulierte: „Wer den Kleinen nicht ehrt, ist des Großen nicht wert", womit er auf Weierstraß' Größe und Kroneckers Kleinheit anspielte, war dies das Ende der Beziehungen zwischen Kronecker und Schwarz.

Trotz der bis ins Persönliche gehenden Auseinandersetzungen zwischen Kronecker und Cantor lud dieser seinen alten Lehrer zu der ersten Tagung der Deutschen Mathematiker Vereinigung ein, die er 1891 in Halle organisierte. Kronecker sagte zu, kam aber dann doch nicht, weil seine Frau auf einer Bergtour verunglückte und im August 1891 starb. Kronecker überlebte sie nur um wenige Monate und folgte ihr im Dezember desselben Jahres.

Kroneckers Sicht der Mathematik wurde zu seiner Zeit nur von wenigen Mathematikern geteilt. Anfang des 20. Jahrhunderts kam sie jedoch wieder in Mode aus Gründen, die in den folgenden Artikeln klar werden.

Geometrische Funktionentheorie und die Geometrie des Weltraumes
Georg Friedrich Bernhard Riemann
(17.9.1826–29.7.1866)

Bernhard Riemann, wie er sich selbst nannte, wuchs als Zweitältester von sechs Geschwistern in einem Pfarrhaus in dem kleinen Ort Breselenz bei Dannenberg in Niedersachsen auf. Seine frühe Ausbildung übernahm sein Vater mit Hilfe des Lehrers der örtlichen Volksschule. Mit vierzehn Jahren wurde Bernhard in die Quarta (dritte Klasse) des Lyzeums in Hannover aufgenommen. Er wohnte dort bei seiner Großmutter bis diese 1842 starb, und wechselte dann an das Gymnasium Johanneum in Lüneburg. Bernhard war ein guter, aber wohl nicht überragender Schüler mit einem besonderen Interesse für Mathematik. Der Direktor des Johanneums gab ihm daher mathematische Literatur aus seiner eigenen Bibliothek, die er verschlang. Unter anderem las Bernhard die 900 Seiten Théorie des nombres von Legendre innerhalb von sechs Tagen, und wir können davon ausgehen, dass er sie auch verstanden hatte. Nach dem Abitur ging Bernhard Riemann 1846 nach Göttingen, um dort auf Wunsch seines Vaters Theologie zu studieren. Nachdem er allerdings einige mathematische Vorlesungen besucht hatte, bat er seinen Vater, das Studienfach wechseln zu dürfen, was ihm auch gewährt wurde. Göttingen war zur damaligen Zeit noch keine Hochburg der Mathematik, obwohl Gauß dort lehrte, der aber nur Einführungskurse gab. Bernhard Riemann wechselte daher im Frühjahr 1847 nach Berlin, wo er mit Jacobi, Dirichlet, Eisenstein und Steiner Lehrer fand, die ihm seiner Begabung entsprechende Herausforderungen stellten. Ganz besonders eng schloss er sich an Dirichlet an, dessen Vorgehensweise der gründlichen gedanklichen Durchdringung und Analyse mathematischer Aufgabenstellungen ihn besonders beeindruckte und ihm auch lag. Riemann hatte einen intuitiven

Zugang zur Mathematik, worunter manchmal die Strenge litt, aber er verstand es, seine brillanten Ideen bis zu Ende zu durchdenken und dann in großer Klarheit, ohne viel technisches Detail darzustellen.

Im Jahre 1849 kehrte Riemann nach Göttingen zurück, um dort bei Gauß seine Doktorarbeit zu schreiben. Sie befasste sich bereits mit einer seiner großartigen Erfindungen, den Riemannschen Flächen. Riemann löste damit das Problem der Mehrdeutigkeit von Funktionen komplexer Variabler (der analytischen Funktionen, siehe Weierstraß) auf elegante Weise, indem er mehrere Kopien der komplexen Ebene benutzte, die auf eine von der jeweiligen Funktion bestimmte Weise miteinander verheftet werden. Bekanntlich ist bereits die Quadratwurzel zweideutig (Etwa $\sqrt{9} = 3$ oder -3, oder $\sqrt{-1} = i$ oder $-i$). Um die Riemannsche Fläche der Quadratwurzelfunktion zu verstehen, muss man wissen, dass die komplexe Zahlenebene zwei aufeinander senkrechte Koordinatenachsen hat (siehe Gauß). Auf der waagerechten Achse sind die reellen Zahlen aufgetragen und auf der senkrechten die rein imaginären Zahlen. Die beiden Achsen schneiden sich in ihren jeweiligen Nullpunkten, diesen Schnittpunkt nennt man auch Nullpunkt der komplexen Ebene. Links vom Nullpunkt der reellen Achse sind die negativen Zahlen aufgetragen, deswegen heißt die halbe Achse links vom Nullpunkt die *negative reelle Achse*. Um die Riemannsche Fläche der Wurzelfunktion (siehe hierzu auch Weierstraß) zu konstruieren, werden nun zwei Exemplare der komplexen Zahlenebene entlang der negativen reellen Achse aufgeschnitten und über Kreuz zusammengeheftet – dies ist natürlich in unserem gewohnten dreidimensionalen Raum nicht möglich, aber vorstellen kann man sich das schon – ähnlich wie Maurits Escher seine unmöglichen Architekturen zeichnen konnte. Umläuft man auf dieser Fläche den Nullpunkt startend bei der Zahl 1 entgegen dem Uhrzeigersinn, so kommt man beim Überschreiten der negativen reellen Achse in das andere Exemplar der komplexen Ebene. Hat man den Nullpunkt einmal voll umrundet, so kommt man keineswegs wieder bei der Zahl 1 an, sondern bei ihrer Kopie auf dem zweiten Exemplar der komplexen Ebene. Nun kann man der ersten Zahl 1 den Wurzelwert $+1$ und der Kopie den Wurzelwert -1. Ebenso geht man mit allen anderen Zahlen vor, aus denen die Wurzel gezogen wird. Beim Zusammenheften der beiden Exemplare der komplexen Eben muss man darauf achten, dass auch die negative reelle Achse zweimal vorkommt, dann kommt auch z. B. der Wert -1 zweimal vor und man ordnet dem einen Exemplar den Wurzelwert $+i$ und dem anderen $-i$ zu. Nur der Nullpunkt wird nicht verdoppelt, da die Null der einzige Wert ist, dessen Quadratwurzel eindeutig bestimmt ist, sie ist auch gleich Null. Auf dieser – wie gesagt physisch nicht konstruierbaren, aber gedanklich vorstellbaren – Fläche ist die Wurzelfunktion nun eindeutig. Kompliziertere

Funktionen, etwa höhere Wurzeln oder algebraische Funktionen, gegeben durch Wurzeln aus Polynomen oder Umkehrfunktionen von Polynomen sind meistens nicht nur zweideutig, sondern mehrdeutig und haben daher auch kompliziertere Riemannsche Flächen, auf denen sie eindeutig werden. Auf diesen Flächen können mehrere Punkte wie der Nullpunkt bei der Quadratwurzel vorhanden sein, um die herum sich die Fläche verzweigt.

Die Logarithmusfunktion im Komplexen erweist sich als unendlich vieldeutig (siehe Weierstraß). Ihre Riemannsche Fläche besteht daher aus unendlich vielen Exemplaren der komplexen Ebene, die alle entlang der negativen reellen Achse aufgeschnitten und in Art einer in beide Richtungen unendlichen Wendeltreppe entlang eben dieser Achse miteinander verheftet sind. Umlauf um die Null entgegen dem Uhrzeigersinne führt abwärts in immer tiefere Exemplare der komplexen Ebene, im Uhrzeigersinn aufwärts in immer höhere Exemplare. (Genau genommen müssen wir hier sagen, dass es um abzählbar unendlich viele Exemplare der komplexen Ebene geht, zu diesem Unendlichkeitsbegriff siehe Cantor). Die Werte des Logarithmus an derselben Stelle in den verschiedenen Blättern seiner Riemannschen Fläche unterscheiden sich um ganzzahlige Vielfache von $2\pi i$. Bei den Wurzelfunktion und dem Logarithmus konstruiert man für den Wertebereich eine Riemannsche Fläche, um die Mehrdeutigkeit zu umgehen. Umgekehrt bildet man auch Riemannsche Flächen des Definitionsbereichs von Funktionen, die denselben Wert mehrfach annehmen. Die einfachsten Fälle sind hier die periodischen Funktionen, die in regelmäßigen Abständen immer wieder denselben Wert annehmen. Die trigonometrischen Funktionen Sinus und Kosinus haben in der komplexen Ebene auch die (reelle) Periode 2π, das heißt, alle ihre Werte werden bereits in einem senkrechten Streifen der komplexen Ebene angenommen, der entsteht, wenn man auf dem Nullpunkt der reellen Achse und auf dem reellen Wert 2π die Senkrechten errichtet. Schneidet man nun diesen Streifen entlang der beiden Senkrechten aus, biegt ihn zu einem Zylinder und verheftet ihn an den beiden Schnittlinien – in diesem Falle so, dass die auf beiden Schnittlinien gelegenen identischen Werte jeweils nur einmal auftreten, so erhält man als Riemannsche Fläche einen in beide Richtungen unendlich langen Zylinder. Die doppeltperiodischen Funktionen (siehe Abel, Jacobi, Weierstraß) nehmen alle Werte bereits in dem Periodenparallelogramm an. Schneidet man dieses aus und heftet zunächst die Unter- und Oberseite des Parallelogramms zusammen, so erhält man einen (endlichen) Zylinder. Biegt man diesen, bis sich die beiden Enden des Zylinders treffen und verheftet diese miteinander, so ergibt sich die Riemannsche Fläche der doppeltperiodischen Funktionen: ein Doughnut, oder vornehm ausgedrückt: ein Torus.

Die Riemannschen Flächen begründen die geometrische Behandlung der analytischen Funktionen, bei der man zum Beispiel untersucht, auf welches Gebiet des Wertebereichs ein bestimmtes Gebiet des Definitionsbereichs (zum Beispiel das Innere eines Kreises) abgebildet wird (so genannte *konforme Abbildung*). Hier werden Fragen interessant, ob derartige Gebiete Löcher haben und wie sich die Löchrigkeit bei der Abbildung auswirkt. Diese Fragen gehören zur Topologie, einer Disziplin, die bereits Euler mit seiner Polyederformel (siehe Euler) berührt hat, deren Tür aber durch Riemanns Arbeit weit aufgestoßen wurde. Die Topologie kann als die am stärksten verallgemeinerte Form der Geometrie angesehen werden, in der nur noch solche Eigenschaften von Figuren oder allgemeiner: Punktmengen betrachtet werden, die sich bei stetigen Verformungen (das ist z. B. Biegen, Falten, Kneten, Dehnen und Stauchen, aber nicht Zerreißen, Brechen, Stanzen von Löchern oder Einfügen von zusätzlichem Material) nicht verändern. Hierzu gehört auch die Anzahl der Löcher eines Gebiets der Ebene – ein Gebiet zu lochen ist ein Akt des Reißens oder Schneidens, ein Loch zu schließen ist ein Akt des Einfügens.

Riemann begründete die geometrische Funktionentheorie mit einem nach ihm benannten Satz, (Riemannscher Abbildungssatz), der besagt, dass man jedes Gebiet der komplexen Zahlenebene, das keine Löcher hat (der Mathematiker nennt es *einfach zusammenhängend*), wie krumm auch seine Grenzen sein mögen, mit Hilfe einer analytischen Funktion auf die ganze Zahlenebene oder das Innere des Einheitskreises abbilden kann und dass auch die umgekehrte Abbildung mit Hilfe einer analytischen Funktion möglich ist. Dass alle einfach zusammenhängenden Gebiete topologisch äquivalent sind, also stetig aufeinander abgebildet werden können, war schon klar, der Schwerpunkt des Riemannschen Satzes liegt auf der Feststellung, dass die Abbildung mit analytischen Funktionen bewerkstelligt werden kann, die sehr viel spezieller sind als nur stetige Funktionen.

Riemann hat mit seinen funktionentheoretischen Arbeiten mehrere neue Forschungsfelder erschlossen, die Riemannschen Flächen, die Topologie und die geometrische Funktionentheorie. Ebenso fruchtbar erwies sich der Vortrag, den Riemann anlässlich seiner Habilitation hielt. Er hatte drei Themen vorgeschlagen, von denen Gauß das letztgenannte Thema auswählte „Über die Hypothesen, welche der Geometrie zugrunde liegen". In diesem Vortrag entwirft Riemann eine Geometrie beliebig dimensionaler gekrümmter Räume, deren Koordinatenachsen auf den kürzesten Verbindungslinien zweier Punkte (so genannte *Geodätische*) verlaufen und deren Metrik (Bestimmung von Längen und Flächen) lokal festgelegt ist, so dass an verschiedenen Orten unterschiedliche Metriken möglich sind. Beispiel:

Geometrische Funktionentheorie und die Geometrie des Weltraumes

Auf der gekrümmten Oberfläche der Erdkugel sind die Geodätischen die Großkreise, die auf einem Kugelumfang liegen (sie haben denselben Radius und Mittelpunkt wie die Kugel). Wir haben deshalb auf der Erde ein Koordinatensystem, dessen eine Achse der Großkreis Äquator (geographische Breite 0) bildet und die andere der Großkreis durch beide Pole und den Ort Greenwich bei London (geographische Länge 0). Allerdings haben wir auf der Erdkugel überall dieselbe Metrik. Riemanns Überlegungen gehen über dieses einfache Beispiel weit hinaus und beziehen sich auf beliebige gekrümmte Flächen und auch gekrümmte Räume höherer Dimension. Er hat damit 1854 bereits die Geometrie skizziert, die über 50 Jahre später in der Allgemeinen Relativitätstheorie Einsteins die tragende Rolle übernehmen sollte. Nach Riemanns Vortrag zeigte sich Gauß tief beeindruckt von der Tiefe seiner Gedanken. Gauß war wohl der einzige Zuhörer, der diese überhaupt würdigen konnte.

Riemann durfte nun lehren, was ihm anfangs einige Schwierigkeiten bereitete. In den Jahren 1856–57 hielt Riemann vor drei Zuhörern seine Vorlesungen über Abelsche Funktionen, in denen er die Riemannschen Flächen dieser Funktionen untersuchte und Umkehrfunktionen bestimmte, wie es Abel und Jacobi für den Spezialfall der elliptischen Integrale getan hatten. Einer seiner drei Zuhörer, Richard Dedekind (siehe dort), machte später seine Vorlesungsmitschrift verfügbar. Riemann selber veröffentlichte seine Ergebnisse 1857 in Crelles Journal mit dem Effekt, dass Weierstraß von einer Veröffentlichung seiner Untersuchungen über Abelsche Funktionen absah, weil Riemanns Abhandlung auf einer Fülle neuer und äußerst fruchtbarer Konzeptionen beruhte. Im Jahre 1857 erhielt Riemann schließlich eine Professur, sah sich aber gleichzeitig der Kritik, insbesondere durch Weierstraß, ausgesetzt, nach der ein Beweisprinzip, dass er in seiner Doktorarbeit benutzt und nach Dirichlet benannt hatte, nicht tragfähig sei. Riemann akzeptierte die Kritik, tat sie aber als belanglos ab, weil seine Sätze mit oder ohne Benutzung dieses Prinzips richtig seien, was auch stimmt. Das von ihm so genannte Dirichlet-Prinzip, mit dem man Funktionen finden kann, die eine bestimmte Minimalbedingung erfüllen, wurde später von David Hilbert (siehe dort) gerettet.

Nach dem Tode von Dirichlet im Jahre 1859 folgte ihm Riemann auf dem Göttinger Lehrstuhl für Mathematik nach. Gleichzeitig wurde er in die Berliner Akademie aufgenommen. Zum Einstand schickte er der Akademie einen Bericht über den Primzahlsatz (siehe Legendre und Gauß) ein, in der er die Beziehung zwischen der Zetafunktion (siehe Euler) und der Primzahlverteilung untersuchte. Er betrachtete die Zetafunktion als Funktion einer komplexen Veränderlichen und zeigte, dass – mit wenigen Ausnahmen – alle ihre Nullstellen im Streifen der komplexen Zahlenebene zwischen 0 und 1 liegen. Seine Vermutung, dass sie alle genau in der Mitte des Streifens liegen, also auf der Geraden, die parallel zur imaginären Achse durch den Wert $\frac{1}{2}$ verläuft, ist bis heute unbewiesen.

Während die bisher geschilderten Leistungen Riemanns in den Bereich der höchsten Mathematik gehören, wird jeder Schüler der Oberstufe des Gymnasiums heute mit dem *Riemannschen Integral* konfrontiert. Riemann konstruierte das Integral reeller Funktionen streng als Grenzwert von Rechtecksflächen. Stellt man die zu integrierende Funktion im Koordinatensystem graphisch als Kurve dar, so füllen die immer schmaler werdenden Rechtecke den Bereich zwischen der horizontalen Achse und der Kurve immer genauer aus. Wenn dann die Summe ihrer Flächen einem Grenzwert zustrebt, heißt die betrachte Funktion *integrierbar* oder *integrabel*. Dies muss nicht für alle Funktionen der Fall sein, aber man kann zeigen, dass stetige Funktionen immer im Riemannschen Sinne integrabel sind. Aber auch z. B. Funktionen, deren Schaubild endlich viele Sprünge aufweist, die also 'nur stückweise stetig sind, sind integrabel, so dass man feststellen kann, dass die Klasse der Riemann-integrablen Funktionen auf jeden Fall größer ist als die Klasse der stetigen Funktionen.

1862 heiratete Bernhard Riemann eine Freundin seiner Schwester. Aus der Ehe ging eine Tochter hervor. Ende desselben Jahres zog er sich eine schwere Erkältung zu, aus der sich eine Tuberkulose entwickelte. Sein Allgemeinzustand verschlechterte sich rapide, so dass er – wie schon Jacobi – die wärmeren Gefilde Italiens aufsuchte, um sich Linderung zu verschaffen. Er verbrachte den Winter 1962/63 in Sizilien, bereiste dann Italien, um sich mit italienischen Mathematikern zu treffen. Von nun an versuchte er mehrfach, es einige Monate in Göttingen auszuhalten, floh aber immer wieder nach Italien. In Selasca am Lago Maggiore starb er am 16. Juni 1866, nachdem er noch am Vortag unter einem Feigenbaum mit Blick auf die herrliche Landschaft an einer mathematischen Arbeit gesessen hatte, die leider unvollendet blieb.

Reelle Zahlen
Julius Wilhelm Richard Dedekind
(6.10.1831–12.2.1916)

Richard Dedekind stammt wie Gauß aus Braunschweig. Sein Vater war Professor am Carolinum, einer Lehranstalt, die zwischen Gymnasium und Universität anzusiedeln ist, und die schon der junge Gauß besucht hatte. Aus ihr ist zunächst das Polytechnikum, dann die Ingenieurhochschule und schließlich die TU Braunschweig hervorgegangen. Richard Dedekind lehrte später selbst am Carolinum, als dieses bereits zum Polytechnikum avanciert war. Zunächst besuchte er die Anstalt jedoch als Student, von 1848 bis 1850. Er bekam hier eine fundierte Ausbildung in Analysis und Analytischer Geometrie, noch heute die Schwerpunkte des Grundstudiums der Mathematik. 1850 wechselte Richard Dedekind an die Universität Göttingen, von der wir bereits wissen (siehe Riemann), dass sie damals mathematisch Hochbegabte noch nicht zufrieden stellen konnte. Während die mathematischen Vorlesungen ihn eher langweilten, begeisterte sich Dedekind für die Vorlesung über Experimentalphysik von Wilhelm Weber, der inzwischen nach Göttingen zurückgekehrt war (siehe Gauß). Als er jedoch die Gelegenheit hatte, eine Vorlesung von Gauß über die die Methode der kleinsten Quadrate (siehe Legendre und Gauß) zu hören, übertraf seine Begeisterung die für Wilhelm Weber noch bei weitem. Er bezeichnete diese Vorlesung später als das Schönste, was er je gehört hatte. Kein Wunder, dass er sich Gauß als Doktorvater auswählte. Er bestand seine Doktorprüfung 1852 – mit 21 Jahren – als letzter Schüler von Gauß. Aber er musste feststellen, dass er, obwohl nun Doktor der Philosophie, von der aktuellen Mathematik, wie sie in Berlin betrieben wurde, keine Ahnung hatte. Er begann daher parallel zur Anfertigung seiner Habilitationsschrift mit einer Aufholjagd, in der er die

Schriften von Jacobi, Dirichlet, Kummer, Weierstraß und anderen führenden Mathematikern studierte. 1854 war dann das Jahr, in dem sich in Göttingen zwei bedeutende Mathematiker habilitierten, Bernhard Riemann und Richard Dedekind.

Als im folgenden Jahr Dirichlet auf den Lehrstuhl von Gauß berufen wurde, begann für Dedekind eine sehr produktive Zeit. Er nahm an Dirichlets Seminaren teil und stellte fest, dass er zum ersten Male richtige Mathematik lernte. Wie schon erwähnt, war er auch einer der drei Zuhörer bei Riemanns Vorlesung über Abelsche Funktionen. Er beschäftigte sich außerdem mit der Theorie von Galois (siehe dort) und war der erste, der in Göttingen darüber las.

1858 wurde Dedekind an das Polytechnikum in Zürich berufen. Als er hier seine Vorlesung über Differential- und Integralrechnung vorbereitete, stieß er auf die offene Frage, was eigentlich reelle Zahlen sind, und kam auf eine ganz andere Idee als Weierstraß, der sie als Grenzwerte von Folgen rationaler Zahlen definierte. Dedekind nahm sich wahrscheinlich das Beispiel des Wurzelziehens durch immer stärkere Eingrenzung zum Vorbild. Soll etwa die Wurzel aus 2 gezogen werden, so sucht man zunächst die beiden ganzen Zahlen, zwischen denen sie liegt, das sind (für die positive Wurzel) 1 und 2. Dann nimmt man die nächste Dezimalstelle hinzu, und stellt fest, dass die Wurzel zwischen 1,4 und 1,5 liegen muss, weil $1{,}4^2 = 1{,}96$ kleiner ist als 2 und $1{,}5^2 = 2{,}25$ größer als 2. Mit der nächsten Dezimalstelle grenzt man weiter ein: die gesuchte Wurzel muss zwischen 1,41 und 1,42 liegen. Und so fort bis in alle Ewigkeit. Dedekind stellte zusammenfassend fest, dass die rationalen Zahlen in zwei Klassen zerfallen, solche die größer sind als die Wurzel aus 2 und solche die kleiner sind. Seit Euklid (siehe dort) wissen wir auch, dass die Wurzel aus 2 selbst keine rationale Zahl ist. Dedekind definierte nun eine reelle Zahl in zunächst etwas eigentümlich anmutender Weise als „Schnitt". Der nach ihm benannte *Dedekindsche Schnitt* wird folgendermaßen ausgeführt: Man teilt die Menge der rationalen Zahlen in zwei Teilmengen auf, so dass alle Zahlen der einen Teilmenge kleiner sind als alle Zahlen der anderen Teilmenge und jede rationale Zahl in einer der beiden Mengen enthalten ist. Stellt man sich die rationalen Zahlen auf einem Maßband aufgetragen vor, so kann man sich ebenso vorstellen, dass dieses Maßband genau zwischen den beiden Teilmengen durchgeschnitten wird, daher die Bezeichnung „Schnitt". Mit dieser anschaulichen Interpretation leuchtet auch unmittelbar ein, dass keine rationale Zahl gleichzeitig in beiden Mengen enthalten ist. Wenn der Schnitt ausgeführt ist, liegt zwischen den beiden Teilmengen eine reelle Zahl, die größer ist als alle Zahlen der ersten Teilmenge und nicht größer als alle Zahlen der zweiten Teilmenge. Im Falle der Wurzel aus 2 besteht die eine Teilmenge aus allen rationalen Zahlen, die entweder negativ sind oder deren Quadrat kleiner als 2 ist und die andere aus den Zahlen, deren Quadrat größer als 2 ist. Beim Schnitt fällt dann die reelle Zahl $\sqrt{2}$ heraus. Man repräsentiert eine reelle Zahl durch die beiden Teilmengen des Dedekindschen Schnittes. Es zeigt sich, dass man alle Eigenschaften der reellen Zahlen elegant aus dem Dedekindschen Schnittkriterium ableiten kann. Natürlich muss man nachweisen – und das ist der größte Aufwand – dass diese Schnitte sich tatsächlich wie Zahlen verhalten, d. h., dass man damit rechnen kann und dass die rationalen Zahlen eine Teilmenge der reellen Zahlen bilden, d. h. sich auch als Schnitte ergeben. Man kann auch zeigen, dass der Dedekindsche Schnitt und die Weierstraßsche Einführung der reellen Zahlen als Grenzwerte von Folgen rationaler Zahlen äquivalent sind, also zu demselben Ergebnis führen. Dedekinds Idee, so überraschend sie erscheint, war aber keineswegs völlig neu, denn schon Eudoxos hatte über 2000 Jahre früher ähnliche Gedanken gehabt (siehe Eudoxos).

Im Jahre 1862 wurde Dedekind an das inzwischen zum Polytechnikum hochgestufte Carolinum in Braunschweig berufen, wo er bis zu seiner Pensionierung im Jahre 1894 noch über 30 Jahre wirkte. In seiner Heimatstadt Braunschweig lebte er als Junggeselle mit einer ebenfalls unverheirateten Schwester zusammen. Sein Leben war ereignisarm und überwiegend der Mathematik gewidmet. Er hatte in seiner Züricher Zeit die Berge lieben gelernt und verbrachte häufiger Urlaubswochen in der Schweiz, aber auch in Tirol und im Schwarzwald. Während eines Urlaubs in Interlaken lernte er den Begründer Mengenlehre, Georg Cantor (siehe dort), kennen. Da man den Dedekindschen Schnitt, wie oben getan, am besten mit Begriffen der Mengenlehre wie Menge, Teilmenge und Enthaltensein beschreibt, hatte Dedekind sofort ein gutes Verständnis dieser neuen und stark angefeindeten Theorie und unterstützte sie, wo er konnte, unter anderem in seiner klassischen Schrift „Was sind und was sollen Zahlen?" von 1888.

Der bedeutendste Beitrag Dedekinds zur Zahlentheorie und gleichzeitig zur abstrakten Algebra ist seine Einführung des Idealbegriffs. Bereits Kummer (siehe dort) hatte „ideale Zahlen" eingeführt, um die Teilbarkeitseigenschafen der algebraischen ganzen Zahlen zu untersuchen. (Algebraische ganze Zahlen sind Nullstellen von Polynomen mit ganzzahligen Koeffizienten, siehe Kummer.) Dedekind gab den idealen Zahlen die Interpretation als Teilmengen der Rechenstruktur Ring (siehe Cayley). Im Bereich der ganzen Zahlen bilden zum Beispiel die Vielfachen von drei (wie auch jeder anderen ganzen Zahl) ein Ideal. Man kann mit Idealen umgehen wie mit Zahlen, das heißt, man kann sie addieren und multiplizieren und erhält wiederum Ideale. Man addiert zwei Ideale, indem man jede Zahl des ersten Ideals zu jeder Zahl des zweiten addiert (dies ist übrigens bei der Addition der Dedekindschen Schnitte ähnlich): addiert man etwa die Ideale der Vielfachen von 3 und der Vielfachen von 5, so erhält man ein Ideal, das alle Zahlen der Form 3a + 5b (und ihre Vielfachen) enthält und das sind alle ganzen Zahlen, denn es ist mit a = −3 und b = 2

$$3 \cdot (-3) + 5 \cdot 2 = 1$$

damit gehören dem Summenideal alle Vielfachen von 1, also alle ganzen Zahlen an. Man weist nach, dass im Bereich der ganzen Zahlen das Summenideal immer aus den Vielfachen des größten gemeinsamen Teilers der Zahlen besteht, deren Vielfachen die beiden Summandenideale bilden. In unserem Beispiel ist der größte gemeinsame Teiler von 3 und 5 die 1, deshalb ist das Ergebnis das Ideal der Vielfachen von 1, das alle ganzen Zahlen enthält. Multipliziert man die beiden obigen Ideale analog zur Vorgehensweise bei der Addition, indem man jede Zahl des ersten Ideals mit jeder des zweiten multipliziert, so erhält man ein Ideal, das aus den Vielfachen von $15 = 5 \cdot 3$ besteht. Im allgemeinen Fall enthält das Produktideal alle Vielfachen des kleinsten gemeinsamen Vielfachen der beiden Zahlen, deren Vielfachen in den Faktorenidealen enthalten sind. Wir sehen, das Rechnen mit Idealen im Bereich der ganzen Zahlen hat etwas mit deren Teilbarkeitseigenschaften zu tun. Die Ideale, die bei den gewöhnlichen ganzen Zahlen noch als unnötige Komplizierung der elementaren Begriffe vom größten gemeinsamen Teiler und kleinsten gemeinsamen Vielfachen erscheinen, erweisen sich in anderen Zahlbereichen als wertvolles Hilfsmittel. Aus diesem Grunde führten Kummer und später Dedekind sie auch für die ganzen algebraischen Zahlen ein. Diese Zahlen ähneln den gewöhnlichen ganzen Zahlen unter anderem dadurch, dass bei ihnen die Division nur dann möglich ist, wenn der Divisor den Dividenden teilt. Für derartige Zahlbereiche mit eingeschränkter Division führte Hilbert (siehe dort) später den Begriff „Ring" ein, den wir schon bei Cayley benutzt haben. Dedekind stellte bereits systematische Untersuchungen über Ringe an, ohne dass sie schon diesen Namen besaßen.

Im Jahre 1879 veröffentlichte Dedekind sein Werk „Über die Theorie der ganzen algebraischen Zahlen", in dem er zahlreiche Grundlagenfragen diskutiert und das daher auch für die Grundlegung der Mathematik insgesamt eine hohe Bedeutung erlangt hat.

Ein großes Verdienst erwarb sich Dedekind mit der Edition der gesammelten Werke von Gauß, Dirichlet und Riemann, aus denen er für seine eigene Forschungstätigkeit wichtige Anregungen schöpfte.

Dedekind zeichnete sich durch eine große Klarheit seiner Begriffsbildungen und Beweisführungen aus und beeinflusste nachfolgende Mathematiker fast mehr durch seinen Stil, Mathematik zu betreiben, als durch seine neuartigen Konzeptionen.

Nach seiner Emeritierung lebte Dedekind noch 22 Jahre zurückgezogen, aber hochgeehrt als Mitglied zahlreicher Akademien in Braunschweig, erlebte noch den 1. Weltkrieg, während dessen Verlauf er im Alter von 84 Jahren verstarb.

Die Struktur endlicher Gruppen
Peter Ludwig Mejdell Sylow (12.12.1832–7.9.1918)

Peter Sylows Name ist mit einer großen Errungenschaft in der Gruppentheorie (siehe Cayley) verbunden. Peter Sylow diente 40 Jahre als Lehrer in Frederikshald in Norwegen, nachdem er nach seinem Studium in Kristiania (Oslo) eine eigentlich angestrebte akademische Karriere mangels einer Professorenstelle nicht einschlagen konnte. Nichtsdestoweniger beschäftigte er sich – wie Weierstraß während seiner Schultätigkeit – weiter mit mathematischen Fragen, zunächst mit elliptischen Funktionen, bis er in Abels Arbeiten auf die Frage der Lösbarkeit algebraischer Gleichungen durch Radikale (siehe Abel) stieß. Dies führte ihn zu der Theorie von Galois und von da zur Gruppentheorie.

Im Jahre 1861 erhielt Sylow ein Stipendium für eine Auslandsreise nach Paris und Berlin, wo er Vorlesungen der führenden Mathematiker besuchte. Weierstraß konnte er nicht hören, weil dieser krank war. Während der Reise las er neuere Arbeiten über die Theorie der Gleichungen höheren Grades.

Nach seiner Rückkehr vertrat Sylow für einige Zeit den Mathematikprofessor in Kristiania, Broch. Er las über die Arbeiten von Abel und Galois zur Auflösbarkeit von algebraischen Gleichungen. Hierbei gab er auch eine Einführung in die Gruppentheorie. Ein elementarer Satz über endliche Gruppen besagt, dass es in jeder Gruppe, deren Ordnung (Anzahl Elemente, siehe Cayley) durch eine Primzahl p teilbar ist, ein Element der Ordnung p gibt. Dieser Satz geht auf Cauchy zurück. Es ist überliefert, dass Sylow an dieser Stelle bereits fragte, ob man diesen Satz auf die Potenzen von p erweitern könne, die als Teiler der Gruppenordnung auftreten.

Zehn Jahre später, im Jahre 1872, veröffentlichte Sylow in den Mathematischen Annalen die nach ihm benannten Sätze. Sie besagen:

Wenn die Ordnung einer endlichen Gruppe durch p^n teilbar ist, wo p eine Primzahl ist und n der höchste Exponent, mit dem p^n die Gruppenordnung noch teilt, dann gilt

1. Die Gruppe hat Untergruppen der Ordnung p^n
2. Die Anzahl dieser Untergruppen ist kongruent 1 modulo p (zur Kongruenz siehe Legendre oder Sun Zi) – d. h. bei Division durch p lässt die Anzahl dieser Untergruppen den Rest 1
3. Jede dieser Untergruppen lässt sich durch eine einfache Transformation (die so genannte Konjugation) in jede andere überführen.

Als einfachstes Beispiel betrachten wir die Permutationsgruppe von 3 Dingen, siehe Galois. Sie hat die Gruppenordnung 6 mit den Teilern 2 und 3. Dies sind keine Primzahlpotenzen, so dass wir hier im Grunde fast schon mit den Erkenntnissen von Cauchy auskommen. Danach gibt es mindestens ein Element der Ordnung 2 und mindestens ein Element der Ordnung 3. Tatsächlich haben die drei Vertauschungen s_1, s_2, s_3 die Ordnung 2 und die „Rundtänze" d und d^2 die Ordnung 3. Allerdings gibt es nur eine Untergruppe der Ordnung 3, nämlich die aus d, d^2 und e bestehende, dafür aber 3 Untergruppen der Ordnung 2. (Jede Vertauschung s_i bildet zusammen mit e eine Untergruppe der Ordnung 2. Nun ist 3 kongruent 1 modulo 2, ebenso wie 1 kongruent 1 modulo 3 ist. Damit trifft die zweite Aussage von Sylow zu. Was die dritte Aussage betrifft, errechnen wir, dass

$$d \times s_1 \times d^2 = s_2 \quad d \times s_2 \times d^2 = s_3 \quad d \times s_3 \times d^2 = s_1$$

Das heißt, dass die Anwendung von erst d^2, dann einer Spiegelung und dann von d, · immer eine andere Spiegelung ergibt. Beachten wir noch, dass d^2 invers zu d ist, $d^2 = d^{-1}$, dann können wir die obige Zeile auch schreiben

$$d \times s_1 \times d^{-1} = s_2 \quad d \times s_2 \times d^{-1} = s_3 \quad d \times s_3 \times d^{-1} = s_1$$

Wir nennen nun – in jeder Gruppe – die Konstruktion $a \times b \times a^{-1}$ mit Elementen a und b der Gruppe ein (mit Hilfe von a) zu b *konjugiertes Element* und bemerken, dass diese Konstruktion nur bei nicht-kommutativen Gruppen ein von b verschiedenes Element erzeugt. Wir stellen damit fest, dass die drei Spiegelungen unserer kleinen Gruppe zueinander konjugiert sind. Da immer $a \times e \times a^{-1} = e$, ist die Einheit zu sich selbst konjugiert. Wenn wir also beide Elemente einer Vertauschungsgruppe, etwa der aus e und s_1 bestehenden, der Konjugation mit d unterwerfen, so erhalten wir eine andere Vertauschungsgruppe, hier die aus e und s_2 bestehende.

Wir können also die dritte Aussage von Sylow hier bestätigen, indem wir feststellen, dass die drei Vertauschungsgruppen untereinander konjugiert sind.

Natürlich gehen die Sylowschen Sätze über solch einfache Gruppen wie die betrachtete weit hinaus. Mit Beginn der Gruppentheorie und der Erkenntnis, dass es endliche Gruppen gibt, stellte sich sofort die Aufgabe, alle endlichen Gruppen zu bestimmen. Um diese Aufgabe zu lösen, ist es wichtig, die Struktur endlicher Gruppen zu durchleuchten, indem man zum Beispiel alle ihre Untergruppen bestimmt. Bei dieser Aufgabe helfen die Sätze von Sylow ein ganzes Stück weiter.

Die Aufgabe, alle endlichen Gruppen zu ermitteln, erwies sich dagegen als äußerst sperrig und konnte erst im 20. Jahrhundert unter Beteiligung zahlreicher Mathematiker mit viel Mühe vollständig gelöst werden.

Es sei noch angemerkt, dass die bereits bekannte Quaternionengruppe (siehe Cayley) sich nicht als gutes Beispiel für die Sylowschen Sätze eignet, weil ihre Ordnung $8 = 2^3$ schon eine Primzahlpotenz ist. Der erste Sylowsche Satz sichert daher nur, dass sie eine Untergruppe der Ordnung 8 besitzt. Das wissen wir aber schon, weil sie selbst diese Gruppe ist.

Die Universität Kristiania errichtete 1898 einen persönlichen Lehrstuhl für Peter Sylow, als dieser bereits das Pensionsalter erreicht hatte. Er nahm aber die Chance wahr, sein Wissen weiterzugeben, solange er es noch konnte. Peter Ludwig Sylow starb am 07. September 1918 in Kristiania, wo er auch zur Welt gekommen war, im gleichen gesegneten Alter von 85 Jahren wie 2 Jahre vor ihm Richard Dedekind.

Die Gruppentheorie in der Geometrie
Marius Sophus Lie (17.12.1842–18.2.1899)

In Sophus Lie begegnen wir einem weiteren kreativen Norweger, der sich auf neues Territorium begeben hat. Er wuchs als Jüngster von 6 Kindern in einem Pfarrhaus am Oslofjord auf. Nach dem Schulbesuch in Kristiania (Oslo) studierte er an der dortigen Universität Naturwissenschaften. Er hörte zwar auch die Vorlesungen über die Gleichungstheorien von Abel und Galois bei Peter Sylow, konnte sich aber noch nicht entschließen, sich voll der Mathematik zu widmen. Eine akademische Karriere strebte er schon an; das war ihm am Ende seines Studiums klar. Nur wusste er nicht in welchem Fach. Er spielte die Möglichkeiten der Astronomie, Biologie oder Physik durch und konnte sich zu keiner Entscheidung durchringen. In dieser Zeit seiner Unentschiedenheit begann er jedoch damit, mehr und mehr mathematische Literatur zu lesen. Mit 25 Jahren kam ihm seine erste hervorragende mathematische Idee. Sie schoss ihm des Nachts durch den Kopf und erregte ihn so sehr, dass er seinen Freund mit dem klassischen Ausruf des Archimedes – heureka! – weckte, allerdings auf Norwegisch. Nach diesem Ereignis traf Sophus Lie eine Entscheidung; jetzt wollte er Mathematiker werden. Er beschäftigte sich von da ab vorrangig mit der Geometrie. Diese hatte sich nicht nur durch die Entdeckung der nicht-Euklidischen Geometrien, die Differentialgeometrie von Gauß und schließlich Riemanns Ideen weiterentwickelt, sondern auch die Projektive Geometrie (siehe Pappos) wurde durch Mathematiker wie Steiner, Poncelet, Dandelin, Plücker, die hier alle nicht vorgestellt werden können, auf ein neues Niveau gebracht. Cayley und andere hatten auch die Grundlagen einer Geometrie der höherdimensionalen Räume gelegt und schließlich gab es zahlreiche Arbeiten in Richtung auf eine einheitliche Theorie der Geometrie. Sophus Lie ließ sich besonders durch Arbeiten Plückers beeindrucken, in denen dieser neue Geometrien schuf, die nicht auf Punkten als kleinstem Element, sondern auf Geraden basierten. Er veröffentlichte seine erste Arbeit, die in Norwegen auf Skepsis stieß, in Crelles Journal. Sie brachte ihm ein Reisestipendium nach Deutschland ein, wo er in Berlin die führenden Köpfe, Kummer, Kronecker und Weierstraß kennen lernte. Sophus Lie fühlte sich zu Kummer hingezogen, in dessen Seminar er seine eigenen Ergebnisse vortrug. Am wichtigsten erwies sich jedoch die Begegnung mit Felix Klein, einem Schüler von Plücker, der ähnliche Ideen verfolgte wie er selber. Obwohl – oder gerade weil sie – auch in ihrer Art, Mathematik zu betreiben – sehr verschieden waren, freundeten Lie und Klein sich an. Lie war wie Dirichlet und Riemann ein Analytiker, der Probleme sehr genau und bis in alle Konsequenzen durchdachte und sie in der größtmöglichen Allgemeinheit behandelte, während Klein sich auch für kleine interessante Aufgabenstellungen begeistern konnte. Vor allen Dingen brachte Lie eine fast beispiellose geometrische Intuition mit.

Im Frühjahr 1870 besuchten Lie und Klein gemeinsam Paris und trafen die führenden französischen Mathematiker. In den Gesprächen wurde Lie klar, welche wichtige Rolle die Gruppentheorie in der Geometrie spielen konnte. Er begann damit, Gruppen von Transformationen geometrischer Objekte zu untersuchen. Wir können zum Beispiel die im Artikel über Galois vorgestellte Permutationsgruppe von 3 Dingen auch als Gruppe der Transformationen der Ebene auffassen, die ein gleichseitiges Dreieck in sich überführen. Das Dreieck habe die Eckpunkte A, B und C; diese sind die 3 Dinge, die permutiert werden. Es zeigt sich dass die Permutation d einer Drehung um den Mittelpunkt des Dreiecks (der beim gleichseitigen Dreieck der gemeinsame Schnittpunkt der Mittelsenkrechten, Winkelhalbierenden und Höhen ist) um einen Winkel von 120° ist. d^2 dreht um 240° und d^3 um 360° oder – was auf dasselbe hinausläuft, um den Winkel 0°, also gar nicht. Die Vertauschungen s_i entsprechen Spiegelungen an den drei Mittelsenkrechten = Winkelhalbierenden des Dreiecks. Es ist klar, dass man bei zweimaliger Ausführung einer Spiegelung das Original zurückerhält. Zusammenfassend stellt man fest, dass es genau 6 längen – und winkeltreue Transformationen der Ebene gibt, die das gleichseitige Dreieck unverändert, oder wie man in der Mathematik sagt, invariant lassen.

Man kann nun fragen, welche Transformationen dasselbe für ein Quadrat, regelmäßiges Fünfeck, Sechseck, u. s. f. leisten. Ebenso kann man die Transformationen des 3-dimensionalen Raumes untersuchen, die die Platonischen Körper, Tetraeder, Würfel, Oktaeder, Dodekaeder, Ikosaeder erhalten. Alle diese Transformationen beruhen auf den Symmetrien der Figuren oder Raumkörper. Man kann deshalb sagen, dass die Transformationsgruppen, die bestimmte Figuren oder Körper erhalten, deren Symmetrien widerspiegeln. Allgemeinere Transformationen sind zum Beispiel solche, die Kreise in Ellipsen überführen. In der projektiven Geometrie betrachtet man Transformationen, die Punkte mit Geraden vertauschen. Sätze der projektiven Geometrie bleiben bei solchen Transformationen richtig. Auch kann man mit den Transformationen der projektiven Geometrie jeden Kegelschnitt in jeden anderen überführen. In der projektiven Geometrie sind daher in gewissem Sinne alle Kegelschnitte gleich. Für Lie und Klein zeichnete sich ab, dass sich die Eigenschaften geometrischer Objekte generell mit Hilfe von Transformationsgruppen erklären und klassifizieren lassen. Sie veröffentlichten später einige gemeinsame Arbeiten über diese Thematik.

Zunächst wurden sie aber vom Preußisch-Französischen Krieg 1970/71 überrascht. Klein als preußischer Staatsbürger verließ fluchtartig Paris, während Lie sich als Norweger nicht beteiligt fühlte und blieb. Als jedoch die vereinigten deutschen Armeen auf Paris vorrückten, wurde ihm mulmig und er machte sich zu Fuß auf den Weg nach Italien, kam aber nur bis Fontainebleau, wo er verhaftet wurde. Man hielt ihn für einen deutschen Spion und seine mathematischen Aufzeichnungen für codierte Geheimnachrichten. Es bedurfte der Intervention des angesehenen Mathematikers Darboux, um diesen Irrtum aufzuklären und Lie freizubekommen. Vor Beginn der Blockade von Paris durch die deutschen Truppen gelang Lie dann doch die Flucht nach Italien, von wo er über Deutschland nach Norwegen zurückkehrte.

Lie bekam an der Universität Kristiania eine Assistentenstelle und schrieb seine Doktorarbeit „Über eine Klasse von geometrischen Transformationen". Der Doktortitel wurde ihm 1872 verliehen. Die Universität erkannte jetzt Lies außerordentliche Fähigkeiten und bestellte ihn daher zum außerordentlichen Professor. In den nächsten acht Jahren gab er gemeinsam mit Peter Sylow das Gesamtwerk von Niels Abel heraus. Zwei Jahre nach seiner Ernennung zum Professor heiratete Sophus Lie. Mit seiner Frau Anna hatte er eine Tochter und zwei Söhne.

Lie versuchte, für partielle Differentialgleichungen eine ähnlich elegante Theorie zu entwickeln, wie sie Galois für Gleichungen höheren Grades vorgelegt hatte. Er prüfte, inwieweit bestimmte von ihm entdeckte Transformationen dabei hilfreich sein konnten. Die Kombination dieser Transformationen führte ihn auf eine Struktur, die er infinitesimale Gruppe nannte, weil sie infinitesimale Verschiebungen enthielt. Diese Struktur nennen wir heute eine Lie-Algebra. Sie wurde in den Folgejahren von anderen Mathematikern weiter untersucht. Lie entwickelte jedoch im Winter 1873/74 die Theorie der kontinuierlichen Transformationsgruppen, die heute als Lie-Gruppen seinen Namen tragen. Diese sind im Gegensatz zu den bisher betrachteten Gruppen solche mit unendlich vielen Elementen.

Lies Innovationen blieben jedoch weitgehend unbeachtet, zum einen, weil er in Kristiania weitab von den Zentren der mathematischen Forschung wirkte, zum anderen, weil andere Mathematiker seine geometrische Intuition nicht besaßen und ihm daher nicht folgen konnten. Klein überlegte, wie er seinem Freund helfen könne und bewog den jungen Mathematiker Engel, der bei ihm in Leipzig über die von Lie entdeckten Transformationen seine Doktorarbeit geschrieben hatte, nach Kristiania zu gehen, um Lie bei der Veröffentlichung seiner Arbeiten zu helfen. Engel blieb 1884/85 neun Monate in Kristiania, bis er eine Stelle an der Universität Leipzig erhielt. Felix Klein wechselte ein Jahr später nach Göttingen und Lie wurde auf seinen Lehrstuhl in Leipzig berufen. Hier arbeitete er einige Jahre lang mit Engel zusammen. Als Frucht dieser Arbeit erschien zwischen 1888 und 1893 in drei Teilen die gemeinsame Veröffentlichung „Theorie der Transformationsgruppen". Offenbar hatte Lie den Eindruck, dass er die wesentlichen Ideen beigesteuert hatte und Engel als Trittbrettfahrer mitgefahren war, denn er beendete gegen Ende der 1880er Jahre die Zusammenarbeit. 1892 zerbrach auch die Freundschaft mit Klein, offenbar weil Klein die gemeinsamen Ideen in seinem „Erlanger Programm" (siehe Klein) unter eigenem Namen veröffentlicht hatte. Um hierüber keinen Streit aufkommen zu lassen, wollte Klein das Programm erneut veröffentlichen und dabei über seine Entstehung berichten, an der Lie maßgeblich beteiligt war, aber selbst über die Entstehungsgeschichte ließ sich keine Einigkeit erzielen.

Lie griff Engel und Klein öffentlich an, was aber eher auf ihn zurückfiel, weil Klein inzwischen zu den einflussreichsten Mathematikern seiner Epoche gehörte. Klein und Engel verbreiteten das Gerücht, Lie leide unter Geistesstörungen, das sich weit über den Tod aller Beteiligten hinaus hielt. Tatsächlich war Lies Zorn auf seine beiden ehemaligen Freunde berechtigt, denn beide hatten sich mit seinen genialen Ideen profilieren können.

In Leipzig litt Lie unter ständigem Heimweh. Er vermisste die Wanderungen in den norwegischen Bergen und Wäldern. Seine Professur in Kristiania hatte er nie offiziell niedergelegt, so dass er sie nahtlos weiterführen konnte, als er im Jahre 1898 nach Kristiania zurückkehrte. Zu diesem Zeitpunkt war er bereits krank. Er verstarb in am 18. Februar 1899 in seiner Heimat an perniziöser Anämie.

Die Mengenlehre
Georg Ferdinand Ludwig Philipp Cantor (3.3.1845–6.1.1918)

Nun treffen wir auf ein mathematisches Schwergewicht, einen Mann, der nicht nur die Mathematik verändert hat wie kein anderer, sondern sogar ihr Gebäude fast zum Einsturz brachte: Georg Cantor. Er kam in St. Petersburg zur Welt, wohin seine Großeltern vor der englischen Belagerung und Beschießung ihrer Heimatstadt Kopenhagen im Jahre 1807 geflohen waren. Georgs Vater, Georg Woldemar Cantor, betrieb ein Außenhandelsgeschäft, das 1848 in Konkurs ging. Danach betätigte er sich erfolgreich als Börsenmakler. Georgs Mutter Maria Anna entstammt der deutschstämmigen Musikerfamilie Böhm, war aber in Russland geboren. Von ihr erbte Georg seine hohe Musikalität; er spielte sein Leben lang hervorragend Geige.

Georg besuchte noch in St. Petersburg die Grundschule. Als er 11 Jahre alt war, zog die Familie nach Wiesbaden, weil sein Vater aus Gesundheitsgründen ein milderes Klima suchte. Später zogen Cantors noch einmal um, nach Frankfurt, und Georg besuchte von dort aus die Realschule in Darmstadt. Nach einem hervorragenden Abschluss, bei dem er insbesondere mit seinen mathematischen Leistungen glänzte, erwarb er 1862 die Hochschulreife an der Höheren Gewerbeschule. Er ging dann an das Polytechnikum nach Zürich, um auf Wunsch seines Vaters Ingenieurwissenschaften zu studieren. Bald merkte er jedoch, dass ihn die Mathematik am meisten interessierte. Sein Vater stimmte seinem Wunsch, das Studienfach zu wechseln, ohne große Gegenrede zu, und so begann Georg Cantors Karriere als Mathematiker. Nach dem Tode seines Vaters im Jahre 1863 wechselte er nach Berlin, wo er bei Kummer, Weierstraß und Kronecker die neuesten Erkenntnisse der mathematischen Wissenschaft in sich aufnahm. Im Jahre 1866 machte er einen Abstecher nach Göttingen, kam bald nach Berlin zurück und promovierte 1867 über Diophantische Gleichungen. Als 22jähriger junger Doktor unterrichtete er an einer Mädchenschule in Berlin, arbeitete aber gleichzeitig an seiner Habilitation, wieder über ein zahlentheoretisches Thema. Im Jahre 1869 bekam er einen Lehrauftrag an der Universität Halle, wo er sich dann habilitierte.

In Halle forderte ihn der Lehrstuhlinhaber für Mathematik, Heine, heraus, die Eindeutigkeit der Fourierreihe einer Funktion (siehe Fourier und Dirichlet) zu beweisen, ein Problem, an dem sich Dirichlet und Riemann, aber auch Heine selber die Zähne ausgebissen hatten. Cantor löste es innerhalb weniger Monate. Er untersuchte dann die Frage, wie viele Punkte im Definitionsbereich der Funktion man weglassen kann, ohne die Eindeutigkeit der Fourie-Reihendarstellung oder die Konvergenz der Reihe aufzugeben. Cantor bewies zunächst, dass man endlich viele Punkte weglassen kann, und zeigte dann, dass auch das Weglassen von unendlich vielen Punkten unter bestimmten Voraussetzungen unschädlich ist. Er führte schließlich einen Prozess ein, mit dem er aus unendlichen Punktmengen immer weitere ableiten konnte, die man dann auch weglassen konnte. Hiermit erregte den Zorn Kroneckers, der ihm anfangs noch Ratschläge zur Vereinfachung seiner Beweisführung gegeben hatte. Kronecker nahm an dem endlosen Konstruktionsprozess Anstoß und betrachtete die damit konstruierten Punktmengen als nicht real existent.

Im Jahre 1872 wurde Cantor zum außerordentlichen Professor ernannt. Im gleichen Jahr lernte er Dedekind in Interlaken kennen und begann einen freundschaftlichen Austausch mit ihm. Ebenfalls in diesem Jahr erscheint seine Schrift, in der er reelle Zahlen wie Weierstraß mit Hilfe von Folgen rationaler Zahlen einführt. Dedekind veröffentlicht im gleichen Jahr seine Definition mit dem – nach ihm benannten – Dedekindschen Schnitt (siehe Dedekind), erwähnt aber in seiner Arbeit auch Cantors Definition, obwohl er sie für umständlich hält. Cantor beginnt nun, systematisch unendliche Zahlenmengen zu untersuchen. 1873 beweist er, dass die rationalen Zahlen eine abzählbare Menge bilden, das heißt, dass man eine 1:1- Beziehung zwischen den rationalen und den natürlichen Zahlen herstellen kann. Ein Jahr später weist er nach, dass man auch die algebraischen ganzen Zahlen abzählen, also in eine 1:1-Beziehung mit den natürlichen Zahlen bringen kann. Außerdem zeigte er nach einigen Mühen, mit einem heute klassischen Widerspruchsbeweis, der die Dezimalbruchdarstellung der reellen Zahlen benutzt, dass die reellen Zahlen nicht abzählbar sind. Dies bedeutet, dass auch die transzendenten Zahlen, also die Zahlen wie z. B. die Kreiszahl π oder die Eulersche Zahl e, die nicht Nullstelle eines Polynoms mit rationalen

Koeffizienten sind (siehe Hermite und Kronecker), nicht abzählbar sein können. Man kann daher etwas locker formulieren, dass fast alle reellen Zahlen transzendent sind. Dieses Ergebnis musste erneut den Bannstrahl Kroneckers auf sich ziehen, der bekanntlich (siehe Kronecker) den transzendenten Zahlen das Existenzrecht absprach.

Cantor hatte jetzt Blut geleckt. Mit der 1:1-Beziehung, oder wie wir auch sagen, der *umkehrbar eindeutigen Abbildung* oder *bijektiven* Abbildung zwischen zwei Mengen, hatte er ein weittragendes Konzept gefunden. Cantor nannte ganz allgemein zwei Mengen *äquivalent*, wenn zwischen ihnen eine 1:1-Beziehung besteht. Als nächstes nahm er sich vor, die Äquivalenz der Mengen der Punkte in einem Quadrat mit der Menge der Punkte auf einer seiner Seiten zu prüfen. Hier sagt uns unser Gefühl, dass im Quadrat viel mehr Punkte sind als auf jeder seiner Seiten. Dennoch konnte Cantor eine 1:1-Beziehung zwischen den Punkten des Quadrats und den Punkten auf einer Quadratseite konstruieren. Er schrieb hierzu: „Ich sehe es, aber ich glaube es nicht!". Natürlich mussten die Folgen dieser Erkenntnis für die Geometrie und speziell den Dimensionsbegriff überdacht werden. In der landläufigen Vorstellung hat ein Quadrat die Dimension 2 und jede seiner Seiten die Dimension 1. Nun hatte Cantor die Äquivalenz zwischen zwei Gebilden unterschiedlicher Dimension festgestellt. Cantor selbst bemerkte schon, dass die von ihm konstruierte Abbildung des Quadrats auf eine seiner Seiten nicht stetig ist. Nachdem im Gefolge von Cantors Mengenlehre die Topologie entwickelt wurde, stellte man fest, dass die topologischen Eigenschaften von Räumen und Gegenständen diejenigen sind, die bei stetigen Abbildungen erhalten bleiben. Die Dimension erweist sich damit als topologische Eigenschaft von Punktmengen und ist folglich keine Eigenschaft, die Punktmengen schon von Natur aus besitzen. Als Cantor seine Untersuchungen über den Begriff der Dimension in Crelles Journal veröffentlichen wollte, war Kronecker nur durch eine massive Intervention Dedekinds dazu zu bringen, diesen Artikel zuzulassen. Cantor veröffentlichte nach diesem Erlebnis nie wieder in Crelles Journal. Die Grundlagen der Mengenlehre („Grundlagen einer allgemeinen Mannigfaltigkeitslehre") erschienen in den Jahren 1879 und 1884 als Folge von 6 Artikeln in den Mathematischen Annalen. Die *Menge* oder *Mannigfaltigkeit,* wie Cantor sie noch nennt, wird hier intuitiv beschrieben als eine Gesamtheit von verschiedenen Dingen, die nach einem wie auch immer gearteten Kriterium zur Gesamtheit zusammengefasst wurden, so dass man von jedem vorgelegten Ding entscheiden kann, ob es zu dieser Gesamtheit gehört oder nicht. Die in einer Menge zusammengefassten Dinge nennt man auch ihre *Elemente*.

1879 wurde Cantor zum ordentlichen Professor ernannt, aber sein Bestreben, einen Lehrstuhl in Berlin zu erhalten, wurde von Kronecker hintertrieben, und die Universität Göttingen berief 1886 den jüngeren Felix Klein auf den Lehrstuhl für Höhere Mathematik.

Cantor blieb in Halle und untersuchte weiter den Begriff der Äquivalenz von Mengen. Klar ist, dass äquivalente Mengen etwas gemeinsam haben müssen. Endliche Mengen sind genau dann miteinander äquivalent, wenn sie die gleiche Anzahl Elemente besitzen. Wenn diese Anzahl N ist, kann man die Elemente beider Mengen mit den Nummern von 1 bis N versehen und dann die Elemente mit gleicher Nummer einander zuordnen. Auf diese Weise erhält man eine 1:1-Beziehung zwischen beiden Mengen. Cantor war damit klar, dass äquivalente unendliche Mengen in einer Fortsetzung des Begriffs der Anzahl ins Unendliche übereinstimmen müssen. Diese Fortsetzung nannte er *Mächtigkeit*. Die erste Mächtigkeit nach den Anzahlen endlicher Mengen ist die der natürlichen Zahlen. Für sie führte Cantor das Symbol $\aleph_0$ ein (gesprochen Aleph-Null nach dem ersten Buchstaben des hebräischen Alphabets Aleph). Die Mächtigkeit $\aleph_0$ ist größer als jede endliche Anzahl. Allgemein gilt eine Mächtigkeit einer Menge A größer als die Mächtigkeit einer Menge B, wenn die beiden Mengen nicht äquivalent sind und wenn man eine 1:1- Beziehung zwischen der Menge B und einer echten Teilmenge der Menge A herstellen kann. Eine Teilmenge einer Menge A heißt dabei *echt*, wenn sie nicht identisch ist mit der Menge A. Cantor bemerkte sodann, dass man zu jeder Menge eine Menge mit größerer Mächtigkeit konstruieren kann. Eine solche ist die Menge aller ihrer Teilmengen. Teilmengen der Menge der natürlichen Zahlen sind zum Beispiel die Mengen aller geraden Zahlen, aller ungeraden Zahlen, aller durch drei teilbaren Zahlen, aller Primzahlen, aller 10stelligen Zahlen, und so fort. Es gibt derer, wie Cantor feststellte, im Sinne unterschiedlicher Mächtigkeiten, mehr als natürliche Zahlen. Cantor nannte die Mächtigkeit aller Teilmengen der Menge der natürlichen Zahlen $\aleph_1$. Nun kann man so weiter schreiten und die Menge aller Teilmengen der letztgenannten Menge konstruieren ($\aleph_2$), dann die Menge $\aleph_3$ aller Teilmengen dieser Menge und so weiter bis in alle Ewigkeit. Cantor nannte diese Mächtigkeiten *Kardinalzahlen* und betrachtete sie als eine Erweiterung des Begriffs der Anzahl ins Unendliche. Da der Konstruktionsprozess immer weitergeführt werden kann, gibt es keine letzte Kardinalzahl. Auch ist unklar, ob mit dieser Konstruktion von aufeinander folgenden Alephs alle vorkommenden Mächtigkeiten erfasst werden. So stellt sich sofort die Frage, ob die Mächtigkeit der Menge der reellen Zahlen unter den Alephs zu finden ist. Cantor hatte nachgewiesen, dass sie größer ist als die der natürlichen Zahlen. Weil die reellen Zahlen beliebig dicht liegen und nicht wie die ganzen Zahlen diskret, gibt man ihrer Mächtigkeit den Namen *Kontinuum* c. Die Kontinuumshypothese lautet nun: es ist $c = \aleph_1$. Cantor versuchte jahrelang, sie zu beweisen oder zu widerlegen, aber es gelang ihm nicht. Heute wissen wir warum (siehe Gödel).

Cantor differenzierte auch sehr genau die unterschiedlichen Rollen der natürlichen Zahlen. Eine ist die gerade besprochene, die Mächtigkeit (Anzahl) endlicher Mengen anzugeben. In dieser Rolle sind sie endliche *Kardinalzahlen*. In einer anderen Rolle werden sie zum Zählen benutzt. Hier ist ihre Reihenfolge oder wie Cantor dann sagte, ihre *Ordnung* (Anordnung) wichtig. Cantor nennt sie in dieser Rolle deshalb *Ordinalzahlen* und setzt sie ebenfalls ins Unendliche fort. Nach allen natürlichen Zahlen führt er die erste unendliche Ordinalzahl ω ein (letzter Buchstabe des griechischen Alphabets Omega). Man kann ω mit der Folge der natürlichen Zahlen identifizieren. Dann zählt er einfach weiter und bildet $\omega + 1, \omega + 2, \omega + 3$, bis $\omega + \omega = 2\omega$, dann $3\omega, 4\omega$, und so weiter bis $\omega \times \omega = \omega^2$, weiter ω^3, ω^4, und so fort bis ω^ω. Und dann kann das Spiel von neuem losgehen mit $\omega^\omega + 1$ und so weiter. Dabei kann man sich unter $\omega + 1$ die Folge der natürlichen Zahlen mit einer am Ende angehängten 1 vorstellen, also 1, 2, 3, ..., 1. Umgekehrt wäre $1 + \omega$ die Folge 1, 1, 2, 3, ... Man sieht daran, dass $\omega + 1 \neq 1 + \omega$, denn $1 + \omega$ ist der geordneten Menge der natürlichen Zahlen äquivalent, stellt also dieselbe Ordinalzahl dar wie ω. 2ω entspricht zwei hintereinander gehängten Folgen natürlicher Zahlen, also der Folge 1, 2, 3, ..., 1, 2, 3, ... Auf diese Weise kann man jede Ordinalzahl als Folge (oder Folge von Folgen, Folge von Folgen von Folgen und so weiter) natürlicher Zahlen interpretieren. Die Ordinalzahlen sind in einer Reihenfolge angeordnet, so dass man von je zwei Ordinalzahlen entschieden kann, welche größer ist und welche kleiner. Und man kann in eingeschränktem Sinne mit den Ordinalzahlen auch rechnen, wobei wir bereits gesehen hatten, dass die Addition nicht kommutativ ist.

Es leuchtet ein, dass diese Begriffsbildungen nicht überall auf Verständnis oder gar Wohlwollen stießen. Vielmehr wuchs der Widerstand. Ein alter Freund Cantors, der Mathematiker Schwarz, der unwillentlich Kronecker provozierte (siehe Kronecker), wandte sich von ihm ab. Im Jahre 1881 starb Heine und sein Lehrstuhl in Halle musste neu besetzt werden. Nachdem Cantors Wunschkandidat Dedekind abgesagt hatte, endete auch der sehr fruchtbare Briefwechsel zwischen Cantor und Dedekind. Cantor begann aber eine neue ähnlich fruchtbare Korrespondenz mit dem schwedischen Mathematiker Mittag-Leffler, der zu seinen Befürwortern gehörte. Mittag-Leffler hatte ein eigenes Journal, die Acta Mathematica, gegründet, in dem Cantor jetzt seine Arbeiten veröffentlichte.

Es sei hier noch ein auf den ersten Blick eigenartiges Resultat erwähnt, nach dem die Menge der geraden natürlichen Zahlen dieselbe Mächtigkeit $\aleph_0$ besitzt wie die Menge aller natürlichen Zahlen. Die 1:1-Beziehung wird durch die Tatsache vermittelt, dass jede gerade Zahl g sich in der Form $g = 2 \cdot n$ mit einer natürlichen Zahl n schreiben lässt. Jedem g entspricht vermittels dieser Formel eindeutig ein n und jedem n eindeutig ein g. Da nicht alle natürlichen Zahlen gerade sind, bedeutet dieses Ergebnis, dass die Menge der natürlichen Zahlen einer echten Teilmenge äquivalent ist. Dies mutet uns deshalb absonderlich an, weil es sich bei endlichen Mengen anders verhält. Es ist nicht möglich eine 1:1-Beziehung zwischen einer endlichen Menge und einer ihrer echten Teilmengen (die mindestens ein Element weniger enthält) herzustellen. Man kann diese Eigenschaft daher als Kriterium dafür benutzen, ob eine Menge endlich oder unendlich ist. Unendliche Mengen können einer echten Teilmenge äquivalent sein, endliche nicht.

Ab 1884 bekam Cantor immer wieder depressive Schübe. Zeitgenossen führten seine Krankheit auf die Anfeindungen durch Kronecker und die wachsende Opposition gegen sein Lebenswerk zurück. Mit großer Wahrscheinlichkeit waren die Depressionen aber endogen bedingt. Kaum hatte er seine erste depressive Erkrankung überwunden, riet ihm Mittag-Leffler Anfang 1885, seine neueste Arbeit über Ordnungstypen, in der er Fragen der Anordnung von Elementen einer Menge untersuchte und etwa die Anordnung der natürlichen Zahlen und der Ordinalzahlen von derjenigen der reellen Zahlen unterschied, nicht zu veröffentlichen, da sie zu früh komme und die zeitgenössischen Mathematiker bei weitem überfordern würde. Cantor nahm das als Affront und veröffentlichte von da ab auch nichts mehr in den Acta Mathematica. Er zog sich jetzt mehr und mehr aus der Mathematik zurück und veröffentlichte in philosophischen Zeitschriften. Inzwischen erregte seine Strukturierung des Unendlichen auch das Interesse der Theologen. Papst Leo XIII hatte eine Wiederbelebung der thomistischen Philosophie (nach Thomas von Aquin) eingeleitet. In diese Philosophie passt die von Cantor beschriebene Stufenleiter ins Unendliche (oder zu Gott) sehr gut. Cantor wurde ein gefragter Gesprächspartner in Kreisen der Philosophen und Theologen.

Mehr noch als die philosophischen und theologischen Fragen interessierte Cantor allerdings, wer Shakespeares Werke wirklich geschrieben hatte. Nach einem intensiven Studium der Literatur der Zeit von Königin Elisabeth I von England zeigte er sich als glühender Verfechter der These, nach der Francis Bacon der Autor war.

Im Jahre 1886 kaufte Cantor ein großes Haus in der Händelstraße in Halle, nachdem er die Hoffnung aufgegeben hatte, noch an eine größere

Universität berufen zu werden. Im gleichen Jahr wurde sein sechstes Kind geboren, ein Sohn.

1890 gründete Cantor die Deutsche Mathematiker Vereinigung, die ihn auf ihrem Gründungskongress in Halle zu ihrem ersten Präsidenten wählte. Dieses Amt übte er bis 1893 aus. Leopold Kronecker, den er trotz der bitteren Auseinandersetzungen zu einem Grußwort an den Gründungskongress eingeladen hatte, konnte wegen eines Bergunfalls seiner Frau nicht teilnehmen.

In seinen letzten Arbeiten über Mengenlehre, die 1895 und 1897 in den Mathematischen Annalen erschienen, stellt Cantor in systematischer Weise die transfinite Arithmetik (Rechnen mit Ordinalzahlen) dar. Er hatte gehofft, in einer der Abhandlungen noch einen Beweis der Kontinuumshypothese zu geben, aber das war ihm nicht vergönnt.

Im Jahre 1897 fand der erste internationale Mathematikerkongress in Zürich statt. Hier hatte sich auf einmal das Blatt gewendet und Cantor erfuhr die Anerkennung renommierter Kollegen. Er traf Dedekind, und die beiden erneuerten ihre Freundschaft. Auf die Mengenlehre war allerdings ein Schatten gefallen, denn Cantor hatte selbst ihre erste Paradoxie entdeckt und begann wieder mit Dedekind zu korrespondieren, um einen Ausweg zu finden. Die Paradoxie tritt zu Tage, wenn man versucht, die Menge aller Mengen zu bilden. Diese muss sich selbst als Element enthalten. Damit ist sie nicht eindeutig definiert, denn eine Menge ist dann vollständig angeben, wenn alle ihre Elemente bekannt sind, zumindest im Prinzip. Wenn man aber ein Element erst noch konstruieren muss und in diese Konstruktion die noch unfertige Menge einbezieht, dann gerät man in eine nicht endende Kreisbewegung. Cantor hatte die Menge aller Mengen gebildet, um das noch ungelöste Problem der Vergleichbarkeit von Mächtigkeiten in Angriff zu nehmen. Es ist zwar möglich, von zwei Mächtigkeiten festzustellen, ob sie gleich sind oder nicht, aber für die Prüfung, ob eine kleiner ist als die andere, gab es kein Verfahren. Damit war unklar, ob die Mächtigkeiten eine wohlgeordnete Menge bilden wie die natürlichen Zahlen, bei der man Schritt für Schritt von einem Element zum nächsten weiter schreiten kann. Cantor dachte nun, wenn es Mengen gäbe, die sich nicht in eine solche Schrittfolge eingliedern ließen, dann müssten sie natürlich in der Menge aller Mengen enthalten sein. Er stellte dann selbst sofort fest, dass die Menge aller Mengen einerseits eine größere Kardinalzahl haben muss als alle in ihr enthaltenen Mengen, weil sie mit jeder in ihr enthaltenen Menge auch alle deren Teilmengen enthält. Auf der anderen Seite kann man aber sofort eine Menge mit noch größerer Kardinalzahl bilden, nämlich die Menge aller ihrer eigenen Teilmengen. Diese müsste aber ihrerseits wieder als Element in der

Menge aller Mengen enthalten sein. Das bedeutet, dass die Menge aller Mengen als Element eine Menge enthält, die größere Kardinalzahl hat als sie selbst im Widerspruch zu der Tatsache, dass ihre Kardinalzahl größer ist als die Kardinalzahlen aller in ihr enthaltenen Mengen. Eine weitere Frage war, warum das Konzept der Menge aller Mengen nicht ebenso funktioniert wie das Konzept der ersten transfiniten Kardinalzahl $\aleph_0$, die stellvertretend für die Menge aller natürlichen Zahlen steht. Mit diesen Fragen quälte sich Cantor den Rest seines Lebens ab, soweit er nicht in Depressionen verfiel, was immer öfter passierte. Da inzwischen die Mengenlehre in einen großen Teil der Mathematik eingebunden war, betrachteten viele Mathematiker das Auftreten von Paradoxien, oder wie man dann schärfer, aber zutreffend, sagte, Antinomien (Widersprüche) in der Mengenlehre als Katastrophe, die die gesamte Mathematik in den Abgrund zu reißen drohte.

Ungeachtet dieser Probleme wurde Cantors Werk um die Jahrhundertwende allgemein akzeptiert. Auf dem internationalen Mathematikerkongress 1900 in Paris legte David Hilbert (siehe dort) eine Liste mit 23 ungelösten Problemen vor, die von der Kontinuumshypothese angeführt wurde. Drei Jahre später beim Mathematikerkongress 1903 in Heidelberg, an dem Cantor noch teilnahm, stellte der Weierstraßschüler Adolf Hurwitz in seinem Referat die fruchtbare Wirkung der Mengenlehre auf die Funktionentheorie heraus.

Cantor aber wurde durch seine Depressionen immer häufiger zu Klinikaufenthalten gezwungen, so dass er seine Lehrverpflichtungen nur noch sporadisch wahrnehmen konnte. Er beschäftigte sich in Zeiten seiner Krankheit mit religiösen Fragen oder seinem Lieblingsthema, der Shakespeare-Bacon-Theorie. Dennoch hielt er durch bis in sein 68. Lebensjahr, in dem er sich emeritieren ließ. Er verbrachte seine letzten Jahre krank und infolge der Kriegsbedingungen bei karger Kost in Halle. Eine im Jahre 1915 geplante größere Feier seines 70. Geburtstags musste wegen des Krieges abgesagt werden. 1917 wurde Cantor zum letzten Mal in eine Klinik eingeliefert. Er starb dort am 6. Januar 1918 an einem Herzschlag.

Mit ihm ging nach den Worten des großen Mathematikers David Hilbert (siehe dort) ein mathematisches Genie, dass eine der höchsten intellektuellen Leistungen der Geschichte hervorgebracht hat.

Ein Leuchtturm der skandinavischen Mathematik
Magnus Gösta Mittag-Leffler (16.3.1846–7.7.1927)

Magnus Gösta Leffler, wie er die ersten 20 Jahre seines Lebens hieß, wurde als ältester Sohn eines Lehrers in Stockholm geboren. Sein Vater wurde später Direktor einer höheren Schule in Stockholm und war in der Lage, ein großes Haus zu erwerben, in dem Gösta, seine Schwester und zwei Brüder in einer anregenden Atmosphäre aufwuchsen. Göstas Großvater mütterlicherseits war ein Landpfarrer; bei ihm verbrachte Gösta seine Sommerferien. Im Angedenken an seine geliebten Großeltern und seine Sommeraufenthalte in ihrem Haus auf dem Lande erweiterte er als 20jähriger seinen Namen um den Namen seiner Großeltern, Mittag. Gösta zeigte als Jugendlicher bereits zahlreiche Talente, am auffallendsten aber war seine mathematische Begabung. Nach dem Abitur nahm Gösta die Ausbildung zum Versicherungsmathematiker auf, entschloss sich dann aber bald zu einem Studium der reinen Mathematik in Uppsala. Er schloss sein Studium 1872 mit einer unauffälligen Doktorarbeit ab und erhielt einen Lehrauftrag in Uppsala. Sein Gehalt wurde von einer Stiftung bestritten; es war mit der Auflage zu einem dreijährigen Auslandsaufenthalt verbunden. Mittag-Leffler machte sich also im Herbst 1873 auf nach Paris, um bei dem führenden Mathematiker Charles Hermite zu studieren. Er hörte Hermites Vorlesungen über elliptische Funktionen, fand sie aber extrem schwer. Möglicherweise war er auch abgelenkt durch das gesellschaftliche Leben in Paris. Er ging ins Theater, nahm an politischen und religiösen Diskussionen teil, traf viele Menschen, darunter natürlich alle Pariser Mathematiker, und lernte Englisch und Französisch. Trotz des soeben erst beendeten deutsch-französischen Krieges schwärmte Hermite von Weierstraß und seinen Beiträgen zur Analysis und Funktionentheorie, so dass Mittag-Leffler sich im Frühjahr 1875 entschloss, nach Berlin zu gehen. Er hörte bei Weierstraß, den er offenbar besser verstand, denn seine späteren Arbeiten zeigen einen großen Einfluss der Weierstraßschen Methodik. Es beeindruckte ihn auch sehr, dass bei aller von ihm beobachteten Spannung zwischen den Pariser und Berliner Wissenschaftlern die Mathematiker Hermite und Weierstraß keinerlei nationalistische Tendenzen zeigten. Beide waren gute Katholiken, Hermite wahrscheinlich mehr als Weierstraß, der es aber liebte, mit gebildeten Geistlichen über theologische Feinheiten zu diskutieren.

In Berlin erfuhr Mittag-Leffler von einer Vakanz an der Universität Helsingfors (Helsinki), wo der renommierte Mathematiker Lorenz Lindelöf seinen Lehrstuhl aufgegeben hatte, um eine Position in der Schulverwaltung zu übernehmen. Mittag-Leffler sah hier die Chance seines Lebens, schrieb seine Bewerbung und erzählte Weierstraß davon. Dieser reagierte ziemlich entsetzt, denn er hatte insgeheim beim Preußischen Kultusministerium eine außerordentliche Professur für Mittag-Leffler beantragt, um ihn in Berlin zu halten, und seinem Antrag war gerade entsprochen worden. Natürlich fühlte sich Mittag-Leffler dadurch geehrt, und er schwankte eine Weile, schickte dann aber doch seine Bewerbung an die Universität Helsingfors (heute Helsinki), die ihn im folgenden Jahr auch berief. Mit ausschlaggebend für die Entscheidung, nicht in Berlin zu bleiben, war die für Mittag-Leffler unerträgliche Arroganz des deutschen Bildungsbürgertums nach dem gewonnenen Krieg gegen Frankreich. Er ging nach Helsinki und wurde 5 Jahre später an die neue Universität in Stockholm berufen. Hier rief er nicht nur ein neues mathematisches Journal, die Acta Mathematica, als Plattform für den internationalen Austausch von Mathematikern, ins Leben, sondern trat auch 1882 in den Stand der Ehe mit Signe af Lindfors, Tochter aus vermögendem Hause, die er in Helsingfors kennen gelernt hatte.

Mittag-Leffler arbeitete überwiegend in der Analysis und Funktionentheorie. Sein bedeutendster Beitrag ist ein nach ihm benannter Lehrsatz, mit dem er einen Satz von Weierstraß erweiterte. Weierstraß hatte ein Konstruktionsverfahren für analytische Funktionen entwickelt, die an vorgegebenen Punkten der komplexen Zahlenebene Nullstellen mit vorgegebener Vielfachheit annehmen. Mittag-Leffler fragte sich nun, ob ähnliches auch für Funktionen möglich sei, die an vorgegebenen Stellen Pole aufweisen. Als *Pole* bezeichnet man Punkte, an denen eine Funktion keinen endlichen Wert annimmt, sondern gegen Unendlich strebt. Es gelang ihm, solche Funktionen zu konstruieren. 1884 veröffentlichte er seine Ergebnisse in den Acta Mathematica. In dieser Abhandlung nahm er auch Bezug auf Cantors Arbeiten und untersuchte die topologischen Eigenschaften unendlicher Punktmengen. Es wurde schon gesagt, dass Cantor einige Arbeiten in den Acta Mathematica veröffentlichte, nachdem er sich von Crelles Journal abgewendet hatte. Auch der französische Mathematiker Poincaré veröffentlichte in Acta Mathematica und trug so zu dem Erfolg dieses Journals bei, dem Mittag-Leffler 45 Jahre lang als Chefredakteur diente. Hierbei kamen ihm nicht nur seine Kontakte zur internationalen Mathematikergemeinschaft zugute, sondern auch sein instinktives Gespür für die Qualität der eingereichten Arbeiten.

Anfang der 1890er Jahre ließ sich Mittag-Leffler im Stockholmer Vorort Djursholm eine Villa errichten, in der er fortan mit seiner Familie lebte, wenn er sich nicht auf seinem Landsitz im Norden Schwedens aufhielt. 1916 vermachte das Ehepaar Mittag-Leffler das Haus mit seiner umfassenden mathematischen Bibliothek der Schwedischen Akademie der Wissenschaften als Kern einer Stiftung für mathematische Forschung. Heute beherbergt das Haus ein bedeutendes mathematisches Forschungszentrum.

Obwohl Mittag-Leffler mit Niels Abel und Sophus Lie bedeutende Vorläufer hatte, war er es, der der skandinavischen Mathematik zur Weltgeltung verholfen hat. In den skandinavischen Ländern genießt er daher eine Hochachtung, die der gleicht, die man in Deutschland Carl Friedrich Gauß entgegenbringt. Der englische Mathematiker Hardy (siehe dort) wohnte 1925 einem skandinavischen Mathematikerkongress in Kopenhagen bei, dem letzten, an dem Mittag-Leffler teilnahm. Er berichtete hoch beeindruckt, wie sich die Teilnehmer spontan von ihren Sitzen erhoben, als der weißhaarige 81-jährige Altmeister den Saal betrat, um seinen Vortrag zu halten. Zwei Jahre später, am 07. Juli 1927, schlief Gösta Mittag-Leffler in Stockholm friedlich ein.

Ein umfassendes System der Logik
Friedrich Ludwig Gottlob Frege
(8.11.1848–26.7.1925)

Gottlob Frege gilt heute als der Begründer der mathematischen Logik, obwohl seine Arbeiten von seinen Zeitgenossen ignoriert oder sogar mit Spott bedacht wurden. Er stammt aus der Hansestadt Wismar, wo sein Vater Direktor einer höheren Mädchenschule war. Da er ein sehr zurückhaltender stiller Mensch war, gibt es aus seiner Jugendzeit nichts Besonderes zu berichten. Er besuchte das Gymnasium in Wismar und ging dann an die Universität Jena, wo unter anderen Ernst Abbé sein Lehrer war. Nach zwei Jahren wechselte er nach Göttingen und bildete sich dort in Mathematik, Physik, Chemie und Philosophie weiter. 1873 promovierte er mit einer Arbeit „Über eine geometrische Darstellung der imaginären Gebilde in der Ebene", die sich mit den Grundlagen der Geometrie beschäftigte. Im nächsten Jahr habilitierte er sich bereits in Jena mit „Rechnungsmethoden, die sich auf eine Erweiterung des Größenbegriffs gründen", einer Arbeit, in der er Gruppen und ihre Invarianten (Gegenstände, die bei der Anwendung der Transformationen der Gruppe unverändert bleiben) behandelte. Gottlob Frege erhielt die Lehrbefugnis als Privatdozent an der Universität Jena. Dies war der Beginn einer mehr als 40jährigen Karriere als Hochschullehrer, in der er zurückgezogen arbeitete und nur wenige Kontakte mit Kollegen und Studenten pflegte.

Freges erste Großtat war die Entwicklung einer „Begriffsschrift, eine der arithmetischen nachgebildete Formelsprache des reinen Denkens", so der Titel seiner ersten einschlägigen Arbeit, die 1879 erschien. Obwohl seine Formelsprache sich nicht durchgesetzt hat, enthält sein logisches System alle Komponenten der modernen mathematischen Logik. Es gibt Operatoren für die Negation von Aussagen, für die Implikation („aus A folgt B"), für die Quantifikation.

(„für alle x gilt", „für einige x gilt"), Wahrheitswerte von Aussagen und die Möglichkeit, auch komplexe axiomatische Systeme aufzustellen. Moderne Autoren loben die Klarheit dieses Werkes und erkennen darin den größten Fortschritt in der Logik seit Aristoteles. Freges Ziel war die klare unzweideutige logische Formulierung mathematischer Aussagen. Seiner (zutreffenden) Meinung nach ist die natürliche Sprache hierfür nicht geeignet. Anders als bei Cantor, dessen revolutionäre Arbeiten über die Mengenlehre die Gemüter heftig erregten und auf starken Widerstand stießen, nahm die Fachwelt Freges ebenso revolutionäre Arbeit kaum zur Kenntnis.

Frege hatte jedoch sein Lebensthema gefunden. Er glaubte, die Arithmetik und dann die gesamte Mathematik aus der Logik ableiten zu können. Diese Position fand unter dem Namen Logizismus im ersten Drittel des 20. Jahrhunderts zahlreiche Anhänger. Frege arbeitete konsequent weiter und veröffentlichte 1884 „Die Grundlagen der Arithmetik". Hier unterzieht er den Zahlbegriff einer tiefgehenden Analyse und kommt zu dem Schluss, dass alle bisherigen Definitionen der Zahlen logische Fehler enthalten. Er unterschied zwischen der Tatsache, dass Gegenstände mehrfach auftreten können, etwa „zwei Tische", „zwei Stühle" u.ä. und dem reinen Begriff der Zahl. Die Zahl „zwei" etwa ist bei Frege die Klasse aller Paare von Gegenständen. Obwohl er mit dieser feinsinnigen Unterscheidung dem Cantorschen Denken sehr nahekam, ließ Cantor in einer Buchbesprechung kein gutes Haar an Freges Arbeit. Er hatte sie nicht gründlich gelesen und infolgedessen ihre Bedeutung überhaupt nicht erfasst.

In den „Grundlagen" hatte Frege ein axiomatisches System der Arithmetik nur skizziert. Eine ausführliche Darstellung wollte er in drei Bänden von „Die Grundgesetze der Arithmetik" geben. In Band 1, erschienen 1893, baute er zunächst sein logisches System aus und formulierte dann Axiome der Arithmetik, aus denen er mit den am Anfang festgelegten Regeln des logischen Schließens Sätze der elementaren Zahlentheorie ableitete. Auch dieses Werk wurde fast völlig ignoriert. Frege war inzwischen so frustriert, dass er die Veröffentlichung des 2. Bandes der „Grundgesetze" bis 1903 aufschob. In diesem Band konstruiert er die reellen Zahlen direkt aus den ganzen Zahlen, ohne rationale Zahlen zu benutzen. Er kritisiert Cantors und Dedekinds Definitionen der reellen Zahlen scharf, dies wohl auch als Reaktion auf die Ablehnung seiner bisherigen Arbeiten.

Ernst Abbé war einer der wenigen, die Frege vorbehaltlos unterstützten. Er ließ für ihn eine Honorarprofessur einrichten, die von der Carl Zeiss Stiftung finanziert wurde.

Während der Drucklegung von Band 2 erhielt Frege Post von Bertrand Russell (siehe dort). Dieser hatte sich mit den Antinomien der Mengenlehre (siehe Cantor) beschäftigt, und ein weiteres Paradox gefunden, das Russellsche Paradox (siehe Russell). In seinem Brief zeigte Russell nun auf, dass sein Paradox in dem Fregeschen Axiomensystem zu einem Widerspruch führt. Diese Mitteilung löste einen intensiven Briefwechsel zwischen Frege und Russell aus, an dessen Ende Frege eines seiner Axiome veränderte, um die Widerspruchsfreiheit seines Systems wieder herzustellen. Was ihm zunächst nicht auffiel, war, dass mit dieser Veränderung viele seiner Sätze im ersten Band nicht mehr bewiesen werden konnten. Als ihm das klar wurde, verfiel er in tiefe Depression und sah von der Veröffentlichung des dritten Bandes ab.

Nach Freges Tod erkannte man, dass sein Axiomensystem auch mit der von ihm vorgenommenen Veränderung nicht widerspruchsfrei ist. Deswegen betrachteten viele Mathematiker sein Werk als insgesamt wertlos. Diese Einschätzung wird ihm jedoch nicht gerecht. Frege hat erheblichen Einfluss auf die Philosophie des frühen 20. Jahrhunderts ausgeübt, so auf Ludwig Wittgenstein und Edmund Husserl. Auch Russell und der italienische Mathematiker Giuseppe Peano (siehe dort) entwickelten seine Ergebnisse weiter. In der zweiten Hälfte des 20. Jahrhunderts beobachten wir ein gesteigertes Interesse an Freges Werk, insbesondere in Kreisen angelsächsischer Logiker.

Nach seiner Emeritierung im Jahre 1917 begann Frege plötzlich wieder zu publizieren. Er beschäftigte sich jetzt mit dem Denkprozess. Nach langem eigenem Nachdenken kam Frege 1923 zu dem Ergebnis, dass das Ziel, das er sich für sein Lebenswerk gesetzt hatte, nämlich die Begründung der Arithmetik aus der Logik, nicht erreichbar war. Jetzt wollte er die gesamte Mathematik aus der Geometrie begründen. Er kam aber nicht mehr weit, denn am 26. Juli 1925 starb er in Bad Kleinen in Mecklenburg nicht weit von seinem Geburtsort.

Die formale Logik, in die die Gedanken Freges ebenso wie die Algebra des George Boole (siehe Boole) eingegangen sind, gehört heute nicht nur zu den Grundlagenwissenschaften der Mathematik und der Informatik, sondern spielt auch eine grundlegende Rolle beim Entwurf von Computern.

Die Gründung der mathematischen Hochburg Göttingen
Felix Christian Klein (25.4.1849–22.6.1925)

Als Felix Klein in Düsseldorf zur Welt kam, tobten dort Straßenkämpfe zwischen rheinischen Republikanern und dem preußischen Militär. Felix' Eltern saßen auf gepackten Koffern, denn sein Vater war preußischer Beamter. Sie brauchten aber nicht zu fliehen, da der Aufstand noch vor dem Sommer niedergeschlagen wurde. In der folgenden ruhigen Zeit besuchte Felix das Düsseldorfer Gymnasium, machte dort sein Abitur und begann sein Studium der Mathematik und Physik an der Universität Bonn mit dem Ziel, Physiker zu werden. Der Lehrstuhlinhaber für Mathematik und Experimentalphysik in Bonn war Julius Plücker, der sich in der Geometrie einen Namen gemacht hatte. Ab 1866 war Klein sein Laborassistent. Zu dieser Zeit interessierte sich Plücker allerdings nur noch für Geometrie und steckte Klein mit seiner Vorliebe an. Plücker hatte eine neue Geometrie entworfen, deren Elemente Linien statt Punkte sind (siehe Lie). Über eine Frage dieser Liniengeometrie schrieb Klein 1868 seine Doktorarbeit „Über die Transformation der allgemeinen Gleichung zweiten Grades zwischen Linien–Koordinaten auf eine kanonische Form". Um diese Transformation durchzuführen, griff Klein auf eine von Weierstraß entwickelte Theorie zurück.

Kurz nach Kleins Promotion starb Plücker, ohne sein Hauptwerk über die Liniengeometrie „Neue Geometrie des Raumes" vollendet zu haben. Klein fiel die Aufgabe der Fertigstellung zu. Während dieser Arbeit machte er die Bekanntschaft von Alfred Clebsch, der gerade die neue wissenschaftliche Zeitschrift Mathematische Annalen gegründet hatte, deren langjähriger Herausgeber später Felix Klein wurde.

Im Jahre 1870 besuchte Klein zusammen mit Sophus Lie Paris, um Kontakte zu den französischen Mathematikern zu knüpfen. Hier wurde er von der französischen Kriegserklärung an Preußen am 19. Juli 1870 überrascht und verließ die Stadt fluchtartig in Richtung Deutschland, während Lie noch eine Weile in Paris blieb (siehe Lie). Nach kurzem Militärdienst als Sanitäter begann Klein seine Laufbahn als Hochschullehrer 1871 in Göttingen. Bereits 1872, mit 23 Jahren, wurde Klein als Professor an die Universität Erlangen berufen. In Erlangen gab es nur wenige Mathematikstudenten, so dass Kleins pädagogische Begabung hier nicht zum Tragen kam. Er entwarf hier jedoch das „Erlanger Programm", das eine Klassifikation der geometrischen Gegenstände durch Transformationsgruppen vorschlug, die diese unverändert (invariant) lassen (siehe das Beispiel bei Cayley). Mit diesem Programm ist es möglich, die Euklidische und die nicht-Euklidische Geometrie als Spezialfälle einer allgemeineren projektiven Geometrie zu sehen. Über diese Frage hatte er bereits 1871 in Göttingen eine Abhandlung „Über die so genannte nicht-Euklidische Geometrie" verfasst, in der er Euklidische und nicht-Euklidische Geometrie als spezielle Ausprägungen einer projektiven Fläche vorstellte. Im Erlanger Programm treten nun die Transformationsgruppen in den Vordergrund, die bestimmte Eigenschaften der geometrischen Objekte unverändert lassen. Die Idee, Transformationsgruppen zur Klassifizierung der Geometrie heranzuziehen, hat Klein höchstwahrscheinlich von Sophus Lie übernommen. Das Erlanger Programm wurde zu seiner Zeit nur zögerlich aufgenommen. Heute stellt es einen selbstverständlichen Zugang zur Geometrie dar, aber längst nicht mehr den einzigen.

Nach der Zeit begrenzter Außenwirkung in Erlangen sah Felix Klein seine Berufung an die Technische Hochschule in München im Jahre 1875 als großen Schritt nach vorne. Hier fand er zahlreiche begabte Studenten, darunter Adolf Hurwitz, der später die Weierstraßsche Funktionentheorie durch sein Buch allgemein zugänglich machte, und Max Planck. Kaum in München angekommen, heiratete er Anne Hegel, eine Enkelin des Philosophen Friedrich Hegel. Felix Klein blieb 5 Jahre in München, dann erreichte ihn der Ruf auf den neu geschaffenen Lehrstuhl für Geometrie an der Universität Leipzig. Hier wirkten eine ganze Reihe junger Dozenten, darunter Friedrich Engel (nicht Engels!), der von Klein nach Kristiania abgeordnet wurde, um Sophus Lie bei seinen Veröffentlichungen zu helfen (siehe Lie). Klein richtete ein mathematisches Seminar ein, dessen Direktor er war, und in dem regelmäßig Forschungsprojekte vorgestellt und besprochen wurden. Ihm schwebte vor, die neuen Aufgabenstellungen der von Riemann begründeten geometrischen Funktionentheorie (siehe Riemann) zu bearbeiten, und er begann mit einer Untersuchung der *automorphen Funktionen*.

Um eine Vorstellung vom Charakter dieser Funktionen zu erhalten, werfen wir zunächst noch einmal einen Blick auf die einfach und doppelt periodischen Funktionen. Addiert bei diesen Funktionen ganzzahlige Vielfache der Periode(n) zu der unabhängigen Veränderlichen, so ändert sich der Wert der Funktion nicht, darin besteht genau die Periodizität. Die ganzzahligen Vielfachen der Perioden bilden eine Gruppe mit der Addition als Gruppenoperation. Das bedeutet: Summe und Differenz von ganzzahligen Vielfachen der Periode(n) sind wieder ganzzahlige Vielfache der Periode(n). Natürlich ist die Null auch ein ganzzahliges Vielfaches der Periode(n). Sie ist das neutrale Element der Gruppe. Bezeichnet man diese Gruppe als Periodengruppe, so kann man sagen, dass periodische und doppeltperiodische Funktionen bei Anwendung ihrer Periodengruppe auf die unabhängige Veränderliche invariant sind. Die automorphen Funktionen sind nun invariant gegenüber einer anderen Gruppe von Transformationen der unabhängigen Variablen, die den Namen *Modulgruppe* trägt. Sie besteht aus den Transformationen der Gestalt

$$w = \frac{a \cdot z + b}{c \cdot z + d}$$

der komplexen Veränderlichen z in die komplexe Veränderliche w, wobei a, b, c, d, ganze Zahlen sind, für die außerdem $a \cdot d - b \cdot c = 1$ gilt. Diese Transformationen überführen Kreise und Geraden in der komplexen Zahlenebene in ebensolche Figuren, also wieder in Kreise und Geraden. Dabei kann aber durchaus aus einem Kreis eine Gerade werden und umgekehrt. Man rechnet nach, dass diese Transformationen eine Gruppe bilden, also dass man eine Transformation derselben Gestalt erhält, wenn man zwei solche Transformationen nacheinander ausführt. Das neutrale Element ist die Transformation

$w = z$ (mit $a = d = 1, b = c = 0, a \cdot d - b \cdot c = 1 \cdot 1 - 0 \cdot 0 = 1$).

Die zu obiger Transformation inverse ist

$$z = \frac{-d \cdot w + b}{c \cdot w - a}$$

$((-d) \cdot (-a) - b \cdot c = a \cdot d - bc = 1)$. Ähnlich dem Periodenparallelogramm der doppeltperiodischen Funktionen kann man auch hier einen Bereich in der komplexen Ebene abstecken, in dem eine automorphe Funktion alle ihre Werte annimmt. Man nimmt normalerweise einen Streifen der komplexen Zahlenebene oberhalb des Einheitskreises (Kreis mit Radius 1 um den Nullpunkt), der von den auf der reellen Achse senkrechten Geraden mit Realteil $-\frac{1}{2}$ und $\frac{1}{2}$ und dem zwischen diesen beiden Geraden liegenden Bogen des Einheitskreises begrenzt wird. Eine Skizze dieses Bereichs fand man auch im Nachlass von Gauß, so dass wir annehmen können, dass er bereits die Modulgruppe untersucht hatte. Dieser so genannte Fundamentalbereich wird von den Transformationen der Modulgruppe auf Bildbereiche abgebildet, in denen die Funktion wiederum alle ihre Werte annimmt. Klein verwendete nun automorphe Funktionen, um Gleichungen höheren Grades zu lösen, ähnlich wie Hermite elliptische Funktionen benutzt hatte, um die Gleichung 5. Grades zu lösen. Er fand eine Beziehung mit der Transformationsgruppe des Ikosaeders (20-Flächners) und veröffentlichte seine Ergebnisse 1884 in einem Buch über den Ikosaeder. Etwas früher, 1881, begann der französischen Mathematiker Poincaré, seine Theorie der automorphen Funktionen zu veröffentlichen. Klein sah sich plötzlich in einem Wettbewerb, ähnlich dem zwischen Abel und Jacobi, begann aber einen freundschaftlichen Briefwechsel mit Poincaré, in dem beide gemeinsam um einen zentralen Satz der Theorie rangen (das Uniformisierungstheorem, grob gesagt, eine Verallgemeinerung des Riemannschen Abbildungssatzes (siehe Riemann) auf Riemannsche Flächen). Klein gelang es 1882 als erstem, einen solchen Satz zu formulieren und eine Vorgehensweise für seinen Beweis zu entwerfen.

Die großen Aufgaben, die Klein sich in seinen Anfangsjahren in Leipzig aufgebürdet hatte, insbesondere die intensive Arbeit an der Theorie der automorphen Funktionen im Wettbewerb mit Poincaré, überforderten seine Gesundheit. Er erlitt 1882 einen Zusammenbruch, der ihn für zwei Jahre in tiefe Depressionen stürzte. Danach war seine eigene kreative Forschungstätigkeit praktisch beendet.

Ungeachtet seiner gesundheitlichen Probleme wurde Klein 1886 an die Universität Göttingen berufen. Hier setzte er sich das Ziel, Göttingen zur führenden mathematischen Forschungsstätte in Deutschland zu machen. Aufbauend auf seinen Leipziger Erfahrungen etablierte er wöchentliche Diskussionsrunden der Dozenten und fortgeschrittenen Studenten und richtete eine mathematische Bibliothek mit großem Leseraum ein. Er konzentrierte sich jetzt darauf, bedeutende Mathematiker nach Göttingen zu holen. So gelang es ihm, den neuen Star David Hilbert (siehe dort) aus Königsberg zu gewinnen, der der Göttinger Mathematik Weltgeltung verschaffte.

Die Mathematischen Annalen gewannen unter Kleins Führung zunehmend Profil. Mit einem kleinen Kreis von Mitherausgebern traf er sich regelmäßig, um über die geplanten Publikationen zu entscheiden. Im Laufe der Jahre liefen die Mathematischen Annalen dem bis dahin führenden Journal von Crelle den Rang ab, parallel dazu musste Berlin die Spitzenposition in der mathematischen Forschung an Göttingen abgeben.

Felix Klein wird heute überwiegend als führender Geometer gesehen. Er selbst schätzte seine Beiträge zur Funktionentheorie sehr viel höher als seine Arbeiten zur Geometrie ein.

Mit Kleins Namen ist eine Kuriosität verbunden, die Kleinsche Flasche, eine Zylinderoberfläche, die so gebogen ist, dass ihr eines Ende die Zylinderfläche durchdringt und dann mit dem anderen Ende des Zylinders zusammengeheftet wird, so dass hier die äußere Oberfläche des Zylinders in die innere Oberfläche übergeht. Dies ist ein Beispiel für eine geschlossene Fläche mit nur einer Oberfläche. Eine Kugelfläche ist ebenfalls geschlossen, hat aber zwei Oberflächen, innen und außen. Dasselbe gilt für den Torus und auch für die Konservendose (oben und unten mit einem Deckel geschlossener Zylinder). Letztere ist topologisch der Kugelfläche äquivalent, denn sie lässt sich stetig in eine solche verformen. Kugelfläche und Torus sind nicht äquivalent, und ebenso wenig ist die Kleinsche Flasche mit der Kugelfläche äquivalent. Sie lässt sich im Euklidischen Raum nicht in einer stetigen Weise konstruieren – die Selbstdurchdringung ist unstetig –, aber in einem nicht-Euklidischen Raum ist dieses möglich. Einer von Kleins Vorgängern in Leipzig, August Ferdinand Möbius, hatte bereits eine – allerdings nicht geschlossene – Fläche mit nur einer Oberfläche konstruiert, das so genannte Möbiusband. Kugelfläche, Torus, Möbiusband und Kleinsche Flasche sind für die Aufdeckung der topologischen Eigenschaften gekrümmter Flächen von großer Bedeutung.

Es sei hier bemerkt, dass weder Klein noch Poincaré das oben genannte Uniformisierungstheorem beweisen konnten. Hierzu musste man die weitere Entwicklung der Topologie abwarten, die zur Zeit von Klein und Poincaré noch nicht die Methoden bereitstellte, die letztlich zum Erfolg führten.

In seinen späteren Jahren engagierte sich Felix Klein für den Mathematikunterricht an Schulen. Er warb dafür, den modernen Funktionsbegriff und die Differential- und Integralrechnung in den Lehrplan der gymnasialen Oberstufe aufzunehmen. Alle diejenigen, die heute unter diesem Stoff zu leiden glauben, können sich bei Felix Klein bedanken. Auch setzte er sich für die Zulassung von Frauen zum Mathematikstudium ein. Die erste Studentin, die in Göttingen unter seiner Anleitung den Doktortitel erwarb, war eine Engländerin, die bei seinem Freund Arthur Cayley ihr Studium begonnen hatte.

Felix Klein starb nach einem erfüllten Leben am 22. Juni 1925 in Göttingen, als dort die mathematischen und naturwissenschaftlichen Fachbereiche im Zenit ihres Erfolges standen, zu dem er maßgeblich beigetragen hatte.

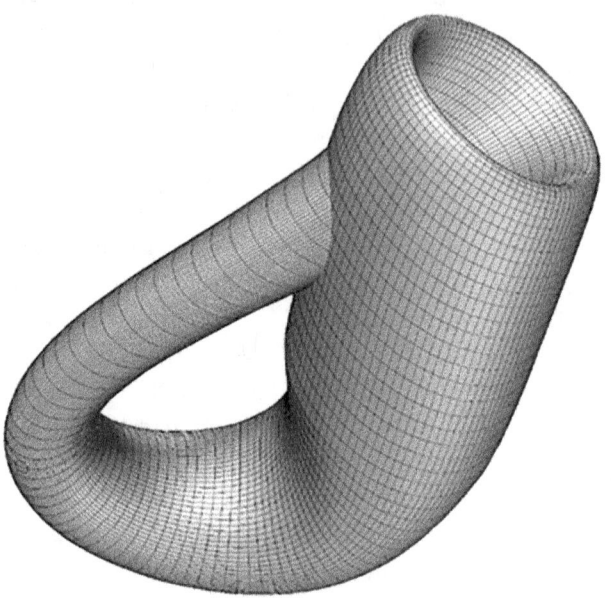

Kleinsche Flasche

Möbiusband

Die erste Mathematikprofessorin
Sofia Wassiljewna Kowalewskaja (15.1.1850–10.2.1891)

Sofia Kowalewskaja war die erste Mathematikprofessorin in Europa. Sie wurde als zweites von drei Kindern des russischen Generals Wassilij Korwin-Krukowskij und seiner Frau Elisabeth in Moskau geboren und wuchs auf dem Landgut ihres Vaters auf, bis die Familie nach St. Petersburg zog. Die Familie Korwin-Krukowskij führte ihre Abstammung auf den römischen Feldherrn Marcus Valerius Messalius (um 340 v. Chr.) zurück, dem im Zweikampf mit einem Gallier ein blinder Rabe (lateinisch corvus) zum Sieg verhalf. Nach der Legende lebte ein entfernter Nachfahre des Messalius, Johann Corvinus im 15. Jahrhundert im heutigen Rumänien. Er war der Vater des ungarischen Königs Matthias Corvinus. Eine von dessen Töchtern heiratete einen im damaligen Großpolen lebenden Krukowskij. Wenn auch die römischen Wurzeln der Familie Korwin-Krukowskij im Bereich der Legende anzusiedeln sind, so kann man ihre Abstammung vom ungarischen Königshaus als gesichert ansehen. Sofias Mutter, eine geborene Schubert, stammte aus einer ursprünglich deutschen Familie von Pastoren und Wissenschaftlern. Angeblich soll es auch eine Roma unter Sofias Vorfahren gegeben haben. Auf diese bezog sie sich gerne, um ihr manchmal überschäumendes Temperament zu erklären.

Im Hause Korwin-Krukowskij verkehrten Adlige, Literaten wie Dostojewskij und Wissenschaftler. Insbesondere Dostojewskij war der Schwarm Sofias und ihrer Schwester. Sofias größtes Interesse galt aber von Kindesbeinen an der Mathematik. Ihr Onkel Pjotr Wassiljewitsch sprach oft mit großem Respekt über Mathematik, seine Erzählungen übten einen geheimnisvollen Reiz auf die kleine Sofia aus. Als sie 11 Jahre alt war, hatte sie Vorlesungsskripte des Professors Ostrogradski über Differential- und Integralrechnung aufgetrieben, mit denen sie die Wände ihres Zimmers tapezierte. Sie betrachtete diese Wandverkleidung immer wieder, bis sie ihren Inhalt begriff. Der Hauslehrer der Familie gab ihr den ersten richtigen Mathematikunterricht, der sie so faszinierte, dass sie dafür alle anderen Lehrfächer vernachlässigte. Ihrem Vater wurde die Sache unheimlich, er setzte dem Mathematikunterricht ein Ende, allerdings ohne Erfolg, denn Sofia besorgte sich ein Algebrabuch, das sie wie ihre Namenskusine Sophie Germain heimlich nachts las. Als ein Nachbar, der Physikprofessor Tyrtow, der Familie ein von ihm verfasstes Lehrbuch der Physik verehrte, griff Sofia sofort zu und begann es zu studieren. Sie verstand die trigonometrischen Formeln nicht und machte sich ihre eigenen Gedanken, was Sinus und Cosinus bedeuten könnten. Tyrtow, dem sie ihre Überlegungen schilderte, stellte überrascht fest, dass sie diese Funktionen völlig zutreffend und der historischen Entwicklung folgend definiert hatte. Er riet Sofias Vater dringend, sie weiter Mathematik lernen zu lassen, der aber brauchte noch einige Jahre Bedenkzeit, ehe er Sofia wieder Privatunterricht in Mathematik bewilligte.

Sofia äußerte immer dringender den Wunsch, ins Ausland zu gehen, um dort zu studieren. Dem stand eine eiserne Regel entgegen: Frauen bedurften im zaristischen Russland der schriftlichen Genehmigung ihres Vaters oder ihres Ehemanns, wenn sie getrennt von ihrer Familie leben wollten. Da ihr Vater nicht zulassen wollte, dass sie das Elternhaus zum Studium verließ, gab es nur den Ausweg, dass sie heiratete. Unter der Bedingung, dass die Ehe pro forma geschlossen wurde und sie die Genehmigung zum Studium im Ausland erhielt, gab sie im Alter von 18 Jahren dem jungen Paläontologen Wladimir Kowalewskij das Jawort.

Im Folgejahr reiste sie wohlgemut nach Heidelberg, um an der altehrwürdigen Ruprecht-Karls-Universität zu studieren. Wie groß war jedoch ihr Entsetzen, als sie feststellen musste, dass in Heidelberg Frauen nicht zum Studium zugelassen wurden. Sie erreichte schließlich, dass sie nach Absprache mit den jeweiligen Dozenten inoffiziell an Lehrveranstaltungen teilnehmen durfte. Unter diesen Umständen blieb sie drei Semester in Heidelberg und begeisterte mit ihrer hohen mathematischen Begabung ihre Professoren. Ihr Mathematikprofessor Königsberger, ein Schüler von Weierstraß, empfahl ihr, nach Berlin zu gehen und dort direkt an der Quelle ihre Studien fortzusetzen. Weierstraß und seine mathematischen Kollegen setzten sich mit Nachdruck für ihre Zulassung zum Studium an der Universität Berlin ein, aber vergeblich, der Senat der Universität lehnte diesen extravaganten Antrag ab. Das Ergebnis war, dass Weierstraß Sofia Kowalewskaja in den folgenden vier Jahren persönlich unterwies und betreute. Damit erhielt sie eine intensivere Schulung als alle Studenten, die nach den Regeln des Senats offiziell in Berlin Mathematik studieren durften.

Im Jahr 1874 legte Sofia Kowalewskaja ihre ersten drei Abhandlungen vor, über partielle Differentialgleichungen, Abelsche Integrale und die Saturnringe. Weierstraß fand sie alle promotionswürdig und reichte sie nach Göttingen weiter, wo man offenbar Frauen nicht ganz von der wissenschaftlichen Arbeit ausschloss. Ihre Arbeiten wurde mit summa cum laude (mit höchstem Lob) bewertet, der besten erreichbaren Note, und Sofia Kowalewskaja erhielt noch 1874 mit 24 Jahren ihren Doktorhut an der Universität Göttingen. Eine akademische Laufbahn blieb ihr aber trotz ihrer hervorragenden Promotion und aller Bemühungen ihres Mentors Weierstraß verschlossen. Das beste Angebot, das sie erhielt, war die Position einer Grundschullehrerin, für die sie sich gänzlich ungeeignet fühlte, da sie das kleine Einmaleins nicht sicher zu beherrschen glaubte. In der Folge zog sich Sofia Kowalewskaja für sechs Jahre völlig zurück und beantwortete nicht einmal die Briefe von Weierstraß. Sie schrieb einen Roman „Die Nihilisten", in dem sie eigene Erfahrungen und Erlebnisse verarbeitete. Die Kowalewskijs führten in dieser Zeit ein großes Haus in St. Petersburg, in dem unter anderen der Mathematiker Tschebyschow verkehrte. Häufig kamen sie jedoch mit ihrem Geld nicht aus.

In dieser Zeit verlor Sofias Ehe ihren formalen Charakter, denn im Jahre 1879 brachte sie in zwölfstündiger schwieriger Geburt ihre Tochter Sofia Wladimirowna zur Welt. Ein Jahr später begab sie sich mit ihrer Tochter auf Reisen, zunächst nach Berlin, wo sie Weierstraß besuchte und dann nach Paris. Dort lebte sie in einem möblierten Zimmer und arbeitete auf Vorschlag von Weierstraß über Lichtbrechung in kristallinen Medien. Dabei fand sie einige Fehler in den optischen Untersuchungen des Franzosen Gabriel Lamé, den wir von seinem missglückten Versuch kennen, die Fermatsche Vermutung zu beweisen (siehe Kummer). Einen zentralen Fehler übernahm sie jedoch. Das fiel jedoch erst 1916 dem Italiener Volterra auf. Die Arbeit ist dennoch wertvoll, weil Sofia Kowalewskaja in ihr eine von Weierstraß entwickelte Methode zur Integration bestimmter partieller Differentialgleichungen beschreibt.

Im Frühjahr 1883 nahm sich ihr Mann das Leben. Sofia entwickelte schwere Schuldgefühle und stürzte sich tiefer in die Arbeit, um sie zu überwinden. In der Zwischenzeit hatte Gösta Mittag-Leffler in Stockholm seine Kollegen so lange bearbeitet, bis sie ihren Widerstand gegen eine Professorin aufgaben, und Sofia Kowalewskaja wurde 1884 als Privatdozentin an die Universität Stockholm berufen, und bereits nach einem halben Jahr zur außerordentlichen Professorin ernannt. 1889 erhielt sie einen Lehrstuhl.

Ihre Stockholmer Zeit war die fruchtbarste ihres Lebens. Sie gab mit Mittag-Leffler die Acta Mathematica heraus und pflegte für dieses Journal die internationalen Kontakte. 1886 gewann sie den renommierten Prix Bourdin der Académie des Sciences für eine Arbeit über die Drehbewegung eines Festkörpers um einen Punkt, in der sie die auftretende Differentialgleichung mit „ultra-elliptischen" Funktionen löst. Wegen der überragenden Qualität ihrer Arbeit erhöhte die Académie das ausgesetzte Preisgeld von 3000 auf 5000 Francs. Mit weiteren Arbeiten über dieselbe Aufgabenstellung gewann Sofia Kowalewskaja 1889 noch einen Preis der Schwedischen Akademie der Wissenschaften. Im gleichen Jahr setzte Tschebyschow ihre Aufnahme in die Akademie in St. Petersburg durch. Die Akademie änderte eigens ihre Regeln, um die Aufnahme einer Frau zu ermöglichen. Damit erhielt Sofia Kowalewskaja auch in ihrem Heimatland, das ihr konsequent eine akademische Stelle verweigert hatte, ein wenig Anerkennung.

Sofia Kowalewskaja stand auf dem Höhepunkt ihrer Laufbahn und ihre mathematischen Fähigkeiten ließen noch Großes erwarten, als sie sich Anfang 1891 eine Grippe zuzog, die sich zu einer Lungenentzündung auswuchs, gegen die vor der Entdeckung der Antibiotika kein Kraut gewachsen war. Sie starb kurz nach ihrem 41. Geburtstag in Stockholm.

Der letzte Universalist
Jules Henri Poincaré (29.4.1854–17.7.1912)

Jules Henri Poincaré wurde in Nancy in Lothringen als Sohn eines Mediziners geboren. Sein Vater erhielt später eine Professur für Medizin an der Universität Nancy. Henri war ein schwächliches Kind und litt unter Kurzsichtigkeit. Nach besonderer Förderung durch seine gebildete Mutter wurde er mit 8 Jahren in das Lycée von Nancy aufgenommen, das heute seinen Namen trägt. Er glänzte hier in den meisten Fächern, ausgenommen nur Sport und Kunst, in denen er aufgrund seiner Konstitution und Bewegungsschwäche nur mäßige Zensuren erhielt. Sein Lieblingsfach war jedoch die Mathematik. Er beteiligte sich an den nationalen Mathematikwettbewerben und gewann mehrere erste Preise. Sein Mathematiklehrer nannte ihn ein Mathe-Monster und wollte damit wohl seine Hochachtung ausdrücken.

1873 bestand Henri die Aufnahmeprüfung zur École Polytechnique. Auch hier übertraf er alle seine Kommilitonen in der Mathematik. Nach 2 Jahren legte er sein Abschlussexamen ab und setzte seine Studien an der École des Mines (Bergbauschule) fort. Nach seinem Abschluss als Bergingenieur arbeitete er einige Zeit in diesem Beruf in Vésoul (Lothringen), während er seine Doktorarbeit schrieb. Sein Doktorvater war Charles Hermite. Poincarés Arbeit über Differentialgleichungen erhielt eine gemischte Bewertung. Die Prüfer bemängelten, dass ein Teil der Arbeit etwas konfus wirkte. Henri Poincaré erhielt jedoch 1879 seinen Doktortitel und begann seine akademische Laufbahn an der Universität von Caen (Normandie) als Dozent für Analysis. Auch hier wurde sein Vorlesungsstil als leicht konfus charakterisiert. Dennoch wurde er bereits nach 2 Jahren an die Faculté des Sciences der Sorbonne in Paris berufen. Im Jahre 1881 erhielt er – mit Rückendeckung durch Hermite – den Lehrstuhl für Mathematische Physik und Wahrscheinlichkeits-rechnung und gleichzeitig einen Lehrstuhl an der École Polytechnique. Er bekleidete beide Lehrstühle bis zu seinem Tode im Alter von nur 58 Jahren.

Poincaré gilt als der letzte Universalist der Mathematik. Er hat fast alle ihre inzwischen weit gefächerten Teilgebiete mit seinen Beiträgen bereichert, arbeitete aber auch über Himmelsmechanik, Hydrodynamik, Relativitätstheorie und Wissenschaftsphilosophie. Seine umfassende Kenntnis dieser Arbeitsgebiete gestattete es ihm, mathematische Aufgabenstellungen von verschiedenen Ausgangspositionen her in Angriff zu nehmen und so häufig überraschende neue Erkenntnisse zu gewinnen.

Als junger Mann entwickelte er die Theorie der automorphen Funktionen (siehe Klein). Die Idee hierzu kam ihm schon bei seiner Doktorarbeit. Ihm wurde plötzlich klar, dass die Transformationsgruppe, die die automorphen Funktionen invariant lässt, die Modulgruppe, (siehe Klein), zu einer nicht-Euklidischen Geometrie gehört und dass daher die automorphen Funktionen auch eine Rolle in der Geometrie spielen. Die Entwicklung der Theorie der automorphen Funktionen wurde dann durch die Korrespondenz mit Felix Klein sehr schnell vorangetrieben (siehe Klein).

Im Jahre 1895 gab Poincaré sein Werk Analysis Situs heraus, die erste systematische Darstellung der neuen Wissenschaft der Topologie (siehe Euler, Riemann, Klein). Er begründete hierin den Zweig der algebraischen Topologie, die die Untersuchung topologischer Fragen auf die Untersuchung bestimmter Gruppen zurückführt. Bereits 1894 führte er die „Fundamentalgruppe" ein, mit deren Hilfe zweidimensionale Flächen klassifiziert werden können. Er zeigte, dass alle Flächen, die dieselbe Fundamentalgruppe wie die Oberfläche der Kugel haben, mit dieser topologisch äquivalent sind. Poincaré ging nun davon aus, dass dies sich bei drei- und höherdimensionalen Flächen ebenso verhalten würde. Merkwürdigerweise konnte man einen analogen Satz für alle Dimensionen größer als drei beweisen, nicht aber für die Dimension 3. Das heißt, wir wissen bisher noch nicht, ob alle Flächen, die dieselbe Fundamentalgruppe wie die dreidimensionale Oberfläche einer vierdimensionalen Kugel haben, auch wirklich mit dieser topologisch äquivalent sind. Hier besteht also noch eine Chance, sich als Mathematiker zu profilieren.

Poincaré begann auch mit der Untersuchung von analytischen Funktionen (also Funktionen komplexer Variablen) mehrerer Veränderlicher. Er arbeitete in der algebraischen Geometrie, die Kurven und Flächen untersucht, die durch algebraische Gleichungen beschrieben werden. Die einfachsten und bekanntesten sind die Kegelschnitte, aber auch die Lemniskate (siehe Legendre) gehört dazu. Poincaré studierte nun algebraische Kurven, die auf algebraischen Flächen verlaufen und entwickelte hierfür grundlegende Methoden, mit denen einige schon bekannte Ergebnisse sich einfacher herleiten ließen.

In der Zahlentheorie beschäftigte sich Poincaré mit dem Problem, Punkte mit rationalen Koordinaten auf Kurven zu finden, die durch diophantische Gleichungen beschrieben werden. Dies kann man als eine weitgehende Verallgemeinerung der Aufgabenstellung ansehen, pythagoreische Zahlen zu finden (siehe Pythagoras), also natürliche Zahlen x,y,z, die der Gleichung

$$x^2 + y^2 = z^2$$

genügen.

Neben den geschilderten Problemen der reinen Mathematik untersuchte Poincaré Fragen der Optik, Telegraphie, Potentialtheorie, Quantentheorie, Relativitätstheorie und Kosmologie. Er nahm die spezielle Relativitätstheorie zum Teil vorweg, strebte aber nur kleine Korrekturen der Vorstellung von Raum und Zeit an, im Gegensatz zu Einstein, der mit seiner Version der speziellen Relativitätstheorie 1905 eine Revolution des physikalischen Weltbildes auslöste.

Im Rahmen eines Wettbewerbs, den König Oskar II von Schweden und Norwegen anlässlich seines 60. Geburtstages ausgeschrieben hatte – natürlich kam die Idee von Mittag-Leffler –, untersuchte Poincaré auch erneut das 3-Körperproblem der Himmelsmechanik (siehe Lagrange, Laplace). Er stellte fest, dass die unendlichen Reihen, die seine Vorgänger benutzt hatten, zwar konvergieren, aber nicht für alle Werte in gleicher Weise. Damit wurden Stabilitätsbeweise für das Sonnensystem von Lagrange und Laplace zweifelhaft. Poincaré unterlief in seiner Abhandlung aber selbst ein Fehler. Das Preiskomitee, dem Mittag-Leffler und Weierstraß angehörten, war trotzdem der Ansicht, dass Poincaré den Preis verdient habe. Mittag-Leffler unternahm aber große Anstrengungen, um eine Veröffentlichung der Arbeit in der fehlerhaften Version in den Acta Mathematica zu verhindern und mit Poincaré nach einer Fehlerkorrektur zu suchen. Bei diesen Erörterungen stieß Poincaré auf die Möglichkeit, dass ein dynamisches System in einen chaotischen Zustand geraten kann. Er gilt daher auch als der Entdecker der Chaostheorie. Eine korrigierte Version seiner Arbeit erschien 1890 in den Acta Mathematica, ungefähr zum 61. Geburtstag des Königs.

Seine Untersuchungen der Himmelsmechanik fasste Poincaré in dem dreibändigen Werk „Les Méthodes nouvelles de la mécanique céleste" (Die neuen Methoden der Himmelsmechanik) zusammen.

Poincaré schrieb auch einige allgemeinverständliche Werke über wissenschaftliche Methodik. Insbesondere beschäftigte er sich mit der Rolle der Intuition und des logischen Schließens in der Mathematik. Berühmt ist sein Spruch: Mit Hilfe der Logik führen wir Beweise, aber mit der Intuition machen wir unsere Entdeckungen. Was mathematische Intuition ist, kann auch Poincaré nur indirekt erläutern. Er sagt: „Um Geometrie zu machen, braucht man etwas anderes als reine Logik. Dieses Andere können wir nur mit dem Begriff der Intuition fassen". Als Hilbert (siehe dort) im Jahre 1901 sein revidiertes Axiomensystem der Euklidischen Geometrie veröffentlichte, erhielt er großes Lob von Poincaré, aber auch die Kritik, dass ihn anscheinend nur der logische Standpunkt interessiere, nicht aber die psychologische Frage, wo die Axiome selbst herkämen.

Poincaré glaubte, dass wir frei wählen können, mit welcher Art Geometrie wir den Weltraum beschreiben, mit einer Euklidischen oder nicht-Euklidischen. Da die Geometrien topologisch äquivalent sind, könne man geometrische Zusammenhänge von der einen in die andere Geometrie übersetzen. Deshalb würden die Physiker immer die näher liegende Euklidische Geometrie bevorzugen. Hier lag Poincaré falsch, denn inzwischen gibt es experimentelle Nachweise dafür, dass die Geometrie des Weltraums nicht Euklidisch ist.

In einer anderen Frage behielt Poincaré jedoch Recht. Im 1900 begannen unter der Führung von Bertrand Russell und David Hilbert die Bestrebungen, die gesamte Mathematik auf axiomatische Grundlagen zu stellen. Poincaré war von dem Misserfolg dieser Bemühungen überzeugt. Er stellte ausdrücklich fest, dass es nicht möglich sein werde, die Widerspruchsfreiheit eines Axiomensystems der Arithmetik zu beweisen. Genau dies zeigte Anfang der 1930er Jahre der österreichische Mathematiker Kurt Gödel.

Poincarés Einfluss auf die Mathematik und die Mathematiker ist gewaltig, obwohl er nie wie zum Beispiel Karl Weierstraß oder Felix Klein eine Schule begründete. Deshalb wurden auch seine von Intuition geprägten Methoden nur selten von anderen benutzt, seine Resultate aber sehr wohl.

Henri Poincaré unterzog sich im Jahre 1912 einer Operation, von der er sich zunächst gut erholte. Vor seiner ersten Ausfahrt nach diesem Eingriff fiel er jedoch tot um. Mit seinem frühen Tod wurde ihm die Gnade zuteil, den 1. Weltkrieg nicht mehr miterleben zu müssen, in dem die europäischen Völker, deren Wissenschaftler im 19. Jahrhundert zum allgemeinen Wohl hervorragend zusammengearbeitet hatten, in einem Anfall kollektiven Wahns übereinander herfielen. Während dieses Krieges war sein jüngerer Vetter Raymond Poincaré Präsident der Französischen Republik. Nach dem Krieg übernahm dieser noch mehrfach die Aufgabe des Ministerpräsidenten und trat in dieser Rolle für eine harte Haltung Frankreichs gegenüber Deutschland ein. Er gilt als treibende Kraft hinter der französischen Besetzung des Ruhrgebiets im Jahre 1923.

Das Axiomensystem der Arithmetik
Giuseppe Peano (27.8.1858–20.4.1932)

Giuseppe Peano wird heute in erster Linie als einer der Mitbegründer der mathematischen Logik gesehen. Er begann aber seine mathematische Laufbahn mit traditioneller Mathematik. Geboren wurde Giuseppe Peano auf einem Bauernhof in der Nähe des kleinen Ortes Cuneo im Piemont, wo seine Eltern als Landarbeiter ihren Lebensunterhalt verdienten. Giuseppe legte täglich zweimal den 5 km langen Weg von dem Bauernhof zur Schule in Cuneo zurück, bis seine Eltern ein Haus in Cuneo kauften. Giuseppes Mutter hatte einen gebildeten Bruder, der als Rechtsanwalt in Turin arbeitete und auch ordinierter Priester war. Er merkte, dass Giuseppe ein hochbegabtes Kind war und nahm ihn zu sich nach Turin, damit er dort eine höhere Schule besuchen konnte. Giuseppe erwarb die Hochschulreife am Liceo Cavour und nahm dann sein Mathematikstudium an der Universität Turin auf. Von seinem dritten Semester an war er der Einzige, der reine Mathematik studierte, seine Kommilitonen waren alle auf die Ingenieurschulen gewechselt. Er beendete sein Studium im Herbst 1880 mit der Promotion zum Doktor der Mathematik, und blieb dann als Assistent an der Universität. In demselben Jahr erschien seine erste Abhandlung, drei weitere folgten. Im nächsten Jahr. 1884 veröffentlichte Peano ein Lehrbuch über Infinitesimalrechnung, das auf den Vorlesungen seines Lehrers Genocchi basierte. Obwohl Peano das Buch in Genocchis Namen herausgab, ist es doch wegen seiner umfangreichen Ergänzungen als sein eigenes Werk anzusehen. Ob er sich damit zum Professor qualifizierte, ist nicht genau nachzuvollziehen, auf jeden Fall wurde er in demselben Jahr zum Professor an der Universität Turin ernannt.

Peano beschäftigte sich jetzt mit Differentialgleichungen und wies nach, dass ein bestimmter Typ dieser Gleichungen immer eine Lösung besitzt und verschärfte damit Ergebnisse von Cauchy. Ein paar Jahre später zeigte er anhand von Beispielen, dass die Lösungen nicht eindeutig bestimmt sind. 1887 entwickelte er eine Methode zur iterativen Lösung von Systemen mehrerer linearer Differentialgleichungen, die aber von anderen bereits kurz vorher entdeckt worden war. Im Jahre 1888 erschien Peanos Buch „Geometrische Analysis" mit einem Kapitel über formale Logik, das auf den Arbeiten von George Boole (siehe dort) und anderen aufbaute. Damit hatte Peano das Thema gefunden, das ihn die nächsten Jahre beschäftigen sollte. Peano definierte in diesem Buch aber auch zum ersten Mal einen Vektorraum. (*Vektoren* wurden in der Physik schon lange Zeit vor Peano verwendet; sie geben zum Beispiel die Stärke und die Richtung einer Kraft an und werden durch Pfeile dargestellt, deren Länge die Stärke und deren Ausrichtung die Richtung angibt. Man kann derartige Kraftpfeile addieren, indem man mit ihnen ein Parallelogramm aufspannt, das so genannte *Kräfteparallelogramm*. Die Summe der wirkenden Kräfte oder – wie man auch sagt – die *resultierende Kraft* ist dann durch die Diagonale des Parallelogramms gegeben. Macht man nun einen Vektor mit seinem hinteren Ende am Nullpunkt eines Koordinatensystems fest, so ist er durch die Koordinaten seiner Spitze eindeutig bestimmt. Diese nennt man auch die *Komponenten* des Vektors. Ein Vektor hat damit eine Komponente für jede Achse des Koordinatensystems. Die Komponenten werden in der Reihenfolge der Achsen aufgeschrieben. In der Ebene hat man zum Beispiel die horizontale x-Achse und die vertikale y-Achse; hier ist die Reihenfolge x-Komponente vor y-Komponente. Man stellt dann fest, dass die Addition zweier Vektoren auf die Addition ihrer an gleicher Position stehenden Komponenten hinausläuft (Vgl. hierzu die Addition der Zahlenpaare, die komplexe Zahlen darstellen, bei Hamilton. Man kann daher die komplexen Zahlen auch als Vektoren der Ebene auffassen, was manchmal vorteilhaft ist.). Während Vektoren in der Ebene zwei Komponenten haben, sind Vektoren im Raum durch drei Komponenten vollständig beschrieben. Natürlich kann man dieses Konzept ohne weiteres auf Räume beliebiger Dimension übertragen, indem man weitere Komponenten hinzunimmt. Außer der Addition von Vektoren ist auch eine Verlängerung oder Verkürzung eines Vektors durch Multiplikation seiner Komponenten mit einer Zahl möglich, die so genannte *skalare Multiplikation*. Eine Gesamtheit von Vektoren bezeichnet man als *Vektorraum*, wenn Addition und skalare Multiplikation definiert sind und wieder Vektoren innerhalb derselben Gesamtheit ergeben und bestimmte, nahe liegende Rechenregeln gelten. Diese Regeln sind die Axiome des Vektorraumes, aus denen man weitere

Eigenschaften ableitet.) Peano hat Vektorräume in dieser Weise erstmalig abstrakt und axiomatisch definiert.

1889 veröffentlicht Peano eine in lateinischer Sprache verfasste Schrift Arithmeticis principia, nova methodo exposita, zu Deutsch etwa: die Grundsätze der Arithmetik, nach einer neuen Methode vorgestellt. In dieser Abhandlung gibt er 5 Axiome für die natürlichen Zahlen an. Er definiert die natürlichen Zahlen als eine Menge von Elementen, für die diese Axiome gelten. Sie lauten:

- Die 1 gehört der Menge der natürlichen Zahlen an.
- Jedes Element dieser Menge hat einen eindeutig bestimmten Nachfolger.
- Die 1 ist Nachfolger keines Elementes.
- Haben zwei Elemente denselben Nachfolger, so sind sie gleich.
- Enthält eine Teilmenge der natürlichen Zahlen die 1 und mit jedem ihrer Elemente auch dessen Nachfolger, so enthält sie alle natürlichen Zahlen, ist also identisch mit der Menge der natürlichen Zahlen.

Die ersten vier Axiome wirken völlig selbstverständlich, das letzte dagegen kompliziert. Mit diesem Axiom wird aber das Prinzip der vollständigen Induktion eingeführt, welches es ermöglicht, Aussagen über die Menge aller natürlichen Zahlen zu beweisen, und das ansatzweise schon bei al-Karaji und al-Samawal auftritt. Die schwierige Aufgabe besteht nun darin, nachzuweisen, dass ein solcher Satz von Axiomen a) widerspruchsfrei ist und b) vollständig ist in dem Sinne, dass alle weiteren Eigenschaften der natürlichen Zahlen daraus abgeleitet werden können, insbesondere die Rechenoperationen und –regeln. Es sei hier nur gesagt, dass man für die Einführung der Addition und der Multiplikation das Prinzip der vollständigen Induktion benötigt, weil diese Rechenoperationen für alle natürlichen Zahlen erklärt werden müssen.

Im Jahre 1890 wurde Peano auf den Lehrstuhl seines Lehrers Genocchi berufen. Kurz zuvor machte er eine verblüffende Entdeckung: es gelang ihm eine flächendeckende Kurve zu konstruieren, oder mathematisch strenger formuliert: Peano konstruierte eine stetige Abbildung des Abschnitts der reellen Zahlen von 0 bis 1 auf ein Quadrat mit der Seitenlänge 1, so dass jeder Punkt dieses Quadrates als Bildpunkt einer reellen Zahl zwischen 0 und 1 auftritt. Dieses Ergebnis steht nicht im Widerspruch zu den Überlegungen Georg Cantors (siehe dort), der eine in beiden Richtungen eindeutige Abbildung des genannten Abschnitts der reellen Zahlen auf ein Quadrat konstruiert hatte und dazu festgestellt hatte, eine solche Abbildung könne nicht auch in beiden Richtungen stetig sein. Peanos Abbildung ist nur in einer

Richtung definiert, von den reellen Zahlen auf das Quadrat, und auch nur in dieser einen Richtung stetig. Dennoch ist dieses Resultat überraschend, weil es unserer Vorstellung von einer Kurve (einer gekrümmten Linie, die keine Breite hat) zuwiderläuft.

Auch Peano rief ein mathematisches Journal ins Leben, die Rivista di matematica. Als ersten Beitrag veröffentlichte er 1891 einen Bericht über seine Ergebnisse in der mathematischen Logik. Als Herausgeber dieses Journals stützte er sich auf seine Fähigkeit, Gegenbeispiele zu mathematischen Sätzen zu finden und auf diese Weise undichte Stellen in der Beweisführung der Autoren aufzudecken. Ein prominentes Opfer dieser Fähigkeit war sein Kollege Corrado Segre, der sich weigerte, seine Theoreme, deren Gültigkeit Peano mit Gegenbeispielen in Frage gestellt hatte, zu modifizieren. Er war der Meinung, dass es wichtiger sei, einen Zusammenhang zu entdecken, als ihn mathematisch streng zu formulieren. Diese Meinung wurde von Peano mit großer Schärfe zurückgewiesen. Peano strebte in seinen Gedanken die größtmögliche Klarheit an und war ein unbestechlicher Vertreter mathematischer Strenge.

Ab 1892 driftete Peano jedoch in eine zunehmende Skurrilität ab. Er verkündete in der Rivista, dass er alle mathematischen Sätze sammeln und in streng logischer Notation in einer mathematischen Enzyklopädie darstellen wolle, die er Formulario Matematico nannte. Er stellte sich vor, dass diese Sammlung den Lehrbetrieb erheblich vereinfachen würde. Der Professor brauche nur die Sätze im Formulario anzukreuzen, die er seinen Studenten vorstellen wolle und ihnen dann zu erklären, wie sie den logischen Formalismus zu verstehen haben.

Er probierte es selbst aus, nachdem der Band über Analysis fertig gestellt war. Das Ergebnis war eine Katastrophe. Seine Studenten beschwerten sich massiv, dass sie einen Formalismus lernen sollten, den sie in ihrem späteren Leben als Ingenieur oder Lehrer nie brauchen würden. Die Militärakademie, an der Peano auch lehrte, kündigte ihm, aber an der Universität hatte er natürlich Narrenfreiheit, und man konnte nichts gegen seine neue Methodik unternehmen. Ungeachtet aller Kritik setzte Peano die Arbeit am Formulario fort und vollendete ihn 1908. Dieses Werk ist eine wahre Fundgrube von mathematischem Wissen, fand aber keine große Beachtung.

Im Jahre 1900 fanden in Paris zwei internationale wissenschaftliche Kongresse statt, erst ein Philosophenkongress und unmittelbar anschließend ein Mathematikerkongress. Peano nahm an beiden teil und traf Bertrand Russell, der damit begonnen hatte, sich mit mathematischer Logik zu befassen. Russell zeigte sich begeistert von Peanos Ergebnissen und der Klarheit seiner Argumentation. Er beschloss, sich Peanos logische Notation für seine Untersuchungen zu eigen zu machen. Auf dem Mathematikerkongress stellte David Hilbert 23 ungelöste Probleme vor, um der mathematischen Forschung im neuen Jahrhundert eine Richtung zu geben. Das erste Problem kennen wir bereits: den Beweis oder Gegenbeweis der Kontinuumshypothese (siehe Cantor). Das zweite Problem stellte die Frage nach einem Beweis der Widerspruchsfreiheit der Axiome der Arithmetik. Peano fühlte sich geehrt, weil sein Arbeitsgebiet in Hilberts Liste an zweiter Stelle erschien.

Etwa um 1903 begann Peano ein weiteres skurriles Projekt, die Erfindung einer Universalsprache, die er Latino sine flexione nannte, also Latein ohne Grammatik. Er nahm den lateinischen Wortschatz als Basis und fügte englische, französische und deutsche Wörter hinzu. Das Konzept ähnelt in diesem Punkt dem Esperanto. Nachdem er diese Kunstsprache zu seiner Zufriedenheit konstruiert hatte, schrieb er die endgültige Ausgabe seines Formulario matematico in Latino sine flexione. Damit trug er natürlich nicht zu einer weiten Verbreitung dieses Werkes bei.

Mit Peano haben wir einen Mathematiker kennen gelernt, der sich gleichzeitig durch große Kreativität, strenge Logik und skurrile Ideen ausgezeichnet hat. Er ist einer der Begründer der mathematischen Logik, auch wenn er heute im Schatten von Gottlob Frege steht. Giuseppe Peano erreichte ein Alter von 73 Jahren und starb am 20. April 1932 in Turin wenige Monate bevor der am gleichen Tag 43 Jahre zuvor geborene Führer sich anschickte, die zweite große Katastrophe des 20. Jahrhunderts herbeizuführen.

Der Großmeister des mathematischen Wissens
David Hilbert (23.1.1862–14.2.1943)

Kein anderer Mathematiker hat so wie David Hilbert die Entwicklung der Mathematik im 20. Jahrhundert beeinflusst. Geboren in Königsberg als Sohn eines Amtsgerichtsrates, wuchs er dort auf, besuchte ein Kolleg und das naturwissenschaftliche Wilhelms-Gymnasium, wo er nicht sonderlich auffiel. Er konnte zwar seinen Lehrern mathematische Probleme aller Art erklären, dafür soll er keine besonders guten Aufsätze geschrieben haben. Mit 18 Jahren begann er, skeptisch beobachtet von seinem Vater, der ihn lieber als Jurist gesehen hätte, sein Mathematikstudium an der Universität Albertina in Königsberg. Diese hatte einen Ruf als hervorragende mathematische Ausbildungsstätte, insbesondere durch das Wirken von Jacobi und des Gauß-Freundes Bessel. Hilberts mathematische Begabung fiel sofort auf, so dass er insbesondere von seinem Lehrer Heinrich Weber konsequente Förderung erfuhr. Wichtiger für Hilberts Entwicklung war aber das Zusammentreffen mit dem 2 Jahre jüngeren Hermann Minkowski, dessen Familie aus Litauen nach Ostpreußen eingewandert war. Mit Minkowski verband Hilbert eine lebenslange Freundschaft. 1884 wurde der junge Mathematiker Adolf Hurwitz – nur drei Jahre älter als David Hilbert – als außerordentlicher Professor nach Königsberg berufen. Er war bald der dritte im Bunde. Hurwitz beeindruckte Hilbert und Minkowski durch sein umfassendes mathematisches Wissen. In langen Spaziergängen leuchteten die drei in den folgenden Jahren jeden Winkel der Mathematik aus. 1885 promovierte David Hilbert mit einer Arbeit über Invariantentheorie. Unter Invarianten verstand man damals Polynome in mehreren Veränderlichen, die sich bei bestimmten Transformationen der Veränderlichen nicht ändern. Hilbert hat später entscheidend dazu beigetragen, dass dieser Zweig der Mathematik in der modernen abstrakten Algebra aufging.

Nach seiner Promotion begab sich Hilbert auf eine Studienreise, die ihn zunächst nach Leipzig zu Felix Klein führte, der Hilberts Fähigkeiten sofort erkannte. Klein riet Hilbert, auch die führenden französischen Mathematiker in Paris aufzusuchen. Der Stand der französischen Mathematik beeindruckte Hilbert nicht sonderlich, er schätzte nur Hermite und Poincaré hoch ein.

Nach Königsberg zurückgekehrt habilitierte sich Hilbert 1886 mit einer weiteren Untersuchung im Bereich der Invariantentheorie. Er lehrte als Privatdozent bis 1892, als Hurwitz einem Ruf nach Zürich folgte und Hilbert auf seine Position als außerordentlicher Professor nachrückte. 1892 heiratete er auch seine langjährige Freundin Käthe Jerosch, aus der Ehe ging ein Sohn Franz hervor.

Hilbert arbeitete weiter in der Invariantentheorie, ging aber zunehmend neue Wege. Der Erlanger Mathematiker Gordan hatte einen Basissatz für Polynome in zwei Veränderlichen bewiesen, nach dem alle derartigen Polynome aus endlich vielen Basispolynomen zusammengesetzt werden können. Er konnte dabei die Basispolynome einzeln aufzeigen. Alle Versuche, diesen Satz auf Polynome mit mehr als zwei Veränderlichen zu übertragen, waren gescheitert. Hilbert stellte bald fest, dass die Anwendung der Gordanschen Methoden in eine unüberschaubare rechnerische Komplexität führte. Daher wählte er einen abstrakten Ansatz, indem er die betrachteten Polynome als Elemente einer neuen Rechenstruktur betrachtete, die er *Ring* (oder Polynomring) nannte. In einem Ring kann man addieren, subtrahieren und multiplizieren, aber nicht uneingeschränkt dividieren. Die ganzen Zahlen bilden einen Ring, ebenso Polynome. Durch Untersuchung des Polynomringes konnte Hilbert 1888 den Basissatz für beliebige Anzahlen Veränderlicher beweisen, allerdings ohne eine Basis konkret angeben zu können. Gordan als der anerkannte Experte für Invariantentheorie lehnte eine Veröffentlichung von Hilberts Arbeit in den Mathematischen Annalen ab, weil Hilbert die traditionellen Wege der Invariantentheorie verlassen hatte. Als Verfechter rechnerischer und konstruktiver Methoden in der Mathematik bezeichnete er Hilberts Arbeit als „Theologie". Hilbert hörte von Hurwitz von dieser Stellungnahme und bestand nun seinerseits sehr selbstbewusst darauf, dass seine Arbeit unverändert veröffentlicht würde. Felix Klein, Herausgeber der Mathematischen Annalen, erkannte die Bedeutung der Arbeit und entschied sich gegen den Rat seines Freundes und Fachmannes der Invariantentheorie für die Veröffentlichung. Hilbert bewies kurz darauf einen weiteren grundlegenden Satz über die Nullstellen von Polynomen mehrerer Veränderlicher, mit dem er neue Zusammenhänge zwischen Geometrie und Algebra aufzeigte, die zur Entwicklung einer neuen mathematischen Disziplin, der *algebraischen Geometrie* führten.

Im Jahre 1893 begann Hilbert mit der Arbeit an seinem „Zahlbericht", den er 1897 vorlegte. In dieser Arbeit fasste er Ergebnisse von Eduard Kummer, Leopold Kronecker und Richard Dedekind in der algebraischen Zahlentheorie zusammen und ergänzte sie mit eigenen Ideen. Diese Arbeit ist daher weit mehr als ein Bericht; sie ist als eigenständige Forschungsarbeit anzusehen. Auch hier bewegt sich Hilbert in abstrakten algebraischen Strukturen, etwa Zahlkörpern oder kurz *Körper*n, das sind Mengen von Zahlen oder sonstigen Elementen, mit denen man alle 4 Grundrechenarten ausführen kann, ausgenommen natürlich die Division durch Null. Die rationalen Zahlen bilden einen Zahlkörper, ebenso die reellen Zahlen und die komplexen Zahlen. Es gibt aber auch Körper mit nur endlich vielen Elementen, der kleinste besteht nur aus 0 und 1, wobei die gewohnten Rechenregeln gelten, unter Berücksichtigung, dass $1 + 1 = 0$ (siehe Leibniz). Zahlkörper, die die rationalen Zahlen umfassen, erhält man, wenn man etwa $\sqrt{2}$ zu den rationalen Zahlen hinzufügt. Die Zahlen dieses Körpers haben alle die Gestalt $a + b\sqrt{2}$, wobei a und b rationale Zahlen sind. Summe und Produkt zweier solcher Zahlen $a + b\sqrt{2}$ und $c + d\sqrt{2}$ ergeben sich als

$$(a + b\sqrt{2}) + (c + d\sqrt{2}) = (a + c) + (b + d)\sqrt{2}$$

und

$$(a + b\sqrt{2}) \cdot (c + d\sqrt{2}) = (ac + 2bd) + (ad + bc)\sqrt{2}$$

haben also wieder dieselbe Gestalt. Die Division geht wie folgt:

$$\frac{(a + b\sqrt{2})}{(c + d\sqrt{2})} = \frac{(a + b\sqrt{2}) \cdot (c - d\sqrt{2})}{(c + d\sqrt{2}) \cdot (c - d\sqrt{2})}$$
$$= \frac{(ac - 2bd) + (-ad + bc)\sqrt{2}}{c^2 - 2d^2} = \frac{ac - 2bd}{c^2 - 2d^2} + \frac{-ad + bc}{c^2 - 2d^2}\sqrt{2}$$

Das Ergebnis hat also wieder die Gestalt $e + f\sqrt{2}$ mit rationalen Zahlen e und f. Die Division kann natürlich nur durchgeführt werden, wenn der Nenner $c + d\sqrt{2}$ nicht Null ist. Der Nenner ist genau dann 0, wenn $c = d = 0$.

Man sagt, dem Körper der rationalen Zahlen wurde die Wurzel aus 2 *adjungiert* (hinzugefügt), so dass ein *algebraischer Erweiterungskörper* entstanden ist. Die hier vorgestellte Erweiterung des rationalen Zahlkörpers mit $\sqrt{2}$ heißt auch *quadratische Körpererweiterung*, weil $\sqrt{2}$ die Lösung einer quadratischen Gleichung ($x^2 = 2$) ist – oder die Nullstelle eines Polynoms 2. Grades ($x^2 - 2 = 0$). Die algebraische Zahlentheorie beschäftigt sich unter anderem mit der Untersuchung algebraischer Körpererweiterungen.

Ende der 1890er Jahre beschäftigte sich Hilbert mit Geometrie. Er stand mit seiner Ansicht nicht allein, dass die Euklidischen Definitionen, Axiome und Postulate nicht exakt genug formuliert waren und sich zu sehr auf die Anschauung stützten. In seinem Werk „Grundlagen der Geometrie" stellte er ein vollständiges dem neuesten Stand der Logik (siehe Frege, Peano) entsprechendes Axiomensystem für die Euklidische Geometrie zusammen. Er verzichtete im Gegensatz zu Euklid bewusst auf eine Definition der Grundbegriffe Punkt, Gerade und Ebene, sondern erklärte, dass diese durch ihre in den Axiomen festgelegten Zusammenhänge implizit definiert seien. Umstritten ist, ob der Ausspruch, man könne die Begriffe „Punkt, Gerade, Ebene" jederzeit durch „Tische, Stühle, Bierseidel" ersetzen, Hauptsache sei, dass die Axiome erfüllt seien, tatsächlich von Hilbert stammt. Zuzutrauen ist er ihm. Seriöser ist die Konkretisierung der Grundbegriffe durch Zahlenkombinationen. Eine solche hat Hilbert genutzt, um die Widerspruchsfreiheit seines Axiomensystems nachzuweisen. Das Ergebnis ist: Die Axiome der Geometrie sind widerspruchsfrei, wenn die Arithmetik sich widerspruchsfrei aufbauen lässt. Aus den Axiomen lässt sich ableiten, dass die Hilbertsche Geometrie des Raumes bis auf Nebensächlichkeiten die Geometrie des dreidimensionalen Vektorraumes ist (siehe Peano); der Mathematiker nennt eine bis auf Nebensächlichkeiten bestehende Gleichheit eine *Isomorphie*. Nebensächlichkeiten sind zum Beispiel die Namen der Objekte: ob ich Punkt, Gerade, Ebene sage oder Tisch, Stuhl, Bierseidel, stört keinen großen Geist, für die Inhalte der Geometrie ist es nebensächlich. Es sei hier aber auch an die Reaktion Poincarés erinnert, der Hilberts Ansatz zwar logisch einwandfrei fand, aber eine Begründung der Axiome aus der Intuition oder Anschauung ausdrücklich vermisste.

Im August 1900 fand in Paris der 2. Internationale Mathematikerkongress statt, an dem – wie wir bereits wissen – auch Giuseppe Peano teilnahm. Hilbert wurde gebeten, ein Grundsatzreferat zu halten. Er überlegte eine Weile, worüber er sprechen sollte, und folgte dann dem Rat seines Freundes Minkowski, der ihn zu einer programmatischen Rede ermutigte, in der Hilbert die Weichen für die mathematische Forschung im neuen Jahrhundert stellen sollte. Hilbert kompilierte daraufhin eine Liste von 23 offenen Problemen, von deren Lösung er sich entscheidende Fortschritte der Mathematik versprach. Die ersten beiden kennen wir bereits: Die Frage, ob es zwischen den Mächtigkeiten der natürlichen Zahlen und der reellen Zahlen eine weitere Mächtigkeit gibt (Kontinuumshypothese von Cantor) und die widerspruchsfreie Begründung der Arithmetik. Die weiteren Probleme decken praktisch alle Bereiche der Mathematik ab. Hilbert stellte seine 23 Probleme voller Optimismus für die weitere Entwicklung der Mathematik vor. Er hat mit seiner Liste tatsächlich die mathematische Forschung im 20. Jahrhundert entscheidend beeinflusst. Bis heute sind immer noch nicht alle Hilbertschen Probleme gelöst. Aber jeder, der ein Hilbertsches Problem löste, konnte einer großen Aufmerksamkeit gewiss sein.

Bereits in den 1890er Jahren hatte Göttingen unter der Führung von Felix Klein und David Hilbert eine Führungsposition in der mathematischen Forschung übernommen. Kein Wunder, dass die bis dahin führende Berliner Fakultät den Versuch unternahm, verlorenes Terrain zurückzugewinnen. Sie berief im Jahre 1902 Hilbert auf einen frei gewordenen Lehrstuhl. Hilbert nutzte diesen Ruf als Druckmittel, um die Einrichtung einer Professorenstelle für seinen Freund Minkowski in Göttingen auszuhandeln. Die Universität fügte sich seinem Wunsch, und so kamen Hilbert und Minkowski wieder zusammen. Die folgenden Jahre sind von einer fruchtbaren Zusammenarbeit der beiden geprägt. Hilbert interessierte sich inzwischen für mathematische Physik und steckte Minkowski mit seiner Begeisterung an. Nach der Veröffentlichung von Einsteins spezieller Relativitätstheorie im Jahre 1905 arbeitete Minkowski die Geometrie des von ihm so genannten Raum-Zeit-Kontinuums aus. Er fügte die Zeit als 4. Koordinate den Raumkoordinaten hinzu, allerdings mit imaginären Werten, und erkannte, dass die Geometrie dieses Raum-Zeit-Kontinuums nicht-Euklidisch ist. Nachdem er die Geometrie vollständig ausgearbeitet hatte, übertrug er die Grundgleichungen der Elektrodynamik in das 4-dimensionale Raum-Zeit-Kontinuum.

Die für beide Freunde fruchtbare Zeit endete abrupt am 12. Januar 1909, als Minkowski im Alter von 45 Jahren an einem durchbrochenen Blinddarm starb. Dies war für Hilbert ein harter Schlag, den er durch intensive Arbeit zu überwinden suchte. Er beschäftigte sich weiterhin mit Fragen der theoretischen Physik. Im Jahre 1915 reichte er wenige Tage vor Einstein eine Arbeit bei den Mathematischen Annalen ein, in der er aus einem Variationsprinzip eine Allgemeine Relativitätstheorie ableitete, die der wenige Tage später veröffentlichten Einsteinschen Allgemeinen Relativitätstheorie äquivalent war. In der Hilbertschen Arbeit fehlten lediglich die Einsteinschen Feldgleichungen. In der Folgezeit gab es eine Diskussion, ob nicht etwa Hilbert als Entdecker der Allgemeinen Relativitätstheorie zu gelten habe. Hilbert hat allerdings nie Prioritätsansprüche erhoben.

Ebenso durch mathematische Fragen der Physik angeregt, beschäftigte sich Hilbert mit Integralgleichungen (siehe Abel). Integralgleichungen sind Ausdrücke folgender Form

$$f(x) = \lambda \int K(x,y)\, f(y)\, dy + g(x)$$

wobei K(x,y) eine Funktion von zwei Veränderlichen x und y ist. Gesucht ist die Funktion f(x). Anfang des 20. Jahrhunderts hatte der Schwede Ivar Fredholm (siehe dort) das Lösungsverfahren für diesen Typ von Gleichungen entwickelt. Um die Theorie dieser Gleichungen weiterzuführen, führte Hilbert einen unendlichdimensionalen Raum ein, der nach ihm *Hilbertraum* heißt. Während in einem Raum endlicher Dimension die Punkte durch endlich viele Koordinatenwerte dargestellt werden, nimmt man im Hilbertraum unendliche Zahlenfolgen, die in einem bestimmten Sinne konvergent sind, oder auch Funktionen als Punkte. In einem Hilbertraum wird durch die Gleichung

$$h(x) = \lambda \int K(x,y)\, f(y)\, dy + g(x)$$

jeder Funktion f(x) eine Funktion h(x) zugeordnet. Diese Zuordnung ist eine Abbildung des Hilbertraumes in sich, also im Prinzip auch eine Funktion einer höheren Stufe, eine Funktionenfunktion, wie einige sie nannten, deren Argumente und Werte gewöhnliche Funktionen sind. Eine Integralgleichung kann man so als Suche nach dem Fixpunkt einer Abbildung eines Hilbertraumes in sich auffassen. Dieser Ansatz erweist sich als sehr fruchtbar, weil es effektive Methoden für die Fixpunktsuche in abstrakten Räumen gibt. Es zeigt sich, dass die durch Integralausdrücke vermittelten Abbildungen linear sind, das heißt sie überführen die Summe von zwei Funktionen in die Summe der Bildfunktionen und das Vielfache einer Funktion (Produkt der Funktion mit einer Zahl) in das gleiche Vielfache der Bildfunktion (die Bildfunktion ist die Funktion, die sich bei der Abbildung einer Funktion, als deren Bild ergibt). Für solche linearen Abbildungen des Hilbertraumes in sich hat sich der Ausdruck *linearer Operator* eingebürgert. In den 1920er Jahren benutzte Werner Heisenberg lineare Operatoren in einem unendlichdimensionalen Raum zur Begründung der Quantenmechanik.

Hilberts Schüler Richard Courant schrieb 1924 ein Buch über Mathematische Methoden der Physik, in dem er zusammenstellte, was er bei Hilbert gelernt hatte. Obwohl Hilbert höchstwahrscheinlich nicht einen Satz dieses

Buches geschrieben hat, nahm Courant seinen Namen in Titel auf. Dies zeigt den enormen Einfluss, den Hilbert auf die Entwicklung mathematischer Methoden für die Physik genommen hat. Hilbert selber war der Ansicht, dass „die Physik für die Physiker viel zu schwierig" ist.

Wie bereits bei Riemann erwähnt, gelang es Hilbert, das von Riemann verwendete Dirichlet Prinzip auf feste Füße zu stellen. Damit war nun auch Riemanns Abbildungssatz (siehe Riemann) gesichert.

In den 1920er Jahren wandte sich Hilbert der mathematischen Logik zu. Die Antinomien der Mengenlehre (siehe Cantor, Russell) hatten zu einer Grundlagenkrise der Mathematik geführt. Hilbert sah den Ausweg darin, die gesamte Mathematik auf eine axiomatische Grundlage zu stellen. Dieses Vorhaben erhielt den Namen Hilbertprogramm. Das Hilbertprogramm wird als *formalistisches* Programm bezeichnet, im Gegensatz zu dem *intuitionistischen* Ansatz von Brouwer (siehe dort) und anderen, darunter auch Hilberts Schüler Hermann Weyl (siehe dort). Hilbert lehnte den Intuitionismus als Verbotsdiktatur à la Kronecker entschieden ab. Er veröffentlichte nach seiner Emeritierung in den 1930er Jahren noch zwei Bände „Grundlagen der Mathematik", mit denen er das Ziel verfolgte, eine Theorie der Beweisbarkeit von mathematischen Sätzen aufzustellen. Aber bereits 1931 hatte der österreichische Mathematiker Kurt Gödel gezeigt, dass sich die Widerspruchsfreiheit der Axiome der Arithmetik nicht beweisen lässt. Damit war das Hilbertprogramm streng genommen gescheitert. Die Bemühungen der Formalisten um Hilbert trugen aber wesentlich zur Klärung der Grundlagen der Mathematik bei.

Im ersten Drittel des 20. Jahrhunderts war Göttingen unter Hilberts Ägide der Nabel der mathematischen Welt. Zu den führenden Mathematikern gesellten sich Physiker von Weltrang wie James Franck, Max Born, Werner Heisenberg, mehrere von ihnen Nobelpreisträger. Hilbert betreute in Göttingen 69 Doktoranden, von denen viele bedeutende Mathematiker wurden, darunter die bereits erwähnten Richard Courant und Hermann Weyl. Auch 6 Frauen promovierten bei David Hilbert, was bemerkenswert ist, da Frauen in Preußen erst ab 1908 studieren durften. Hilbert setzte sich ebenso wie Felix Klein für das Recht qualifizierter Frauen auf eine akademische Laufbahn ein. Als seine enge Mitarbeiterin Emmy Noether ihre Habilitationsschrift vorlegte, gab es Widerstand von konservativeren Professoren, wobei auch die dümmsten Argumente nicht verschmäht wurden. So wurde wohl vorgebracht, dass Frauen öffentliche Badeanstalten nur an Frauentagen besuchen durften, was Hilbert mit der Replik konterte, eine Fakultät sei keine Badeanstalt.

Unter den Göttinger Wissenschaftlern waren zahlreiche Juden. Kurz nach der nationalsozialistischen Machtergreifung 1933 erließ das neue Regime ein infames Gesetz „zur Wiederherstellung des Berufsbeamtentums". Dieses Gesetz bot die Grundlage für die Entfernung der Juden aus dem öffentlichen Dienst, insbesondere aus Professorenstellen. In Göttingen waren davon betroffen: Max Born, Emmy Noether (siehe dort), Richard Courant, Edmund Landau und noch viele andere. Das Mathematische Institut wurde seiner besten Köpfe beraubt. Hilbert musste aber nicht mehr lange allein weiterarbeiten, er wurde 1934 emeritiert. In demselben Jahr traf er den Reichsminister für Wissenschaft, Erziehung und Volksbildung Bernhard Rust bei einem Bankett. Rust fragte ihn, ob das Göttinger Mathematische Institut unter dem Weggang der jüdischen Professoren gelitten habe, worauf Hilbert im schönsten Ostpreußisch antwortete: „Jelitten? Dat hat nich jelitten, Herr Minister, dat jibt es doch janich mehr!" Nach dem brutalen Eingriff des Naziregimes erreichte Göttingen nie mehr seinen früheren Rang.

David Hilbert starb 14. Februar 1943 in Göttingen. Es blieb ihm erspart, den Verlust seiner geliebten Heimat Ostpreußen noch zu erleben, die er fast jedes Jahr aufgesucht hatte, um im Seebad Rauschen an der samländischen Ostseeküste seine Sommerferien zu verbringen. Der Tod dieses führenden Wissenschaftlers wurde in Deutschland unter den Bedingungen des totalen Krieges kaum wahrgenommen. Zu Hilberts Begräbnis kamen anders als bei Gauß nur etwa ein Dutzend Trauergäste. In den USA, wo inzwischen zahlreiche Hilbertschüler wirkten, wurden allerdings an vielen Universitäten Gedenkveranstaltungen abgehalten.

Hilbert wurde von einem seiner Schüler als der Mathematiker mit dem größten Durchblick eingestuft. Gauß, Riemann, Galois und auch Minkowski seien bei der Entwicklung neuer Konzepte produktiver gewesen, aber keiner sei so tief in die verschiedensten Bereiche der Mathematik eingedrungen und habe die Zusammenhänge zwischen unterschiedlichen Disziplinen gründlicher herausgearbeitet als David Hilbert. Hilbert selber glaubte an den ständigen Fortschritt der Wissenschaft zum Wohle der Menschheit. Auf seinem Grabstein im Göttinger Stadtfriedhof steht sein Wahlspruch: „Wir müssen wissen, wir werden wissen".

Der Beweis des Primzahlsatzes
Jacques Salomon Hadamard (8.12.1865–17.10.1963)

Jacques Hadamard entstammte väterlicherseits einer jüdischen Familie. Sein Vater war Lehrer, seine Mutter trug mit Klavierunterricht zum Familieneinkommen bei. Jacques kam in Versailles zur Welt, aber als er gerade drei Jahre alt war, zog die Familie nach Paris, wo der Vater eine Stelle am renommierten Lycée Charlemagne antrat. Jacques hatte zwei Schwestern, die beide im frühen Kindesalter starben. Während die Familie noch den Tod der ersten Tochter Jeanne betrauerte, geriet sie durch die Belagerung von Paris im deutsch-französischen Krieg 1870/71 in große Not. Auf die Belagerung folgten in Paris die Tage der Kommune mit ständigen Unruhen, bei denen das Familienheim in Brand gesetzt wurde. Nachdem wieder Ruhe eingetreten war, wurde Jacques in das Lycée Charlemagne aufgenommen. Später erzählte er gerne, dass er dort in allen Fächern glänzte, bis auf Mathematik, was nicht ganz stimmt, denn schon als Zehnjähriger gewann er bei dem jährlichen Schülerwettbewerb einen Preis in eben diesem Fach. Jacques durchlief die Schule planmäßig und legte 1883 sein Baccalauréat (Abitur) am Lycée Louis-le-Grand ab. Im nationalen Schülerwettbewerb erhielt er in diesem Jahr erste Preise in Algebra und Mechanik.

Im Folgejahr bestand Jacques Hadamard die Aufnahmeprüfungen sowohl zur École Polytechnique als auch zur École Normale Supérieure als Bester. Er wählte dann die École Normale Supérieure, wo auch Charles Hermite lehrte. 4 Jahre später machte er sein Abschlussexamen und begann seine Doktorarbeit über (komplexwertige) Funktionen, die durch Taylorreihen (siehe Taylor) definiert sind, so wie sie Weierstraß konstruiert hatte. In dieser Arbeit untersuchte er erstmalig systematisch Funktionen mit Singularitäten

(Stellen, an denen eine Funktion keinen endlichen Wert annimmt). Seinen Lebensunterhalt verdiente er als Lehrer erst in Caen, dann in Paris, machte dabei aber keine besonders glückliche Figur, weil er seine Schüler laufend überforderte. 1892 legte er seine Doktorarbeit vor und merkte noch vor der mündlichen Prüfung, dass er seine Resultate anwenden konnte, um neue Erkenntnisse über die – inzwischen nach Riemann benannte – ζ– Funktion (Zetafunktion) zu gewinnen (siehe Euler und Riemann). Für die Arbeit hierüber erhielt er einen Preis, den die Académie eigentlich für den Beweis der Riemannschen Vermutung (siehe Riemann) ausgesetzt hatte, die bis heute unbewiesen ist und die Hilbert als 8. Problem in seine Liste aufgenommen hatte. Natürlich hatte niemand den Beweis vorgelegt, aber Hadamards Arbeit bedeutete einen großen Fortschritt in der Kenntnis der ζ – Funktion.

Im gleichen Jahr heiratete Jacques Hadamard seine Jugendfreundin Louise-Anna, die mit ihm die Liebe zur Musik teilte. Das junge Ehepaar zog nach Bordeaux, wo Hadamard eine Dozentenstelle an der Universität antrat. In Bordeaux war Jacques Hadamard nicht nur familiär sehr produktiv – zwei Söhne kamen hier zur Welt –, sondern veröffentlichte auch 29 Abhandlungen von großer Tiefe über ganz unterschiedliche Themen. Die wichtigste war der 1896 veröffentlichte Beweis des Primzahlsatzes (siehe Legendre und Gauß), nach dem die Anzahl der Primzahlen bis zu einer natürlichen Zahl N in dem gleichen Maße gegen Unendlich strebt wie der Ausdruck $\frac{N}{\log(N)}$. Die Beweisstrategie hatte Riemann bereits entworfen, er konnte den Beweis aber noch nicht ausführen, weil die benötigten Instrumente der Funktionentheorie zu seiner Zeit noch nicht weit genug entwickelt waren. 1896 war die Zeit reif für die Ausführung des Beweises, denn im gleichen Jahr legte unabhängig auch der belgische Mathematiker de la Vallée-Poussin einen Beweis vor. Er teilt sich daher mit Hadamard den Ruhm, diesen für die Zahlentheorie wichtigen Satz bewiesen zu haben, fast einhundert Jahre nachdem Legendre und Gauß ihn aufgestellt hatten.

Im Jahre 1896 gewann Hadamard auch den Prix Bourdin der Académie mit einer Arbeit über geodätische Linien (siehe Bernoulli) auf bestimmten Flächen.

In den folgenden Jahren engagierte sich Hadamard neben seiner mathematischen Arbeit maßgeblich in der Dreyfus Affäre. Alfred Dreyfus, ein aus dem Elsass stammender Jude, der im Kriegsministerium arbeitete, war ein entfernter Verwandter von Hadamards Frau. 1894 kam er in den Verdacht, militärische Geheimnisse an die Deutschen verraten zu haben. In einem hochgradig unfairen Verfahren wurde er zu lebenslanger Haft verurteilt. Hadamard, der 1897 nach Paris gezogen war, wo er an der Sorbonne und am Collège de France lehrte, entdeckte dort, dass das Beweismaterial gegen

Dreyfus gefälscht war, und war jetzt von Dreyfus' Unschuld überzeugt. Bekanntlich wurde Frankreich von der Dreyfus Affäre fast zerrissen, die Franzosen trennten sich in zwei Lager, die weit über den Fall Dreyfus hinaus über ideologische Fragen stritten. Insbesondere kam im Anti-Dreyfus-Lager ein latenter Antisemitismus offen zum Ausbruch. Im Pro-Dreyfus-Lager verfasste der Romancier Émile Zola seinen berühmten offenen Brief („j'accuse", ich klage an), in dem er die Armeeführung beschuldigte, die Fehler im Dreyfus-Verfahren zu vertuschen. Zola wurde für diese Insubordination zu einem Jahr Gefängnis verurteilt. 1899 bekannte sich ein Mitarbeiter der Militärverwaltung zu den Fälschungen des Beweismaterials und unterstrich dieses Geständnis mit seinem Selbstmord. Dies führte zur Wiederaufnahme des Verfahrens gegen Dreyfus, der erneut schuldig befunden, aber begnadigt wurde. Hadamard war mit diesem Ergebnis nicht zufrieden und arbeitete weiter auf Dreyfus' volle Rehabilitierung hin. Seine Bemühungen trugen schließlich im Jahre 1906 Früchte. Dreyfus wurde rehabilitiert, in seine frühere Position wieder eingesetzt und erhielt den Orden der Ehrenlegion. Hadamard schätzte dieses Ergebnis als Erfolg in einem Kampf für Gerechtigkeit ein, der für ihn ebenso wichtig war wie seine Bemühungen um die Weiterentwicklung der Mathematik.

Während der Dreyfusaffäre veröffentlichte Hadamard seine Lehrbücher über Elementargeometrie, die den Mathematikunterricht an den französischen Schulen in den folgenden Jahrzehnten prägten.

Um die Jahrhundertwende wandte sich Hadamard mehr und mehr der mathematischen Physik zu. Insbesondere produzierte er wichtige Ergebnisse über partielle Differentialgleichungen (siehe d'Alembert).

In Hadamards Pariser Zeit wurden ein dritter Sohn und zwei Töchter geboren. Hadamard kam in das Alter, in dem sich die Ehrungen und Ehrenämter häufen; er wurde zum Präsidenten der französischen mathematischen Gesellschaft gewählt, erhielt weitere Preise für seine Forschungsergebnisse und wurde 1909 auf den Lehrstuhl für Mechanik am Collège de France berufen. Im Jahre 1912 erhielt er zusätzlich den Lehrstuhl für Analysis an der École Polytechnique. Poincaré, der diese Berufung entscheidend unterstützt hatte, starb kurz darauf völlig unerwartet. Hadamard übernahm die Herkulesarbeit, seinen mathematischen Nachlass zu sichten und für eine Veröffentlichung vorzubereiten. Bereits 1912 fasste er Poincarés Ergebnisse in zwei umfassenden Arbeiten zusammen. Ende des Jahres wurde er als Nachfolger Poincarés in die Académie aufgenommen.

Hadamards glückliche Jahre mit einem erfüllten Familienleben endeten abrupt im ersten Weltkrieg. Seine beiden älteren Söhne fielen in der grausamen Materialschlacht vor Verdun.

Hadamard versuchte, seine Trauer durch noch intensivere Arbeit zu bewältigen. Er übernahm zusätzlich zu seinen Lehrstühlen an der Polytechnique und am Collège de France den Lehrstuhl für Analysis an der École Centrale und fand noch Zeit für weite Reisen. 1922 lehrte er an der Yale University und veröffentlichte sein Vorlesungsskript über „Cauchy's Problem bei linearen partiellen Differentialgleichungen", seine wohl wirkungsvollste Veröffentlichung.

Mit dem Aufstieg des Nationalsozialismus rückte Hadamard politisch immer weiter nach links. Seine politische Einstellung und seine jüdische Abstammung ließen es ihm geraten erscheinen, nach der deutschen Invasion Frankreichs in die USA zu fliehen. Er konnte hier als Gastprofessor an der Columbia University in New York arbeiten, erhielt aber keine dauerhafte Anstellung. 1944 traf ihn die schreckliche Nachricht vom Tode seines dritten Sohnes durch Kriegseinwirkung. Er kehrte so schnell wie möglich nach Frankreich zurück. Dort wurde er nach dem Krieg aktives Mitglied der Friedensbewegung, was ihn für die Einwanderungsbehörden der USA in der McCarthy-Zeit so verdächtig machte, dass man ihn nicht zum Internationalen Mathematikerkongress 1950 in Cambridge, Massachusetts, einreisen lassen wollte. Es bedurfte aller Anstrengungen führender amerikanischer Mathematiker, um die Einwanderungsbehörde umzustimmen. Als Zeichen der Solidarität wurde er zum Ehrenpräsidenten des Kongresses gewählt.

1962, im Alter von 97 Jahren wurde Hadamard die seltene Ehrung für 50 Jahre Mitgliedschaft in der Académie des Sciences zuteil. Im gleichen Jahr brach eine weitere familiäre Tragödie seinen Lebensmut. Sein Enkel Étienne verunglückte tödlich auf einer Bergtour. Hadamard verließ danach nicht mehr das Haus und wartete auf den Tod. Dieser erlöste ihn am 17. Oktober 1963 von seinem Schmerz.

Integralgleichungen
Erik Ivar Fredholm (7.4.1866–17.8.1927)

Erik Ivar Fredholms Vater Ludvig Oscar Fredholm machte ein Vermögen mit der Ablösung von Gaslampen durch elektrische Lampen. Er lebte mit seiner Frau Catharina und den Söhnen Erik Ivar und John Oscar in der besten Gegend Stockholms; Ivar und John Oscar besuchten die besten Schulen, wo sich insbesondere Ivar durch hervorragende Leistungen auszeichnete. Er machte im Mai 1885 sein Abitur und begann sein Studium an der Königlichen Technischen Hochschule in Stockholm. Ivars Hauptinteresse galt der praktischen Mechanik und der Konstruktion von Maschinen. Während seines ganzen Lebens tüftelte er gerne und konstruierte Maschinen für alle möglichen Zwecke. Nach einem Jahr wechselte Ivar an die Universität Uppsala, die damals die einzige schwedische Hochschule mit Promotionsrecht war. Ivar hatte in seinem ersten Studienjahr bereits den Vorsatz gefasst, sein Studium mit einer Promotion abzuschließen. Nachdem er im Mai 1888 seinen Master of Science gemacht hatte, ergab sich die Schwierigkeit, dass er gerne Gösta Mittag-Leffler als Doktorvater gewinnen wollte, dieser aber an der Hochschule Stockholm lehrte, an der man noch nicht promovieren konnte. Auch im 19. Jahrhundert waren aber flexible Lösungen möglich. Ivar meldete sich pro forma in Uppsala als Doktorand, arbeitete aber in Stockholm bei Mittag-Leffler. 1890 schrieb er seine erste Abhandlung, in der er eine analytische Funktion konstruierte, die auf dem gesamten Einheitskreis (Kreis um Null mit Radius 1 in der Gaußschen Ebene) definiert war und auch auf dem Kreisrand noch beliebig oft differenzierbar, aber nirgendwo über den Kreis hinaus analytisch fortsetzbar (siehe Weierstraß). Er erweiterte damit Ergebnisse von Weierstraß und Mittag-Leffler. Letzterer war stark beeindruckt und schickte die Arbeit an Poincaré, um sie in Frankreich bekannt zu machen. Leider enthielt sie einen Fehler, der aber repariert werden konnte.

1893 erhielt Fredholm den Titel Dr. phil. in Uppsala, dem er 5 Jahre später den Dr. Sc. (Science) folgen ließ. In seiner zweiten Doktorarbeit löste er eine partielle Differentialgleichung, die in einem Problem der Elastizitätstheorie auftritt. Später gab er für diesen Typ von Differentialgleichungen eine allgemeine Lösung an.

Fredholms Lebenswerk aber, mit dem sein Name auf immer verbunden ist, ist eine umfassende Theorie der Integralgleichungen und ihrer Lösungen (siehe Hilbert). Zahlreiche Forscher, darunter Abel, Riemann und Poincaré hatten einzelne Integralgleichungen gelöst, und alle diese Lösungen kamen nun unter den Hut von Fred-holms allgemeiner Theorie. Seine Ergebnisse wurden bereits 1901 durch den schwedischen Mathematiker Holmgren in Göttingen bekannt gemacht, wo Hilbert (siehe dort) sie sofort aufgriff und weiterentwickelte. Fredholm selber stellte seine Theorie 1903 ausführlich in dem Artikel „ Sur une classe d'équations fonctionelles" (Über eine Klasse von Funktionalgleichungen) in den Acta Mathematica vor.

Mit dieser Arbeit zeigte Fredholm – nach Mittag-Leffler – erneut, dass die skandinavischen Mathematiker sich vor den Großen der Branche – Deutschland und Frankreich – nicht verstecken mussten. Fredholm lehrte sein ganzes Leben lang an der Stockholmer Hochschule, ab 1906 auf dem Lehrstuhl für Mechanik und Mathematische Physik. Zwischendurch machte er kleine Abstecher in die Versicherungswirtschaft. 1902 war Abteilungsleiter in der staatlichen schwedischen Versicherungsgesellschaft und von 1904 bis 1907 arbeitete er als Versicherungsmathematiker bei der Skandia Versicherung. Sein bekanntester Beitrag auf dem Gebiet der Versicherungsmathematik ist eine einfache Formel für den Rückkaufwert einer Lebensversicherung. Ivar Fredholm heiratete erst mit 45 Jahren eine 12 Jahre jüngere Frau, mit der er mehrere Kinder hatte. Sein ältester Sohn brachte es zum Major in der schwedischen Armee.

Wie erwähnt, war Fredholm auch ein Tüftler. Nachdem er begonnen hatte, Geige zu spielen baute er sich ein Instrument aus einer halben Kokosnuss. Es ist nicht überliefert, wie es klang. Bekannt ist aber, dass Fredholm gerne Bach spielte, was schon eine hervorragende Beherrschung der Violine voraussetzt. Er baute auch eine Art Analogcomputer zur Lösung von Differentialgleichungen. Die technischen Konstruktionen Fredholms veranlassten die Schwedische Ingenieurgesellschaft, ihn in ihre Reihen aufzunehmen.

Vor seinem Tode im Jahre 1927 arbeitete Fredholm an der mathematischen Beschreibung der Violinakustik, konnte diese Arbeit aber nicht mehr vollenden. Seine nachgelassenen Aufzeichnungen erwiesen sich als völlig unverständlich, so dass wir leider nicht wissen, was er hier ausgetüftelt hatte.

Die mengentheoretische Topologie
Felix Hausdorff (8.11.1868–26.1.1942)

Felix Hausdorff war der Spross einer wohlhabenden jüdischen Familie in Breslau. Sein Vater war Kaufmann, er hatte sein Vermögen im Textilhandel gemacht. Die Familie zog nach Leipzig, als Felix noch nicht zur Schule ging. Dort besuchte Felix das Gymnasium und entwickelte weit gespannte Interessen für Literatur, Musik und auch Mathematik. Sein erster Berufswunsch war Komponist, aber die Familie war davon nicht begeistert. Nach langen Diskussionen entschied sich Felix, Mathematik zu studieren. Dies tat er direkt vor seiner Haustür an der Universität Leipzig. Er schloss sein Studium 1891 mit einer Dissertation über die Lichtbrechung und –absorption in der Erdatmosphäre ab. In den folgenden Jahren konnte er sich, dank seines vermögenden Vaters, ohne Geldsorgen auf seine Habilitation vorbereiten. Er legte seine Habilitationsschrift über Fragen der Astronomie und Optik im Jahre 1895 vor.

Felix Hausdorff war jedoch weit davon entfernt, mit Nachdruck eine Hochschulkarriere zu verfolgen. Vielmehr war er bestrebt, sich als Schriftsteller einen Namen zu machen. Unter dem Pseudonym Paul Mongré veröffentlichte er philosophische und poetische Werke, so einen Gedichtband „Ekstasen". Im Jahre 1899 heiratete er Charlotte Sara Goldschmidt, eine zum evangelischen Glauben konvertierte Jüdin aus Leipzig. 1902 wurde er zum außerordentlichen Professor in Leipzig ernannt. Einen Ruf auf ein Extraordinariat in Göttingen lehnte er ab, weil er seinen Freundeskreis von Künstlern und Schriftstellern in Leipzig nicht aufgeben wollte.

Im Jahre 1904 nahm Hausdorff seine Arbeit in der Mengenlehre und Topologie auf, mit der er seinen Nachruhm begründete. Er befasste sich in der

Nachfolge Georg Cantors mit geordneten Mengen und leitete einige grundlegende Resultate über solche Mengen her. Auf Hausdorff geht der Begriff einer halbgeordneten Menge zurück, das ist eine Menge, in der eine Anordnung der Elemente festgelegt ist, bei der nicht notwendig zwei beliebig herausgegriffene Elemente vergleichbar sein müssen. Ein Beispiel für eine solche Menge bilden die ganzen Zahlen, wenn man als Ordnung festlegt, dass eine ganze Zahl „vor" einer anderen stehen soll, wenn sie ein Teiler dieser anderen Zahl ist. Also 3 steht vor 6, 6 vor 30, 30 vor 90, 5 vor 10, 7 vor 21 und so fort. Aber 5 und 7 oder 2 und 3 sind nicht vergleichbar, weil 5 kein Teiler von 7 und 2 kein Teiler von 3 ist. Zu einer Halbordnung gehört eine Regel, die der bekannten Regel „Sind zwei Größen einer dritten gleich, so sind sie untereinander gleich" ähnelt. Sie lautet: „Ist das Element a vor b und b vor c, so ist auch a vor c." Man nennt diese Regel das *Transitivitätsgesetz*. Dieses ist bei der Teilbarkeit offensichtlich erfüllt, wie die obigen Beispiele zeigen. Die Menge der ganzen Zahlen ist daher in Bezug auf die Teilbarkeitseigenschaft halbgeordnet. Neben der Arbeit an geordneten und halbgeordneten Mengen wagte sich Hausdorff auch an die Kontinuumshypothese (siehe Cantor und Hilbert), allerdings ohne Erfolg.

Im Jahre 1910 schließlich gelang es dem Mathematiker Study in Bonn, Hausdorff zur vollen Konzentration auf die Mathematik zu motivieren. Hausdorff nahm einen Ruf an die Universität Bonn an, und später, im Jahre 1913 auf einen Lehrstuhl an der Universität Greifswald. Hier veröffentlichte Hausdorff sein Werk „Grundzüge der Mengenlehre", in dem er die mengentheoretische Topologie einführte. Die Topologie wurde bereits mehrfach erwähnt als das Teilgebiet der Mathematik, das die grundlegenden Eigenschaften von Räumen untersucht, wie die Nachbarschaft von Punkten, Zusammenhang von Punktmengen und ganz allgemein alle Eigenschaften von räumlichen Objekten, die sich bei stetigen Verformungen nicht ändern. Hausdorff führte die Begriffe des *topologischen Raumes* und des *metrischen Raumes* ein. Metrische Räume hatte als erster der Franzose Fréchet (siehe dort) untersucht, ohne ihnen allerdings diesen Namen zu geben. Topologische und metrische Räume sollen an einem einfachen Beispiel kurz erläutert werden. Auf der reellen Zahlengeraden kann man das Intervall der Zahlen zwischen 0 und 1 abstecken. Je nachdem, ob die beiden Endpunkte 0 und 1 dazu gehören oder nicht, nennt man es ein *abgeschlossenes* oder ein *offenes* Intervall. Nun gibt es beliebig viele offene Intervalle. Vereinigt man zum Beispiel die Punkte der offenen Intervalle zwischen 0 und 1 und zwischen 2 und 3, so entsteht die Menge der Zahlen, die zwischen 0 und 1 oder zwischen 2 und 3 liegen. Diese Menge betrachtet man ebenfalls als offen. Man legt nun fest, dass die Vereinigung beliebig vieler offener Intervalle eine *offene Menge* von reellen Zahlen ergibt. Bildet man die Schnittmenge zweier offener Intervalle, etwa des Intervalls von 0 bis 1 mit dem Intervall von $\frac{1}{2}$ bis $1\frac{1}{2}$, so entsteht das offene Intervall der Zahlen zwischen ½ und 1. Die Schnittmenge von mehr als zwei, aber endlich vielen offenen Mengen ist wiederum eine offene Menge. Auf der reellen Zahlenachse bilden nun die Teilmengen von Zahlen, die als Vereinigung beliebig vieler offener Intervalle und als Schnittmengen endlich vieler offener Intervalle entstehen, ein System von offenen Mengen. Allgemein sagt man, dass eine Menge von Punkten einen topologischen Raum bildet, wenn man darin ein System von offenen Mengen auszeichnen kann, so dass endliche Schnittmengen und beliebige Vereinigungen offener Mengen wieder offene Mengen sind. In diesem Sinne bilden also die reellen Zahlen einen topologischen Raum, ebenso die Euklidische Ebene und die höherdimensionalen Euklidischen Räume, aber auch nicht-Euklidische Räume und völlig abstrakte Räume, wie etwa die bereits bei Poincaré und Hilbert erwähnten Räume von Funktionen oder Zahlenfolgen.

Anmerkung: Der aufmerksame Leser wird sich fragen, warum man beliebig viele offene Mengen zu einer weiteren offenen Menge vereinigen kann, während man sich bei der Bildung der Schnittmenge auf endlich viele offene Mengen beschränkt. Zur Begründung bilden wir die Menge aller offenen Intervalle auf der reellen Zahlenachse mit den Grenzen a und b, wobei a < 0 und b > 1 ist. Die Schnittmenge aller dieser Intervalle – das ist die Menge aller Zahlen, die in allen Intervallen enthalten sind, - besteht aus den Zahlen zwischen 0 und 1 einschließlich der Grenzen 0 und 1. Sie ist also das abgeschlossene Intervall von 0 bis 1. Das heißt: Die Schnittmenge von mehr als endlich vielen offenen Mengen (hier sind es sogar mehr als abzählbar unendlich viele) muss nicht offen sein. Im vorliegenden Beispiel ist sie sogar abgeschlossen.

In einem topologischen Raum kann man Begriffe wie die Konvergenz von Punktfolgen definieren. Bildet man einen topologischen Raum auf einen anderen ab, indem man jedem Punkt des ersteren, einen Punkt des letzteren zuordnet, so kann man feststellen, ob eine solche Abbildung stetig ist. Wir hatten bereits das Beispiel der Abbildung des Intervalls der reellen Zahlen zwischen 0 und 1 auf das Einheitsquadrat kennen gelernt (siehe Cantor und Peano). Sowohl das Intervall als auch das Einheitsquadrat kann man als topologische Räume betrachten. Wir hatten aber festgestellt (siehe Cantor und Peano), dass die Abbildung nicht in beiden Richtungen stetig sein kann.

Damit werden bei dieser Abbildung topologische Eigenschaften nicht unbedingt erhalten. So können bei dieser Abbildung zum Beispiel dicht beieinander liegende Punkte in entfernt liegende Punkte abgebildet werden. Topologische Räume, die sich in beiden Richtungen stetig aufeinander abbilden lassen, betrachtet man als im Wesentlichen gleich und nennt sie *homöomorph* (gleiche Gestalt).

Ein *metrischer Raum* ist eine Menge von Punkten, in der ein Abstand zwischen zwei Punkten definiert ist. In diesem Sinne sind alle Euklidischen Räume auch metrische Räume, aber auch der Hilbertraum (siehe Hilbert) ist ein metrischer Raum. Jeder metrische Raum ist auch ein topologischer Raum, das heißt, der Begriff des topologischen Raumes ist der allgemeinere. Metrische Räume werden in der Regel benutzt, um Mengen von Funktionen zu untersuchen (siehe Fréchet). Dann sind die Funktionen die „Punkte" des metrischen Raumes.

Hausdorff konnte alle bisherigen Resultate elegant in seine neuen Strukturen einfügen und darin begründen, womit er die Fruchtbarkeit seiner Konzepte eindrucksvoll aufzeigen konnte.

1921 kehrte Hausdorff nach Bonn zurück, nun als angesehener Mathematiker. Spätestens im Jahre 1932 sah er das Übel des Nationalsozialismus auf sich zukommen, unternahm aber nichts zur Rettung seiner Familie. 1934 schwor er den geforderten Treueeid auf den Führer, was ihm aber nicht half, denn 1935 wurde er gegen seinen Willen in den Ruhestand geschickt. Dies hielt ihn jedoch nicht davon ab, seine Forschungen in der Topologie und der Mengenlehre weiterzuführen, allerdings durfte er in Deutschland nicht mehr veröffentlichen. Noch 1939 bemühte er sich um eine Emigration in die USA, er bat den Hilbert-Schüler Courant um Hilfe bei der Suche nach einer Position im mathematischen Forschungsbetrieb der USA. Courant konnte nicht helfen und so blieb Hausdorff in Deutschland. Seine Situation wurde trotz seines hohen Ansehens in der wissenschaftlichen Gemeinde immer bedrohlicher. 1941 wurde seine Deportation in ein Konzentrationslager angeordnet, der er sich dank einflussreicher Freunde noch entziehen konnte. Felix Hausdorff und seine Frau mussten jedoch den Judenstern tragen. Als Anfang 1942 eine Internierung in Endenich als Vorstufe zur Deportation nach Auschwitz angeordnet wurde, nahmen Felix Hausdorff, seine Frau Charlotte und seine Schwägerin Edith am 25. Januar 1942 eine Überdosis von Barbituraten ein. Felix Hausdorff und seine Frau starben am 26. Januar, die Schwägerin einige Tage später.

Ein Schachmeister
Emanuel Lasker (24.12.1868–11.1.1941)

Emanuel Lasker gehört zu den bedauernswerten Menschen, deren Geburtstag auf den Heiligen Abend fällt. Dieses Schicksal wurde geringfügig dadurch gemildert, dass er Jude war. Er kam in dem kleinen Ort Berlinchen in Brandenburg jenseits der Oder zur Welt, der heute Barlinek heißt und zu Polen gehört. Sein Vater war dort Kantor in der Synagoge. Emanuel wurde nach Berlin auf das Gymnasium geschickt, als er 11 Jahre alt war. In Berlin studierte auch sein älterer Bruder, der ihm das Schachspiel beibrachte. Emanuel begann sich bald mehr für das Schachspiel als für die Schule zu interessieren, was seine Eltern in Sorge versetzte. Sie erzwangen einen Schulwechsel nach Landsberg an der Warthe, nur um zu erleben, dass dort die Schachleidenschaft ihres Sohnes weiter angeheizt wurde. Der Direktor dieses Gymnasiums war der Präsident des örtlichen Schachclubs und Emanuels Mathematiklehrer war der örtliche Schachmeister. Emanuel hatte nun hervorragende Anleitung im Schachspiel, machte aber dessen ungeachtet 1888 sein Abitur. Danach studierte er in Berlin, Göttingen und Heidelberg Philosophie und Mathematik, spielte aber jetzt auch professionell Schach. 1889, mit 20 Jahren, gewann er sein erstes Turnier in Berlin und errang einen Monat danach den Titel des Deutschen Schachmeisters.

In den Jahren 1891/92 hielt sich Emanuel Lasker in England auf und besiegte alle führenden Schachspieler des Vereinigten Königreiches. Im Jahr darauf setzte er seine Siegesserie in den USA fort. Er vergaß dennoch nicht ganz seine zweite Profession, die Mathematik, denn er erteilte auch Kurse über Differentialgleichungen in New Orleans. Aufgrund seiner Erfolge in Amerika konnte Lasker den amtierenden Schachweltmeister Wilhelm

Steinitz herausfordern. Er spielte drei Turniere gegen Steinitz, in New York, Philadelphia und Montreal, von denen er die beiden letzten beiden überzeugend gewann, während das erste Match in New York noch unentschieden endete. Lasker war nun im Alter von 26 Jahren Schachweltmeister, wurde aber in der Schachwelt noch unterschätzt. Aber er gewann in den folgenden Jahren viele bedeutende Turniere. In England nahm er 1895 an einem Turnier in Hastings teil und nutzte seinen Aufenthalt auch für Lehrveranstaltungen über Schach, deren Inhalt er in seinem ersten Schachbuch 1896 einem breiten Publikum bekannt machte.

In den Jahren seiner großen Erfolge im Schach vernachlässigte Lasker keineswegs die Mathematik. Von 1900 bis 1902 war er an der Universität Erlangen als Doktorand eingeschrieben. Als Doktorvater hatte er David Hilbert gewinnen können. 1901 lehrte er an der Universität Manchester Mathematik, legte aber noch Ende des Jahres seine Doktorarbeit vor, „Über Reihen auf der Convergenzgrenze". Er erhielt seinen Doktortitel im folgenden Jahr und zog dann in die USA, wo er bis 1907 blieb. In dieser Zeit nahm er nur an einem Schachturnier teil, beschäftigte sich aber intensiv mit Mathematik, und hier speziell mit der Theorie der Ideale (siehe Kummer, Dedekind, Hilbert). Er führte den Begriff des Primärideals ein, das im Bereich der Ideale in einem Ring (siehe Hilbert) die Rolle der Primzahlen übernimmt. Ideale lassen sich in ähnlicher Weise in Primärideale zerlegen, wie man ganze Zahlen in Primzahlen zerlegen kann. Lasker bewies diese Zerlegungen für Polynomringe (Mengen von Polynomen, in denen Polynome addiert, subtrahiert und multipliziert werden. Es kann Teilbarkeit mit Rest wie bei ganzen Zahlen definiert werden.) Seine Ergebnisse veröffentlichte er 1905 in den Mathematischen Annalen unter dem Titel „Zur Theorie der Moduln und Ideale". Zu Laskers Ehren werden bestimmte Ringe, in denen jedes Ideal als Schnittmenge endlich vieler Primärideale dargestellt werden kann, Lasker-Ringe genannt.

1907 kehrte Lasker nach Deutschland und zum Schachspiel zurück. Er verteidigte seinen Weltmeistertitel in fulminanter Weise gegen einen jungen Herausforderer, Frank Marshall, und auch gegen Tarrasch und andere.

1911 heiratete Emanuel Lasker Martha Cohn. Das Paar nahm seinen Wohnsitz in Berlin. Lasker wurde jetzt als Schachweltmeister immer wieder zu Wettkämpfen herausgefordert. Unter den Herausforderern war José Raúl Capablanca, der spätere Weltmeister. Der erste Weltkrieg verhinderte jedoch die schon geplanten Weltmeisterschaftsturniere. Nach dem Kriege wurde ein Wettkampf von Lasker gegen Capablanca arrangiert, aber Lasker legte noch vorher seinen Titel nieder. Er ließ sich dann doch überreden, noch anzutreten und traf im Jahre 1921 in Havanna auf Capablanca. Nach vierzehn

Partien gab Lasker aus Gesundheitsgründen auf. Damit war seine Zeit als Schachweltmeister nach mehr als einem Vierteljahrhundert vorbei. Er spielte dennoch weiterhin Turniere, und gewann das Turnier von New York im Jahre 1924 vor Capablanca. Mit dem Schachspiel hatte Lasker ein beruhigendes Vermögen erworben und begann gegen Ende der 1920er Jahre seinen Ruhestand in Berlin zu genießen, aus dem er durch die nationalsozialistische Machtergreifung 1933 aufgeschreckt wurde. Er erkannte die Zeichen der Zeit schnell und emigrierte nach England, wo er sich völlig mittellos fand, da das nationalsozialistische Regime sein gesamtes Vermögen konfisziert hatte. Emanuel Lasker war gezwungen, erneut eine Schachkarriere zu beginnen, um den Lebensunterhalt für seine Frau und sich zu verdienen. Er spielte in einem Turnier in Zürich, und dann 1936 in Moskau. Der sowjetische Funktionär und Schachspieler Nikolai Wassiljewitsch Krylenko bot den Laskers an, in Moskau zu bleiben, was diese gerne annahmen. Dr. Emanuel Lasker wurde in die Moskauer Akademie der Wissenschaften gewählt und nahm dort seine mathematischen Studien wieder auf. 1937, als der Stalinsche Terror seinen Höhepunkt erreichte, fiel Krylenko in Ungnade, was die Laskers zu einem weiteren Umzug veranlasste, diesmal nach New York. Mit diesem erneuten Ortswechsel entgingen die Laskers einer drohenden Gefahr, denn Krylenko wurde 1938 nach einem nur 20 Minuten dauernden Prozess erschossen. Der Tod holte Martha Lasker aber in New York ein, sie erkrankte ernstlich und starb noch in demselben Jahr. Emanuel Lasker hielt sich mit Schachlehrgängen und Demonstrationen über Wasser. Während einer solchen Veranstaltung im Jahre 1939 erlitt er einen Schwächeanfall, der den Anfang einer längeren Krankheit markierte, der Emanuel Lasker am 11. Januar 1941 in New York erlag.

Lasker ist auch als Erfinder mathematischer Spiele hervorgetreten, zum Beispiel des Spiels Laska. Neben Schachbüchern schrieb auch philosophische Werke, so etwa „Das Begreifen der Welt", „Die Philosophie des Unvollendbar" und „Kampf". Er sah das Leben als einen ständigen Kampf. Diese Einstellung übertrug er auf sein Schachspiel. Lasker gilt als der größte Kämpfer auf dem Schachbrett, der eine Partie vorsätzlich komplizierte, um seine große Spielstärke nutzen zu können. Hatte er einen noch so geringfügigen Vorteil erkämpft, ließ er nicht mehr locker bis zum Gewinn der Partie. Mit genau dieser Einstellung begann er im Rentenalter nach dem Verlust seines Vermögens noch einmal von vorn und schaffte es, zu überleben.

Die Legitimierung des Rechnens mit Differentialen
Élie Joseph Cartan (9.4.1869–6.5.1951)

Élie Cartan wurde in Dolomieu in den französischen Alpen als Sohn des Dorfschmiedes geboren, der es schwer hatte, seine Familie zu ernähren. Als Kind armer Eltern in einer abgelegenen Region hatte er zur damaligen Zeit nicht die geringste Chance auf eine höhere Bildung. Es ist der Aufmerksamkeit eines jungen Schulinspektors zu danken, dass Élie dennoch die Förderung erhielt, die seinem Talent angemessen war. Dem Inspektor fiel der kleine Élie bei einem Besuch der Schule in Dolomieu auf. Er verschaffte ihm ein Stipendium, mit dem er das Lycée in Lyon besuchen konnte. Dort machte Élie sein Baccalauréat mit besonderer Auszeichnung in Mathematik und erhielt ein weiteres Stipendium für das Studium an der École Normale Supérieure in Paris. Hier studierte er Mathematik und schloss sein Studium 1894 mit dem Doktor ab. Er wurde als Dozent an der Universität Montpellier eingesetzt, ab 1896 an der Universität Lyon und ab 1903 an der Universität Nancy. Hier heiratete er im gleichen Jahre. Mit seiner Frau Marie-Louise hatte er 4 Kinder, drei Söhne und eine Tochter. Sein Sohn Henri wurde ebenfalls ein bedeutender Mathematiker, sein Sohn Jean wandte sich der Musik zu und wurde Komponist, starb aber bereits mit 25 Jahren an Tuberkulose. Der Sohn Louis wurde Physiker.

Im Jahre 1909 erhielt Élie Cartan einen Ruf an die Sorbonne in Paris, wo er 1912 den Lehrstuhl für Differential- und Integralrechnung übernahm. Er wechselte noch zweimal das Fachgebiet. Ab 1920 war er als Professor für Rationale Mechanik tätig und von 1924 bis zu seiner Emeritierung 1940 als Professor für Höhere Geometrie. Bereits diese verschiedenen Funktionen weisen auf die enorme Spannweite seines Schaffens hin.

Den Ausgangspunkt dieses Schaffens bildeten die Untersuchungen von Sophus Lie (siehe dort) über kontinuierliche Gruppen und Lie-Algebren. In seiner Doktorarbeit vervollständigte Cartan die Klassifikation eines Typs von Lie-Algebren, die von dem deutschen Mathematiker Wilhelm Killing begonnen worden war. Killing hatte die Lie-Algebren unabhängig von Sophus Lie bei Untersuchungen über nicht-Euklidische Räume entdeckt. Seine, von Cartan vereinfachte und ausgebaute Klassifikation dieser Algebren war die erste Klassifikation einer abstrakten algebraischen Struktur.

In seinem weiteren Werk vereinigt Cartan die Theorie der Lie-Gruppen, Geometrie, Differentialgeometrie und Topologie auf überraschende Weise, um Neues zu schaffen. Zwischen 1894 und 1904 entwickelt er einen Kalkül von Differentialformen, mit dem er in gewissem Sinne den intuitiven Umgang Eulers und seiner Zeitgenossen mit den unendlich klein gedachten Differentialen legitimierte. Der Differentialformenkalkül erwies sich als außerordentlich leistungsfähig bei der Behandlung aller möglichen Fragen der Differentialgeometrie, der Dynamik und der Relativitätstheorie. Überraschend ist, dass Cartan erst 1945 eine ausführliche Version dieser Entdeckung in seinem Buch „Les systèmes differentiels extérieurs et leurs applications géométriques" (Die Systeme äußerer Differentialformen und ihre geometrischen Anwendungen) veröffentlichte.

Cartan wandte sich ab 1916 fast ausschließlich der Differentialgeometrie zu. Er untersuchte Räume, auf denen eine beliebige Liegruppe als Transformationsgruppe wirkt und entwickelte dabei das Konzept eines sich der jeweiligen Raumkrümmung anpassenden örtlichen Koordinatensystems (im dreidimensionalen Raum eines beweglichen Dreibeins).

1913 entwickelte Cartan die Theorie der Spinoren, die später in der Quantenmechanik eine Rolle spielen sollten. Spinoren sind Vektoren mit komplexen Zahlen als Komponenten (siehe Peano), die Cartan benutzte, um zweidimensionale Darstellungen räumlicher Rotationen zu konstruieren. Auch diese Theorie veröffentlichte er erst später, im Jahre 1938, in dem Werk „Leçons sur la théorie des spineurs" (Vorlesungen über die Theorie der Spinoren).

Die Bedeutung der Cartanschen Untersuchungen wurde vor 1930 nur von wenigen Mathematikern erkannt. Zu ihnen gehörten Hermann Weyl (siehe dort) und Henri Poincaré. Dies mag an der großen Bescheidenheit liegen, die Élie Cartan auszeichnete, aber auch daran, dass er eher abseits der Schwerpunkte der mathematischen Forschung in Frankreich arbeitete und dies mit außergewöhnlicher Originalität tat. Erst als er bereits im Pensionsalter stand, fand sein Werk eine breitere Akzeptanz. Heute wird Élie Cartan neben David Hilbert als der Mathematiker gesehen, der die Mathematik des 20. Jahrhunderts am stärksten beeinflusst hat.

Am Ende des zweiten Weltkriegs wurde die Familie Cartan von einem Schicksalsschlag getroffen, der den bereits 75 jährigen Élie Cartan in seinen Grundfesten erschütterte. Sohn Louis hatte sich der Résistance angeschlossen. Er wurde 1942 von deutschen Truppen gefangen genommen, der Gestapo übergeben und Anfang 1943 nach Deutschland deportiert. Die Familie hörte bis Kriegsende nichts mehr von ihm. Dann kam die schreckliche Wahrheit ans Licht: Louis war nach einem jeder ordentlichen Gerichtsbarkeit Hohn sprechenden Schnellverfahren enthauptet worden. Élie Cartan überlebte diesen Schlag noch um 6 Jahre. Er starb kurz nach seinem 82. Geburtstag am 06 Mai 1951 in Paris.

Maß und Wahrscheinlichkeit
Félix Edouard Justin Émile Borel (7.1.1871–3.2.1956)

Émile Borel, wie er meistens kurz genannt wird, war der Sohn eines evangelischen Pfarrers in Saint Affrique im Départment Aveyron, zwischen den bekannteren Departments Hérault und Gard gelegen. In der Nähe von Borels Geburtsort liegt Roquefort-sur-Soulzon mit seinen Felsenhöhlen, in denen der berühmte Blauschimmelkäse reift.

Émiles mathematische Begabung trat früh zu Tage, so dass es für ihn keinen Zweifel bei der Wahl seines Studienfaches gab. Émile tat es Jacques Hadamard gleich und bestand die Aufnahmeprüfungen zur École Normale Supérieure und zur École Polytechnique beide als Bester. Er wählte dann die École Normale Supérieure und legte ein enormes Tempo vor, so dass er bereits mit 22 Jahren auf den Lehrstuhl für Mathematik an der Universität Lille berufen wurde. Im Jahre 1896 wechselte er dann an seine Ausbildungsstätte, die École Normale Supérieure. 1909 wurde eigens für ihn ein Lehrstuhl für Funktionentheorie an der Sorbonne eingerichtet. Er nahm dennoch weiterhin Aufgaben an der École Normale wahr, und übernahm sogar 1910 für die folgenden 10 Jahre die Leitung der École Normale Supérieure. Dies hielt ihn nicht davon ab, aktiv am 1. Weltkrieg teilzunehmen, wofür er mit dem Croix de Guerre (entspricht dem Eisernen Kreuz) ausgezeichnet wurde. 1921 wurde Émile Borel in die Académie des Sciences aufgenommen, zu deren Präsident er 1934 gewählt wurde.

Émile Borels herausragende Leistung ist die Einführung eines Maßes für Mengen reeller Zahlen und Punktmengen in höherdimensionalen Räumen. Das Maß kann man sich am ehesten als eine Erweiterung des Begriffs der Länge eines Intervalls auf beliebige Mengen reeller Zahlen vorstellen. Inzwischen waren recht eigenartige Mengen reeller Zahlen (oder Punktmengen auf der Zahlengeraden) entdeckt worden, so etwa der *Cantorsche Staub.* Dieser entsteht, indem man aus dem halboffenen Intervall (zum Begriff „offen" siehe Hausdorff) zwischen 0 und 1 (inklusive 0, exklusive 1) das (halboffene, inklusive 1/3, exklusive 2/3) Intervall zwischen 1/3 und 2/3 herausnimmt, also das mittlere Drittel. Aus den verbleibenden Intervallen zwischen 0 und 1/3 und 2/3 und 1 nimmt man wieder das mittlere Drittel heraus. Jetzt nimmt man aus den 4 verbleibenden Teilintervallen wiederum das mittlere Drittel heraus und fährt mit den übrig gebliebenen Teilintervallen ebenso fort bis in alle Ewigkeit. Was dann am Ende übrig bleibt, ist ein Staub und keineswegs mehr eine Ansammlung von Intervallen, hat aber trotzdem die Mächtigkeit des Kontinuums. Nun sind solche eigenartigen Mengen keineswegs nur ein Kuriosum, sondern sie treten bei der der Untersuchung reeller Funktionen tatsächlich auf. Es wurde daher nötig, auch ihre Länge, oder besser gesagt, ihren Punktegehalt zu messen. Dies leistet der von Borel eingeführte Maßbegriff. Der beschriebene Cantorsche Staub erhält hierbei das Maß Null, obwohl er die Mächtigkeit des Kontinuums besitzt. Er ist aber in einem in der Topologie exakt definierten, aber auch anschaulichen Sinne in dem Intervall zwischen 0 und 1 nirgends dicht. Auch die (abzählbare) Menge der rationalen Zahlen erhält das Maß Null, ebenso wie jede endliche Punktmenge. Das Maß eines Intervalls ist dessen Länge.

Das Maß erweist sich auch als nützlich in der Wahrscheinlichkeitsrechnung. Geht man von endlichen oder abzählbaren Mengen von Ereignissen über zu kontinuierlichen Ereignismengen (zum Beispiel Mengen von reellen Zahlen), bei denen die auftretenden Ereignisse durch bestimmte Teilmengen gegeben sind, so läuft die Bestimmung der Wahrscheinlichkeit eines Ereignisses im Wesentlichen auf die Bestimmung des Maßes der entsprechenden Teilmenge hinaus. Obige Betrachtungen erklären, dass es durchaus Ereignisse geben kann, deren Wahrscheinlichkeit Null ist, obwohl sie nicht unmöglich sind. Oder andersherum: Wenn ein Ereignis mit Wahrscheinlichkeit Null auftritt, kann man daraus nicht folgern, dass es unmöglich ist. Solche und ähnliche Feinheiten treten bei kontinuierlichen Ereignismengen auf und Borel ist der erste, der sie gründlich studiert hat. Kein Wunder also, dass Borel auch als Autor über Wahrscheinlichkeitsrechnung hervorgetreten ist, insbesondere mit seinen Büchern „Le Hasard" (Der Zufall) im Jahre 1913 und „Traité du calcul de probabilité et ses applications" (Abhandlung über die Wahrscheinlichkeitsrechnung und ihre Anwendungen) 1924–1934.

Borel gehört zu den Pionieren der mathematischen Spieltheorie. In den Jahren 1921 bis 1927 schrieb er eine Reihe von Abhandlungen über diese neue mathematische Disziplin. Er definierte als erster, was unter einem strategischen Spiel zu verstehen ist.

Ab ungefähr 1924 wurde Borel auch politisch aktiv, zunächst als Abgeordneter des Départments Aveyron und von 1925 bis 1940 als Marineminister. Er gehörte der Partei von Aristide Briand an und setzte sich wie dieser mit ganzem Herzen für ein vereinigtes Europa ein. Unter dem Vichy-Regime wurde er kurzzeitig festgesetzt. Nach seiner Freilassung engagierte er sich in der Résistance. Er hatte mehr Glück als Louis Cartan, denn er fiel nicht den Nazis in die Hände. Nach Ende des 2. Weltkrieges wurde Émile Borel erneut ausgezeichnet: er erhielt die Medaille der Résistance und 1950 das Große Kreuz der Ehrenlegion.

Im Alter von 75 Jahren schrieb Émile Borel ein empfehlenswertes allgemeinverständliches Buch über das Unendliche in der Mathematik „Les paradoxes de l'infini" (die Paradoxien des Unendlichen). Ebenso machte er sich um die Popularisierung der Relativitätstheorie verdient.

Félix Édouard Justin Émile Borel verließ diese Welt hochgeehrt sowohl als Wissenschaftler als auch als Patriot, im gesegneten Alter von 85 Jahren am 03. Februar 1956 in Paris.

Die Principia Mathematica, eine logische Begründung der Mathematik
Bertrand Arthur William Russell (18.5.1872–2.2.1970)

Bertrand Russell ist nicht nur als Mathematiker hervorgetreten. Mathematik betrieb er bis ungefähr zu seinem 40. Lebensjahr, dann wandte er sich der Philosophie zu. Einer großen Öffentlichkeit ist er jedoch durch seine politischen Aktivitäten bekannt geworden, mit denen er oft genug Anstoß erregte.

Geboren wurde Bertrand Russell als Sohn des John Russell, Viscount Amberley, der den Titel eines Earl Russell von seinem Vater John I Russell geerbt hätte, wäre er nicht vor diesem gestorben. John I Russell diente unter Königin Victoria als Premierminister und wurde für seine Verdienste in den Grafenstand erhoben.

Beim Tode seines Vaters war Bertrand Russell gerade drei Jahre alt. Seine Mutter war schon 18 Monate vor ihrem Mann an Diphterie gestorben. Also standen Bertrand und sein älterer Bruder Frank schon im frühen Kindesalter als Waisenkinder da. Die Großeltern nahmen sie auf, aber auch der Großvater John I starb schon bald darauf, als Bertrand sechs Jahre war. Sein Bruder Frank wurde der zweite Earl Russell und nach dessen Tode im Jahre 1931 erbte Bertrand den Titel und wurde der dritte Earl Russell. Die ganze Last seiner Erziehung lag ab 1878 bei der Großmutter. Sie war – im Gegensatz zu Bertrands Eltern, die Religion für ein Übel hielten – eine religiöse Frau mit durchaus fortschrittlichen Ansichten über soziale Gerechtigkeit und die Bedeutung der Wissenschaft. Damit hat sie den jungen Bertrand entscheidend geprägt. Er übernahm zwar nicht ihre Religiosität, aber für ihn war klar, dass er sich wissenschaftlich betätigen und politisch auf der Seite der Schwachen stehen musste. Bertrands Jugend auf dem Anwesen seiner Großeltern war einsam. Er wurde von Privatlehrern unterrichtet, hatte kaum Kontakt zu anderen Jugendlichen, aber er begann, sich für Mathematik zu interessieren und nur die Aussicht, in diesem Fach einmal Großes zu leisten, hielt ihn bei Laune.

Mit 18 Jahren erhielt Bertrand Russell ein Stipendium der Universität Cambridge, wo er von 1890 bis 1894 Mathematik studierte. Von den Vorlesungen hielt er nicht viel, er lernte mehr in Diskussionen mit Studienkollegen und Lehrern, darunter Alfred North Whitehead, sein späterer Partner bei der Untersuchung der Grundlagen der Mathematik und John Maynard Keynes (siehe dort). Die interessantesten Diskussionen wurden in einem exklusiven Debattierclub mit dem Namen Cambridge Apostles geführt, dem seit seiner Gründung im Jahre 1820 immer die zwölf begabtesten Studenten der Universität angehören sollten, daher der Name „Apostles". Der Club besteht bis heute. In den wöchentlichen Treffen werden Vorträge gehalten, wobei Thema und Inhalt keinerlei juristischen, moralischen oder ideologischen Beschränkungen unterliegen. Während die studentischen Mitglieder sich Apostles nennen, heißen die Ehemaligen Angels. Einmal im Jahr findet unter strikter Geheimhaltung ein gemeinsames Dinner von Apostles und Angels statt. Die Cambridge Apostles sind so eine Mischung aus Studentenverbindung, Serviceclub und Geheimgesellschaft. Es heißt, dass die Mitglieder einen Bund für das Leben schließen, der sehr viel fester ist als in deutschen Studentenverbindungen. Die Mitgliederliste, soweit bekannt, liest sich wie ein Who is Who der britischen Wissenschaft. Aber auch der österreichische Philosoph Ludwig Wittgenstein war Apostle und Schüler von Bertrand Russell. Mit ihm knüpfte Bertrand Russell eine lebenslange Freundschaft.

Einmal, Ende der 1970er Jahre, traten die Cambridge Apostles unverhofft ins Rampenlicht der Öffentlichkeit, als einige Angels als KGB-Agenten enttarnt wurden.

Nach Abschluss seines Studiums erhielt Bertrand Russell eine Fellowship, die ihm erlaubte, ohne Lehrverpflichtung zu forschen. Mit dieser Sicherheit heiratete er mit 22 Jahren zum ersten Mal – eine Amerikanerin, Tochter aus einer Quakerfamilie – gegen den Widerstand seiner Familie. Man vermittelte ihm noch vor der Hochzeit eine Stelle an der britischen Botschaft in Paris, um ihn räumlich von seiner Verlobten zu trennen, aber das hielt ihn von der Heirat nicht ab. Die Tätigkeit an der Botschaft langweilte ihn, so dass er bald zu seinen mathematischen und philosophischen Studien zurückkehrte, obwohl seine Frau ihn zu einer Karriere im diplomatischen Dienst ermunterte. Die Ehe scheiterte schon nach wenigen Jahren, wurde aber erst 1921 geschieden, weil Russell mit einer Scheidung seine Fellowship in Cambridge verloren hätte.

Im Jahre 1900 lernte Russell auf dem Mathematikerkongress in Paris den italienischen Mathematiker Giuseppe Peano (siehe dort) kennen, der ihm seinen logischen Formalismus erklärte. Russell eignete sich diese Methodik an und baute sie aus, um auf dieser Basis die Fundamente der Mathematik zu legen. Mit diesem Programm des strengen Logizismus wollte er die gesamte Mathematik aus wenigen Axiomen und logischen Schlussregeln ableiten. Er arbeitete zusammen mit Alfred North Whitehead von 1902 bis 1913 an diesem Werk, das unter dem Namen „Principia Mathematica" (Grundlagen der Mathematik) in drei Bänden während dieser Zeit erschien. Bei dieser Arbeit stieß Russell auf das nach ihm benannte Paradox. Er ging aus von dem Cantorschen Paradox (siehe Cantor) der Mengenlehre, das bei der Bildung der Menge aller Mengen auftritt, die sich selbst als Element enthalten muss. Versucht man, die Elemente dieser Menge aufzuführen, so gerät man in einen unendlichen Kreislauf, denn um die Elemente vollständig aufzulisten, muss man die gesamte Menge bereits vorliegen haben, da sie selbst als Element auftritt. Die Menge liegt aber erst vollständig vor, wenn alle ihre Elemente bekannt sind. Es liegt daher nahe, Mengen, die sich selbst als Element enthalten, als unvernünftig anzusehen und von der weiteren Betrachtung auszuschließen. Russell bildete nun als Universum einer „vernünftigen" Mengenlehre die Menge aller vernünftigen Mengen. Das klingt vernünftig, hat aber einen gewaltigen Pferdefuß. Fragt man jetzt nämlich, ob die Menge aller vernünftigen Mengen vernünftig ist, so gerät man wieder in logische Widersprüche. Nehmen wir an, sie sei vernünftig. Dann muss sie doch der Mengen aller vernünftigen Mengen als Element angehören, also sich selbst. Damit wäre sie unvernünftig. Nehmen wir andersherum an, sie sei unvernünftig. Dann enthält sie sich selbst als Element. Da sie aber die Menge aller vernünftigen Mengen ist, muss sie in ihrer Eigenschaft als Element dieser Menge auch vernünftig sein. – Wie man es auch dreht: die Menge aller vernünftigen Mengen ist zugleich vernünftig und unvernünftig, und das ist offenbarer Unsinn.

Russell versuchte, durch eine strikte Schichtenbildung bei der Konstruktion von Mengen, die er selbst *Typenlehre* nannte, den beschriebenen Missstand zu vermeiden. Das geht so: Wir nehmen in die unterste Schicht solche Mengen auf, die nur einfache Elemente, also keine Mengen enthalten. In die nächste Schicht kommen alle Mengen, die auch Mengen als Elemente enthalten. In die dritte Schicht kommen alle Mengen, die Mengen von Mengen enthalten, und so fort. Wenn man nur Mengen betrachtet, die nach diesem Konstruktionsprinzip aufgebaut sind und einer der Schichten angehören, ist es unmöglich, eine Menge zu konstruieren, die sich selbst als Element enthält. Diese Russellsche Lösung funktioniert, ist aber im Vergleich zu der zwischen 1910 und 1921 von den Mathematikern Zermelo und Fraenkel entwickelten axiomatischen Begründung der Mengenlehre etwas konstruiert und umständlich. Deshalb hat sie sich nicht durchgesetzt. Die Schichtenbildung erweist sich aber in praktischen Fragen der Informatik als sehr nützlich. So ist etwa das Dateisystem auf dem PC nach dem Schichtenprinzip aufgebaut: Ganz unten stehen die reinen Dateien, dann folgen Verzeichnisse, die nur Dateien enthalten, darüber Verzeichnisse, die auch Verzeichnisse enthalten, dann die Verzeichnisse, die Verzeichnisse von Verzeichnissen enthalten und so fort.

Als 1931 Kurt Gödel (siehe dort) zeigte, dass eine vollständige axiomatische Begründung der Arithmetik nicht möglich ist, schien es, die enorme Arbeit an den Principia Mathematica sei vergeblich gewesen. Dies ist aber nicht der Fall, denn die Principia Mathematica haben der Entwicklung der mathematischen Logik im 20. Jahrhundert die entscheidenden Impulse gegeben.

Neben seiner Arbeit an den Grundlagen der Mathematik griff Russell in die politischen Diskussionen seiner Zeit ein. Er unterstützte die Suffragetten im Kampf um das Frauenwahlrecht und bewarb sich – erfolglos – um einen Sitz im Unterhaus. Der erste Weltkrieg führte dann dazu, dass Russell sich der Friedensbewegung anschloss. Wegen eines Anti-Kriegs-Flugblattes wurde er zu einer Geldstrafe verurteilt, und damit für die Universität Cambridge untragbar, die ihm seine Fellowship entzog. Später kam wegen eines Artikels in einer Zeitschrift der Friedensbewegung eine sechsmonatige Gefängnisstrafe hinzu, die er gerne antrat, weil er so seine Selbstachtung wahren konnte, wie er sagte. Er nutzte die Zeit zum Nachdenken und zum Verfassen mehrerer Bücher.

In den 1920er Jahre unternahm Russell Reisen in die noch junge Sowjetunion und nach China. Die Sowjetunion besuchte er mit einer Delegation der Labour Party, die auch von Lenin empfangen wurde. Russell war nicht nur von Lenin enttäuscht, sondern fand das gesamte sowjetische System abstoßend und trat fortan als entschiedener Gegner des Sowjetkommunismus auf.

In China hatte ihm die Universität Peking eine Gastprofessur angeboten, die er gerne annahm, weil er seine Stellung in Cambridge verloren hatte. Er kam tief beeindruckt von China und der chinesischen Kultur zurück und verarbeitete seine Erlebnisse literarisch in mehreren Büchern. In China begleitete ihn seine Geliebte Dora Black. Das war sein Glück, denn sie pflegte ihn von einer schweren Lungenentzündung gesund. Als das Paar nach England zurückkehrte, war Dora schwanger. Bertrand Russell ließ sich von seiner ersten Frau scheiden, zumal er jetzt seine Stelle in Cambridge durch die

Scheidung nicht mehr gefährden konnte. Dora wurde Bertrand Russells zweite Frau. Sie hatten zwei Kinder, Kate und John junior, für die sie eigens eine antiautoritäre Schule (Beacon Hill) gründeten. Russell arbeitete in dieser Zeit überwiegend schriftstellerisch. Unter anderem verfasste er populärwissenschaftliche Bücher über die neuen physikalischen Theorien, die Relativitätstheorie und die Quantentheorie. Aber auch die Ehe mit Dora scheiterte und Bertrand Russell heiratete mit 64 Jahren zum dritten Mal. Mit seiner dritten Frau Patricia Helen hatte er einen Sohn Conrad.

In den 1930er Jahren nahm Bertrand Russell eine Professur an der Universität Chicago an, wechselte später nach Los Angeles und erhielt 1939 einen Ruf an die New York State University. Hier protestierten fundamentalistische Christen gegen seine Berufung, weil sie ihm vorwarfen, Unmoral zu verbreiten. Insbesondere störte sie sein Buch über Ehe und Moral, in dem er – wie bei ihm üblich – keinen Tabubruch scheute. Für eben dieses Buch erhielt er 1950 den Nobelpreis für Literatur. Nachdem Studenten, Professoren und Wissenschaftler, darunter Albert Einstein, sich nachdrücklich für Russell ausgesprochen hatten, strengte die Mutter einer Studentin einen Prozess gegen die Universität an, in dem dieser tatsächlich untersagt wurde, Russell zu berufen. In der Urteilsbegründung stellte das Gericht fest, er gefährde die Moral der Studenten und befürworte Ehebruch und Homosexualität. Russell war damit in einer ähnlichen Situation wie über 2000 Jahre früher Sokrates in Athen, nur dass ihm kein Schierlingsbecher kredenzt wurde. Er traute sich aber trotzdem kaum noch, öffentlich auftreten, weil er befürchtete, einem „katholischen Lynchmob" zum Opfer zu fallen. Es sei an Hypatia erinnert (siehe dort).

Russell, der nun praktisch ohne Einkommen dastand, erhielt einen Lehrauftrag bei der Barnes Foundation, die von dem erfolgreichen, aber auch exzentrischen Industriellen Dr. Alfred Barnes gegründet worden war. Barnes war ein begeisterter Kunstsammler, der mehrere hundert Werke der klassischen Moderne zusammentrug, die heute noch in dem kleinen Ort Merion in Pennsylvania zu sehen sind. Um 1940 herum baute er im Rahmen seiner Stiftung eine Art Hochschule auf und verpflichtete bedeutende Wissenschaftler wie Lord Russell als Lehrer. Er begann allerdings bald, Russells Vorlesungen zu kritisieren, was zum vorzeitigen Ende des Lehrauftrages führte. Russell klagte erfolgreich auf Zahlung seiner Honorare und baute seine Vorlesungsnotizen zu dem 1945 erschienenen sehr erfolgreichen Werk „History of Western Philosophy" (Geschichte der abendländischen Philosophie) aus.

Im zweiten Weltkrieg nahm Bertrand Russell keine pazifistische Position ein, sondern vertrat ab 1940 die Meinung, dass Hitler mit allen Mitteln Einhalt geboten werden müsse. Die gleiche Meinung vertrat er auch in Bezug auf Stalin. Er forderte 1945 einen Präventivschlag gegen die Sowjetunion. Nachdem auch die Sowjetunion die Atombombe besaß, befürchtete Russell einen dritten Weltkrieg und engagierte sich gegen die atomare Rüstung und für eine Verständigung der Supermächte. Gemeinsam mit Albert Einstein verfasste er ein Manifest gegen die atomare Rüstung. Er war auch Präsident der Bewegung Campaign for Nuclear Disarmament (Kampagne für atomare Abrüstung). 1961 wurde er mit anderen Mitgliedern der Bewegung wegen eines angeblichen Aufrufs zum Widerstand gegen die Staatsgewalt zu einer Gefängnisstrafe von zwei Monaten verurteilt, die nach Vorlage eines ärztlichen Attests – immerhin war Russell 89 Jahre alt – auf eine Woche herabgesetzt wurde. 1962 griff er mit einem Brief an den Generalsekretär der KPdSU, Chruschtschow, in die Kubakrise ein. Chruschtschows Antwortschreiben, das eigentlich eine Botschaft an die USA war, wurde in der Sowjetunion umgehend veröffentlicht. Chruschtschow lenkte schließlich ein, weil er keinen Atomkrieg riskieren wollte.

1963 gründete Russell die Russell Peace Foundation (Russell Friedensstiftung), die nach seinem Tode weiterhin für den Weltfrieden tätig sein sollte. Er rief das Russell Tribunal zur Untersuchung amerikanischer Kriegsverbrechen in Vietnam ins Leben, an dem auch der französische Philosoph Jean-Paul Sartre teilnahm.

Nach dem 2. Weltkrieg scheiterte auch Russells dritte Ehe. Er ging im Alter von 80 Jahren mit Edith Finch seine vierte Ehe ein, die von seinen Freunden als seine glücklichste charakterisiert wurde.

Russell schrieb mit weit über 90 Jahren seine Autobiographie, die 1967 bis 1969 in drei Bänden erschien. Anfang 1970 zog er sich eine Grippe zu, der er nicht mehr standhalten konnte. Er starb am 02. Februar 1970 in Penrhyndeudraeth in Wales.

Ein Differentialkalkül für die Relativitätstheorie
Tullio Levi-Cività (29.3.1873–29.12.1941)

Tullio Levi-Civita entstammt einer in Padua ansässigen jüdischen Familie. Sein Vater war Rechtsanwalt und wurde 1908 in den italienischen Senat gewählt. Tullio fiel bereits als Schüler durch seine großen intellektuellen Fähigkeiten auf. Er erlangte mit 17 Jahren die Hochschulreife und nahm das Studium der Mathematik an der Universität Padua auf. Zu seinen Lehrern gehörte Gregorio Ricci-Curbastro, der die Grundlagen des Tensorkalküls entwickelt hatte. Einen *Tensor* kann man als Verallgemeinerung einer Matrix (siehe Cayley) auf mehr als 2 Dimensionen ansehen. Tensoren wurden erstmalig in der Elastizitätstheorie und später in der Elektrodynamik eingeführt.

Levi-Civita promovierte 1892 bei Ricci mit einer Arbeit über Invarianten, bei der er die Riccische Tensorrechnung einsetzte und mit Ergebnissen aus der Theorie der kontinuierlichen Gruppen von Sophus Lie verband. Nach einigen Jahren Lehrtätigkeit an einem Lehrerseminar in Pavia wurde Levi-Civita auf den Lehrstuhl für Analytische Mechanik der Universität Padua berufen, den er 20 Jahre innehatte. In dieser Zeit gab es mehrfache Versuche, ihn nach Rom abzuwerben, denen er aber erst 1918 nachgab. Er übernahm in Rom erst den Lehrstuhl für Höhere Analysis und zwei Jahre später den für Mechanik.

In Zusammenarbeit mit Ricci arbeitete er den Tensorkalkül weiter aus und begründete seine geometrische Anwendung als Differentialkalkül auf *Riemannschen Mannigfaltigkeiten*. Letztere hatten verschiedene Forscher auf der Basis der Riemannschen Ideen über Geometrie (siehe dort) mittlerweile entwickelt. Man kann sie sich als gekrümmte Räume vorstellen, die in dem Sinne „glatt" sind, dass man auf ihnen eine Art Differentialrechnung betreiben kann, ähnlich wie in einem Euklidischen Raum. Im Jahre 1900 erschien als gemeinsames Buch von Ricci und Levi-Civita der „Calcolo differenziale assoluto" (Absoluter Differentialkalkül). Aus diesem Buch lernte Einstein mit viel Mühe die Mathematik, die er für die Formulierung der Allgemeinen Relativitätstheorie benötigte. Einstein hat selbst den Tensorkalkül weiterentwickelt und in weiten Kreisen publik gemacht.

Levi-Civita wusste den Wert internationaler Zusammenarbeit in der Mathematik zu schätzen. Diese war nach dem ersten Weltkrieg schwierig geworden. Die Wissenschaftler der Achsenmächte Deutschland, Österreich, Ungarn und Bulgarien wurden aus den internationalen wissenschaftlichen Vereinigungen ausgeschlossen. Levi-Civita war ein entschiedener Gegner dieser Ausgrenzungspolitik und pflegte nach wie vor Kontakte mit deutschen Wissenschaftlern. Er nahm mit seinem Team als einzige Delegation aus den alliierten Ländern 1922 an einem Meeting über Hydrodynamik in Innsbruck teil. In diesem Meeting fiel der Startschuss für die Internationalen Kongresse über Angewandte Mechanik, deren erster mit 1924 in Delft stattfand. In diese Kongresse, in denen alle Fragen der angewandten Mechanik besprochen werden, hat Levi-Civita in den 1920er und 1930er Jahren viel Energie gesteckt.

Nicht nur die internationale Zusammenarbeit gestaltete sich nach dem Ersten Weltkrieg schwierig. Der Aufstieg des Faschismus in Italien machte Levi-Civita zunehmend zu schaffen. Im Jahre 1931 wurde von allen Beamten ein Eid auf das faschistische Mussolini-Regime gefordert. Wer sich weigerte, wurde entlassen, wie etwa der Mathematiker Volterra. Levi-Civita legte trotz schwerster Bedenken den Eid ab, um seine Familie und sein Forschungsteam nicht zu gefährden. In der Folgezeit nahm er alle Einladungen zu Gastvorlesungen im Ausland wahr, die er bekam. So lehrte er 1933 in den USA, 1935 in Moskau und Kiew und 1936 erneut in den USA, unter anderem in Harvard und Princeton. Während seines USA-Aufenthalts gab er ein Interview, in dem er seine Ablehnung des italienischen Faschismus durchblicken ließ. Er wurde nach Italien zurückbeordert, aber wegen seines hohen internationalen Ansehens scheute sich das faschistische Regime, ernsthafte Maßnahmen gegen ihn zu ergreifen. Allerdings wurde ihm, wie auch anderen italienischen Mathematikern, die Teilnahme an dem Internationalen Mathematikerkongress 1936 in Oslo untersagt.

Im Jahre 1938 setzte das faschistische Regime in Italien nach dem Vorbild der nationalsozialistischen Nürnberger Gesetze eigene Rassegesetze in Kraft, die zum Ausschluss aller jüdischen Professoren aus dem wissenschaftlichen Leben führten. Levi-Civita wurde entlassen, musste als Mitherausgeber des

Zentralblattes für Mathematik zurücktreten und erhielt keine Ausreisegenehmigung zum 5. Internationalen Kongress über Angewandte Mechanik in den USA. Er ließ sich aber durch die antisemitischen Schikanen nicht von seinem Glauben an die völkerverbindende Kraft der Wissenschaft abbringen und setzte sich – selbst bereits im Pensionsalter – für andere Opfer der faschistischen Rassepolitik ein, denen er Stellen in den USA und Südamerika vermittelte.

Levi-Civita hat sich auch mit dem 3-Körperproblem der relativistischen Himmelsmechanik beschäftigt und 1920 darüber einen umfassenden Forschungsbericht in den Acta Mathematica veröffentlicht. Gegen Ende seines Lebens begann er mit der Arbeit am n-Körperproblem, wo n eine natürliche Zahl größer als 3 ist. Seine Ergebnisse erschienen 1950 posthum in dem Buch „Le problème des n corps en relativité générale" (Das n-Körperproblem in der Allgemeinen Relativitätstheorie).

Er arbeitete auch über Systeme von Differentialgleichungen und partiellen Differentialgleichungen, um die Stabilität der Bewegungen in der Himmelsmechanik und der Analytischen Mechanik abschätzen zu können. Dabei baute er die Ergebnisse insbesondere von Sofia Kowalewskaja weiter aus.

Bereits in den ersten Jahren des 20. Jahrhunderts begann Levi-Civita seine Arbeit über Hydrodynamik. Er erzielte grundlegende Resultate über die mathematische Beschreibung von Strudeln.

Die erniedrigenden Umstände seiner Entlassung setzten Levi-Civitas Gesundheit bald zu. Er erlebte noch den Beginn des 2. Weltkriegs und starb 1941 nach dem Weihnachtsfest am 29. Dezember an einem Schlaganfall.

Ein Wanderer zwischen den Welten
Constantin Carathéodory (13.9.1873–2.2.1950)

Constantin Carathéodory, Spross einer seit Jahrhunderten in Istanbul ansässigen griechischen Familie, kam in Berlin zur Welt, denn sein Vater, Stephanos Carathéodory, war Erster Sekretär der Botschaft des Osmanischen Reiches in Berlin. 1875 wurde er zum Botschafter in Brüssel ernannt. Dort wurde Constantins Schwester Loulia geboren. Die Mutter Despina starb früh und ihre Mutter, Constantins Großmutter, übernahm die Erziehung der Kinder. Constantin wuchs zweisprachig auf, er konnte sich auf Griechisch und Französisch verständigen. In Brüssel hatte die Familie ein deutsches Kindermädchen, das den Kindern zusätzlich Deutsch beibrachte. Constantin besuchte verschiedene Schulen, und machte 1891 im Athénée Royal d'Ixelles sein Abitur. In seiner Schulzeit hatte er zweimal den nationalen belgischen Schülerwettbewerb in Mathematik gewonnen.

Zunächst wandte er sich dem Ingenieurwesen zu. Er studierte an der École Militaire de Belgique und an der École d'application. Nach Abschluss seiner Studien verdingte er sich als Ingenieur bei der britischen Kolonialverwaltung in Ägypten, wo er bis zum Jahre 1900 am Bau des Assiut Staudammes mitwirkte. Die Wahl dieser Tätigkeit befreite ihn aus dem Dilemma, in das er durch den griechisch-türkischen Krieg 1897 geraten war. Als Grieche und gleichzeitig Staatsbürger des Osmanischen Reiches wollte er keiner der Kriegsparteien dienen und wählte deshalb den Ausweg in den britischen Staatsdienst. In Ägypten begann er mit ernsthaften mathematischen Studien. Er vermaß aber auch die Cheopspyramide und veröffentlichte seine Messungen im Jahre 1901. Wie Fourier schrieb auch Carathéodory ein Buch über Ägypten.

Nach dem Ende seiner Tätigkeit in Ägypten nahm Carathéodory das Studium der Mathematik in Berlin auf. Natürlich wurde auch in Berlin der inzwischen hohe Standard in Göttingen gepriesen. Carathéodory ging daher im Sommersemester 1902 nach Göttingen. Die konzentrierte Forschungstätigkeit von Hilbert, Klein und Minkowski in Göttingen nahm ihn sofort gefangen. Er arbeitete unter Hilberts und Kleins Anleitung über Variationsrechnung (siehe Euler, Lagrange) und promovierte 1904 mit einer Arbeit aus diesem Gebiet bei Minkowski. Bereits ein Jahr später legte er seine Habilitationsschrift vor, erhielt die Lehrbefugnis und arbeitete bis 1908 als Privatdozent in Göttingen.

Den Sommer 1907 verbrachte Constantin Carathéodory bei seinem Vater in Brüssel, der bei schlechter Gesundheit war und Ende des Jahres starb. Im gleichen Jahr konnte ihn Study, der auch schon Hausdorff von Leipzig nach Bonn geholt hatte, aus Göttingen weglocken. Der Lockvogel war die gemeinsame Arbeit an *isoperimetrischen Problemen*. Bei der einfachsten dieser Aufgabenstellungen geht es darum, unter allen ebenen Figuren mit gleichem Umfang diejenige mit dem größten Flächeninhalt zu finden – das ist nicht sehr überraschend der Kreis. Der Nachweis wird mit Hilfe der Variationsrechnung geführt, ist aber schwierig. Während der Arbeit an derartigen Problemen fand Constantin Carathéodory noch Zeit, sich in Istanbul mit Ephrosine Carathéodory zu verehelichen, seiner Tante, die elf Jahre jünger war als er. In der Familie Carathéodory heiratete man häufig Verwandte, wahrscheinlich weil es schwierig war, in der türkischen Umwelt Istanbuls passende Partner zu finden. Mit seiner Frau Ephrosine hatte Constantin Carathéodory einen Sohn Stephanos, geboren in Hannover, und eine Tochter Despina, geboren in Breslau.

Von Bonn aus begann auch Carathéodory, ebenso wie Hausdorff, ein unstetes Wanderleben, das ihn 1909 auf einen Lehrstuhl an der Technischen Hochschule in Hannover führte, 1910 nach Breslau, bis schließlich 1913 sein Traum in Erfüllung ging und er den Ruf nach Göttingen erhielt. Hier stand er den ersten Weltkrieg durch. Während seine jüngeren Kollegen und viele Studenten zum Wehrdienst eingezogen wurden, hielt er den wenigen verbliebenen Studenten auch im Hungerjahr 1917 noch anspruchsvolle Vorlesungen. 1918 gelang es der Universität Berlin, Carathéodory zum Wechsel an die Spree zu bewegen. Allerdings hatte man die Rechnung ohne die griechische Regierung gemacht. Griechenland hatte am Ende des zweiten Weltkriegs dem zerfallenden Osmanischen Reich die nach wie vor überwiegend von Griechen besiedelten klassischen ionischen Gebiete an der kleinasiatischen Ägäisküste entrissen und war dabei, sie in das Mutterland zu integrieren. In Smyrna (Izmir) sollte die zweite griechische Universität nach Athen aufgebaut werden, und die griechische Regierung wusste keinen besseren Gründungsrektor als Carathéodory. Dieser nahm den Auftrag an, unter der Bedingung, dass er auch eine Professur an der Universität Athen erhielt. Diese Bedingung wurde erfüllt und so begann Carathéodory voller Elan im Jahre 1920 mit dem Aufbau der neuen Universität. Er reiste durch ganz Europa, um Bibliothek und Labors mit Büchern und Geräten auszustatten. Als er das Inventar weitgehend zusammen und auch die ersten Professorenstellen besetzt hatte, hatten sich die Türken unter Kemal Atatürk von der Niederlage gegen Griechenland erholt und holten zum Gegenschlag aus. Im September 1922 rückten sie auf Smyrna vor. Die für Oktober geplante Eröffnung der Universität musste abgesagt werden. Carathéodory konnte gerade noch die Bibliothek und den größten Teil der von ihm sorgfältig und unter Mühen ausgesuchten Geräte auf ein griechisches Schlachtschiff retten, das diese Schätze nach Athen brachte. Bekanntlich eroberten die Türken die gesamte kleinasiatische Küste zurück und vertrieben die dort lebenden Griechen, für die damit dieser alte Siedlungsraum auf immer verloren ist, in dem in grauer Vorzeit der erste Mathematiker dieser Sammlung geboren wurde, aufwuchs und wirkte – Thales von Milet.

Carathéodory lehrte an der Universität und der Technischen Universität in Athen bis 1924. Dann führte ihn sein Weg wieder nach Deutschland, diesmal an die Universität München, wo er die Nachfolge von Lindemann antrat, der die Transzendenz der Kreiszahl π nachgewiesen hatte (siehe Kronecker).

In der Folgezeit besuchte Carathéodory mehrfach die USA, wo ihm verlockende Angebote gemacht wurden, so von der Stanford University in Kalifornien, die er aber schnöderweise nutzte, um in München bessere Konditionen auszuhandeln.

Der Aufstieg des Nationalsozialismus und Hitlers Machtergreifung verstörten den Weltmann Carathéodory zutiefst. Es war ihm völlig unbegreiflich, wie derartiges in der von ihm so hoch geschätzten Kulturnation Deutschland passieren konnte. Wie die meisten deutschen Bildungsbürger fand er jedoch nicht den Mut, sich gegen die Barbarei zur Wehr zu setzen, sondern verfolgte starr vor Entsetzen die Schandtaten der Nazis, die Einrichtung der Konzentrationsläger, die gewaltsame Ausschaltung jeglicher Opposition, die öffentliche Bücherverbrennung, das Gesetz zur „Wiederherstellung des Berufsbeamtentums", mit dem die Juden aus dem öffentlichen Dienst entfernt wurden, die Nürnberger Rassegesetze, die Reichsprogromnacht, die Ermordung der Behinderten, den Überfall auf Polen, den industriell organisierten Massenmord an Millionen Juden, bis zu den deutschen Kriegsverbrechen in Griechenland und an anderen Orten – und sagte kein einziges Wort. Auch machte er trotz einiger USA Besuche in den 1930er Jahren keine Anstalten, sein Gastland, nun ein Land der Schande, dauerhaft zu verlassen, wie es nicht nur jüdische Kollegen getan hatten. Er versuchte schlicht und einfach nur, mit seiner Familie zu überleben. Carathéodorys Verbundenheit mit Deutschland und der deutschen mathematischen Tradition war so groß, dass er sofort nach Ende des zweiten Weltkriegs im Alter von mehr 70 Jahren keine Mühe scheute, deutsche Mathematiker wieder in die internationale mathematische Gemeinschaft zurückzuführen.

Carathéodory hat sich intensiv mit der Variationsrechnung, der Maßtheorie (siehe Borel) und der Theorie der reellen Funktionen beschäftigt und diese Gebiete durch eigene originelle Beiträge bereichert. Hierzu gehören auch einige inzwischen klassische Lehrbücher, speziell eines über reelle Funktion. Hier fehlt allerdings der zweite Band, dessen Manuskript bei einem alliierten Bombenangriff auf Leipzig im Jahre 1943 verbrannte.

Constantin Carathéodory blieb bis an sein Lebensende in Deutschland. Er starb am 02. Februar 1950 in München.

Eine Alternative zum Riemann-Integral
Henri Léon Lebesgue (28.6.1875–26.7.1941)

Henri Lebesgue erblickte das Licht der Welt in Beauvais in der Picardie im Norden Frankreichs. Sein Vater war Drucker. Henri begann seine Schullaufbahn in Beauvais; da sich jedoch bald seine überdurchschnittliche Begabung herausstellte, schickten ihn seine Eltern nach Paris, wo er zuerst das Lycée Saint Louis besuchte und dann am renommierten Lycée Louis-le-Grand seine Hochschulreife erwarb. Im Jahre 1894 wurde Henri in die École Normale Supérieure aufgenommen und bestand bereits drei Jahre später seine Lehramtsprüfung für Mathematik. Bevor er 1899 seine erste Stelle als Lehrer am Lycée in Nancy antrat, studierte er noch zwei Jahre in der Hochschule, insbesondere die Arbeiten des Mathematikers Baire über unstetige Funktionen und stellte bald fest, dass auf diesem Feld noch wesentlich mehr zu erreichen war. Während seiner Lehrtätigkeit in Nancy schrieb er seine ersten Arbeiten über Maßtheorie (siehe Borel) und Integrale – „Sur une généralisation de l'integrale définie" (Über eine Verallgemeinerung des bestimmten Integrals), in der er das Konzept des Riemannschen Integrals (siehe Riemann) so verallgemeinerte, dass es für eine größere Klasse von Funktionen brauchbar ist. 1902 reichte er seine Doktorarbeit über „Intégrale, Longueur, Aire" (Integral, Länge, Flächeninhalt) ein, in der er nachwies, dass er mit seinem neuen Integralbegriff Unstimmigkeiten in der Theorie der Fourierreihen beheben konnte. Die Theorie der Fourierreihen wird erst dann richtig rund, wenn man sie auf Lebesgue-integrierbare Funktionen anwendet. Für diese Klasse von Funktionen kann man die Eindeutigkeit der Fourierreihe nachweisen. Dies geht in folgendem Sinne: Gibt es für eine Lebesgueintegrierbare Funktion eine Darstellung durch eine trigonometrische Reihe, so ist diese die Fourierreihe dieser Funktion. Ein entsprechender Satz für Riemann-integrierbare Funktionen basierte auf einer Annahme, die sich als nicht haltbar erwies.

Ein möglicherweise nicht bis ins letzte Detail passender Vergleich möge das neue Integrationskonzept von Lebesgue erläutern. Ein Integral ist der Grenzwert einer Summe von Flächen. Es sei an das Riemannsche Integral erinnert, das sich als Grenzwert der Summe der Flächen immer schmalerer Rechtecke ergibt, die sich unter dem Schaubild einer Funktion einbeschreiben lassen. Als analogen Prozess zu der Summation der Flächen nehmen wir das Zählen von Geld. Auf einem Haufen liegen Geldscheine unterschiedlichen Wertes. Man kann den Wert des Haufens auf zwei Weisen ermitteln:

1. indem man die Geldscheine der Reihe nach vom Haufen nimmt und ihre Werte aufaddiert
2. indem man die Geldscheine nach Wert sortiert, ihre Anzahl pro Wert ermittelt, diese mit dem Wert multipliziert und anschließend die so gebildeten Produkte addiert

Das Riemannsche Integral wird nach der ersten Methode gebildet, das Lebesguesche nach der zweiten Methode. Lebesgue benötigt für das Analogon der Produktbildung beim Geldzählen lediglich die Maßtheorie, denn er teilt nicht die Abszisse (Achse, auf der die Werte der unabhängigen Variablen aufgetragen sind) sondern die Ordinate (Achse, auf der die Funktionswerte aufgetragen sind) in kleine gleichlange Abschnitte ein. Jeder Abschnitt hat eine obere und eine untere Grenze.

Für die Funktionswerte, die zwischen den Grenzen liegen, ermittelt er die Argumente (Werte der unabhängigen Veränderlichen), an denen sie angenommen werden. Diese Werte der unabhängigen Variablen bilden eine – möglicherweise wild verstreute – Punktmenge. Deren Maß wird mit der oberen und unteren Grenze der betrachteten Funktionswerte multipliziert. Für jeden Abschnitt ergeben sich so zwei Produkte. Die Summen dieser Produkte über alle Abschnitte ergeben eine obere und eine untere Abschätzung für das Lebesgue Integral. Konvergieren sie bei ständiger Verkleinerung der Abschnitte gegen einen gemeinsamen Grenzwert, so ist dieser das Lebesgue-Integral.

Nach seiner spektakulären Promotion erhielt Lebesgue seine erste Anstellung an einer Hochschule an der Universität in Rennes. Diese versetzte ihn in die Lage, 1903 Louise-Marie Vallet zu heiraten, mit der er zwei Kinder hatte. Die Ehe wurde allerdings 1916 geschieden.

Henri Lebesgue erhielt eine Einladung, den prestigeträchtigen Cours Peccot am Collège de France in Paris zu halten. Nachdem er das 1903 mit großem Erfolg getan hatte, wurde er aufgefordert, 1905 den Kurs noch einmal zu geben. Dies erregte die Eifersucht von Baire, den er bereits mit seiner Doktorarbeit in den Schatten gestellt hatte. Baire war der Ansicht, dass er ein größeres Anrecht auf diese Ehrung hatte als der jüngere Lebesgue. Lebesgue selbst war von der Rivalität nicht stark beeindruckt, sondern veröffentlichte über seine Vorlesungen am Collège de France zwei Abhandlungen „Leçons sur l'intégration et la recherche des fonctions primitives" (Vorlesungen über die Integration und die Suche nach Stammfunktionen, 1904) und „Leçons sur les séries trigonométriques" (Vorlesungen über trigonometrische Reihen, 1906). Die neuen Konzepte in diesen Arbeiten waren für die etablierten Spezialisten für reelle Funktionen so ungewohnt, dass die Arbeiten, insbesondere in Frankreich, auf Ablehnung stießen. Dessen ungeachtet wurde Henri Lebesgue an die Universität Poitiers berufen und übernahm dort im Jahre 1907 den Lehrstuhl für Mechanik. 1910 erreichte ihn dann der Ruf nach Paris an die Sorbonne. Im ersten Weltkrieg leistete Lebesgue, ebenso wie Borel, seinen Militärdienst. Beide hatten ähnliche Aufgaben und zerstritten sich darüber so sehr, dass sie später auch im Feld der Mathematik nicht mehr zusammenarbeiten konnten.

Lebesgue wurde 1921 an das Collège de France berufen, wo er bis zu seinem Tode blieb. Er übernahm zusätzlich Lehraufträge an anderen Hochschulen. In seiner Forschungstätigkeit verließ er das Gebiet, in dem er seine frühen Erfolge gefeiert hatte und beschäftigte sich mit Fragen der Topologie und der Dimensionstheorie (siehe Cantor), der Potentialtheorie, dem Dirichletproblem, der Variationsrechnung, der Mengenlehre und mit der Ermittlung von Flächeninhalten auf gekrümmten Flächen. Diese Arbeitsgebiete zeigen die große Vielseitigkeit dieses Mathematikers, der vor nichts mehr Angst hatte als vor Verallgemeinerungen. Er war der Meinung, dass die Mathematik nichts weiter sein würde als eine schöne Form ohne Inhalt, wenn sie nur aus allgemeinen Theorien bestände. In diesem Standpunkt, der ohnehin fragwürdig ist bei einem Mathematiker, der seine Sporen mit einer – sehr gelungenen – Verallgemeinerung des Integralbegriffs verdient hat, wurde er durch die nachfolgende Entwicklung der Mathematik widerlegt.

Im Jahre 1922 wurde Lebesgue in die Académie des Sciences aufgenommen. Er wurde in zahlreiche weitere Akademien gewählt, so etwa in die Royal Society und die Accademia dei Lincei in Rom, der schon Galilei angehört hatte. Er widmete sich ab 1922 überwiegend Fragen der Didaktik, der Elementargeometrie und der Mathematikgeschichte. Am 26. Juli 1941 starb er kurz nach seinem 66. Geburtstag in Paris.

Drei große britische Mathematiker
Godfrey Harold Hardy (7.2.1877–1.12.1947) und John Edensor Littlewood (9.6.1885–6.9.1977)

Hardy gilt als bedeutendster britischer Mathematiker in der ersten Hälfte des 20. Jahrhunderts, der die britische Mathematik aus der Mittelmäßigkeit herausführte. Aber einen Großteil seiner Ergebnisse erarbeitete und veröffentlichte er mit seinem jüngeren Kollegen John Littlewood. Die Symbiose zwischen beiden war so eng, dass der dänische Mathematiker Harald Bohr, der Bruder des Atomphysikers Niels Bohr, scherzte, es gäbe drei große britische Mathematiker: Hardy, Littlewood und Hardy-Littlewood. In der Zusammenarbeit der beiden steuerte Hardy die Ideen und die übergreifende Architektur bei, während sich Littlewood mit den technischen Details abplagte.

Godfrey Harold Hardy wurde als Sohn eines Kunstlehrers in Cranleigh, Surrey geboren. Seine Mutter hatte als Ausbilderin an einer Lehrerbildungsanstalt gearbeitet. Beide stammten aus kleinen Verhältnissen und hatten trotz hoher Intelligenz keine akademische Ausbildung. Sie teilten aber eine Neigung zur Mathematik. Dass ihr Sohn Harold ein ungewöhnlich begabtes Kind war, erkannten sie spätestens an seinem Schulerfolg. Er war in allen Fächern Klassenbester, so dass eine besondere Begabung für Mathematik zunächst nicht auffiel. Hardy selbst schrieb später, er habe die Mathematik als Junge in erster Linie als das Feld gesehen, auf dem er andere Jungen am wirkungsvollsten übertrumpfen konnte. Dieses Bestreben brachte ihm zahlreiche Auszeichnungen für seine mathematischen Arbeiten ein und letztlich ein Stipendium am Winchester College. Mit 19 Jahren trat er in das Trinity College an der Universität Cambridge ein und wurde Mitglied der Cambridge Apostles (siehe Russell). Bereits nach zwei Jahren beteiligte er sich an dem Mathematikwettbewerb Tripos der Universität Cambridge und wurde Vierter. Im Jahre 1900 absolvierte er den zweiten Teil des Wettbewerbs so erfolgreich, dass er zum Fellow des Trinity Colleges ernannt wurde. 1903 legte er die Prüfung zum Master of Arts ab, damals der höchste akademische Grad in Großbritannien. Hardy erhielt eine Dozentur in Cambridge. Als ihm im Jahre 1919 der Lehrstuhl für Geometrie an der Universität Oxford angeboten wurde, wechselte jedoch zur Konkurrenz, auch aus Solidarität mit Bertrand Russell, der wegen seiner pazifistischen Aktionen, die Hardy mit ganzem Herzen unterstützte, in Cambridge entlassen worden war. 1931 kehrte er jedoch an seine Ausbildungsstätte zurück und arbeitete dort als Professor bis zu seiner Emeritierung im Jahre 1942.

John Edensor Littlewood kam in Rochester in der Grafschaft Kent zur Welt. Sein Vater war Mathematiker, er hatte den Cambridge Tripos 1882 als Neunter absolviert. John hatte noch zwei jüngere Brüder. Der jüngste verunglückte im Alter von 8 Jahren auf tragische Weise, als er von einer Brücke in einen See fiel. Einen Teil seiner Kindheit verlebte John in Südafrika, wo sein Vater 1892 die Position des Direktors einer neuen Schule übernahm. Hier genoss er keine überragende Schulbildung. Insbesondere der Mathematikunterricht verwirrte ihn so, dass er die Prüfungen in den Grundrechenarten zunächst nicht bestand. Er durchlief dennoch die Schule in hohem Tempo, so dass er noch als Junge an der Universität Kapstadt aufgenommen wurde, die aber auch sein mathematisches Talent nicht ausreichend fördern konnte. So beschloss der Familienrat, ihn nach England zurückzuschicken, wo er im St. Paul's College in London auf einen hervorragenden Mathematiklehrer traf. Nach zwei Jahren gewann er ein Stipendium am Trinity College, Universität Cambridge, in das er 1903 eintrat. Er schloss den Tripos Wettbewerb als Bester ab und erhielt dann von seinem Tutor die Aufgabe die Riemannsche Vermutung zu beweisen (siehe Riemann). Diese Aufgabenstellung zeigte deutlich, wie sehr die britische Mathematik gegenüber der kontinentalen ins Hintertreffen geraten war. In Deutschland und Frankreich wusste man um die enormen Probleme, die diese – bis heute unbewiesene – Vermutung aufwirft, und niemand wäre auf die Idee gekommen, einen jungen Forscher auf dieses Problem anzusetzen, und sei er noch so brillant. Auch Littlewood konnte die Riemannsche Vermutung nicht beweisen, aber konnte aus der Annahme, sie träfe zu, den Primzahlsatz ableiten. In seinem Beweis konnte er zusätzlich eine Abschätzung des Fehlers gewinnen, der bei der Anwendung der von Legendre und Gauß aufgestellten Näherungsformel für die Anzahl der Primzahlen bis zu einer bestimmten Größe entsteht. Damit hatte er einen wesentlichen Fortschritt in der Untersuchung der Verteilung der

Primzahlen erzielt. Littlewood bereute daher nie, sich mit einem zu schwierigen Problem auseinandergesetzt zu haben. Er sagte, selbst wenn man ein solches Problem nicht lösen könne, fielen doch auf dem Wege immer einige interessante Ergebnisse an.

Von 1907 bis 1910 wirkte Littlewood als Dozent an der Universität Manchester, wurde 1908 zum Fellow des Trinity Colleges in Cambridge ernannt und kehrte 1910 dorthin zurück. In diesem Jahr begann die Zusammenarbeit mit Hardy. Im Gegensatz zu diesem, der den Krieg grundsätzlich ablehnte, diente Littlewood im 1. Weltkrieg in der Artillerie. Er berechnete Flugbahnen von Flakgeschossen, stellte extrem genaue Geschützleittabellen auf und vereinfachte den rechnerischen Aufwand für die exakte Einstellung der Geschütze erheblich. Seine Beiträge wurden als so wichtig angesehen, dass er ungewöhnliche Sonderrechte erhielt. So durfte er in Uniform einen Regenschirm tragen.

1928 wurde Littlewood zum ersten Rouse Ball Professor in Cambridge berufen. Diese Professur war von seinem ehemaligen Tutor im Grundstudium, Walter Rouse Ball, gestiftet worden. Ihr Inhaber ist von dem Routine-Lehrbetrieb entbunden und kann über Themen seiner eigenen Wahl lesen. Littlewood genoss diesen Status und las über seine weit gefächerten Interessen in der Analysis.

Hardy und Littlewood behandelten in ihrer Zusammenarbeit vielfältige Fragen der Analysis und der Analytischen Zahlentheorie. Ein zentrales Thema war die Untersuchung der Riemannschen Zetafunktion (siehe Riemann), deren engen Zusammenhang mit dem Primzahlsatz Littlewood bereits aufgezeigt hatte. Eine andere Frage, in der sie Fortschritte erzielten, ist das Problem der Darstellung natürlicher Zahlen als Summe von Potenzen, das so genannte Waring-Problem. Lagrange (siehe dort) hatte bewiesen, dass jede natürliche Zahl als Summe von 4 Quadratzahlen darstellbar ist. Dieses Ergebnis warf sofort die Frage auf, wie viele dritte, vierte, fünfte Potenzen man summieren muss, um eine beliebige natürliche Zahl darzustellen. Intuitiv ist klar, dass es mehr als 4 sein müssen, weil die höheren Potenzen weiter auseinander liegen. So braucht man zum Beispiel bereits 9 dritte Potenzen, um die Zahl 23 darzustellen (23 = 8+8+1+1+1+1+1+1+1). Man kann inzwischen zeigen, dass 9 dritte Potenzen für alle natürlichen Zahlen ausreichen.

Im Jahre 1913 trat für einige Jahre ein Dritter in den Bund Hardys mit Littlewood ein: der junge Inder Srinivasa Ramanujan (siehe Ramanujan), ein mathematisches Naturtalent, das ohne jede professionelle Ausbildung Mathematik von erstaunlicher Tiefe hervorbrachte. Hardy holte ihn nach Cambridge, wo sie gemeinsam 5 Abhandlungen verfassten.

Beide, Hardy und Littlewood, waren von Kind auf extrem scheu, Littlewood wurde außerdem durch ständig wiederkehrende Depressionen geplagt. Diese taten seiner mathematischen Leistung keinen Abbruch, ließen ihn aber Zusammentreffen mit Unbekannten nach Möglichkeit vermeiden, so dass man ihn fast nie auf Kongressen sah. Als er tatsächlich in den 1920er Jahren an einem Mathematikerkongress in Deutschland teilnahm, soll ein deutscher Mathematiker ihm freudig erklärt haben, er sei glücklich zu sehen, dass es Littlewood tatsächlich als Person gäbe. Bisher hätte er gedacht, dieser Name sei ein Pseudonym, unter dem Hardy seine weniger wichtigen Arbeiten veröffentliche. Littlewood nahm diese nicht gerade schmeichelhafte Bemerkung mit Humor auf. Als er in den Jahren 1941 bis 1943 Präsident der Royal Society war, leitete er kein einziges Treffen, diese Aufgabe musste der Vizepräsident übernehmen. Nach seiner Emeritierung ließ sich Littlewood behandeln und konnte seine Depressionen tatsächlich so weit überwinden, dass er mehrere Reisen in die USA unternahm, wo er zahlreiche ihm unbekannte Kollegen traf. Im Gegensatz zu seiner fragilen psychischen Konstitution war Littlewood körperlich robust. In seiner Schulzeit war er ein hervorragender Turner und hielt sich später mit Bergsteigen, Skilaufen und langen Wanderungen fit. Mit Hardy teilte er die Begeisterung für Cricket, das er auch aktiv spielte. Littlewood bewahrte sich seine körperliche und geistige Frische bis ins hohe Alter. Noch 1970, mit 85 Jahren, schrieb er eine Abhandlung über ein Problem, das ihm lange Zeit größte Schwierigkeiten bereitet hatte. Nun, schrieb er stolz, habe er diese Schwierigkeiten überwunden. Littlewood wurde 92 Jahre alt und starb hoch geehrt als Mitglied der großen europäischen Akademien in Cambridge.

Hardys Scheu äußerte sich in Exzentrizitäten. So mochte er sein eigenes Bild nicht sehen, vermied daher Spiegel, und wollte nicht fotografiert werden. Auf Reisen soll er in seinen Hotelzimmern stets alle Spiegel mit Handtüchern verhängt haben. Obwohl er nicht an Gott glaubte, erfand er immer neue Tricks, um ihn zu täuschen. So schrieb er etwa vor einer Schiffspassage von Dänemark eine Postkarte, er habe die Riemannsche Vermutung bewiesen. Er nahm an, dass Gott unter diesen Umständen das Schiff nicht sinken lassen würde, damit er denselben Ruhm genießen konnte wie Fermat für seine angeblich bewiesene Vermutung (siehe Fermat). Wegen seiner Menschenscheu galt Hardy zeitlebens als kalt und abweisend, hatte aber nach Auskunft seiner Studenten ein mitfühlendes Herz für ihre Schwierigkeiten und half, wo er konnte. Im Grunde lebte er aber nur für die Mathematik, was auch dazu führte, dass er das Klischee des zerstreuten Professors personifizierte.

Hardy legte großen Wert darauf, „reine Mathematik" zu machen, die keine praktische Anwendung hat. Insbesondere war ihm die Anwendung der Mathematik für militärische Zwecke verhasst, in die sein Freund Littlewood viel Zeit und Energie investiert hatte. Hardy übersah dabei nicht, dass auch die am weitesten entlegene mathematische Theorie einmal eine Anwendung finden kann, wie etwa der so genannte kleine Satz von Fermat (siehe dort). Aber er hoffte – vergeblich – dass seine Ergebnisse nicht so bald angewendet werden würden.

Einer großen Öffentlichkeit ist Hardy mit seinem Buch „A mathematicians Apology" bekannt geworden, in dem er die Schönheiten der Mathematik beschreibt. Er sagte, dass Mathematiker Künstlern dadurch gleichen, dass beide Muster herstellen. Er hielt allerdings die mathematischen Muster für langlebiger als die Kunst, weil sie aus Ideen gewoben seien. In diesem Gedanken trifft er sich mit Ada Lovelace, die von Babbages Rechenmaschine sagte, sie webe algebraische Muster.

Hardys Gesundheit verschlechterte sich ab 1945 rapide. Am meisten beeinträchtigte ihn aber die Abnahme seiner Kreativität, ohne die er nicht leben wollte. Im Sommer 1947 nahm er eine Überdosis an Barbituraten ein, übertrieb aber so sehr, dass ihm übel wurde und er die meisten Tabletten wieder ausspuckte. Von da ab wartete er auf seinen Tod, den er nicht fürchtete, versuchte aber nicht mehr, ihn zu erzwingen, weil er, wie er äußerte, den ersten Versuch verpfuscht hatte. Am 01. Dezember 1947 wurde er in Cambridge von seinem Leiden an seinen nachlassenden Kräften erlöst.

Ein Meister der Klarheit
Edmund Georg Hermann Landau
(14.2.1877–19.2.1938)

Edmund Georg Hermann Landau entstammt einer wohlhabenden jüdischen Familie. Sein Vater, ein Frauenarzt, fühlte als patriotischer Deutscher, förderte aber auch jüdische Anliegen. Edmunds Mutter kam aus der Frankfurter Bankiersfamilie Jacoby. Die Familie Landau lebte in Berlin, wo auch Edmund zur Welt kam. Er galt bald als Wunderkind mit großer intellektueller Begabung.

Schon mit 16 Jahren erlangte er am französischen Lycée in Berlin die Hochschulreife und schrieb sich an der Universität Berlin als Student der Mathematik ein. Mit 22 Jahren machte er seinen Doktor mit einer Arbeit über Zahlentheorie. Noch vor der Verleihung der Doktorurkunde schrieb er zwei Bücher über mathematische Probleme im Schachspiel. Sein Leben lang interessierte sich Landau nicht nur für das Schachspiel, sondern auch für mathematischen Rätsel und Kuriositäten. Nach seiner Promotion ging Edmund Landau nach Paris, um seine Kenntnisse zu vertiefen und gleichzeitig an seiner Habilitationsschrift zu arbeiten. Von dort schrieb er Hilbert und stellte ihm eine Beweisskizze für die Verallgemeinerung des Primzahlsatzes auf algebraische ganze Zahlen (siehe Kummer, Dedekind) vor. In seiner Habilitationsschrift befasste sich Landau mit Dirichlet-Reihen (siehe Dirichlet), die als Verallgemeinerung der Riemannschen Zetafunktion (siehe Euler, Riemann) eine bedeutende Rolle in der Zahlentheorie spielen. Im Jahre 1903 legte er dann einen neuen Beweis für den Primzahlsatz (siehe Legendre, Gauß, Hadamard) vor, der gegenüber den Beweisen von Hadamard und de la Vallée-Poussin erheblich vereinfacht war. Ein zusätzlicher Vorteil dieses Beweises war, dass man mit seiner Hilfe auch Ergebnisse im Bereich der Verteilung von Primidealen (siehe Lasker) algebraischer ganzer Zahlen erhalten konnte. Im Jahre 1909 fasste Landau die Ergebnisse der analytischen Zahlentheorie in seinem „Handbuch der Lehre von der Verteilung der Primzahlen" zusammen, das als erste systematische Darstellung der Analytischen Zahlentheorie gilt.

Landau arbeitete von 1899 bis 1909 als Privatdozent an der Universität Berlin und veröffentlichte unermüdlich neue Ergebnisse. Bis 1909 hatte er bereits 70 Abhandlungen von höchstem Niveau geschrieben. Er zeigte auch ein unter Mathematikern nicht sehr verbreitetes pädagogisches Talent, hielt aber großen Abstand zu seinen Studenten. Im Jahre 1909 wurde Landau als Nachfolger von Minkowski (siehe Hilbert) nach Göttingen berufen, wo Hilbert und Klein seine Kollegen waren. Hier brillierte er weiterhin mit hochgradigen mathematischen Leistungen und Vorlesungen von großer Klarheit und Präzision. Er verstand es aber auch, seine Kollegen zu verärgern. Als Angehöriger einer angesehenen und reichen Familie litt er nicht unter mangelndem Selbstbewusstsein. So wird berichtet, dass er Personen, die nach seiner Adresse fragten, antwortete: „Sie werden mich leicht finden. Schauen Sie nur nach dem prächtigsten Haus in Göttingen aus." Landaus größte Stärke lag in seiner Fähigkeit, den einfachsten Weg zu einem mathematischen Ergebnis oder Beweis zu finden. Mit dieser Fähigkeit reizte er manche Kollegen bis zur Weißglut. So kritisierte er Beweise von Blaschke (siehe dort) als unnötig kompliziert. Einen Satz von Blaschke bezeichnete er als trivial, bei einem anderen wies er nach, dass er auf einfachste Weise aus einem Satz von Mittag-Leffler abgeleitet werden konnte. Blaschke schrieb an seinen Kollegen Bieberbach: „Würden Sie nicht gerne Göttingen von Landau befreien?" Blaschke und Bieberbach spielten später im Dritten Reich unrühmliche Rollen.

Auch Landau wurde vor dem kommenden Naziregime gewarnt. Im Jahre 1932 traf er seinen Freund Fritz Rathenau, der ihm die nationalsozialistischen Pläne für Konzentrationslager erläuterte, in die die Juden eingeliefert werden sollten. Landau nahm das nicht ernst, sondern meinte nur, wenn es wahr sei, wäre es gut, rechtzeitig ein Balkonzimmer in Südlage zu reservieren. Nachdem am 30.1.1933 tatsächlich die Nationalsozialisten die Macht ergriffen hatten, war eine der ersten Maßnahmen der neuen Machthaber das „Gesetz zur Wiederherstellung des Berufsbeamtentums", das die Grundlage für die Entfernung der Juden aus dem öffentlichen Dienst schuf. Bereits bevor Ausführungsbestimmungen für das Gesetz erlassen waren, forderte der Dekan der Naturwissenschaftlichen Fakultät der Universität Göttingen in vorauseilendem Gehorsam Landau auf, seine Vorlesungen im Sommersemester 1933 abzusagen. Landau fügte sich und ließ seinen arischen Assistenten die Vorlesung halten. Nachdem er keine weitere Nachricht erhielt, beschloss er, im Wintersemester 1933/34 wieder selbst zu lesen, musste aber feststellen, dass seine Vorlesungen von einem studentischen SA-Mob boykottiert wurden. Den Boykott hatte ein hoch begabter Mathematikstudent organisiert, der fanatischer Nazi war, Oswald Teichmüller. Teichmüller meldete sich 1943 freiwillig an die Ostfront und wurde im September desselben Jahres nach der Schlacht am Dnjepr vermisst. In seinem kurzen Leben hat Teichmüller einige bedeutende Resultate erzielt. Die nach ihm benannten Teichmüller-Räume wurden nach dem 2. Weltkrieg von anderen Mathematikern weiterentwickelt und spielen seit den 1980er Jahren eine Rolle in den String-Theorien, mit denen man eine einheitliche Erklärung für die vier Grundkräfte der Physik anstrebt.

Landau reichte unmittelbar nach dem Boykott ein Gesuch um vorzeitige Pensionierung ein, dem auch entsprochen wurde. Er erhielt sogar die Erlaubnis, im Wintersemester in Groningen in den Niederlanden zu arbeiten, wurde zum 07. Februar 1934 in den Ruhestand versetzt, zog wieder nach Berlin um und arbeitete danach einige Zeit in Cambridge mit Hardy zusammen, mit dem er eine gemeinsame Abhandlung verfasste. Mit Hardy teilte er die Vorliebe für „reine Mathematik", also eine Mathematik, die um ihrer selbst willen betrieben wird und möglichst ohne praktische Anwendungen bleiben soll. Mit dieser Vorliebe hatte er in Göttingen ziemlich allein gestanden, als Hilbert, Courant und andere Kollegen intensiv Fragen der mathematischen Physik untersuchten.

Ein gnädiges Schicksal streckte Edmund Landau am 19. Februar 1938 mit einem Herzschlag nieder und bewahrte ihn davor, die Reichsprogromnacht und die anschließenden Gräuel der Judenvernichtung miterleben zu müssen. Landau war 1927 an die neu gegründete hebräische Universität in Jerusalem berufen worden, hielt dort auch Vorlesungen, wofür er eigens Hebräisch lernte, kehrte aber dann doch nach Göttingen zurück. Aber er vermachte seine umfangreiche Bibliothek der Hebräischen Universität, für deren Grundausstattung er bereits tätig gewesen war.

Die abstrakten Räume
Maurice René Fréchet (2.9.1878–4.6.1973)

Maurice Fréchet wurde als viertes von sechs Kindern einer evangelischen Familie in Maligny in Burgund geboren. Sein Vater leitete dort das evangelische Waisenhaus. Später wurde er zum Direktor einer evangelischen Schule in Paris berufen, konnte aber diese Aufgabe nur kurz wahrnehmen, da zwischen 1880 und 1885 das französische Schulsystem im republikanischen Sinne reformiert wurde. Danach übernahm der Staat die volle Verantwortung für die Grundschulen, ihr Besuch war kostenlos, die allgemeine Schulpflicht wurde eingeführt, und – für Familie Fréchet entscheidend – das Schulsystem wurde säkularisiert, das bedeutete die Schließung konfessioneller Schulen und die Abschaffung des Religionsunterrichts. Vater Fréchet war damit arbeitslos und die Mutter sorgte mit einer Pension für Ausländer für das Familieneinkommen. Dieses Arrangement wirkte sich für Maurice äußerst vorteilhaft aus, denn durch den ständigen Kontakt mit ausländischen Pensionsgästen erwarb er gute Sprachkenntnisse, speziell der englischen Sprache, und eine internationale Ausrichtung, die ihn für sein Leben prägte. Nach einiger Zeit erhielt der Vater im staatlichen Schulsystem eine Stelle als Lehrer, so dass die Familie wieder über ein sicheres regelmäßiges Einkommen verfügte.

Maurice besuchte das Lycée Buffon in Paris und hatte das Glück, auf Hadamard zu treffen, der dort vor seiner Berufung an die Universität Bordeaux Schulunterricht in Mathematik erteilte. Hadamard erkannte schnell die mathematische Begabung von Maurice und förderte ihn individuell. Diese Förderung setzte er auch von Bordeaux aus fort, indem er Maurice regelmäßig Aufgaben schickte, die dieser zu lösen hatte. Hadamard war sehr streng und übte scharfe Kritik an fehlerhaften Lösungen. Diese Intensivschulung versetzte Maurice in ein Wechselbad der Gefühle: einerseits war er Hadamard dankbar, andererseits lebte er in ständiger Furcht, eines Tages eine Aufgabe nicht lösen zu können. Es zeigte sich jedoch, dass diese Furcht unbegründet war.

Nach dem Schulabschluss absolvierte Maurice zunächst seinen Militärdienst, bevor er im Jahre 1900 sein Studium an der École Normale Supérieure in Paris aufnahm. Er war sich nicht sicher, ob er sich auf Physik oder Mathematik spezialisieren sollte; letztlich gab den Ausschlag, dass zum Physikstudium auch Chemiekurse gehören. Chemie aber mochte er nicht. Damit fiel seine Wahl auf die Mathematik. Noch während seines Studiums begann er damit, kleinere Abhandlungen zu veröffentlichen. Bis 1905, als er mit seiner Doktorarbeit begann, konnte er bereits 22 Veröffentlichungen vorweisen. Einige davon erschienen, durch Kontakt mit einem amerikanischen Mathematiker, in den Transactions of the American Mathematical Society (Abhandlungen der amerikanischen Mathematischen Gesellschaft). Ebenfalls noch 1905 erschienen die „Leçons sur les fonctions de variables réelles et les développements en séries de polynoms" (Vorlesungen über die Funktionen reeller Veränderlicher und ihre Entwicklung in Folgen von Polynomen), die auf seiner Mitschrift von Borels Vorlesungen basierten. 1906 legte Fréchet eine hervorragende Doktorarbeit vor „Sur quelques points du calcul fonctionnel" (Über einige Aspekte des Funktionalkalküls), in der er abstrakte Räume axiomatisch definierte, deren „Punkte" unterschiedliche mathematische Objekte wie zum Beispiel Funktionen, Zahlenfolgen, Kurven oder Flächen sein können. In diesen Räumen ist eine topologische Struktur vorhanden, mit deren Hilfe man Konvergenz von Punktfolgen und Stetigkeit von Abbildungen untersuchen kann (siehe Hausdorff). Fréchet betrachtete insbesondere Räume, für die Hausdorff später den treffenden Begriff „metrische Räume" fand.

Auch Fréchet unterrichtete wie sein Lehrer Hadamard zunächst an höheren Schulen (Lycée) in Besançon und Nantes, bevor er eine Professur für Mechanik an der Universität in Poitiers erhielt, die er von 1910 bis 1919 bekleidete. 1908 heiratete er seine Frau Suzanne, mit der er vier Kinder hatte. Noch vor Ausbruch des ersten Weltkriegs hatte er eine Gastprofessur an der University of Illinois in Urbana, IL, angenommen, aber kurz vor seiner Abreise rief ihn das Vaterland zu den Waffen. Aufgrund seiner Sprachkenntnisse wurde den englischen Truppen als Dolmetscher zugeteilt. In dieser Aufgabe geriet er zwar auch in Lebensgefahr, aber sie bewahrte ihn davor, auf den Schlachtfeldern von Verdun zu verbluten wie Hunderttausende aussichtsreiche junge Franzosen und Deutsche. Nach dem Krieg wurde Fréchet als Professor für Analysis und Direktor des Mathematischen Instituts an die nun wieder französische Universität Straßburg berufen. Diese Aufgabe nahm er von 1919 bis 1927 wahr. Sie war in der Anfangszeit nicht einfach, insbesondere weil er den Internationalen Mathematikerkongress 1920 zu organisieren hatte, der in Straßburg stattfand. Bei diesem Kongress waren Mathematiker der Achsenmächte Deutschland, Österreich und Ungarn ausgeschlossen, was zu heftigen Protesten vieler Kollegen führte, die die Zusammenarbeit insbesondere mit den Deutschen, wie sie bis 1914 selbstverständlich war, nicht aufgeben wollten. Letztlich waren aber die Vorgaben einer unversöhnlichen Politik so kurz nach dem Kriege noch unüberwindlich.

In Straßburg begann Fréchet, sich für Statistik zu interessieren. Er schrieb einige kleine Abhandlungen über Wahrscheinlichkeitslehre, während er sich in den meisten seiner Veröffentlichungen noch mit Fragen der Analysis und der Topologie auseinandersetzte. Von 1928 an übernahm Fréchet mehrere Positionen in Paris, darunter ab 1929 die Professur für Analysis und Mechanik an seiner Ausbildungsstätte École Normale Supérieure. Hier setzte er sich zunehmend kritisch mit der missbräuchlichen Anwendung der Statistik auseinander. Es war damals üblich geworden, statistische Zusammenhänge als Beweis für Kausalitäten heranzuziehen, was natürlich völlig abwegig ist.

Aus nicht nachvollziehbaren Gründen wurde Fréchet im Ausland, speziell in den USA, mehr Aufmerksamkeit entgegengebracht als in seinem Heimatland. So wurde er nach etlichen Fehlschlägen erst 1956 im Alter von 78 Jahren in die Académie des Sciences gewählt, während er schon jahrzehntelang Mitglied anderer Akademien war. Vielleicht lag es an seiner internationalen Ausrichtung, die er quasi mit der Muttermilch aufgenommen hatte. Fréchet führte eine umfangreiche Korrespondenz mit russischen, polnischen, ungarischen, amerikanischen Mathematikern und auch mit dem Niederländer Brouwer (siehe dort).

Fréchets wichtigster Beitrag zur Mathematik des 20. Jahrhunderts sind sicherlich die bereits in seiner Doktorarbeit beschriebenen abstrakten Räume, über die er 1928 noch das Standardwerk „Les espaces abstraits" (Die abstrakten Räume) schrieb. Seine weit reichenden Ergebnisse in der Mengenlehre und Topologie stehen ein wenig im Schatten von Hausdorffs klassischem Buch über Grundzüge der Mengenlehre, das an Klarheit und Prägnanz kaum zu überbieten ist.

Maurice Fréchet erreichte das hohe Alter von 94 Jahren. Er starb am 04. Juni 1973 in seiner letzten Wirkungsstätte Paris.

Die Anfänge der Funktionalanalysis
Frigyes Riesz (22.1.1880–28.2.1956)

Frigyes (Friedrich) Riesz war ein ungarischer Mathematiker, der auf dem Werk Fréchets aufbaute und als eigentlicher Begründer des neuen Zweiges der *Funktionalanalysis* gilt. Er wurde in Györ als Sohn eines Arztes geboren, studierte in Budapest, Göttingen und Zürich und promovierte mit 22 Jahren in Budapest mit einer Arbeit über Geometrie.

Riesz betrachtete Räume von Funktionen, in denen er mit Hilfe des Lebesgue-Integrals (siehe Lebesgue) einen Abstand definierte. In diesen abstrakten Räumen kann man die Frage, ob eine Folge von Funktionen gegen eine Grenzfunktion konvergiert, in völliger Analogie zu der Konvergenz von Zahlenfolgen untersuchen. Die Frage ist relevant für Fourierreihen (siehe Fourier), deren endliche Abschnitte gegen die Funktion streben (sollten), die durch die Reihe dargestellt wird. Aber auch die Lösungen von Integralgleichungen (siehe Hilbert) ergeben sich als Grenzfunktion einer Folge von Funktionen. Riesz konnte seine neuen Begriffe daher auch auf die von Fredholm, Hilbert und dem Hilbert-Schüler Erhard Schmidt entwickelte Theorie der Integralgleichungen anwenden und diese damit in einem adäquaten Rahmen behandeln. Auch wurde mit der Arbeit von Riesz eine zufrieden stellende Theorie orthonormaler Funktionen möglich. Schon Hermite, Tschebyschow (siehe dort) und andere hatten Systeme von Polynomen untersucht, die in einem exakt definierbaren Sinn aufeinander senkrecht stehen und somit als Koordinatenachsen eines abstrakten Funktionenraumes dienen können. Auch für die Theorie dieser Polynome lieferten die abstrakten Räume von Riesz den richtigen Rahmen.

Zunächst untersuchte Riesz Hilberträume, fand aber bald Verallgemeinerungen derselben, die den Namen *normierte Räume* erhielten. Um 1910 führte er den Begriff des Operators auf einem abstrakten Raum ein. Als Operator bezeichnet man eine Vorschrift, die jedem Punkt eines abstrakten Raumes (also zum Beispiel einer Funktion) einen anderen Punkt (im Falle von Funktionen wieder eine Funktion) zuordnet. Operatoren spielen seit Heisenberg in der Quantenmechanik eine tragende Rolle. So stellt man zum Beispiel den Aufenthaltsort eines Elementarteilchens durch die Anwendung eines Ortsoperators auf die Zustandsfunktion des Teilchens fest. Will man Ort und Geschwindigkeit eines Teilchens messen, so kann man zunächst den Orts- und dann den Geschwindigkeitsoperator auf die Zustandsfunktion des Teilchens anwenden. Man kann es aber auch umgekehrt machen: zunächst die Geschwindigkeit messen und dann den Ort. Der Witz der Quantenmechanik besteht nun darin, dass die beiden Messanordnungen unterschiedliche Ergebnisse liefern. Mathematisch kann man dies sehr elegant damit erklären, dass die Nacheinanderausführung von Operatoren nicht kommutativ ist. Wir kennen nicht kommutative Rechenstrukturen bereits von der Multiplikation der Quaternionen von Hamilton oder die Nacheinanderausführung von Permutationen und Transformationen eines Dreiecks (siehe Galois, Caley) oder anderer regelmäßiger Figuren oder Raumkörper. Es ist damit eine Sache, erst den Orts- und dann den Geschwindigkeitsoperator anzuwenden, und eine ganz andere, diese Operatoren in umgekehrter Reihenfolge anzuwenden. Der Unterschied zwischen beiden Vorgehensweisen ist in der Quantenphysik sehr klein – er ist als Heisenbergsche Unschärferelation bekannt, die besagt, dass man zum Beispiel Ort und Geschwindigkeit eines Elementarteilchens nicht beide mit beliebiger Genauigkeit feststellen kann, wie das in der klassischen Physik als selbstverständlich vorausgesetzt wurde (siehe etwa Laplace). Hat man die Geschwindigkeit eines Teilchens genau ermittelt, so kann man anschließend nur noch grob die Region beschreiben, in der sich das Teilchen mit einer bestimmten Wahrscheinlichkeit befindet, aber keinen exakten Aufenthaltsort mehr feststellen.

Die Arbeiten von Riesz bildeten auch den Ausgangspunkt für den Nachweis der Äquivalenz der Heisenbergschen Version der Quantenmechanik mit der des österreichischen Physikers Schrödinger. Heisenberg beschreibt ein Teilchen durch eine unendliche Zahlenfolge, auf die er eine Matrix mit unendlich vielen Zeilen und Spalten als Operator anwendet, während Schrödinger Teilchen durch Wellenfunktionen darstellt, auf die Funktionaloperatoren angewendet werden, die die Wellenfunktion in eine andere überführen. Beide Sichtweisen kann man in einem Hilbert-raum mathematisch beschreiben.

Riesz wurde 1911 auf einen Lehrstuhl an der Universität Klausenburg (Kolozsvár, Cluj) berufen. Mit dem Vertrag von Trianon 1919 musste Ungarn auch das Gebiet von Klausenburg an Rumänien abtreten, das die Stadt in Cluj umbenannte. Die Universität wurde 1920 nach Szeged verlagert. Hier baute Riesz das mathematische Institut auf, das nach János Bolyai benannt wurde. Er gründete auch ein neues mathematisches Journal, die Acta Scientiarum Mathematicarum (Abhandlungen der mathematischen Wissenschaften), das sich bald zu einem führenden wissenschaftlichen Medium entwickelte.

Riesz schrieb eines der ersten Lehrbücher über Funktionalanalysis, die „Leçons d'analyse fonctionelle", das nach wie vor zu den besten Präsentationen dieses neuen Stoffes zählt.

Frigyes Riesz starb am 28. Februar 1956 in Budapest. Er brauchte nicht mehr mit anzusehen, wie der ungarische Volksaufstand im Herbst 1956 durch sowjetische Panzer niedergewalzt wurde und wie in der Folge auch zahlreiche junge Mathematiker aus seinem Heimatland flohen.

Der Intuitionismus
Luitzen Egbertus Jan Brouwer
(27.2.1881–2.12.1966)

L.E.J. Brouwer, für seine Freunde auch kurz Bertus, kam in Overschie bei Rotterdam zur Welt. Seine Familie zog später in das Seefahrerstädtchen Hoorn an der damals noch offenen Zuidersee, wo er die höhere Schule im Eiltempo durchlief, so dass er mit 14 Jahren sein Abschlusszeugnis in der Hand hielt. Der Haken war nur, dass er weder Latein noch Altgriechisch gelernt hatte, damals die Voraussetzung zum Studium. Daher konzentrierte er sich in den beiden folgenden Jahren auf den Erwerb der benötigten Qualifikationen. Immerhin noch mit 16 Jahren bestand er die Aufnahmeprüfung an der Universität Amsterdam und begann sein Mathematikstudium. Bald fiel er als außergewöhnlich begabter Student auf. Noch im Grundstudium entdeckte er einige neue Tatsachen über Bewegungen im 4-dimensionalen Raum, die er 1904 als seine erste Arbeit veröffentlichte. Aber Brouwer wendete sein Hauptinteresse Fragen der Topologie zu und ganz besonders den Grundlagen der Mathematik. Diese beiden Gebiete beschäftigten ihn sein Leben lang.

Im Jahre 1904 erwarb Brouwer seinen Magistertitel und heiratete danach eine elf Jahre ältere Frau, mit der er bis zu ihrem Tode eine glückliche, aber kinderlose Ehe führte. Seine Frau Lize brachte eine Tochter in die Ehe mit, deren Zuneigung Bertus Brouwer zu seinem großen Schmerz nicht erringen konnte. Brouwer lebte mit seiner Frau in Blaricum bei Amsterdam, das er als Professor an der Universität Amsterdam nur einmal in der Woche verließ, um seinen Lehrverpflichtungen nachzukommen. Obwohl zu seiner Zeit die Residenzpflicht der Beamten noch sehr ernst genommen wurde, hatte

Brouwer bald ein solches Renommée, dass er sich einige Freiheiten gestatten konnte.

Mit seiner Doktorarbeit, die er im Jahre 1907 fertigstellte, griff Brouwer mit neuen, überwiegend philosophischen Ideen in die Debatte zwischen Bertrand Russell und Henri Poincaré (siehe dort) über die Grundlagen der Mathematik ein. Sein Doktorvater war besorgt, dass er als Mathematiker nicht ernst genommen werden könnte, und riet ihm, die „zu philosophischen" Abschnitte seiner Arbeit zu streichen. Dies tat Brouwer, aber das Thema ließ ihn nicht los und er fasste seine Ideen im folgenden Jahr in einer Schrift über die fehlende Verlässlichkeit der logischen Grundsätze zusammen. In dieser Schrift begründete er gravierende Zweifel an dem seit Aristoteles unangefochtenen Prinzip vom ausgeschlossenen Dritten („tertium non datur" – ja oder nein, ein Drittes gibt es nicht), nach dem eine Aussage entweder wahr ist oder falsch. Dieses Prinzip liegt den Beweisen durch Widerspruch in der Mathematik zu Grunde (siehe Euklid). Wenn man sich – wie Brouwer meinte – darauf nicht stützen kann, müssen alle mathematischen Sätze, für die ein Widerspruchsbeweis geführt wurde, als unbewiesen gelten.

Bevor Brouwer jedoch diese Ideen weiterentwickelte, stürzte er sich in ernsthafte Mathematik. Er attackierte das 5. Hilbertsche Problem (siehe Hilbert), aus der auf dem Mathematikerkongress 1900 vorgestellten Liste. Das 5. Hilbertsche Problem befasst sich mit Gruppen stetiger Transformationen eines mehrdimensionalen Raumes, wie sie von Sophus Lie (siehe dort) eingeführt wurden. Lie hatte vorausgesetzt, dass die Funktionen, die die Transformationen beschreiben, differenzierbar sein sollten (siehe Leibniz, Newton). Hilbert fragte nun, ob man diese Voraussetzung fallen lassen könne. Diese Arbeit führte Brouwer zu einem intensiven Studium der Topologie als der allgemeinsten Form der Geometrie (siehe Euler Riemann, Cantor, Poincaré, Hausdorff, Élie Cartan). Seine Ergebnisse über die Topologie der Lie-Gruppen trug er auf dem internationalen Mathematikerkongress 1908 in Rom vor. Im folgenden Jahr erhielt er die Lehrbefugnis als Privatdozent an der Universität Amsterdam, der 1912 mit nachdrücklicher Unterstützung durch David Hilbert die Berufung zum Professor für Mengenlehre, Funktionentheorie und Axiomatik folgte, die er bis zu seiner Emeritierung 1951 innehatte. Im gleichen Jahr 1912 wurde Brouwer in die Königliche Akademie der Wissenschaften der Niederlande gewählt. Obwohl Brouwer grundlegende Ergebnisse in der Topologie vorzuweisen hatte, hielt er seine Antrittsvorlesung 1912 über die Grundlagen der Mathematik. Hier hatten sich seine Ideen mittlerweile verfestigt. Er lehnte nicht nur das Prinzip vom ausgeschlossenen Dritten ab, sondern forderte auch, dass mathematische Objekte in endlich vielen Schritten konstruierbar sein müssen. So soll nach Brouwer die Feststellung, ob die Elemente einer Menge eine bestimmte Eigenschaft besitzen, mit einem Verfahren aus endlich vielen Schritten erfolgen. Brouwer nannte seine Theorie der Grundlagen der Mathematik jetzt Intuitionismus und formulierte sie als klare Alternative zu David Hilberts Formalismus und Bertrand Russels Logizismus. Der Intuitionismus basiert auf für jedermann evidenten Grundsätzen, mit deren Hilfe man mathematische Objekte konstruiert, natürlich, ohne dabei auf das Prinzip vom ausgeschlossenen Dritten zurückzugreifen. Brouwer zeigte damit mehr Sympathie für Poincarés Standpunkt (siehe Poincarés Stellungnahme zu Hilberts Grundlagen der Geometrie) als für Russells streng logisch-axiomatische Vorgehensweise. Klar ist, dass im Intuitionismus das Russellsche Paradox nicht auftreten kann (siehe Russell), also die Frage, ob die Menge aller „vernünftigen" Mengen (die sich nicht selbst als Element enthalten) selbst vernünftig ist oder nicht. Denn man wird kein Verfahren finden, mit dem sich in endlich vielen Schritten feststellen lässt, ob alle Mengen in einem Mengensystem „vernünftig" sind. Brouwer entwickelte in den Folgejahren eine intuitionistische Mengenlehre, deren Begründung ohne das tertium non datur auskommt. Ende der 1920er Jahre legte er dann eine Begründung der Funktionentheorie ohne Benutzung dieses logischen Prinzips vor.

Brouwer fand bald Jünger für seine revolutionären Ideen, und die Mathematiker teilten sich in zwei Konfessionen, die der Intuitionisten und die der Formalisten, deren Auseinandersetzungen gelegentlich die Form von Glaubenskriegen annahmen. Am Ende haben beide Ansätze nicht zum gewünschten Ziel geführt, einer sicheren widerspruchsfreien Begründung der Mathematik. Der Formalismus wurde durch die Ergebnisse von Kurt Gödel (siehe dort) an seine Grenzen geführt und der Intuitionismus erwies sich als zu einschränkend, weil er große und anerkannte Teile der Mathematik ausschloss. Hierzu gehörten auch die grundlegenden Ergebnisse Brouwers in der Topologie, was dazu führte, dass er sie selbst geringschätzte, obwohl viele Kollegen sie für seinen wichtigsten Beitrag zur Entwicklung der Mathematik halten. Er untersuchte topologische Abbildungen (in beiden Richtungen eindeutige und stetige Abbildungen, Homöomorphismen) der Euklidischen Ebene in sich und fand eine Anzahl von Fixpunktsätzen. Für die Kugeloberfläche fand er den Satz, dass jede topologische Abbildung dieser Oberfläche auf sich, die die Orientierung erhält (also etwa die Ost-West-Richtung), mindestens einen Punkt festlässt, was anschaulich einleuchtend ist.

Ungeachtet ihrer unterschiedlichen Standpunkte in der Grundlagendiskussion versuchte Hilbert 1919, Brouwer nach Göttingen zu holen. Im gleichen Jahr wurde ihm auch ein Lehrstuhl in Berlin angeboten. Brouwer lehnte beide Offerten ab und blieb in Amsterdam und Blaricum. Das Angebot, als Mitherausgeber der Mathematischen Annalen tätig zu werden, nahm er jedoch 1914 an. Er behielt diese Position bis 1928, als sein Einfluss für Hilberts Geschmack zu groß wurde. Hilbert schaffte es entgegen den Statuten der Mathematischen Annalen und gegen den Widerstand der Mitherausgeber Albert Einstein und Constantin Carathéodory, Brouwer aus dem erlauchten Gremium auszuschließen, eine für diesen niederschmetternde Erfahrung. Brouwer gründete daraufhin sein eigenes Journal, die Compositio Mathematica.

Im zweiten Weltkrieg unterstützte Brouwer verdeckt den niederländischen Widerstand. Er riet aber auch seinen Studenten, eine ab 1943 von der deutschen Besatzungsmacht verlangte Loyalitätserklärung zu unterschreiben. Dabei hatte er im Sinn, dass die Studenten dann unauffällig ihr Studium fortsetzen und für den Widerstand arbeiten könnten. Dieses Verhalten wurde Brouwer nach dem Kriege als Kollaboration ausgelegt. Er wurde für einige Monate in den einstweiligen Ruhestand geschickt, was ihn noch mehr erbitterte als der Ausschluss aus dem Herausgebergremium der Mathematischen Annalen. Er erwog sogar, die Niederlande zu verlassen, blieb aber dann doch lieber in seinem vertrauten Blaricum.

Im Alter von 70 Jahren trat Brouwer seinen Ruhestand an. Dies bedeutete, dass er jetzt in Südafrika, den USA und in Kanada Lehraufträge annahm. 1959 starb seine Frau Lize im Alter von 89 Jahren. Brouwer selbst war 78 Jahre alt, erhielt aber noch Angebote, an den Universitäten von British Columbia und später in Montana zu lehren, die er aber ablehnte. Im Jahre 1966 wurde er Opfer eines Verkehrsunfalls, an dessen Folgen er am 2. Dezember verstarb.

Obwohl der Intuitionismus in seiner strengen Form sich nicht durchgesetzt hat, hat er doch die moderne Mathematik bereichert. Bevor sich heute ein Mathematiker mit einem einfachen Widerspruchsbeweis zufriedengibt, sucht er lieber noch eine Weile nach einem konstruktiven Beweis. Verpönt sind Widerspruchsbeweise immer dann, wenn mit ihrer Hilfe die Existenz eines mathematischen Objektes bewiesen werden soll. Warum sollte etwas existieren, nur weil die Annahme, es existiere nicht, zu einem Widerspruch führt? Bevor man sich allerdings zu sehr in diese Fragen vertieft, ist es wichtig, zu klären, was es eigentlich eine Existenzaussage in der Mathematik bedeutet. Reicht es aus, wenn ein Objekt, dessen Existenz behauptet wird, keinen Widerspruch im Gebäude der Mathematik hervorruft, oder muss es für das Objekt ein genau beschriebenes Konstruktionsverfahren geben? Hier scheiden sich heute noch die Geister. Brouwers endliche Konstruktionen erwiesen sich auf jeden Fall als äußerst fruchtbar für die Informatik. Auf dem Computer kann man nur Objekte behandeln, die in endlich vielen Schritten zu konstruieren sind. Insofern ist es nicht ganz verkehrt, wenn man die intuitionistische Mathematik als Computermathematik bezeichnet.

Die Mutter der Algebra
Emmy Amalie Noether (23.3.1882–14.3.1935)

Emmy Noether kam als erstes Kind des Mathematikprofessors Max Noether und seiner Frau Ida in Erlangen zur Welt. Die Mutter entstammte einer betuchten Kölner Familie und hatte ein kleines Vermögen in ihre Ehe mitgebracht, aus dem später auch Emmy alimentiert werden konnte. Beide Eltern gehörten der jüdischen Minderheit in Deutschland an.

Das Kind Emmy ließ noch keine besondere Neigung für die Mathematik erkennen. Sie tanzte gern, interessierte sich für Sprachen und wollte Sprachlehrerin werden. Im Jahre 1900 legte sie das Lehrerexamen für Englisch und Französisch ab. Dann aber muss sie aber ihre Berufung zur Mathematik erkannt haben, denn sie beschloss, den für Frauen dornigen Weg eines Mathematikstudiums zu gehen. Wie Sofija Kowalewskaja durfte sie mit Einwilligung der Dozenten den Vorlesungen beiwohnen. Dies tat sie von 1900 bis 1902 in Erlangen und 1903/04 in Göttingen, wo sie mit Hilbert, Minkowski und Klein drei führende Mathematiker kennen lernte. 1904 wurde ihr gestattet, sich an der Universität Erlangen als Studentin einzuschreiben, damit sie unter Anleitung des Invariantenspezialisten Gordan (siehe Hilbert) ihre Doktorarbeit über Invarianten anfertigen konnte. Nachdem Hilbert in allgemeiner und abstrakter Weise den Basissatz für Polynome in mehreren Veränderlichen bewiesen hatte (siehe Hilbert), bemühte sich Gordan weiterhin darum, die Basispolynome explizit zu konstruieren und bezog auch Emmy Noether in diese Bemühungen mit ein. So geriet ihre Dissertation zu einer großen Fleißarbeit, in der sie schließlich 331 Formen zusammenstellte. Später näherte sich Emmy Noether Hilberts abstrakter Vorgehensweise an und bezeichnete ihre Doktorarbeit nur noch als Mist.

Genau wie Sofija Kowalewskaja stand Emmy Noether nach ihrer Promotion ohne jede Perspektive da, denn als Frau konnte sie sich nicht habilitieren. So half sie ihrem Vater als unbezahlte Assistentin und trieb ihre eigenen Forschungen voran. Schon bald genoss sie den Ruf einer hervorragenden Mathematikerin. Die Deutsche Mathematiker Vereinigung nahm sie als Mitglied auf und 1909 durfte sie auf der Jahrestagung der Vereinigung in Salzburg vortragen. Im Jahre 1913 erhielt sie einen Lehrauftrag an der Universität Wien. Mitten im ersten Weltkrieg, im Jahre 1915 luden Hilbert und Klein Emmy Noether ein, nach Göttingen zu kommen. Die Göttinger Mathematiker hatten sich die mathematischen Probleme der Relativitätstheorie vorgenommen und fanden, dass die Invariantentheorie nützliche Dienste leisten könnte, für die Emmy Noether eine unumstrittene Expertin war. Aber auch in Göttingen musste sie sich mit einem inoffiziellen Status begnügen. Hilbert und Klein führten zwar einen zähen Kampf mit der Universitätsverwaltung und dem preußischen Kultusministerium, um ihr die Chance zur Habilitation zu eröffnen, der aber 1917 mit der endgültigen Ablehnung des Kultusministers verloren schien. Immerhin konnte Emmy Noether Lehrveranstaltungen unter Hilberts Namen anbieten. Es musste erst das Kaiserreich zusammenbrechen und die Republik ausgerufen werden, bevor Emmy Noether 1919 doch noch gestattet wurde, sich zu habilitieren, was sie mit bereits vorliegenden Arbeiten dann auch rasch tat. Ihre wichtigste Arbeit in Göttingen legte sie aber bereits 1915 vor, den Nachweis einer mathematischen Beziehung zwischen physikalischen Erhaltungssätzen (bekannt ist etwa der Erhaltungssatz der Energie) und Symmetrien physikalischer Größen. Mit diesem Ergebnis erregte sie die Aufmerksamkeit Albert Ein-steins, der sie fortan in den höchsten Tönen lobte.

Nach ihrer Habilitation musste Emmy Noether noch drei Jahre warten, bis sie 1922 eine bescheiden honorierte Stelle als nicht beamtete außerordentliche Professorin am Mathematischen Institut der Universität Göttingen zugewiesen bekam. Sie hatte das Glück, noch über ein kleines Vermögen zu verfügen, das ihre Eltern ihr hinterlassen hatten, aber dieses schrumpfte in der Inflation der 1920er Jahre, so dass doch bald überwiegend auf ihre kärglichen Bezüge angewiesen war. Ungeachtet der schmählichen Behandlung durch die preußischen Kultusbehörden griff Emmy Noether jetzt das Thema auf, mit dem sie in die Geschichte der Mathematik als „Mutter der modernen Algebra" einging, die Theorie der Ideale in abstrakten Ringen. Hier sei kurz die Geschichte der Ideale und ihre Bedeutung für die moderne Algebra rekapituliert. Mitte des 19. Jahrhunderts veröffentlichte der französische Mathematiker Lamé einen Beweis der Fermatschen Vermutung (siehe

Fermat), der leider auf falschen Voraussetzungen beruhte. Lamé hatte algebraische ganze Zahlen (siehe Kummer, Dedekind) benutzt und unterstellt, dass sie sich ebenso wie gewöhnliche ganze Zahlen in eindeutiger Weise in Primzahlfaktoren zerlegen lassen. Kummer bemerkte, dass diese Annahme unzulässig ist (siehe Kummer), versuchte aber Lamés Beweis zu retten, indem er von ihm so genannte „ideale Zahlen" einführte. Die Rettung gelang nicht, aber die idealen Zahlen erwiesen sich als sehr fruchtbares Konzept. Dedekind (siehe dort) gab den idealen Zahlen eine neue Deutung als Teilmengen einer Rechenstruktur, in der man addieren, subtrahieren, multiplizieren, aber nicht uneingeschränkt dividieren kann, so wie wir es von den ganzen Zahlen kennen. Hilbert gab solchen Strukturen den Namen „Ring". Die gewöhnlichen ganzen Zahlen bilden einen Ring, ebenso die algebraischen ganzen Zahlen, aber auch Polynome in einer oder mehreren Veränderlichen. Ideale dienen dazu, in Ringen unterschiedlichen Typus' die Teilbarkeitseigenschaften zu untersuchen. Hierzu ein Beispiel aus dem Ring der gewöhnlichen ganzen Zahlen. Ideale in diesem Ring sind die Mengen der Vielfachen einer Zahl, etwa die Menge aller geraden Zahlen (Vielfachen von 2) - bezeichnet mit (2), die Menge der durch 3 teilbaren Zahlen – bezeichnet mit (3), der durch 4 teilbaren Zahlen – bezeichnet mit (4) und so fort. Betrachten wir die Ideale (3) und (4), also die Mengen

$$(3) = \{\ldots, -12, -9, -6, -3, 0, 3, 6, 9, 12, \ldots\} \text{ und}$$
$$(4) = \{\ldots, -12, -8, -4, 0, 4, 8, 12, \ldots\},$$

so besteht ihre Schnittmenge (die Menge der Zahlen, die in beiden Idealen enthalten sind) aus den Vielfachen von 12, ist also auch ein Ideal. Die Zahl 12 ist aber das Produkt von 3 und 4, und die letzteren Zahlen sind die Primfaktoren von $12 = 2^2 \cdot 3^1$. Die Zerlegung der Zahl 12 in ihre Primfaktoren geht also mit der Darstellung des Ideals (12) als Schnittmenge der Ideale (3) und (4) einher. Was bei den gewöhnlichen ganzen Zahlen als unnötige Komplizierung des Teilbarkeitsbegriffs und der Zerlegung von Zahlen in ihre Primfaktoren erscheint, erweist sich als verallgemeinerungsfähig auf andere Ringe, so dass man auch dort Teilbarkeit und Zerlegung in Primfaktoren untersuchen kann. Nun kann man jede ganze Zahl als Produkt von endlich vielen Primfaktoren schreiben, die zudem eindeutig bestimmt sind. Es stellt sich die Frage, in welchen Ringen ähnliche Verhältnisse herrschen. Die ganzen algebraischen Zahlen kann man ebenfalls als Produkt endlich vieler Primfaktoren schreiben, muss aber die Eindeutigkeit aufgeben. Lasker wies nach (siehe dort), dass in Polynomringen jedes Ideal sich als Schnittmenge endlich vieler von ihm so genannter Primärideale darstellen lässt, das ist die adäquate Verallgemeinerung der Primfaktorzerlegung auf Polynome.

Was war nun der neue Beitrag von Emmy Noether? Sie löste sich völlig von der speziellen Natur der Elemente eines Ringes, ob dies nun Zahlen, Polynome, Mengen, Wahrheitswerte oder andere Objekte seien, und kam so zu einem abstrakten Ringbegriff. Danach ist ein Ring nichts weiter als eine Menge von nicht näher beschriebenen Elementen, mit denen man Additionen und Multiplikationen ausführen kann, wobei die üblichen Rechenregeln gelten. Die Subtraktion als Umkehrung der Addition ist möglich, nicht aber die Division. Es gelang Emmy Noether nun, eine Klasse von abstrakten Ringen zu identifizieren, in denen jedes Ideal sich als Schnittmenge endlich vieler Primärideale darstellen lässt. Damit dehnte sie Laskers Ergebnis auf eine größere Klasse von Ringen aus.

In den 1920er Jahren arbeitete Emmy Noether weiter an der abstrakten Algebra und baute eine regelrechte Schule auf. Diese bestand weniger aus ihren Schülern – sie hatte anfangs kein Promotions- und Habilitationsrecht – sondern vielmehr aus einer Vielzahl von Mathematikern aus aller Welt, die nach Göttingen pilgerten, um an ihren Seminaren teilzunehmen. In diesen Seminaren pflegte sie einen unvergleichlichen offenen Stil: Sie stellte ihre Ideen vor, diskutierte sie mit den Teilnehmern und beteiligte diese an ihrer Ausarbeitung. Aus diesem Grunde finden sich viele von Emmy Noethers Ideen in Schriften anderer Mathematiker. Sie nahm damit im ersten Drittel des 20. Jahrhunderts neben David Hilbert einen großen Einfluss auf die Entwicklung der Mathematik, speziell der Algebra. Der junge niederländische Mathematiker Bartel van der Waerden verbrachte 1924/25 ein Studienjahr in Göttingen und arbeitete mit Emmy Noether zusammen. Das Ergebnis dieser Kooperation ist van der Waerdens Lehrbuch „Moderne Algebra", das seit 1955 nur noch „Algebra" heißt und in wesentlichen Teilen auf den Ideen Emmy Noethers basiert. Es ist nach wie vor ein klassisches Lehrbuch der Algebra, inzwischen in der 6. Auflage erschienen.

Während Emmy Noether zu Beginn der 1920er Jahre Ringe untersuchte, in denen die Faktoren bei der Multiplikation vertauschbar sind (kommutative Ringe), wendete sie ab 1927 nicht kommutativen Strukturen zu. Operatoren (siehe Riesz) zum Beispiel sind bei ihrer Multiplikation nicht vertauschbar. Man kann für bestimmte Operatoren auf Hilberträumen auch eine Addition definieren; die Multiplikation ist die Nacheinanderausführung. Damit bilden auch diese Operatoren einen Ring, und zwar einen nicht-kommutativen. Emmy Noether vermutete, dass im Bereich der nicht-kommutativen Algebra einfachere Gesetze gelten als in der kommutativen.

Nach der nationalsozialistischen Machtergreifung gehörte Emmy Noether als Jüdin zu den ersten Opfern des „Gesetzes zur Wiederherstellung des Berufsbeamtentums", und dies, obwohl sie gar nicht unter den Geltungsbereich des Gesetzes fiel, da sie nicht beamtet war. Sie wurde am 25.04.1933 vorläufig beurlaubt, und am 13.09.1933 wurde ihr die Lehrbefugnis entzogen. Es spielte keine Rolle, dass sie den jüdischen Glauben nicht mehr ausübte und dass sie eine weltweit führende Mathematikerin war. In ihrer Bescheidenheit beschrieb sie ihre Situation als weniger schlimm als diejenige der männlichen Lehrstuhlinhaber, die Lehrstuhl, Einkommen und Pension verloren. Sie hatte nicht viel, konnte daher auch nicht viel verlieren.

Emmy Noether nahm eine Gastprofessur in dem Frauen-College Bryn Mawr in Pennsylvania an, die jährlich erneuert werden musste. Auf Veranlassung von Albert Einstein lehrte sie auch am Institute for Advanced Study der Universität Princeton. Sie besuchte noch einmal im Sommer 1934 ihre alte Wirkungsstätte Göttingen, nur um festzustellen, dass der Geist der 1920er Jahre ausgetrieben worden war. Für den Sommer 1935 plante sie dennoch einen weiteren Besuch in Deutschland, der aber nicht mehr stattfand, denn am 14. April 1935 starb sie völlig überraschend nach einer Routineoperation. Albert Einstein verfasste einen Nachruf, der am 04. Mai 1935 in der New York Times erschien. Hierin informierte die weltweite Mathematikergemeinde, dass „Fräulein Noether, das kreativste mathematische Genie, das seit Beginn der höheren Erziehung für Mädchen geboren wurde", nicht mehr lebte.

Ein Mathematiker, der fremd ging
John Maynard Keynes (5.6.1883–21.4.1946)

John Maynard Keynes kam bereits in der Universitätsstadt Cambridge zur Welt, denn sein Vater war dort Professor für politische Ökonomie und Logik. Er durchlief die englische Eliteausbildung: Schule in Eton, Studium am King's College in Cambridge. In Eton gewann er ab 1899 die Mathematikpreise, zeichnete sich aber auch in Geschichte und Englisch aus. Keynes studierte in Cambridge Mathematik und erreichte ein hohes Niveau, aber er war kein mathematisches Genie wie die meisten hier vorgestellten Personen. Er interessierte sich mehr für praktische Fragen. Deswegen begann unmittelbar nach dem berühmten Tripos, bei dem er den 12. Rang belegte, mit dem Studium der Nationalökonomie.

John Maynard Keynes war, wie Bertrand Russell, Mitglied der Cambridge Apostles (siehe Russell); hier fand er einige Freunde fürs Leben, darunter auch Bertrand Russell.

1906 bestand er die Prüfungen für den höheren öffentlichen Dienst als Zweitbester. Merkwürdigerweise erhielt er bei dieser Prüfung die schlechtesten Noten in Mathematik und Wirtschaftswissenschaften, was ihn erboste. Er war der Meinung, dass er über Nationalökonomie bereits mehr wusste als seine Prüfer. Als Bester hätte er sich sein Betätigungsfeld aussuchen können. Am liebsten wäre John Maynard Keynes ins Finanzministerium gegangen, da aber der Beste ausgerechnet auch dorthin strebte, blieb für John Maynard das India Office. Die Tätigkeit hier langweilte ihn, so dass er sich überwiegend mit eigenen Projekten beschäftigte. Er fertigte eine Dissertation über Wahrscheinlichkeitslehre an und legte sie der Universität Cambridge vor in der Hoffnung, zum Fellow des King's College gewählt zu werden. Im ersten

Anlauf schaffte er es nicht, aber ein Jahr später, 1909, wurde er mit einer entscheidend verbesserten Arbeit in Kreis der Fellows des King's College aufgenommen. Keynes baute seine Arbeit zu einem Buch aus, in dem er eine axiomatische Begründung der Wahrscheinlichkeitstheorie gab. Bertrand Russell besprach das Buch und lobte es sehr.

Als Fellow hatte John Maynard Keynes die Lehrbefugnis, und er lehrte Nationalökonomie, schrieb aber auch Abhandlungen über Statistik.

Keynes' erstes Buch über ein Wirtschaftsthema befasste sich 1913 mit Indien, seiner Währung und seinem Finanzsystem. Mit Beginn des ersten Weltkriegs untersuchte er die Auswirkungen der Kriegswirtschaft auf das britische Finanzsystem und veröffentlichte bereits im August 1914 „War and the Financial System" (Der Krieg und das Finanzsystem). Im November 1914 erschien eine Abhandlung über das nach wie vor aktuelle Thema „The City of London and the Bank of England", aber Keynes begann, ebenso wie Russell, unter dem Krieg zu leiden, den auch er völlig unnötig fand. Er schrieb, wie unerträglich es für ihn war, dass fast täglich junge Männer Cambridge verließen, zunächst in die Langeweile, dann ins Gemetzel.

Ab 1915 arbeitete Keynes endlich in der Treasury (Finanzministerium). Er war für die Beziehungen zu Englands Alliierten verantwortlich und verwaltete die knappen Devisenreserven. Mit seinem tiefen Verständnis der Nationalökonomie und der Finanzwirtschaft und seiner großen Überzeugungskraft gewann er bald großen Einfluss, der es ihm ermöglichte, auch mächtigen Personen offen zu widersprechen. Überliefert ist, dass er dem damaligen Schatzkanzler und späteren Premierminister Lloyd George nach einer Ansprache mit größtem Respekt erklärte, er halte seine Ausführungen für kompletten Blödsinn.

Keynes wurde als Vertreter des britischen Finanzministeriums zu den Friedensverhandlungen nach Versailles abgeordnet, verließ aber diese Konferenz aus Protest, weil er die Deutschland auferlegten Reparationen für unfair und wirtschaftlich verhängnisvoll hielt. Er verließ auch das Finanzministerium und schrieb seinen Artikel „The Economic Consequences of the Peace" (Die wirtschaftlichen Folgen des Friedens), in dem er seinen Standpunkt zu den nunmehr beschlossenen Reparationen darlegte. Mit seiner vernichtenden Kritik behielt er Recht, aber wie bereits bei Fréchet erwähnt, waren die Gemüter der verantwortlichen Politiker der Entente-Mächte so aufgeheizt, dass kein Spielraum für vernünftige Überlegungen blieb.

Nach dieser Abrechnung mit dem Versailler Frieden wandte sich Keynes noch einmal einer vielfach verschobenen Abhandlung über Wahrscheinlichkeitslehre zu und veröffentlichte „Treatise on Probability" (Abhandlung über

Wahrscheinlichkeit). Er versuchte hier, Wahrscheinlichkeiten einen objektiven Charakter zu geben. Nach Keynes hat eine Wahrscheinlichkeitsaussage einen Wahrheitswert wie eine logische Aussage, der wie in der Logik objektiv feststeht. Diese Auffassung der Wahrscheinlichkeit ist umstritten und hat sich nicht durchgesetzt.

Die Weltwirtschaftskrise von 1929 bis 1933 gab Keynes' ökonomischem Denken die entscheidenden Impulse. In seinem wichtigsten Werk „The General Theory of Employment, Interest and Money" (Die allgemeine Theorie von Beschäftigung, Zins und Geld) stellt er 1935 die Gesamtnachfrage in den Mittelpunkt seiner Betrachtungen über Vollbeschäftigung in einer Volkswirtschaft. Die Gesamtnachfrage setzt sich zusammen aus der Nachfrage der privaten Haushalte nach Konsumgütern, der Unternehmen nach Investitionsgütern, des Staates und des Auslands (Export). Im Gegensatz zu der bis dahin geltenden liberalistischen Position, nach der die Wirtschaft am besten funktioniert, wenn sich der Staat heraushält – eine Position, die auch heute von Neoliberalen wider besseres Wissen vertreten wird – maß Keynes dem Staat eine wichtige Rolle speziell in wirtschaftlichen Krisen zu. In einer Depression geht es nach Keynes Auffassung darum, die Gesamtnachfrage anzuheben. Hierzu kann der Staat durch Erhöhung speziell seiner Investitionsausgaben beitragen, aber auch durch Stimulierung des privaten Verbrauchs etwa durch Steuersenkungen oder andere Kaufanreize, durch Förderung der Investitionen der Unternehmen mit Hilfe einer Senkung des Zinsniveaus und der Erhöhung der Geldmenge, sowie auch durch eine Förderung der Exporte und des internationalen Handels. Alle diese Maßnahmen gehören heute zum Standardrepertoire der Wirtschaftspolitik, wurden aber in der großen Depression der 1930er Jahre nicht angewandt. Wider alle Vernunft schirmten praktisch alle Staaten ihre eigene Wirtschaft ab, führten Sparprogramme durch, kürzten Beamtengehälter, ließen die Löhne im freien Spiel der Marktkräfte in den Keller rauschen, hielten die Zinsen hoch und die Geldmenge niedrig und verschlimmerten so die Krise bis zur Katastrophe. Keynes kritisierte die – häufig gar nicht vorhandene – Wirtschaftspolitik in den meisten Staaten und lobte die Sowjetunion, Italien und das nationalsozialistische Deutschland, die mit zentraler Planung und staatlichen Investitionsprogrammen ihre Wirtschaft in Gang gebracht hatten. Wahrscheinlich war es für einen Außenstehenden noch zu früh, den wahren Charakter des deutschen Investitionsprogramms („Hitler baut Autobahnen") zu erkennen: es diente der Vorbereitung eines Angriffskrieges.

Es sei noch erwähnt, dass nach der klassischen Lehre eine Volkswirtschaft über das freie Spiel der Märkte immer Vollbeschäftigung erreicht. Im Zweifelsfall müssen eben die Löhne so weit sinken, bis dieser Zustand erreicht ist. Keynes hat diesen klassischen Satz der Nationalökonomie mit besonders scharfen Worten als Unsinn kritisiert. Er stellte fest, dass es in der Depression der 1930er Jahre kein Lohnniveau gab, das so niedrig war, dass damit die Arbeitslosigkeit eliminiert werden konnte. Infolgedessen sei es bösartig, wenn man den Arbeitslosen vorhielte, sie hätten ihre Lage durch ihre Lohnforderungen selbst verschuldet.

Ab 1937 verschlechterte sich Keynes' Gesundheitszustand, und er war nur noch bedingt arbeitsfähig. Dennoch wartete sein größtes Projekt noch auf ihn. Als im Jahre 1944 in Bretton Woods, New Hampshire, die Weltwirtschaft neu geordnet wurde, war Keynes der Chef der britischen Delegation. Er nahm entscheidenden Einfluss, konnte aber sein Hauptziel nicht gegen die US-Delegation durchsetzen: die Einrichtung einer internationalen Zahlungsunion mit einem neutralen Zahlungsmittel namens Bancor. Die USA bestanden darauf, dass der Dollar die führende Rolle als weltweites Zahlungsmittel übernahm. In Bretton Woods wurde mit Keynes Mitwirkung auch der Internationale Währungsfonds (IMF – International Monetary Fonds) gegründet, der das Ziel hat, Staaten mit Zahlungsschwierigkeiten zu unterstützen. Nachdem der IMF anfangs Keynessche wirtschaftspolitische Erkenntnisse anwandte, fiel er später in die Hände der Monetaristen und Neoliberalen, die ein Desaster nach dem anderen produzierten. Als weitere internationale Einrichtung wurde die Weltbank gegründet, damals mit dem Ziel, den Wiederaufbau der vom Krieg zerstörten Länder zu finanzieren. Heute finanziert die Weltbank Projekte der Entwicklungshilfe.

Keynes heiratete relativ spät 1925 die russische Ballettänzerin Lydia Lopokova, über die man in seinem intellektuellen Freundeskreis die Nase rümpfte. Die Hochzeit war dennoch ein gesellschaftliches Ereignis ersten Ranges. Über die Motive, die Keynes veranlassten, nach Jahren offen gelebter Homosexualität diesen Schritt zu tun, kann man nur spekulieren. Immerhin war Homosexualität zu seiner Zeit im Vereinigten Königreich ein Verbrechen, das mit Gefängnis bestraft werden konnte.

Keynes war nicht nur ein Theoretiker der Geldwirtschaft, sondern auch in der praktischen Anwendung erfolgreich. Als Schatzkanzler seines King's College versiebenfachte er dessen Stiftungsvermögen durch geschickte Anlagen.

Im Jahre 1942 wurde Keynes geadelt und zog als Baron Keynes of Tilton in das Oberhaus ein, wo er sich der liberalen Fraktion anschloss. In seinem Wohnort Tilton in Sussex starb er am 21. April 1946 an Herzversagen. Lord Russell nannte ihn den intelligentesten Menschen, den er je getroffen habe.

Ein Förderer der amerikanischen Mathematik
George David Birkhoff (21.3.1884–12.11.1944)

Mit George David Birkhoff begegnet uns der zweite Amerikaner in dieser illustren Gesellschaft. Er wurde in Overisel im Staate Michigan als Sohn eines Arztes geboren, besuchte in Chicago die Schule und begann 1902 an der Universität Chicago seine akademische Ausbildung als Mathematiker. 1903 wechselte er an die Harvard Universität in Cambridge, Massachusetts. Harvard bot damals die besten Mathematikkurse in den USA. Birkhoff legte hier 1905 seine Bachelorprüfung ab und erwarb 1906 den Titel eines Master of Arts. Zu diesem Zeitpunkt hatte er bereits zwei mathematische Abhandlungen vorgelegt.

Von 1905 bis 1907 verfasste Birkhoff in Chicago seine Doktorarbeit über Differentialgleichungen mit Anwendungen auf Randwertprobleme. Bei dieser Arbeit ließ er sich weniger von seinem Doktorvater anregen als vielmehr von Henri Poincaré, dessen Arbeiten über Himmelsmechanik und Differentialgleichungen er verschlang. Die Doktorarbeit bot die Basis für weitere Forschungen in den Folgejahren, die er teilweise schon mit seinen Schülern durchführte. Zunächst erhielt Birkhoff einen Posten als Lehrbeauftragter an der Universität von Wisconsin. Hier heiratete er 1908. Mit seiner Frau Margaret hatte er drei Kinder. 1909 ging Birkhoff als Mathematikdozent nach Princeton, wo er 1911 zum Professor ernannt wurde. 1912 schließlich erreichte ihn der Ruf an die Harvard University, der er bis zu seiner Emeritierung die Treue hielt.

Birkhoff war ein außerordentlich vielseitiger Mathematiker. Er erregte zum ersten Mal internationales Aufsehen, als er 1913 einen von Poincaré aufgestellten geometrischen Satz im Zusammenhang mit dem astronomischen

Drei-Körper-Problem allgemein bewies, für den Poincaré nur unter speziellen Annahmen einen Beweis erbracht hatte.

Birkhoffs Name ist aber hauptsächlich verbunden mit dem Ergodensatz, einem Satz der Statistik, den man als Erweiterung der von Tschebyschew und anderen untersuchten Grenzwertsätze auf stationäre Prozesse verstehen kann. Stationäre Prozesse sind Zufallsprozesse, die in Phasen ablaufen, wobei sich von Phase zu Phase die Wahrscheinlichkeitsverteilung der Beobachtungsgrößen nicht ändert. Mit dem Ergodensatz, bei dem Maßtheorie (siehe Borel) und das Lebesgue-Integral (siehe Lebesgue) eine tragende Rolle spielen, stellte Birkhoff die statistische Mechanik, die insbesondere zur Erklärung des Verhaltens von Gasen entwickelt wurde, auf eine solide mathematische Grundlage.

Birkhoff beschäftigte sich auch mit der neuen Physik der Relativitätstheorie und der Quantenmechanik. Er schrieb „Relativity and Modern Physics" (Relativität und moderne Physik).

Dynamische Systeme, für die er mit dem Ergodensatz einen wichtigen Beitrag geleistet hatte, beschäftigten ihn sein Leben lang. 1923 erhielt er für seine Abhandlung „Dynamical Systems with two degrees of freedom" (Dynamische System mit 2 Freiheitsgraden) einen Preis, 1928 schrieb er eine Monographie über „Dynamical Systems".

Natürlich war es für einen amerikanischen Mathematiker in der ersten Hälfte des 20. Jahrhunderts unabdingbar, Kontakte zu europäischen Kollegen zu knüpfen, um auf dem aktuellen Stand der Forschung zu bleiben. Zu Birkhoffs engen Freunden in Europa gehörten Hadamard, Levi-Cività und der englische Mathematiker Whittaker.

Birkhoff beschäftigte sich mit Fragen der Ästhetik und entwickelte eine mathematische Theorie der Schönheit in der Kunst, die er in seinem Werk „Aesthetic Measure" (Ästhetisches Maß) veröffentlichte.

Birkhoff größtes Verdienst ist sicherlich die Förderung der Mathematik in den USA, für die er rastlos arbeitete, als rühriges Mitglied der amerikanischen Mathematischen Gesellschaft, als deren Präsident 1925/26, als Herausgeber der Transactions of the American Mathematical Society von 1921 bis 1924 und durch Vorträge bei den Tagungen dieser Gesellschaft.

Bei so viel Licht darf ein kleiner Schatten nicht unerwähnt bleiben. Birkhoff war ein bekennender Antisemit. Als in den 1930er Jahren die aus Europa vertriebenen jüdischen Wissenschaftler in die USA strömten, half er einigen bei der Stellensuche, nur um sicherzustellen, dass sie nicht in Harvard landeten. In seinem Institut duldete er keine Juden. Mit dieser Haltung verkörperte er allerdings den Zeitgeist, der auch in den USA wehte.

Ein Geometer im Spannungsfeld der Politik
Wilhelm Johann Eugen Blaschke
(13.9.1885–17.3.1962)

Wilhelm Blaschke gehört wie Littlewood zu der kleinen Minderheit von Mathematikern, deren Vater bereits dieselbe Profession ausübte. Vater Josef Blaschke lehrte an der Oberrealschule in Graz, der Hauptstadt der Steiermark, Darstellende Geometrie. Wie mancher seiner Kollegen im späten 19. Jahrhundert war er der Ansicht, dass nur die Beschäftigung mit der Geometrie das mathematische Denken fördert. Diese Anschauung gab er an seinen Sohn Wilhelm weiter, der in Graz zur Welt kam und dort die Schule besuchte. Wilhelm machte mit 18 Jahren sein Abitur und studierte dann an der Technischen Hochschule Graz Architektur, bevor er nach Wien ging, um seinen Doktor zu machen. Danach wollte er alles über Geometrie lernen, und besuchte die führenden Geometer, so Bianchi in Pisa, Study in Bonn, und natürlich durfte ein Besuch in Göttingen bei Felix Klein nicht fehlen. In Bonn reichte er 1910 seine Habilitationsschrift ein, erhielt die Lehrbefugnis und wurde Privatdozent. Aber bereits im nächsten Jahre reiste er nach Greifswald, um dort mit dem Klein-Schüler Engel zusammenzuarbeiten. 1913 wurde er als außerordentlicher Professor an die Deutsche Technische Hochschule in Prag berufen, blieb zwei Jahre, ging dann nach Leipzig, wo er eine Arbeit „Kreis und Kugel" über das isoperimetrische Problem (siehe Carathéodory) veröffentlichte. Unter dem isoperimetrischen Problem versteht man – wie bei Carathéodory geschildert – die Frage, welche Figur bei gleichem Umfang den größten Flächeninhalt aufweist. Man kann diese Frage auf höhere Dimensionen übertragen und fragen, welcher Raumkörper bei gleicher Oberfläche den größten Rauminhalt hat. Bei der Lösung dieser Aufgaben folgte Blaschke den Ansätzen des Geometers Steiner, die von

Dirichlet kritisiert wurden, weil Steiner keine exakten Beweise gab. Blaschke führte nun Beweise im Sinne Steiners an, obwohl inzwischen auch Weierstraß die fehlenden Beweise nachgeliefert hatte, allerdings mit dem analytischen Hilfsmittel der Variationsrechnung, das Blaschke für geometrische Fragestellungen nicht zufriedenstellte.

1917 erhielt Blaschke in Königsberg erstmalig einen Lehrstuhl, blieb aber auch hier nur zwei Jahre, um dann für ganz kurze Zeit nach Tübingen weiter zu wandern, wo ihn der Ruf an die am 1. April 1919 neu gegründete Universität in Hamburg ereilte. In Hamburg blieb Blaschke bis zu seiner Emeritierung. Es gelang ihm sehr schnell, dem Mathematischen Institut einen Ruf als exzellente Forschungsstätte zu verschaffen, indem er so hervorragende Mathematiker wie Emil Artin (siehe dort), Helmut Hasse und Erich Hecke nach Hamburg holte. Bald kamen begabte Studenten in Scharen, so dass sich Hamburg neben Göttingen als weitere Hochburg der Mathematik in Deutschland etablierte. Blaschkes Einfluss wuchs entsprechend. Er gehörte dem Leitungsgremium der Deutschen Mathematiker Vereinigung an, deren Präsident bis 1932 Emil Artin war, und nahm in dieser Eigenschaft an den Verhandlungen zur Neuorientierung der Internationalen Mathematiker Union teil. Diese hatte nach dem ersten Weltkrieg die deutschen, österreichischen, ungarischen und bulgarischen Mathematiker ausgeschlossen (siehe Fréchet), was zu heftigen und andauernden Kontroversen in dieser wissenschaftlichen Vereinigung geführt hatte. 1932 fasste ihre Generalversammlung in Zürich den Beschluss, die Union vorübergehend aufzulösen und Verhandlungen über eine Neugründung unter Einschluss aller weltweit tätigen Mathematiker aufzunehmen.

Bald wurden aber diese Verhandlungen von den Ereignissen in Deutschland überschattet. Die Nationalsozialisten begannen unmittelbar nach ihrer Machtergreifung Einfluss auf die Deutsche Mathematiker Vereinigung zu nehmen, um sie zu einer linientreuen Organisation umzugestalten. An einem Mathematiker, Kurt Reidemeister in Königsberg (siehe Reidemeister), einem ausgewiesenen Nazi-Gegner, statuierte man ein Exempel: er wurde mit 40 Jahren in den Ruhestand geschickt. Wilhelm Blaschke organisierte eine überwältigende Unterstützung für eine Petition zugunsten von Reidemeister. Die Petition hatte Erfolg. Reidemeister wurde zwar nicht in Königsberg wieder in seinen Lehrstuhl eingesetzt, sondern erhielt einen Lehrstuhl in Marburg, wo das Nazi-Regime einen Dissidenten eher für tragbar hielt.

Im Jahre 1934 stand die Deutsche Mathematiker Vereinigung vor einer Zerreißprobe, als Bieberbach (siehe dort) forderte, sie solle die nationalsozialistische Rassepolitik mittragen und umsetzen, während Blaschke dafür eintrat, dass sich die Vereinigung auf mathematische Fragen konzentrieren und ihre internationalen Verflechtungen beibehalten solle. In einer Kampfabstimmung um die Präsidentschaft der Mathematiker Vereinigung siegte zwar Blaschke über Bieberbach, aber diesem gelang es in der Folgezeit, alle Initiativen Blaschkes zu vereiteln. Anfang 1935 griff das Reichskulturministerium ein und zwang beide zum Rücktritt von ihren Ämtern in der Vereinigung.

Paradoxerweise scheint bei Blaschke, der bis dahin den Machthabern eher widerstanden hatte, nach diesem Ereignis ein Prozess des Umdenkens eingesetzt zu haben. Er begann Sympathien für nationalsozialistisches und faschistisches Gedankengut zu zeigen und wurde Parteigenosse. Nach dem Anschluss Österreichs war er vollends begeistert. Er war jetzt in Gefahr, zwischen alle Stühle zu geraten. Während die nationalsozialistischen Machthaber wegen seines Kampfes für die internationale Ausrichtung der Mathematiker Vereinigung noch ein wachsames Auge auf ihn hatten, konnten seine ausländischen Kollegen seine Begeisterung für den Nationalsozialismus nicht nachvollziehen. Dennoch nahm Blaschke 1939 (als Delegationsleiter) und 1942 noch an Kongressen in Rom teil.

Im Juli 1943 erfuhr Blaschke an seinem Urlaubsort in Tirol, dass sein Haus in Hamburg durch einen Bombenangriff völlig zerstört worden war. Obwohl er gerade Dekan seiner Fakultät war, kehrte er aus Furcht vor weiteren Bombenangriffen erst im Oktober nach Hamburg zurück, was zu seiner Amtsenthebung als Dekan führte.

Nach dem Ende des zweiten Weltkriegs wurde Blaschke zunächst als belastet eingestuft und entlassen. Jetzt setzten sich Kollegen für ihn ein, insbesondere Constantin Carathéodory (siehe dort). Blaschke durfte im Oktober 1946 auf seinen Lehrstuhl zurückkehren, weil er nicht zu den Räubern und Mördern gehörte, sondern lediglich Sympathien für die nationalsozialistische Ideologie gezeigt hatte, die ihre Wurzeln wahrscheinlich in einer übertriebenen Deutschtümelei hatten, welche wiederum völlig im Gegensatz zu seiner weltoffenen Grundeinstellung stand. So bemühte er sich um eine Eindeutschung vieler international verständlicher Begriffe. Koordinaten nannte er auch Zeiger – übrigens keine schlechte Eindeutschung –, das Parallelogramm war für ihn ein Spateck und eine Translation eine Schiebung. Solche Marotten sind zwar merkwürdig, aber kein Verbrechen. Blaschke durfte daher noch bis zu seiner Emeritierung im Jahre 1953 in Hamburg lehren.

Blaschke war einer der führenden Geometer der ersten Hälfte des 20. Jahrhunderts. Er beschäftigte sich mit Differentialgeometrie (siehe Gauß) und veröffentlichte hierüber ein dreibändiges Lehrbuch. Im dritten Band führte er das Erlanger Programm von Felix Klein durch und studierte Geometrien, die sich aus unterschiedlichsten Transformationsgruppen ergeben. Die Einführung der topologischen Differentialgeometrie, die in Büchern mit so merkwürdigen Titeln wie „Geometrie der Gewebe" (1938) und „Einführung in die Geometrie der Waben" (1955) beschrieb, ist eine weitere seiner unvergänglichen Leistungen.

Auch nach seiner Emeritierung war Wilhelm Blaschke weiterhin mathematisch tätig. Er starb am 17. März 1962 im inzwischen weitgehend wieder aufgebauten Hamburg.

Ein Ästhet der Mathematik
Hermann Klaus Hugo Weyl (9.11.1885–9.12.1955)

Hermann Weyl war einer der originellsten Mathematiker des 20. Jahrhunderts. Er kam in Elmshorn in der Nähe von Hamburg als Sohn eines Bankdirektors auf die Welt. Schon als Kind zeigte er seine Neigung zur Mathematik und Naturwissenschaft und fiel in der Schule durch überdurchschnittliche Leistungen in diesen Fächern auf. Nach dem Abitur im Jahre 1904 begann er – in großem Abstand von seinem Elternhaus – an der Universität München mit dem Studium der Mathematik und Physik, das er in Göttingen fortsetzte. Hier zog ihn David Hilbert in seinen Bann. Hermann Weyl zählte später den Sommer, den er mit dem Studium von Hilberts Zahlbericht (siehe Hilbert) verbrachte, zu den glücklichsten Zeiten seines Lebens.

Im Jahre 1908 erhielt Hermann Weyl die Doktorwürde für eine Arbeit über „Singuläre Integralgleichungen mit besonderer Berücksichtigung des Fourierschen Integraltheorems", mit der er sich in Davids Hilberts damaligem Forschungsgebiet bewegte. Weyl blieb in Göttingen, habilitierte sich und erhielt dort seinen ersten Lehrauftrag als Privatdozent. In dieser Zeit beschäftigte er sich mit Riemannschen Flächen (siehe Riemann), zunächst in einer Vorlesung, aus der dann das grundlegende Buch „Die Idee der Riemannschen Fläche" (1913) hervorging. Hier stellte er die von Riemann begründete geometrische Funktionentheorie, die bis dahin eher als Kunst behandelt wurde, mit der nötigen mathematischen Strenge vor. Er führte dabei eine Reihe neuer Konzepte ein, unter anderem eine Eigenschaft topologischer Räume, deren Entdeckung man gewöhnlich Hausdorff zuschreibt. „Die Idee der Riemannschen Fläche" hat sich – ähnlich wie die „Algebra" von van der Waerden (siehe Noether) – zu einem Klassiker entwickelt.

Hermann Weyl selbst besorgte noch zwei überarbeitete Auflagen, aber noch 1997 erschien das Buch erneut im Urtext von 1913.

In seiner Göttinger Zeit heiratete Hermann Weyl im Jahre 1913 Helene Joseph, eine Schülerin des Philosophen Edmund Husserl. Sie teilte mit ihm das Interesse an Husserls Philosophie, aber auch das für Literatur und Sprachen. Mit Helene hatte er zwei Söhne.

Im Jahre 1913 wurde Hermann Weyl auf einen Lehrstuhl an der ETH (Eidgenössische Technische Hochschule) in Zürich berufen, den er bis 1930 innehatte. Hier lernte er Albert Einstein kennen, der gerade die Details seiner Allgemeinen Relativitätstheorie ausarbeitete. Hermann Weyl war fasziniert und begann damit, die mathematischen Grundlagen der Theorie zu untersuchen. Wieder präsentierte er seine Ergebnisse zunächst in einer Vorlesung, bevor er sie in einem Buch veröffentlichte, das ebenfalls zum Klassiker wurde. In seinen Vorlesungen baute er die Relativitätstheorie auf der Differentialgeometrie auf. 1918 erschien dann die erste Auflage von „Raum, Zeit, Materie", der in rascher Folge bis 1923 weitere Auflagen folgten, an denen man die Evolution der Weylschen Ideen sehr gut verfolgen kann.

Weyls Interesse an der modernen Physik wurde erneut angeregt durch die Berufung von Erwin Schrödinger an die ETH, der (siehe Riesz) später eine Alternative zur Quantenmechanik Heisenbergs entwickelte, die sich als äquivalent erwies. Die Ehepaare Schrödinger und Weyl freundeten sich sehr schnell an, wobei die Freundschaft zwischen Hermann Weyl und Anny Schrödinger bald in eine leidenschaftliche Liebesaffäre mündete. Helene Weyl tröstete sich unterdessen mit einem anderen Kollegen. Da die Weyls beschlossen hatten, die sexuelle Freizügigkeit der 1920er Jahre zu genießen, hielt ihre Ehe diesen Belastungen stand und dauerte bis zu Helenes Tod im Jahre 1948.

Im Zeitraum von 1923 bis 1938 arbeitete Weyl an der Darstellung kontinuierlicher Gruppen (siehe Lie) durch Matrizen (siehe Cayley). Er konnte dabei auf Vorarbeiten anderer Mathematiker zurückgreifen, fügte aber selbst entscheidende Ideen hinzu. Auf diesem Gebiet arbeitete er parallel mit Élie Cartan (siehe dort). Aus dieser Arbeit an derselben Aufgabe erwuchs eine gegenseitige Hochschätzung der beiden Mathematiker, ähnlich wie sie zwischen Klein und Poincaré bestanden hatte (siehe dort). Zwischendurch beschäftigte sich Hermann Weyl immer wieder mit Fragen der theoretischen Physik. Er arbeitete daran, den Elektromagnetismus als geometrische Eigenschaft des Raum-Zeit-Kontinuums zu erklären. Aber auch die Quantenmechanik zog ihn an. Hierüber schrieb er auf der Basis einer Vorlesungsveranstaltung im Winter 1927/28 seinen dritten Klassiker „Gruppentheorie und

Quantenmechanik", in dem er Gruppen benutzt, um Symmetrien in der Welt der Elementarteilchen zu beschreiben.

Im Jahre 1930 nahm Hermann Weyl einen Ruf an das Mathematische Institut in Göttingen an. Die Idee war, dass er Hilberts Nachfolge antreten sollte, dessen Emeritierung bevorstand. Hierzu kam es jedoch nicht, denn die Machtergreifung der Nationalsozialisten im Januar 1933 machte es Hermann Weyl leicht, dem Ruf an das neu gegründete Institute for Advanced Study an der Princeton University zu folgen, zumal er hier wieder auf Albert Einstein traf. Hinzu kam, dass er seine Frau Helene, die als Jüdin durch das Nazi-Regime unmittelbar bedroht war, aus der Gefahrenzone bringen wollte. Hermann Weyl blieb bis zu seiner Emeritierung im Jahre 1951 im Institute for Advanced Study. Nachdem Helene 1948 verstorben war, heiratete er 1950 eine Zürcher Bildhauerin, mit der er in seinem Ruhestand abwechselnd in Zürich und Princeton lebte.

Am Institute for Advanced Study bildete Hermann Weyl mehrere Generationen hervorragender Mathematiker aus und intensivierte seine Buchproduktion. Er schrieb über die Theorie der Invarianten (siehe Hilbert, Noether), algebraische Zahlentheorie, die Philosophie der Mathematik und der Naturwissenschaften, und ein wiederum aus einer Vorlesungsreihe entstandenes Buch über Symmetrie („Symmetry", 1952), in dem er Symmetrien nicht nur in der Mathematik, sondern in der Natur und Kunst untersucht. Dieses Buch bezeichnete er als seinen Schwanengesang, obwohl er noch 1955 seine letzte Auflage der „Idee der Riemannschen Fläche", nunmehr in englischer Sprache als „The Concept of a Riemannian Surface" herausgab.

Hermann Weyl schrieb sowohl in deutscher als auch in englischer Sprache eine elegante fast poetische Prosa. Diese äußere Form der Darbietung seiner Ergebnisse gehörte für ihn zu dem Gesamtkunstwerk seiner mathematischen Arbeiten.

Immer wieder beschäftigte er sich mit den Grundlagen der Mathematik. Hier stand er den Ideen von Bertus Brouwer (siehe dort) nahe. Wie dieser war er der Ansicht, dass das Cantorsche Kontinuum, das sich Cantor als die Menge aller unendlichen Dezimalbrüche vorstellte, nicht der intuitiven Idee eines Kontinuums entspricht. Brouwer hatte 1919 eine Schrift veröffentlicht, in der er die Frage verneinte, ob alle reellen Zahlen eine Dezimalbruchentwicklung besitzen. Weyl bezeichnete das Kontinuum eine Illusion. Diese skeptische Haltung mag mit den bis zu seinem Tod erfolglosen Versuchen zusammenhängen, die Kontinuumshypothese zu beweisen (siehe Cantor).

Hermann Weyl feierte bei bester Gesundheit seinen 70. Geburtstag in Zürich. Als er einen Monat später am 09. Dezember 1955 seine Dankesbriefe für empfangene Glückwünsche zum Briefkasten brachte, ereilte ihn auf dem Rückweg mit einem Schlage der Tod.

Mit ihm starb einer der größten Ästheten in der Mathematik. Er sah die Mathematik den Künsten näher verwandt als den experimentellen Naturwissenschaften. Nach seinen eigenen Worten hat er immer versucht, „das Wahre mit dem Schönen" zu vereinbaren. Im Zweifel hätte er aber das Schöne gewählt.

Ein Mathematiker auf Abwegen
Ludwig Georg Elias Moses Bieberbach
(4.12.1886–1.9.1982)

Ludwig Bieberbach ist eine umstrittene Figur. Seine mathematischen Leistungen sind weltweit anerkannt, seine Rolle im Dritten Reich hat ihn nach dem 2. Weltkrieg zum allseits gemiedenen Außenseiter gemacht.

Geboren als Sohn eines Arztes und Direktors der damals so genannten Irrenanstalt in Heppenheim an der Bergstraße wuchs Ludwig in dem kleinen Ort Goddelau bei Darmstadt auf. Er studierte in Heidelberg und Göttingen, wo er im Jahre 1910 promovierte. Bereits ein Jahr später legte er seine Habilitationsschrift vor. Zunächst erhielt er eine Stelle als Privatdozent an der Universität Königsberg, wurde aber schon 1913 auf einen Lehrstuhl an der Universität Basel berufen. 1915 folgte er einem Ruf an die Universität Frankfurt, die er 1921 in Richtung Berlin verließ. In Berlin lehrte er bis 1945.

Bieberbachs Hauptarbeitsgebiet war die Funktionentheorie. Er untersuchte analytische Funktionen, die ein beliebiges Gebiet der Gaußschen Zahlenebene auf den Einheitskreis abbilden. Für solche Funktionen fand er Approximationen durch Polynome, die nach ihm benannten Bieberbach-Polynome. Er äußerte auch eine Vermutung über die Größe der Koeffizienten der Potenzreihe, die eine in beiden Richtungen eindeutige analytische Funktion im Einheitskreis darstellt. Diese Vermutung wurde erst zwei Jahre nach seinem Tode von Louis de Branges de Bourcia vollständig bewiesen.

Bieberbachs größte Leistung ist aber zweifellos der Beweis des 18. Hilbertschen Problems (siehe Hilbert). Zur Erläuterung erinnern wir an die Schilderung der Transformationen eines gleichseitigen Dreiecks bei Cayley und Sylow. Es gibt 6 verschiedene Transformationen der Ebene, die ein solches Dreieck in sich überführen. Sie bilden, wenn man ihre Nacheinanderausführung als Multiplikation betrachtet, eine Gruppe. Diese Transformationen der Ebene lassen das ausgewählte Dreieck fest (invariant). Zu diesem kongruente Dreiecke werden in ebensolche Dreiecke überführt. Man stellt also fest, dass es bei diesen Transformationen einen Bereich der Ebene gibt, den so genannten Fundamentalbereich, nämlich das betrachtete Dreieck, der in sich überführt wird und dessen kongruente Bilder in eben solche transformiert werden. Nun kann man die Ebene mit gleichseitigen Dreiecken so pflastern, dass keine Zwischenräume entstehen. Für die gesamte Ebene benötigt man unendlich viele kongruente gleichseitige Dreiecke.

Dieselbe Betrachtung kann man für Quadrate, regelmäßige Sechsecke und eine Reihe weiterer regelmäßiger Figuren anstellen. Bei allen gibt es eine Gruppe mit endlich vielen Transformationen der Ebene, die die Figuren in sich überführen, oder an eine andere Stelle kopieren. Diese Gruppen besitzen einen Fundamentalbereich, der durch ihre Transformationen in einen kongruenten Bereich überführt wird. Dieser ist genau die regelmäßige Figur, zu der die Transformationsgruppe gehört, also ein Quadrat, regelmäßiges Sechseck und so fort. Nun stellt sich die Frage, wie viele endliche Transformationsgruppen der Ebene es gibt, die einen Fundamentalbereich haben, mit dem man die Ebene lückenlos pflastern kann. Die Antwort lautet: es gibt endlich viele derartige Transformationsgruppen (es sind genau 17). Dies war Hilbert bekannt. In seinem 18. Problem fragte er nach der Erweiterung dieses Satzes auf den dreidimensionalen Raum und höherdimensionale Räume. Bieberbach konnte nun, beginnend mit seiner Habilitationsschrift eine Reihe von Sätzen beweisen, aus denen insgesamt hervorgeht, dass es in jeder Raumdimension nur endlich viele Transformationsgruppen gibt, die einen Fundamentalbereich besitzen. Diese Fundamentalbereiche sind in höheren Dimensionen Polyeder (Vielflächner) der jeweiligen Dimension, das heißt regelmäßige Raumkörper, die von „Flächen" begrenzt sind, die eine um 1 kleinere Dimension haben. Es gibt also in einem (Euklidischen) Raum beliebiger Dimension immer nur endlich viele regelmäßige Polyeder, mit denen man den Raum „pflastern", also lückenlos überdecken kann.

Im Jahre 1928 veröffentlichte Bieberbach eine weitere wichtige Arbeit über quadratische Formen (Ausdrücke, in zwei oder mehr Variablen, die höchstens in der zweiten Potenz vorkommen, siehe Markow) gemeinsam mit seinem jüdischen Kollegen Issai Schur, den er noch 1933 als seinen Freund bezeichnete.

Aus dem Artikel über Edmund Landau wissen wir, dass bereits 1921 Blaschke und Bieberbach Abträgliches über Landau austauschten. Möglicherweise wirkte Landaus unbestrittene Arroganz auf Bieberbach so abstoßend, dass er sich Landau zum Intimfeind erkor. Möglicherweise hat er auch diese Arroganz trotz seiner positiven Beziehung zu Issai Schur als allgemein jüdisches Merkmal wahrgenommen und so seinen im Dritten Reich offen gelebten Antisemitismus entwickelt. Man kann hier nur mutmaßen, denn die Gründe für Bieberbachs äußerst schnelle Konversion zum Nationalsozialismus Anfang 1933 sind nicht bekannt. Als aber 1933 Edmund Landau durch einen Vorlesungsboykott zur Aufgabe seines Lehrstuhls gezwungen wurde, begrüßte Bieberbach dies ausdrücklich. Er schrieb, dieses Ereignis solle als erster Beleg der Tatsache gesehen werden, dass Angehörige grundverschiedener Rassen als Lehrer und Schüler nicht harmonieren. Die Göttinger Studenten hätten instinktiv gemerkt, dass Landau seine Lehre in „undeutscher" Weise betreibe. Bieberbach begann nun systematisch gegen die noch in Deutschland verbliebenen jüdischen Mathematiker zu hetzen. 1938 erreichte er den Ausschluss seines Freundes Schur aus allen Kommissionen der Preußischen Akademie der Wissenschaften, nachdem er in einem Memorandum seiner Überraschung darüber Ausdruck verliehen hatte, dass immer noch Juden Mitglieder akademischer Kommissionen seien. Bereits 1934 hatte er sich mit Harald Bohr, dem Bruder des Atomphysikers Niels Bohr, angelegt, der seine rassistische Einstellung kritisiert hatte. Bieberbach fügte – ohne Abstimmung mit den anderen Herausgebern – einen offenen Brief an Harald Bohr in den Jahresbericht der Deutschen Mathematiker Vereinigung ein, in dem er jenen übel beschimpfte. Immerhin herrschte im Führungskreis der Mathematiker Vereinigung noch so viel Anstand, dass Bieberbach gezwungen wurde, sein Amt als Herausgeber der Berichte niederzulegen.

Bieberbach wurde auch bekannt durch den Versuch eine „Deutsche Mathematik" zu begründen. Zur Abgrenzung nutzte er eine abstruse Typenlehre, basierend auf der rassistischen Typenlehre des Marburger Psychologen Jaensch, nach der es zwei Haupttypen von Mathematikern gibt:

den schwachen, labilen, oberflächlichen S-Typ, der dazu neigt, Symbolzusammenhänge mit realen Zusammenhängen zu verwechseln, und

den starken arischen, tiefgründigen J-Typ, der sich durch Willens- und Tatkraft auszeichnet und sich um die realen Zusammenhänge kümmert.

Dem S-Typ wurden alle jüdischen Mathematiker und auch einige Franzosen wie z. B. Poincaré zugeordnet, dem J-Typ die arischen deutschen Mathematiker. Der J-Typ wurde weiter untergliedert, so kamen etwa David Hilbert und Wilhelm Weierstraß in die soldatische Schublade, Felix Klein in die künstlerische und Carl Friedrich Gauß in die wissenschaftliche. Völlig widersprüchlich wird diese Typenlehre dann mit der Festlegung, dass die Formalisten, die eine axiomatische Grundlegung der Mathematik anstreben und eher abstrakte Strukturen als konkrete Gegenstände untersuchen, zum S-Typ gehören und die Intuitionisten, die ausgehend von geometrischen Konstruktionen konkrete Gegenstände untersuchen, zum J-Typ. Damit wird der führende Formalist David Hilbert, eben noch als soldatischer J-Typ eingestuft, nun zum S-Typ, und der dem Intuitionismus zugeneigte Poincaré, soeben noch schwacher S-Typ, wird plötzlich zum strahlenden J-Typ. Man mag über derartigen Schwachsinn heute lächeln, im Dritten Reich war diese Typenlehre bitterer Ernst. Eine Einstufung als S-Typ konnte eine aussichtsreiche akademische Laufbahn beenden, bevor sie überhaupt begonnen hatte. Die Deutsche Mathematik der J-Typen basierte auf intuitionistischen Ideen und einer obskuren Gleichsetzung mit dem Nationalsozialismus. Laut Bieberbach ist die Grundhaltung im Nationalsozialismus und der Mathematik „heroisch". Beide verlangen Dienst, beide wollen Ordnung und Disziplin, beide sind antimaterialistisch. Zur Verbreitung dieser Ideen gründete Bieberbach 1936 das Journal „Deutsche Mathematik", in dem einige Geistesverwandte ihre Arbeiten veröffentlichten, so auch der bei Landau erwähnte Teichmüller. Dieses Journal wurde 1945 sofort nach Kriegsende eingestellt.

Zu diesem Zeitpunkt wurde Ludwig Bieberbach aus allen seinen Funktionen entlassen. Im Gegensatz zu Wilhelm Blaschke fand er keine Gnade, denn durch sein Wirken waren nachweislich zahlreiche Kollegen zu Schaden gekommen. Die nationalsozialistische Rassenpolitik, für die sich Bieberbach während der 12 Jahre des Dritten Reiches unermüdlich einsetzte, ist dafür verantwortlich, dass ungefähr ein Drittel der im deutschen Hochschulbereich tätigen Mathematiker aus ihren Positionen gedrängt und zur Emigration gezwungen wurden, darunter einige der Fähigsten. Die deutsche Mathematik hat sich von diesem Aderlass nicht mehr erholt und ihre Führungsposition verloren.

Im Jahre 1949 meinte der in Basel lehrende ukrainische Mathematiker Alexander Markowitsch Ostrowski, Bieberbach habe genug gebüßt, und lud ihn zu einer Gastvorlesung ein. Der Sturm der Entrüstung, der über ihn hereinbrach, zeigte eindrucksvoll, dass Bieberbachs Rolle im Dritten Reich keineswegs vergessen, geschweige denn vergeben war. Bieberbach lebte in den 1950er Jahren, also schon im Pensionsalter, in Berlin, später im oberbayrischen Oberaudorf im Inntal. Vom akademischen Betrieb weitgehend ausgeschlossen, verlegte er sich darauf, seine bereits eindrucksvolle Liste von

Lehrbüchern noch zu verlängern. Er schrieb ab 1949 noch sechs Lehrbücher über Funktionentheorie, Differentialgleichungen, und Geometrie.

Ludwig Bieberbach, der Antisemit mit den alttestamentarischen Vornamen Elias und Moses, erreichte das biblische Alter von 95 Jahren. Er starb am 01. September 1982 in Oberaudorf.

Ein Großmeister aus Indien
Srinivasa Aiyangar Ramanujan
(22.12.1887–26.4.1920)

Srinivasa Ramanujan zählt zu den größten Mathematikern aller Zeiten, obwohl er keine formelle Unterweisung in diesem Fach genossen hat. Seine Stärke war eine auch für führende Mathematiker wie Harold Hardy nicht fassbare Intuition. Ohne professionelle Anleitung vollzog er einen großen Teil der Entwicklung der Mathematik in Europa zwischen 1600 und 1900 völlig eigenständig nach.

Srinivasa Ramanujan wurde in Erode, einem kleinen Dorf im heutigen indischen Bundesstaat Tamil Nadu, ungefähr 400 km von Madras entfernt, im Haus seiner Großeltern geboren. Die Familie lebte streng nach den brahmanischen religiösen Prinzipien, die auch Srinivasa verinnerlichte. Zu diesen Prinzipien gehören unter anderem eine vegetarische Ernährung und das Verbot großer Reisen. Srinivasas Vater arbeitete als kaufmännischer Angestellter in dem kleinen Ort Kumbakonam, der etwas näher an Madras liegt, aber auch noch mehr als 200 km von diesem Hauptort entfernt ist. Hier besuchte Srinivasa die Grundschule und ab seinem 11. Lebensjahr die Städtische Höhere Schule. Er zeigte sich als guter Schüler in allen Fächern. Im Alter von 13 Jahren begann er, sich für Mathematik zu interessieren, bildete die Summen von arithmetischen und geometrischen Folgen (siehe Bhaskara), die schon die indischen Mathematiker mehr als 800 Jahre zuvor fasziniert hatten. Dem Fünfzehnjährigen zeigte ein Lehrer die Lösungsformeln der kubischen Gleichung (siehe del Ferro, Tartaglia und Cardano). Er fand daraufhin selbständig die Lösung der Gleichung 4. Grades und versuchte sich auch an der Gleichung 5. Grades, nicht wissend, dass diese nicht durch Wurzelausdrücke lösbar ist (siehe Abel, Galois). Sein mathematisches Wissen erwarb Srinivasa Ramanujan im Wesentlichen aus einer „Synopsis of elementary results in pure mathematics" (Zusammenstellung elementarer Ergebnisse in der reinen Mathematik) eines sonst nicht besonders hervorgetretenen Mathematikers namens Carr, in der ca. 3900 mathematische Lehrsätze und Formeln mit kurz angedeuteten Beweisen aufgelistet waren. Auf den Einfluss dieses Buches führt man Ramanujans späteren mathematischen Stil zurück. Er schrieb seine Ergebnisse in Notizbüchern in der Regel ohne jeden Beweis oder einen Hinweis auf seinen Lösungsweg auf. Die Synopsis regte Ramanujan zu eigenen tiefergehenden Untersuchungen an. So befasste er sich mit der unendlichen Reihe der Stammbrüche (siehe Bernoulli) von der Jacob Bernoulli nachgewiesen hatte, dass sie nicht konvergiert, sondern – je mehr Glieder man berücksichtigt – jede noch so große Zahl überschreitet. Euler wusste, dass sich der Wert der endlichen Summe der ersten n Stammbrüche

$$1 + \frac{1}{2} + \frac{1}{3} + \frac{1}{4} + \frac{1}{5} + \cdots + \frac{1}{n}$$

nur um einen kleinen Betrag von log(n) unterscheidet, welcher mit wachsendem n gegen die Euler-Mascheroni-Konstante

$$\gamma = 0{,}577\ 21566490153286060651\ldots$$

strebt, oder

$$\lim_{n \to \infty} (1 + \frac{1}{2} + \frac{1}{3} + \frac{1}{4} + \frac{1}{5} + \cdots + \frac{1}{n} - \log(n)) = \gamma$$

(Die Bezeichnung $\lim_{n \to \infty}$ bedeutet, dass der Wert in der Klammer sich mit wachsendem n immer mehr der Konstante γ annähert.) Ramanujan fand denselben Zusammenhang und berechnete die Konstante γ auf 15 Dezimalstellen genau. Er beschäftigte sich mit Bernoulli-Zahlen, die bei der Summation von Potenzen natürlicher Zahlen auftreten, aber auch als Koeffizienten bei der Taylor-Reihenentwicklung der Funktion

$$\frac{x}{e^x - 1}$$

Diese Zahlen entdeckte er auf demselben Wege wie Bernoulli selber und fand unabhängig diverse Formeln und Reihenentwicklungen für diese Zahlen.

Wegen seiner guten Schulleistungen erhielt Srinivasa Ramanujan ein Stipendium für das staatliche College in Kumbakonam. Hier brach nun seine Leidenschaft für die Mathematik voll hervor. Er beschäftigte sich nur noch mit diesem Fach und vernachlässigte alle übrigen Fächer so sehr, dass er sein Stipendium verlor. Völlig mittellos und ohne seine Eltern zu informieren, fuhr in die ungefähr 650 km nördlich von Madras liegende Stadt Vizagapatnam, wo er seine mathematischen Forschungen fortsetzte. Er untersuchte hypergeometrische Reihen (siehe Kummer) und die Lösung von Integralaufgaben mit Hilfe von unendlichen Reihen. Später lernte er, dass er auf elliptische Funktionen (siehe Legendre, Abel, Jacobi) gestoßen war.

Im Jahre 1906 unternahm Ramanujan einen erneuten Anlauf auf eine Hochschulausbildung. Er schrieb sich in einem College in Madras ein, um dort die Zulassung zur Universität zu erwerben, konnte aber schon nach 3 Monaten wegen einer Erkrankung dem Unterricht nicht mehr folgen. Er stellte sich trotzdem der Prüfung und fiel in allen Fächern außer Mathematik durch.

Nun schlug er sich zeitweise als kleiner Angestellter durch, teilweise lebte er ohne eigene Einkünfte in großer Armut, manchmal nahe am Hungertod. Dennoch vertiefte er sich immer mehr in die Mathematik, studierte divergente Reihen (die keinem Grenzwert zustreben), spezielle automorphe Funktionen (siehe Klein und Poincaré), Kettenbrüche (siehe Lagrange).

Im Jahre 1909 arrangierte Srinivasas Mutter für ihn die Heirat mit einem 9-jährigen Mädchen, mit dem er zunächst aber nicht zusammenlebte. Er beschäftigte sich weiter nur mit Mathematik und veröffentlichte 1911 eine Abhandlung über Bernoulli-Zahlen in dem Journal of the Indian Mathematical Society, die ihm zum ersten Mal Anerkennung einbrachte. Diese ermutigte ihn, den Gründer der indischen Mathematischen Gesellschaft zu bitten, ihm einen Job zu vermitteln, mit dem er seinen Lebensunterhalt bestreiten konnte. Er bekam schließlich einen Posten in der Hafenbehörde von Madras. Seine Pflichten in dieser Position erledigte er leicht und schnell, so dass ihm genügend Zeit für weitere mathematische Forschung blieb. Außerdem hatte er das Glück, dass in seinem Amt einige Kollegen mit mathematischer Ausbildung arbeiteten. Der Chefbuchhalter der Hafenbehörde konnte Ramanujans Höhenflüge zum Teil verstehen und veröffentlichte eine Abhandlung über seine Untersuchungen über die Primzahlverteilung. Ramanujan wurde ermutigt, seine Ergebnisse britischen Mathematikern vorzulegen. Zunächst stieß er auf Unverständnis oder erhielt überhaupt keine Reaktion. Erst als er Anfang 1913 an Harold Hardy schrieb und einige seiner Ergebnisse beifügte, kamen die Dinge ins Rollen. Hardy reagierte nach anfänglicher Skepsis außerordentlich enthusiastisch. Er schrieb Ramanujan, nach genauem Studium seiner Unterlagen erkenne er drei Klassen von Ergebnissen:

- Solche, die bereits bekannt sind oder leicht aus bekannten Resultaten abgeleitet werden können
- Solche, die neu und interessant, aber eher als Kuriosität zu betrachten sind
- Solche die neu und wichtig sind

Hardy setzte nun alle Hebel in Bewegung, um Ramanujan nach Cambridge zu holen. Dagegen stand unter anderem Ramanujans Religion, die ihm das Reisen verbot. Nachdem seine Mutter jedoch im Traum von der Familiengöttin aufgefordert wurde, nicht zwischen ihrem Sohn und seiner Berufung zu stehen, war dieses Hindernis ausgeräumt. Ramanujan schiffte sich Anfang 1914 in Madras ein und erreichte London am 14.4.1914. Dort erwartete ihn bereits ein Kollege Hardys, der ihm London zeigte und ihn dann nach Cambridge brachte.

Hardy und Ramanujan gingen nun gemeinsam Ramanujans Ergebnisse durch und veröffentlichten einen großen Teil davon, unternahmen aber auch gemeinsame weitergehende Forschungen. Insbesondere erzielten sie Fortschritte bei der Lösung des Waringschen Problems. Seit Lagrange wusste man, dass man jede natürliche Zahl als Summe von vier Quadratzahlen darstellen kann. Mit dem Waringschen Problem wird die Fragestellung auf höhere Potenzen erweitert – siehe hierzu Hardy. Hardy versuchte auch, Ramanujan ein wenig mathematische Strenge nahe zu bringen und ihn mit dem Stand der europäischen Mathematik vertraut zu machen. Er bat hierzu auch seinen Kollegen Littlewood um Unterstützung, der sich sehr einsetzte. Das Vorhaben erwies sich jedoch als äußerst mühsam, da Ramanujan auf jede Lektion mit einer Flut eigener neuer Ideen reagierte.

Hardy erreichte, dass Ramanujan in Cambridge zum Studium zugelassen wurde, obwohl er die Voraussetzungen nicht besaß. Ramanujan machte bereits 1916 seinen Bachelor of Science by Research (dieser Grad hieß ab 1920 Ph.D., Philosophiae Doctor). Seine Doktorarbeit schrieb er über „Highly composite numbers" (Hochgradig zusammengesetzte Zahlen, d. h. ganze Zahlen mit sehr vielen Faktoren). Auch diese Arbeit enthielt außergewöhnlich tiefe Einblicke und originelle Resultate.

1917 erkrankte Ramanujan schwer. Die genaue Diagnose erwies sich als schwierig, so dass ihm höchstwahrscheinlich nicht die richtige Behandlung zuteilwurde. Er erholte sich nur langsam. Sicher spielte der Mangel an vegetarischer Nahrung während des ersten Weltkrieges eine Rolle, aber Ärzte, die seine Krankengeschichte studiert haben, sind der Meinung, dass er sich in Indien eine Dysenterie zugezogen hatte, die lange Zeit latent sein kann, bevor tödliche Komplikationen auftreten. Richtig diagnostiziert wäre diese Krankheit auch Anfang des 20. Jahrhunderts heilbar gewesen.

Die großen Ehrungen erreichten Ramanujan im Jahre 1918. Er wurde zum Fellow der Cambridge Philosophical Society gewählt und kurz danach zum Fellow der Royal Society, schließlich erhielt er im Oktober 1918 für sechs Jahre eine Fellowship des Trinity College in Cambridge, dem auch Hardy angehörte. Die Ehrungen wirkten sich auf Ramanujans Gesundheitszustand günstig aus. Er kehrte Anfang 1919 nach Indien zurück, wo sich sein Zustand aber dramatisch verschlechterte. Trotz intensiver medizinischer Versorgung war er nicht mehr zu retten. Srinivasa Aiyangar Ramanujan starb im Alter von 32 Jahren in seinem Heimatort Kumbakonam. Seine Witwe, die bei seinem Tod erst 19 Jahre alt war, überlebte ihn um 75 Jahre. Sie lebte bis zu ihrem Tode im Jahre 1994 in Madras, wo sie als Ehefrau des größten indischen Mathematikers verehrt wurde.

Ramanujan hinterließ einige unveröffentlichte Notizbücher mit Ergebnissen, die erst nach und nach bewiesen wurden. Insbesondere veröffentlichte der britische Mathematiker Watson 14 Abhandlungen über „Theorems stated by Ramanujan" (Lehrsätze, die Ramanujan aufgestellt hat).

Hardy und Littlewood betrachteten Ramanujan als mathematische Jahrhundertbegabung und ordneten ihn derselben Klasse zu wie Euler, Gauss oder Jacobi. Hardy erklärte, wenn er mathematisches Talent auf einer Skala von 0 bis 100 bewerten solle, gäbe er sich selbst 25 Punkte, Littlewood 30, Hilbert 80 und Ramanujan 100 Punkte.

Algebraische Kurven
Louis Joel Mordell (28.1.1888–12.3.1972)

Louis Mordells Vater wanderte 1881 aus Litauen nach Philadelphia in Pennsylvania aus und arbeitete dort einige Jahre sehr hart, um die Passage für seine Schwestern und seine Verlobte Annie Feller zu verdienen. Mit Annie, die er sofort nach ihrer Ankunft in Philadelphia heiratete, hatte er acht Kinder, ganz ausgewogen vier Söhne und vier Töchter. Louis Joel war das dritte Kind. Er entdeckte seine Neigung zur Mathematik mit 12 oder 13 Jahren. In einem Antiquariat kaufte er sich gebrauchte Mathematikbücher, darunter Aufgabensammlungen des Cambridge Tripos (siehe Russell, Hardy). Aber er fand auch Algebrabücher, in denen diophantische Gleichungen (siehe Diophant, Fermat) behandelt wurden. Aus dieser Lektüre bildete sich seine lebenslange Vorliebe für diesen Typ von Gleichungen. Schon bald war er dem Schulstoff weit vorausgeeilt. Den Mathematikkurs der Oberschule, der auf vier Jahre ausgelegt war, absolvierte er in 2 Jahren. Seine Vorliebe für dieses Fach war so auffällig, dass seine Mitschüler ihn „X,Y,Z" tauften.

Louis selbst fasste den Entschluss, sein Leben der Mathematik zu widmen. Als Ausbildungsstätte kam für ihn nur Cambridge in Frage, und zwar das Original in England. Louis trat in die Fußstapfen seines Vaters und arbeitete hart, um sich das Geld für die Überfahrt nach England zu verdienen. Im Dezember 1906, mit gerade einmal 18 Jahren, hatte er es beisammen und stürzte sich in das Wagnis, an der Aufnahmeprüfung der Universität Cambridge teilzunehmen, ohne die geringste Ahnung zu haben, was da auf ihn zukam. Aber sein Mut zahlte sich aus: Louis bestand die Prüfung als Bester und erhielt einen Studienplatz inklusive Stipendium am St. John's College. Nach der Prüfung hatte er gerade noch genügend Geld für ein Ein-Wort-Telegramm an seinen Vater. Er telegrafierte daher nur schlicht „Hurrah". Im Tripos schloss er als dritter ab, ärgerte sich ein wenig, weil er meinte, er hätte es besser machen können, hielt sich aber nicht lange damit auf, sondern begann eine bereits von Fermat untersuchte diophantische Gleichung 3. Grades zu studieren:

$$y^2 = x^3 + k,$$

wobei k eine ganze Zahl ist und ganzzahlige Lösungen x und y gesucht werden. Eine wichtige Frage bei jeder diophantischen Gleichung ist die, ob es überhaupt Lösungen gibt, und wenn ja, endlich oder unendlich viele. Es sei daran erinnert, dass es unendlich viele Tripel x;y;z natürlicher Zahlen gibt, die die pythagoräische Gleichung

$$x^2 + y^2 = z^2$$

erfüllen, aber keine (reelle) ganze Zahl, die $x^2 + 1 = 0$ erfüllt. Kombiniert man Mordells Ergebnisse für die obige Gleichung, die gelegentlich auch Mordellsche Gleichung genannt wird, mit den Arbeiten des Mathematikers Thue, so ergibt sich, dass die Mordellsche Gleichung für jeden Wert der Konstante k nur endlich viele ganzzahlige Lösungen besitzt. Mordell erhielt für diese Arbeit einen zweiten Preis in einem Mathematikwettbewerb.

Mordell erweiterte seine Untersuchungen jetzt auf diophantische Gleichungen dritten und vierten Grades und reichte eine Arbeit hierüber bei seiner Bewerbung um eine Fellowship am St. John's College ein, allerdings ohne Erfolg. Zusätzlich lehnte die London Mathematical Society eine Veröffentlichung ab, was ihn sehr verletzte. Louis Mordell war zu Recht davon überzeugt, dass er die Theorie der diophantischen Gleichungen 3. und 4. Grades vorangebracht hatte, und warf den britischen Mathematikern Unverständnis dieses Arbeitsgebietes vor.

Mordells akademische Karriere nahm dennoch ihren Lauf. Im Jahre 1913 wurden ihm zwei Dozentenstellen angeboten, eine in Nova Scotia, Kanada und die andere am Birkbeck College in London. Obwohl die Position am Birkbeck College nicht so gut dotiert war wie die in Nova Scotia, entschied sich Mordell für das Birkbeck College, weil er den Kontakt zur britischen Mathematik nicht verlieren wollte.

Im ersten Weltkrieg übernahm Mordell statistische Arbeiten im Munitionsministerium. 1916, mitten im Krieg heiratete er Mabel Elizabeth Cambridge. Weder die Statistik noch die Eheschließung konnten Mordell jedoch davon abbringen, seine mathematischen Forschungen weiter zu betreiben.

1917 bewies er eine der wichtigsten der vielen Vermutungen Ramanujans (siehe dort). Dies war eine Arbeit der analytischen Zahlentheorie, bei der er so genannte Modulfunktionen benutzte, die mit den elliptischen Funktionen eng zusammenhängen. Diese Arbeit wurde später von Erich Hecke in Hamburg (siehe Blaschke) weiterentwickelt.

1920 wurde Mordell an das College of Technology (Technische Hochschule) in Manchester berufen. Hier fand er das Ergebnis, mit dem er in die Geschichte der Mathematik eingegangen ist, den endlichen Basissatz für einen bestimmten Typ von algebraischen Kurven. Solche Kurven werden durch algebraische Gleichungen beschrieben, etwa durch die Mordellsche Gleichung $y^2 = x^3 + k$. Fasst man hier x und y als Koordinatenwerte auf und bilden die Punkte (x;y), die der Mordellschen Gleichung genügen, eine Kurve. Ein bekannteres Beispiel ist der Kreis mit der Gleichung

$$x^2 + y^2 = r^2$$

wo r der Radius und der Koordinatenursprung 0 der Mittelpunkt ist. Gleichungen höheren Grades beschreiben kompliziertere, teilweise in sich verschlungene Kurven. Diese Kurven dienen zunächst als Veranschaulichungen der entsprechenden Gleichungen, werden aber auch um ihrer selbst willen untersucht. Eine wichtige Frage ist dabei die nach Punkten mit rationalen Koordinaten auf diesen Kurven. Die Beantwortung dieser Frage steht im engen Zusammenhang mit der Lösung der diophantischen Gleichungen. Nun wusste man bereits, dass man die Punkte mit rationalen Koordinaten auf algebraischen Kurven in einem gewissen Sinn addieren kann, und dass diese „Addition" zweier rationaler Punkte wieder einen rationalen Punkt auf der Kurve ergibt. Mit dieser Addition bilden die rationalen Punkte eine Gruppe. Poincaré hatte vermutet, dass diese Gruppen von endlich vielen Punkten erzeugt werden, das heißt, dass man alle rationalen Punkte auf einer Kurve bestimmten Typs, durch Additionen dieser endlich vielen Punkte erhält. Mordell konnte diese Vermutung beweisen. Und er fügte gleich seine eigene Vermutung hinzu, nach der es auf Kurven eines bestimmten Typs überhaupt nur endlich viele rationale Punkte gibt. Diese Mordellsche Vermutung widerstand über 60 Jahre den Anstrengungen vieler Mathematiker, sie mit Hilfe eines Beweises in den Status gesicherter Erkenntnis zu überführen. Erst 1983 gelang das dem damals noch ganz jungen Gerd Faltings.

1922 wechselte Mordell an die Universität Manchester, wo er im Folgejahr einen Lehrstuhl erhielt, am dem er bis 1945 lehrte. 1945 wurde er als Nachfolger Hardys nach Cambridge berufen, und dreißig Jahre nach seinem ersten Versuch zum Fellow an seinem alten St. John's College gewählt. Er lehrte bis 1953 in Cambridge, ging dann offiziell in den Ruhestand, hörte aber weder auf, Mathematik zu betreiben, wofür über 100 Publikationen zeugen, die nach seiner Emeritierung erschienen, noch hörte er auf zu lehren. Vielmehr nahm er gerne Lehraufträge auch in entfernten Weltgegenden an, so in Ghana, Nigeria, Kanada und verschiedenen Bundesstaaten der USA. Er sammelte Universitäten, die ihn als Gastprofessor einluden, wie andere Briefmarken oder Münzen, und brachte es auf ungefähr 190. Noch in seinen Achtzigern reiste er gerne, nahm 1971 noch an einem Kongress in Moskau teil, begab sich im Anschluss daran auf eine große Asientour und zeigte sich in bester Verfassung. Nur wenige Monate später, wieder zu Hause in Cambridge, erkrankte er und starb nach einigen Tagen am 12 März 1972. Mordell, dessen Eltern litauische Juden waren und der in Philadelphia geboren wurde, starb als hoch geehrter britischer Staatsbürger. Er war von 1943 bis 1945 Präsident der London Mathematical Society, die die Veröffentlichung seiner ersten großen Arbeit abgelehnt hatte.

Der Ausbau der Funktionalanalysis
Stefan Banach (30.3.1892–31.8.1945)

Bei Stefan Banach wiederholt sich das Schicksal d'Alemberts. Er wurde als uneheliches Kind einer Katarzyna Banach in Krakau geboren, das zur Zeit seiner Geburt noch zu Österreich-Ungarn gehörte. Seine Mutter verschwand sofort nach seiner Geburt und ließ ihn in der Obhut seines Vaters Stefan Greczek. Dieser brachte ihn zu seiner eigenen Mutter, die in dem kleinen Ort Ostrowsko, ungefähr 50 km südlich von Krakau lebte. Sie zog den kleinen Stefan Banach groß, bis sie erkrankte. Der Vater gab ihn daraufhin bei einer Franziszka Plowa in Krakau in Pflege. Franziszka Plowa hatte für ihre Tochter einen französischen Hauslehrer engagiert, der bald erkannte, dass Stefan Banach ein außergewöhnlich begabtes Kind war. Er sorgte für eine angemessene Schulbildung. Nach Besuch der Grundschule besuchte Stefan das Henryk-Sienkiewicz-Gymnasium Nr. 4 in Krakau. Hier war einer seiner Mitschüler Witold Wilkosz, der später auch Mathematikprofessor wurde. Stefan und Witold knackten gemeinsam jedes mathematische Problem, das ihnen unterkam. Stefan schien sich für nichts anderes als Mathematik zu interessieren, während Witold auch physikalische Fragestellungen in Windeseile lösen konnte.

Beide, Stefan und Witold wollten eigentlich Mathematik studieren, aber sie hatten das Gefühl, dass es in diesem Fach nichts Neues mehr zu entdecken gäbe, und entschlossen sich daher zu anderen Studiengängen, Witold wählte Orientalische Sprachen und Stefan Ingenieurwesen. Offensichtlich hatten sie bei dieser Entscheidung keine fachkundigen Ratgeber, denn insbesondere Banachs spätere Arbeiten zeigen, wie viel Neues noch unerschlossen vor ihnen lag. Banach schrieb sich 1910 an der Universität Lemberg, damals

Österreich-Ungarn, später Lwow in Polen, heute Lviv in der Ukraine, an der ingenieurwissenschaftlichen Fakultät ein. Sein Vater stellte seine ohnehin kärgliche Unterstützung mit seinem Schulabschluss völlig ein, so dass Stefan Banach sich sein Studium mit Nachhilfestunden selbst verdienen musste. Aus diesem Grunde schloss er es nicht ganz im Rahmen der Regelstudienzeit im Jahre 1914 ab. Noch vor Ausbruch des 1. Weltkriegs verließ Banach Lemberg in Richtung Krakau. Da er unter starker Kurzsichtigkeit litt, wurde er nicht zum Kriegsdienst eingezogen. Er betätigte sich im Straßenbau und lehrte zwischendurch an Krakauer Schulen, besuchte aber auch Mathematikvorlesungen an der Krakauer Universität.

Es war letztlich ein Zufall, der Banach in die wissenschaftliche Karriere steuerte. Dieser ereignete sich im Frühjahr 1916. Der polnische Mathematiker Steinhaus hatte gerade einen Ruf an die Universität Krakau angenommen. Abends ging er häufig durch die Parks und Straßen Krakaus spazieren. Bei einem dieser Spaziergänge bekam er mit, wie sich zwei junge Männer auf einer Parkbank über Lebesquesche Maße (siehe Borel, Lebesgue) unterhielten. Neugierig geworden ging er auf sie zu, stellte sich vor und fragte sie, wie sie auf ein so ausgefallenes Thema kämen. Die beiden jungen Männer waren Stefan Banach und ein Student der Mathematik. Sie erklärten, dass sie regelmäßig mathematische Fragen besprächen und dass es noch einen Dritten im Bunde gäbe, Witold Wilkosz. Steinhaus bat darum, als Vierter in ihren Diskussionszirkel aufgenommen zu werden. Gemeinsam gründeten sie nach dem Krieg 1919 eine mathematische Gesellschaft in Krakau, aus der ein Jahr später die polnische mathematische Gesellschaft hervorging.

Steinhaus erzählte Banach von einem Problem, das er nicht lösen konnte. Banach lieferte ihm ein paar Tage später eine Lösung, die sie in einer gemeinsamen Abhandlung, Banachs erster, niederschrieben. Die Veröffentlichung verzögerte sich infolge des Krieges jedoch bis 1918. Nach dieser Initialzündung und angeregt durch Steinhaus veröffentlichte Banach in rascher Folge eine Serie hervorragender mathematischer Abhandlungen. Durch Steinhaus lernte er auch Lucja Braus kennen, die er 1920 im Wintersportort Zakopane in der Hohen Tatra heiratete. Im gleichen Jahr erhielt Banach eine Stelle als Assistent an der Universität Lwow, wo er mit einer Arbeit über „Operationen auf abstrakten Mengen und ihre Anwendung auf Integralgleichungen" den Doktortitel erwarb. Mit dieser Arbeit verhalf er der neuen Disziplin der Funktionalanalysis nach den Vorarbeiten zahlreicher Mathematiker, insbesondere des Ungarn Riesz und des Franzosen Fréchet, endgültig zum Durchbruch. Da er keine Hochschulreife erworben hatte, wurde eigens eine Ausnahmeregelung geschaffen, um Stefan Banach eine Hochschulkarriere zu ermöglichen. In seiner Doktorarbeit definiert Banach axiomatisch einen abstrakten Raum, für den Fréchet den Namen Banachraum prägte. Er ist ein Vektorraum (siehe Peano), hat also eine Rechenstruktur. Jedem Vektor ist eine Länge, genannt Norm, zugeordnet. Der Abstand zweier Vektoren ist durch die Norm ihrer Differenz gegeben. Mit dieser Abstandsdefinition ist der Banachraum auch ein metrischer Raum (siehe Hausdorff). Man kann in einem solchen Raum unendliche Folgen von Vektoren betrachten und nach ihrem Grenzvektor fragen. Ein Banachraum ist in dem Sinne vollständig, dass jede unendliche Folge von Vektoren, die dem Cauchyschen Kriterium für Konvergenz genügt (siehe Cauchy), einen Grenzwert (besser: Grenzvektor) besitzt. Das ist dieselbe Eigenschaft, die die reellen Zahlen auszeichnet und zum Beispiel von den rationalen Zahlen unterscheidet. Die Menge der reellen Zahlen selbst mit der normalen Addition und Multiplikation und dem Absolutbetrag als Norm bildet daher den einfachsten Banachraum (der Absolutbetrag einer Zahl ist ihr positiver Wert. Also Absolutbetrag von +2 ist 2, Absolutbetrag von −2 ist auch 2). Wenn es keinen weiteren Banachraum gäbe, wäre Banachs Mühe vergeblich gewesen, aber es gibt beliebig viele. Alle endlichdimensionalen Vektorräume sind auch Banachräume, wenn man als Norm die Länge der Vektoren nimmt, und mit geeigneter Definition der Norm sind auch Räume unendlicher Zahlenfolgen und Funktionenräume Banachräume. Der Banachraum erwies sich damit als ein Konzept, in das man die bislang vereinzelten Ergebnisse der Funktionalanalysis elegant einordnen konnte. Ganz besonders gilt das für die Theorie der Integralgleichungen (siehe Hilbert, Fredholm).

Nach dieser grandiosen Doktorarbeit nahm sich Banach nur knapp zwei Jahre Zeit für seine Habilitationsschrift über Maßtheorie (siehe Borel), die er 1922 vorlegte. Nach seiner Habilitation wurde er zum außerordentlichen Professor an der Universität Lwow ernannt.

Neben seiner Lehrtätigkeit und produktiven Forschung schrieb Banach auch Schulbücher, die es im neuen polnischen Staat noch nicht gab, und gab mit Steinhaus eine neue mathematische Zeitschrift heraus, Studia Mathematica, die sich auf die Funktionalanalysis und verwandte Themen konzentrieren sollte. Außerdem edierte er ebenfalls mit Steinhaus eine Reihe von mathematischen Monographien, in denen aktuelle Themengebiete umfassend dargestellt wurden. Im ersten Band erschien Banachs „Théorie des opérations linéaires" (Theorie der linearen Operationen) in französischer Sprache, die er vorab bereits auf Polnisch veröffentlicht hatte. In der französischen Version ist diese Monografie ein Klassiker der Funktionalanalysis. Um Banach bildete sich in Lwow bald eine Schule begabter junger Mathematiker, deren Ergebnisse und Pläne er voller Stolz auf dem Internationalen Mathematikerkongress 1936 in Oslo vorstellte.

Banach pflegte einen ungewöhnlichen Arbeitsstil. Er liebte es, mathematische Aufgaben mit Kollegen und Studenten in einem der zahlreichen Lwower Cafés zu diskutieren. Kam man zu keinem Lösungsansatz, so hatte Banach meist am nächsten Tag einen Zettel dabei, auf dem der Lösungsweg skizziert war. Saß er allein im Café, so konnte er sich völlig unbeeinträchtigt von der Musik und den Gesprächen der übrigen Gäste auf mathematische Fragen konzentrieren.

Mit Beginn des zweiten Weltkrieges rückten sowjetische Truppen in Lwow ein, da Ostgalizien zu den Gebieten gehörte, die im Hitler-Stalin-Pakt der Sowjetunion überlassen wurden. Für Banach war das keine Bedrohung, denn er unterhielt gute Beziehungen zu sowjetischen Mathematikern, die dafür sorgten, dass er von der sowjetischen Verwaltung anständig behandelt wurde. So konnte er seinen gewohnten Lebensstil zunächst völlig unbehelligt weiterführen. Mit Einverständnis der Sowjets wurde er 1940 zum Dekan seiner Fakultät gewählt. Er vertiefte jetzt seine Kontakte in die Sowjetunion und nahm mehrfach an Tagungen in Moskau und Kiew teil. In Kiew weilte er auch am 22.06.1941, als die deutschen Truppen in die Sowjetunion eindrangen. Er eilte sofort zurück zu seiner Familie in Lwow, wo jetzt für ihn eine schwere Zeit anbrach. Lwow fiel den deutschen Truppen in den ersten Tagen der Invasion kampflos in die Hände. Die Ukrainer in Lwow, die die deutschen Truppen als Befreier von der Sowjetherrschaft begrüßten, hatten schon in den letzten Junitagen einen Aufstand gewagt, der von den Sowjets blutig niedergeschlagen wurde. Einige Tausend Ukrainer wurden festgesetzt und vom sowjetischen Geheimdienst NKWD kurz vor dem Einmarsch der deutschen Truppen erschossen oder erschlagen. Die Deutschen und die Ukrainer lasteten dieses Verbrechen pauschal dem jüdisch-bolschewistischen Komplex an. Auf Anweisung deutscher Offiziere begannen die Ukrainer ein Judenprogrom, bei dem Tausende von Juden gepeinigt und ermordet wurden. Zusätzlich fertigten ukrainische Studenten eine Liste von 25 unliebsamen polnischen und jüdischen Professoren an, die mit ihren Familien in der Nacht vom 03. auf den 04. Juli 1941 von der Gestapo mit Unterstützung des Wehrmachtsbataillons Nachtigall verhaftet und noch in derselben Nacht erschossen wurden. Stefan Banach war nicht unter ihnen, aber für den größten polnischen Mathematiker hielten die Nazis eine besondere Gemeinheit bereit. Zunächst wurde er des Devisenschmuggels bezichtigt und kam für ein paar Wochen ins Gefängnis, danach durfte er in einem medizinischen Labor drei Jahre lang Läuse füttern.

Als die Rote Armee im Juli 1944 Lwow erneut einnahm, war Banach todkrank. Er nahm dennoch sofort wieder den Kontakt zu seinen sowjetischen Kollegen auf. Einer beschreibt ihn als den nach wie vor fröhlichen, charmanten und außerordentlich wohlmeinenden Gesprächspartner, den er vor dem Kriege kennen gelernt hatte. Aber die Zeichen der Krankheit waren nicht zu übersehen.

Stefan Banach, der eigentlich eine Professur in Krakau annehmen wollte, nachdem Lwow von der Sowjetunion annektiert worden war, verließ diese schöne Stadt nicht mehr. Er starb am 31. August 1945 an Lungenkrebs.

Banachs Beiträge zur Mathematik gehen über den Banachraum weit hinaus. Er bewies grundlegende Sätze der Funktionalanalysis, von denen einige nach ihm benannt sind. Gemeinsam mit dem Logiker Tarski tüftelte er 1926 das Banach-Tarski Paradox aus. Danach kann ein Ball (eine Kugel) so in Teilmengen von Punkten zerlegt werden, dass man aus diesen zwei mit dem ursprünglichen Ball identische Bälle zusammensetzen kann. Um diese Zerlegung zu konstruieren, braucht man ein Axiom der Mengenlehre, das Auswahlaxiom. Dieses besagt, dass man in jedem noch so umfangreichen System von Mengen aus jeder Menge ein Element als Repräsentant dieser Menge auswählen kann. Ein Mengensystem ist eine Menge von Mengen, und die kann im Sinne Cantors jede beliebige Kardinalzahl haben (siehe Cantor). Es ist also klar, dass man kein Auswahlverfahren angeben kann, das für alle Mengensystem funktionieren würde, und schon gar keines, das aus endlich vielen Schritten besteht. Für die Intuitionisten (siehe Brouwer) war das Auswahlaxiom deshalb nicht akzeptabel. Aber nach der Veröffentlichung des Banach–Tarski Paradoxes bekamen auch viele Mathematiker Bedenken, die dem Intuitionismus ferner standen. Mit ihrem Paradox leisteten Banach und Tarski einen wesentlichen Beitrag zur axiomatischen Begründung der Mengenlehre, wie sie heute vorliegt.

Mathematik der Knoten
Kurt Werner Friedrich Reidemeister (13.10.1893–8.7.1971)

Kurt Reidemeister wurde in Braunschweig als Sohn eines Regierungsrates geboren. Nach dem Besuch des Gymnasiums in Braunschweig begann er im Jahre 1912 sein Studium der Philosophie und der Mathematik in Freiburg, wo sein bedeutendster Lehrer der Philosoph Edmund Husserl war. Er setzte seine Studien in Marburg und Göttingen fort, meldete sich aber 1914 als Kriegsfreiwilliger. Reidemeister nahm am gesamten ersten Weltkrieg teil, überlebte ihn unverletzt und konnte daher erst 1920 sein Studium mit dem Staatsexamen abschließen. In seinem Staatsexamen zeigte er die große Spannweite seiner Interessen. Seine Prüfungsfächer waren Mathematik, Physik, Chemie, Philosophie und Geologie. In Mathematik prüfte ihn Edmund Landau. Dieser war offensichtlich zufrieden, denn er empfahl Reidemeister nach Hamburg, wo er 1921 bei Erich Hecke mit einem Thema aus der Zahlentheorie promovierte. Während viele Mathematiker mit ihrer Doktorarbeit ein Thema anschlugen, das sie ihr Leben lang weiterverfolgten, arbeitete Reidemeister später nie mehr in der Zahlentheorie. Sein Gebiet wurde die Topologie. Daneben trat Reidemeister aber auch als Dichter hervor. Bereits in Hamburg schrieb er Gedichte und verfasste auch literarische Beiträge für die Hamburger Zeitungen.

Im Jahre 1922 wurde Reidemeister auf eine außerordentliche Professur an der Universität Wien berufen. Hier kam er mit dem Wiener Kreis von Philosophen und Wissenschaftlern in Kontakt, in dem die Philosophie Ludwig Wittgensteins (siehe Russell) eine bedeutende Rolle spielte. Wittgensteins rationaler Zugang zur Philosophie faszinierte Reidemeister sein Leben lang. In Wien studierte er mit einem Kreis von Mathematikern ein Jahr lang

Wittgensteins Hauptwerk, den Tractatus Logico-Philosophicus. Ebenfalls in Wien fand Reidemeister sein mathematisches Arbeitsgebiet, auf dem er Neues hervorbrachte, in der Knotentheorie, das heißt der topologischen Betrachtung von Knoten. Dabei geht es unter anderem darum, welche Knoten man durch stetige Veränderungen ineinander überführen kann, so dass man sie als im Wesentlichen gleich betrachten kann. Reidemeister wandte gruppentheoretische Methoden in der Knotentheorie an und schrieb hierüber 1926 sein Standardwerk „Knoten und Gruppen". Die Knotentheorie findet heute praktische Anwendung in der Polymerphysik.

In Wien traf Reidemeister auch seine spätere Frau Elisabeth, eine Baltin aus Riga. Bald darauf begab er sich in die Nähe des Baltikums, als er 1927 einen Ruf an die renommierte Universität Albertina in Königsberg annahm. Hier beschäftigte er sich weiter mit dem Ausbau der Knotentheorie und mit Fragen der kombinatorischen Topologie.

Das Jahr 1930 war für Kurt Reidemeister durch zwei Ereignisse gekennzeichnet. In diesem Jahr fand in Königsberg die Jahrestagung der Deutschen Mathematiker Vereinigung statt, an deren Organisation er beteiligt war. Reidemeister sorgte dafür, dass auf dieser Tagung erstmalig auch philosophische Themen behandelt wurden und lud zahlreiche Mitglieder des Wiener Kreises ein. Neben der Mathematiker Tagung fanden noch drei wissenschaftliche Kongresse in Königsberg statt, darunter die zweite Tagung für Erkenntnislehre in den exakten Wissenschaften. Die Entwicklungen in der Physik, speziell die Relativitätstheorie und die Quantenmechanik, aber auch die Grundlagenkrise in der Mathematik (siehe Cantor, Hilbert, Russell, Brouwer) ließen Mathematiker und Naturforscher immer drängender die Frage nach dem Wesen wissenschaftlicher Erkenntnis stellen. Reidemeister war davon überzeugt, dass die Wiener Schule hier einen wichtigen Beitrag leisten konnte.

Das zweite Ereignis im Jahre 1930 war weniger erfreulich. Wie überall in Deutschland rückte auch in Königsberg die Studentenschaft nach rechts und lief antirepublikanischen, völkischen und nationalsozialistischen Parolen nach. Die Königsberger Studenten erzwangen mit anhaltenden Protesten und Unruhen den Rücktritt des liberalen Rektors der Albertina.

Reidemeister, der Humanist und Rationalist, sah eine zunehmend irrationale Geisteshaltung aufkommen, die er aus tiefstem Herzen verabscheute. Er schwieg dazu nicht, sondern bezog in seinen Vorlesungen entschieden Stellung gegen rechtsradikales und nationalsozialistisches Gedankengut. Diese Stellungnahme kostete ihn sofort nach der nationalsozialistischen

Machtergreifung seine Stellung; Reidemeister wurde – noch vor seinen jüdischen Kollegen – im Alter von 39 Jahren in den Ruhestand versetzt. Sein Doktorvater Hecke und dessen Hamburger Kollege Blaschke (siehe dort) organisierten eine von zahlreichen Mathematikern unterschriebene Petition für Reidemeister mit dem Ergebnis, dass er einen freien Lehrstuhl in Marburg übernehmen konnte. Hier setzte er seine topologischen Untersuchungen fort, vermied es aber, seine Ablehnung des Nationalsozialismus weiterhin offen zu zeigen. In innerer Emigration überlebte er das Dritte Reich. Nach dessen Ende wurde er zum Dekan der Philosophischen Fakultät ernannt, mit der unerfreulichen Aufgabe, für deren Entnazifizierung zu sorgen. Im Jahre 1955 folgte Reidemeister, immerhin schon im Alter von 62 Jahren, einem Ruf an die Universität Göttingen. Hier ließ er, bereits im Pensionsalter, seine Bewunderung für Ludwig Wittgenstein noch einmal in einem etwas skurrilen Seminar wieder aufleben, in dem er die Werkausgabe von Ludwig Wittgenstein schrittweise in immer kleinere Teile zerlegte, die er dann nach eigenen Kriterien wieder zusammenheftete. Er nannte das Analyse und Synthese.

Reidemeister ist nicht nur als Autor mathematischer Abhandlungen und Bücher hervorgetreten, sondern auch mit Gedichtbänden und einer Übersetzung der Gedichte des französischen Dichters Stéphane Mallarmé. Kurt Reidemeister starb im Alter von 77 Jahren am 08.07.1971 in Göttingen.

Die Kybernetik
Norbert Wiener (26.11.1894–18.3.1964)

Norbert Wiener war fast sein ganzes Leben dem Einfluss seines übermäßig ehrgeizigen Vaters ausgesetzt, der seinen Sohn am liebsten als neuen Gauß oder Hilbert gesehen hätte. Der Vater Leo Wiener war ein russischer Jude, der auf Umwegen in die USA gelangte, sich dort als Sprachlehrer und mit Gelegenheitsjobs durchschlug, bis er schließlich zum Professor für Slawische Sprachen an der Harvard Universität ernannt wurde.

Norbert war das erste Kind von Leo Wiener und seiner Frau Bertha, die einer deutschen jüdischen Familie entstammte. Er hatte noch zwei Schwestern. Die Schulausbildung des jungen Norbert war recht chaotisch. Im Alter von 7 Jahren wurde er eingeschult. Da er zu Hause schon viel gelesen hatte, kam er in die dritte Klasse. Nun war er in einigen Gebieten schon weit fortgeschritten und langweilte sich. Eltern und Lehrer einigten sich darauf, dass er in der vierten Klasse besser aufgehoben sei. Hier kamen aber Norberts Defizite in Fächern, mit denen er sich noch nicht beschäftigt hatte, voll zum Tragen. Insbesondere hatte Norbert eine Rechenschwäche. Das langweilige Einüben von Rechenregeln lag ihm nicht. Sein Vater nahm ihn daher aus der Schule und unterrichtete ihn selbst. Statt Zahlenrechnen brachte er ihm gleich Algebra bei, und das in einer Phase, als Norbert auf ärztlichen Rat wegen einer Sehschwäche nicht lesen und nicht schreiben sollte. Norbert eignete sich in dieser Zeit mentale Techniken an, die es ihm gestatteten, viele Dinge im Kopf zu erledigen, ohne irgendetwas davon aufzuschreiben. Mit neun Jahren wurde Norbert erneut auf die Schule geschickt, diesmal auf die Höhere Schule, wo er gleich in die Oberstufe kam. Hier erwarb er 1906, mit gerade einmal 11 Jahren, die Hochschulreife. Das Tufts College nahm ihn auf, er studierte Naturwissenschaften und Mathematik und machte mit 14 Jahren sein Bachelorexamen in Mathematik. Sein Vater war in dieser Zeit durchaus in der Lage, ihm als Tutor in Mathematik zu dienen, da er den Stoff des Grundstudiums auf seine amateurhafte Weise voll beherrschte. Als 14-jähriger Bachelor schrieb sich Norbert Wiener an der Harvard Universität ein. Er wählte jetzt gegen den Rat seines Vaters als Fach Zoologie, war aber nicht sehr erfolgreich, so dass ihm sein Vater nach einem Jahr nahelegte, Philosophie als Hauptfach zu wählen. Norbert hatte sich für ein Stipendium an der Cornell Universität qualifiziert, wechselte dorthin und studierte Philosophie und Mathematik. Er war damit der ständigen Aufsicht seines Vaters entzogen, erfüllte aber auch nicht dessen Erwartungen, so dass der Vater noch vor Ende des Studienjahres seine Rückkehr nach Harvard arrangierte. Hier begann Norbert Wiener sich für die Philosophie der Mathematik zu interessieren, schrieb seine Doktorarbeit über mathematische Logik und erhielt mit 18 Jahre die Doktorwürde.

Als frischgebackener Doktor ging Norbert Wiener auf Reisen, zunächst nach Cambridge, um bei Bertrand Russell seine Studien über mathematische Logik fortzusetzen. Dieser erklärte ihm, dass seine Mathematikkenntnisse für eine konstruktive Beschäftigung mit der mathematischen Logik nicht ausreichen. Also belegte Norbert Wiener Mathematikkurse bei Hardy. Im Jahre 1914 ging er nach Göttingen, nahm an einem Seminar über Differentialgleichungen bei Hilbert teil, hörte Gruppentheorie bei Landau und lernte, dass man Mathematik nicht im stillen Kämmerlein ausübt, sondern in lebendigen Diskussionen mit Kollegen und Studenten. Nachdem Norbert Wiener seinen mathematischen Horizont in Cambridge und Göttingen erweitert hatte, kehrte er noch einmal zu Bertrand Russell zurück, der jetzt geneigt war, ihn in die Geheimnisse der mathematischen Logik einzuweihen.

Zurück in Harvard hielt Norbert Wiener Vorlesungen über Philosophie, arbeitete dann für General Electric, schrieb anschließend Lexikonartikel für die Encyclopedia Americana, bevor er sich im Rahmen einer Kriegstätigkeit der Ballistik widmete. Hier arbeitete er mit anderen Mathematikern zusammen, mit denen er ständig die unterschiedlichsten mathematischen Themen diskutierte. Nach dem Krieg bewarb er sich als Mathematikdozent beim Massachussetts Institute of Technology (MIT) und erhielt hier seine Lebensstellung. Sein erstes Forschungsprojekt am MIT war die Untersuchung der Brownschen Molekularbewegung. Unter der Brownschen Molekularbewegung versteht man die Wärmebewegung der Moleküle einer Flüssigkeit. Man kann sie sichtbar machen, wenn auf der Flüssigkeit ein kleines Teilchen, etwa ein Blütenpollen oder ein Staubkorn, treibt. Dieses vollführt scheinbar völlig regellose Bewegungen, die durch die ständigen

Zusammenstöße mit den wild umhertreibenden Elementarteilchen entstehen. Wiener fand nun einen statistischen Prozess, mit dem er einen wichtigen Parameter der Brownschen Molekularbewegung als mittlere quadratische Verschiebung eines Teilchens pro Zeiteinheit deuten konnte. Die Brownsche Molekularbewegung führte Wiener zum Studium der harmonischen Analyse. Hierunter kann man zunächst die Entwicklung einer periodischen Funktion in eine Fourierreihe verstehen. Dabei stellt die periodische Funktion eine Schwingung oder einen Ton dar, und aus den einzelnen Gliedern der Fourierreihe kann man die Frequenzen ablesen, aus denen die Schwingung oder der Ton zusammengesetzt ist. Wiener untersuchte allerdings wesentlich allgemeinere Zusammenhänge, die in der Kommunikationstechnik eine Rolle spielen. Von hier war es nur noch ein kleiner Schritt bis zur Formulierung seines Programms einer neuen Wissenschaft, der Kybernetik, die sich übergreifend mit Regelungs- und Feedbackvorgängen in Natur und Technik beschäftigen sollte. Er schrieb hierüber 1948 das grundlegende Werk „Cybernetics: or Control and Communication in the Animal and the Machine" (Kybernetik: oder Regelung und Kommunikation im Tier und in der Maschine). Die Kybernetik hat sich als eigenständige Wissenschaft nicht durchgesetzt, aber Wieners Beiträge haben das Denken in Begriffen der Kommunikationstheorie in Biologie, Technik und Wirtschaftswissenschaften stark gefördert. In Cybernetics beschäftigt sich Wiener auch mit der Automatisierung von Arbeitsprozessen. Er erwartete in der 2. Hälfte des 20. Jahrhunderts vollautomatische Fabriken und er machte sich Gedanken darüber, wie man die dann arbeitslosen Massen sinnvoll beschäftigen könne. Zu diesem Zweck ersann er eine Reihe von Spielen, mit denen die Menschen ihre Freizeit gestalten sollten. Es gab ja noch kein Fernsehen und keine Smartphones.

Nach dem ersten Weltkrieg nahm Wiener seine Reisetätigkeit wieder auf. 1920 nahm er am Internationalen Mathematikerkongress in Straßburg teil (siehe Fréchet) und arbeitete anschließend einige Zeit mit Fréchet zusammen. Auch Cambridge und Göttingen stattete er regelmäßige Besuche ab, die wegen Wieners aufdringlicher Art teilweise als lästig empfunden wurden. Als er nach seiner Heirat mit Margaret Engenmann, einer Sprachlehrerin, mit seiner Frau in Göttingen weilte, drängte er der Göttinger mathematischen Gesellschaft seine Vorträge geradezu auf, was David Hilbert zu einer äußerst unhöflichen Reaktion verleitete. Nach einem von Wieners Vorträgen saß eine Runde von Mathematikern wie üblich noch in dem am Göttinger Marktplatz gelegenen Lokal „Krone" zusammen und diskutierte fröhlich. Ein anderer Gast, der die Gesprächsrunde nicht einordnen konnte, fragte, was es wohl zu feiern gäbe. Worauf Hilbert ihm erklärte, es sei in der ganzen

Welt üblich, dass Gäste an den mathematischen Instituten Vorträge hielten, so auch in Göttingen. Es gäbe gute und schlechte Vorträge, und in Göttingen häuften sich in letzter Zeit leider die schlechten. Aber einen so schlechten wie heute habe man auch in Göttingen noch nicht gehört. Wiener soll daraufhin wütend das Lokal verlassen haben, um diesen Affront sofort seinem Vater zu berichten, der sich beim preußischen Kultusminister über dieses unstatthafte Benehmen eines deutschen Mathematikers seinem genialen Sohn gegenüber beschwerte. Die Beschwerde hatte keine Folgen, da Hilbert den Wienerschen Vortrag völlig zutreffend beurteilt hatte. Wieners Schreibstil ist bereits schwierig, da er tiefliegende Sätze häufig als selbstverständlich darstellt, während er sich über Trivialitäten lang und breit auslassen kann. Er neigt außerdem dazu, seine mathematischen Abhandlungen mit Ausführungen über gesellschaftliche Konsequenzen seiner Ergebnisse zu bereichern. Sein Vortragsstil war noch zusätzlich belastet, weil — wie ein Kollege etwas böswillig feststellte — Wiener zwar viele Sprachen beherrschte, sich aber in keiner verständlich ausdrücken konnte.

Obwohl Wiener unter seinen Zeitgenossen durchaus umstritten war, hat er doch die Mathematik und noch mehr die Kommunikationswissenschaft einige wichtige Schritte weitergebracht.

Auch nach dem 2. Weltkrieg unternahm Wiener Europareisen, um das zu tun, was er am wenigsten gut konnte: Vorträge zu halten. Auf einer dieser Reisen verstarb er am 18. März 1964 noch nicht ganz siebzigjährig in Stockholm.

Ein Leben für die Mathematik
Carl Ludwig Siegel (31.12.1896–4.4.1981)

Carl Ludwig Siegel gilt als einer der herausragenden Mathematiker des 20. Jahrhunderts. Sein Hauptarbeitsgebiet war die Analytische Zahlentheorie, aber er hat auch in anderen Bereichen, etwa in der Funktionentheorie und der Himmelsmechanik Bedeutendes geleistet. Leider sind Siegels Ergebnisse nicht leicht zu vermitteln, es soll aber hier dennoch versucht werden, einige seiner großartigen Leistungen wenigstens anzudeuten.

Carl Ludwig Siegel wurde in Berlin als Sohn eines Postbeamten geboren. Seine Schulzeit verlief unspektakulär, außer dass er ein großes Interesse für Astronomie und Mathematik entwickelte. Nach dem Abitur schrieb er sich 1915 an der Universität Berlin ein, um Astronomie zu studieren. Die Mathematik fesselte ihn jedoch bald mehr als sein gewähltes Hauptfach, so dass er sich dieser ganz verschrieb. Er hörte bei Max Planck und dem Mathematiker Frobenius, der sein Interesse an der Zahlentheorie weckte. 1917 musste Carl Ludwig Siegel sein Studium unterbrechen, weil er zum Kriegsdienst einberufen wurde. Er verweigerte und wurde in eine psychiatrische Anstalt bei Berlin eingewiesen. Hier verbrachte er das letzte Jahr des ersten Weltkriegs. Edmund Landau, dessen Vater in der Nähe eine Privatklinik betrieb, besuchte ihn von Zeit zu Zeit und munterte ihn auf. Das Kriegsende war gleichzeitig das Ende von Siegels Haft in der Psychiatrie. Er nahm sein Studium wieder auf, jetzt in Göttingen, und machte 1920 bei Edmund Landau seinen Doktor mit einem Ergebnis aus dem Gebiet der Diophantischen Approximation, das er bereits im Grundstudium erzielt hatte. Hierbei geht es um die Approximation reeller Zahlen durch rationale Zahlen. Siegel bewies: Ist α eine algebraische Zahl, etwa Nullstelle eines Polynoms n-ten Grades (siehe Abu Kamil Shuja), so gibt es nur endlich viele rationale Zahlen $\frac{p}{q}$ (p und q teilerfremde ganze Zahlen, die $\frac{p}{q}$ sind also ausgekürzte Brüche), die von α einen kleineren Abstand als $\frac{1}{q^m}$ haben, wobei m von Siegel zu m = $2\sqrt{n}$ bestimmt wurde. Siegel hatte damit vorliegende Resultate von Axel Thue (1908) und Liouville verbessert. Seine Abschätzung wurde 1955 noch einmal von Roth verbessert, der m = 2 + ε beweisen konnte, wobei ε eine Zahl ist, die beliebig klein gewählt werden kann. Dies ist die bestmögliche Abschätzung.

Im Jahre 1922 wurde Siegel auf einen Lehrstuhl an der Universität Frankfurt berufen. Er fand ein bereits gut eingespieltes Team von Kollegen vor, das dabei war, in Frankfurt ein weiteres Zentrum hochgradiger mathematischer Forschung aufzubauen. Die Kollegen Dehn, Epstein, Hellinger und Siegel hielten 13 Jahre lang jeden Donnerstagnachmittag ein Seminar über Geschichte der Mathematik ab, in dem die Werke großer Mathematiker der Vergangenheit in ihrer Originalsprache studiert wurden. Allein die sprachlichen Anforderungen beschränkten die Teilnehmerzahl, die aber nie unter 6 sank. Man las Werke von Euklid, Archimedes, Fibonacci, Cardano, Stevin, Viète, Kepler, Descartes, Fermat, Huygens und zahlreichen weiteren großen Mathematikern. Siegel erinnerte sich später an seine Frankfurter Zeit als seine glücklichste in der Zusammenarbeit mit Kollegen. Sein Ruf als Lehrer und Forscher zog bald Scharen von Studenten an. Während er in einer seiner ersten Veranstaltungen zwei Zuhörer hatte, hielt er 1928 vor 143 Studenten die Anfängervorlesung über Differential- und Integralrechnung.

Siegels Kollegen Dehn, Epstein und Hellinger waren Juden. Sie wurden 1933 noch nicht entlassen, da sie als Kriegsteilnehmer im ersten Weltkrieg unter die Ausnahmeregelung des Gesetzes zur Wiederherstellung des Berufsbeamtentums (siehe Noether u. a.) fielen. Siegels Kollege Szasz, ein ungarischer Jude, musste jedoch sofort gehen. Siegel selbst war als – in der Sprache der Nazis – Arier nicht betroffen, aber er verabscheute den Nationalsozialismus und seine menschenverachtende Sprache und Weltanschauung aus tiefster Seele. Während er 1935 als Gastprofessor am Institute for Advanced Study in Princeton weilte, wurden in Deutschland die Nürnberger Rassegesetze erlassen, in deren Folge auch Dehn, Epstein und Hellinger entlassen wurden. Siegel setzte sich beim Reichskultusministerium für sie ein, allerdings vergeblich, was ihn verbitterte.

1937 nahm Siegel einen Ruf nach Göttingen an. Dort traf er auf die Kollegen Hasse und Herglotz. Hasse versuchte, dem Naziregime so weit wie nötig entgegenzukommen, während Herglotz ihm eher ablehnend gegenüberstand. Die Politik wirkte sich jetzt unmittelbar auf die wissenschaftliche Arbeit aus. Hasse wollte seinen Assistenten, einen strammen Nazi,

Ein Leben für die Mathematik 491

habilitieren, Herglotz und Siegel verhinderten das, weil sie seine mathematischen Leistungen für nicht ausreichend einschätzten. Der Überfall auf Polen und damit der Beginn des zweiten Weltkriegs trieb Siegel in die Emigration. Er ging 1940 als Gastprofessor zunächst nach Dänemark, dann nach Norwegen, das er kurz vor der deutschen Invasion in Richtung USA verließ. In New York eingetroffen kabelte er dem Reichskulturminister, er sei jetzt in den USA und man möge bitte sein Gehalt auf sein Konto in New York überweisen. Angewiesen war er darauf allerdings nicht, weil ihm sofort nach seiner Ankunft eine Professur am Institute for Advanced Study angeboten wurde. Siegel blieb bis 1951 in Princeton und nahm dann neuerlich einen Ruf nach Göttingen an, wo er 1959 emeritiert wurde, aber fast bis an sein Lebensende weiter Vorlesungen hielt und forschte.

Siegels wichtigste Beiträge zur Mathematik seien hier kurz vorgestellt. Seine Doktorarbeit über Diophantische Approximation wurde bereits erwähnt. Siegel war der erste, der transzendente Zahlen systematisch untersuchte und Kriterien für Transzendenz erarbeitete. Er schaute sich unter anderem an, welche Werte bestimmte Funktionen für Argumente annehmen, die algebraische Zahlen (siehe Hermite) sind. Siegel untersuchte die Zetafunktionen (siehe Euler, Riemann) in algebraischen Zahlkörpern (siehe Hilbert), geometrische Methoden der Theorie der algebraischen Zahlen, das Waringproblem (siehe Hardy), quadratische Formen (siehe Markow), über die er in Princeton besonders tiefe Ergebnisse vorstellte, und Himmelsmechanik. Über letzteres Thema verfasste er ein Lehrbuch, das über die Ergebnisse seiner illustren Vorgänger wie Lagrange, Laplace und Poincaré noch hinausgeht. Siegel gehört auch zu den ersten, die Funktionen mehrerer komplexer Veränderlicher untersuchten. Speziell entwickelte er die Theorie der automorphen Funktionen (siehe Klein) in mehreren komplexen Variablen.

Natürlich pflegt ein Mathematiker dieser Größe auch einige Absonderlichkeiten. Noch fachlich nachvollziehbar war Siegels vehemente Abneigung gegen Abstraktion um der Abstraktion willen, die im 20. Jahrhundert rapide um sich griff. Insbesondere war ihm das Werk der französischen Bourbaki-Gruppe (siehe Henri Cartan) zuwider, weil damit seiner Meinung nach keine neuen Erkenntnisse über konkrete mathematische Objekte gewonnen wurden. Die abstrakten Begriffsbildungen dieser Gruppe lehnte er entschieden ab.

In den Bereich der persönlichen Besonderheiten gehört Siegels Abneigung gegen verspätete Hörer seiner Vorlesungen. Als er in seiner Anfangszeit in Frankfurt vor zwei Hören las, kamen diese eines Tages beide zu spät und waren entsetzt, dass Siegel seine Vorlesung vor leerem Auditorium bereits begonnen und schon die halbe Tafel vollgeschrieben hatte. In Göttingen brach

Siegel nach mehrfachen Verspätungen von Hörern eine Vorlesungsreihe kurzerhand ab. Siegels Vorlesungen waren bis auf das I-Tüpfelchen perfekt. Er benutzte kein Manuskript, sondern trug auch die kompliziertesten Ableitungen und Beweise frei vor. Dabei behielt er auch alles, was er vorgetragen hatte, im Gedächtnis. So erschien er in Göttingen eines Morgens in seiner Vorlesung über Analytische Zahlentheorie und erklärte, er habe vor 14 Tagen einen Fehler gemacht. Er fing dann an genau dieser Stelle wieder an und führte seine Vorlesung danach fehlerfrei zu Ende.

Im fortgeschrittenen Alter nahm Siegel – nicht ungern – einige hohe Ehrungen entgegen. Ihm wurden das Bundesverdienstkreuz und der Orden Pour le Mérite verliehen. Nach der Verleihung des letzteren war er in seiner Vorlesung am folgenden Morgen auffallend unkonzentriert. Er erklärte das schließlich damit, er habe ein Medikament eingenommen, das ihn dumm mache. In Wirklichkeit hatte er bei der Feierstunde etwas mehr Wein getrunken als er gewohnt war.

Carl Ludwig Siegel starb nach einem der Mathematik gewidmeten Leben am 04. April 1981 in seiner letzten Wirkungsstätte Göttingen.

Der tragische Unfall eines jungen Genies
Pawel Samuilowitsch Urysohn (3.2.1898–17.8.1924)

Pawel Samuilowitsch Urysohn, Sohn des Finanziers Samuel Urysohn, wurde in Odessa in der Ukraine geboren. Als Kind einer wohlhabenden Familie besuchte er eine Privatschule in Moskau, die ihm 1915 die Hochschulreife bescheinigte. Er schrieb sich an der Universität Moskau als Student der Physik ein und veröffentlichte noch in demselben Jahr seine erste wissenschaftliche Abhandlung über ein physikalisches Thema. Bald darauf fesselte ihn aber die Mathematik mehr als die Physik und er konzentrierte sich auf sein anfängliches Nebenfach. Sein Mathematikexamen legte Urysohn 1919 ab und begann sofort mit seiner Doktorarbeit. 1921 erhielt er die Lehrberechtigung und wurde zum Assistenzprofessor an der Universität Moskau ernannt. Während er sich bisher mit Fragen der Analysis, speziell der Integralgleichungen (siehe Abel, Hilbert, Fredholm) beschäftigt hatte, wandte er sich jetzt der Topologie (siehe Riemann, Poincaré, Hausdorff, Cartan, Fréchet) zu. Sein Lehrer Egorow forderte ihn heraus, eine topologische Definition der Kurven im Raum zu finden, deren Schnitt mit der Ebene ein Cantorscher Staub (siehe Borel) ist. Urysohn ging sehr systematisch an die Lösung der Aufgabe heran, probierte verschiedenste Ansätze und fand heraus, dass die Frage damit zusammenhing, eine topologische Definition der Dimension zu geben. Im Sommerurlaub, den er mit anderen jungen Mathematikern verbrachte, hatte er plötzlich die zündende Idee. Die Ausarbeitung war immer noch schwierig, aber brachte sie schrittweise zu Stande und veröffentlichte während des Jahres einige kleine Abhandlungen über seine Fortschritte. Die komplette Theorie der topologischen Dimension nahm Lebesgue in die Comptes Rendus der Académie des Sciences in Paris auf und machte

Urysohn mit einem Schlage der gesamten Fachwelt bekannt. Auch David Hilbert wurde auf den vielversprechenden ukrainischen Mathematiker aufmerksam.

Eine weiter ausgebaute Fassung seiner Theorie reichte Urysohn dem polnischen Journal Fundamenta mathematicae ein, wo sie 1925 und 1926 in zwei Abschnitten erschien, als Urysohn schon nicht mehr lebte.

Urysohn kannte nicht Brouwers (siehe Brouwer) Arbeiten von 1913 über die topologische Dimension, die aber von einem anderen Standpunkt ausgingen. Als er bei seinem ersten Besuch in Göttingen 1923 die Gelegenheit hatte, Brouwers Abhandlung zu studieren, entdeckte er einen Fehler darin. Er traf Brouwer bei der Jahrestagung der Deutschen Mathematiker Vereinigung in Marburg und setzte ihn von seiner Entdeckung in Kenntnis, was Brouwer veranlasste, sich vorübergehend von seinem Hobby, dem Intuitionismus, abzuwenden und wieder topologische Fragen zu untersuchen. Brouwer fasste sofort eine große Zuneigung zu Urysohn, den er fast wie einen Sohn behandelte, den er selbst nicht hatte.

Im Sommer 1924 begab sich Urysohn mit seinem Freund, dem Mathematiker Alexandrow wieder auf Europareise. Die beiden besuchten Hilbert und legten ihm eine gemeinsame Abhandlung „Zur Theorie der topologischen Räume" vor, die in den Mathematischen Annalen erschien. Sie besuchten dann Hausdorff (siehe dort) in Bonn, der von Urysohns Arbeiten außerordentlich beeindruckt war. Der dritte Besuch galt Bertus Brouwer in Amsterdam. Anschließend fuhren sie zu einem Badeurlaub in die Bretagne, wo sie in Batz-sur-Mer ein Ferienhaus mieteten. Sie schwammen jeden Tag im Meer, so auch am 24. August, bei rauer See. Pawel Samuilowitsch Urysohn wurde von einem Sog erfasst und ertrank.

Alexandrow kehrte zu Brouwer zurück, und beide sichteten Urysohns mathematischen Nachlass und veröffentlichten seine Aufzeichnungen. Brouwer war untröstlich, so als ob sein leiblicher Sohn gestorben wäre.

Urysohn hat in seinem kurzen Leben die Topologie entscheidend vorangebracht, nicht nur mit seiner Dimensionstheorie, sondern auch mit der Untersuchung metrischer Räume (siehe Hausdorff). Er führte einen universellen metrischen Raum ein, in dem jeder metrische Raum in einem gewissen Sinne enthalten ist. Nach Urysohn benannt ist ein wichtiges Lemma (Hilfssatz), das die Existenz einer stetigen Funktion garantiert, die in der einfachsten Form auf dem abgeschlossenen Intervall der reellen Zahlen von 0 bis 1 (einschließlich der beiden Eckwerte) den Wert 0 annimmt und auf dem abgeschlossenen Intervall von 2 bis 3 (ebenfalls einschließlich der beiden Eckwerte) den Wert 1. Zwischen 1 und 2 steigt sie stetig, das heißt ohne

Sprünge, von 0 auf 1 an. Auch der Laie ist sicherlich in der Lage eine solche Funktion zu konstruieren. Die beiden genannten Intervalle nennt man *abgeschlossen,* weil die beiden Eckwerte (also 0 und 1 im Falle des ersten Intervalls und 2 und 3 im Falle des zweiten) dazugehören. Die im Artikel über Hausdorff betrachteten Intervalle waren dagegen offen, das heißt die Eckwerte gehören nicht dazu. Die Abgeschlossenheit der Intervalle hat bei getrennter Lage zur Folge, dass sich zwischen ihnen ein offenes Intervall befindet (hier das zwischen 1 und 2), auf dem die Funktion stetig von 0 bis 1 wachsen kann. Den Begriff „abgeschlossen" kann man auf Punktmengen in beliebigen topologischen Räumen (siehe Hausdorff) verallgemeinern. In seiner allgemeinen Form liegen dem Lemma von Urysohn zwei völlig voneinander getrennte abgeschlossene Teilmengen eines topologischen Raumes zu Grunde. Das Lemma garantiert die Existenz einer stetigen Funktion, die den Punkten des topologischen Raumes reelle Zahlen zuordnet, so dass den Punkten der einen abgeschlossenen Menge der Wert 0 und denen der anderen der Wert 1 zugeordnet wird. Dies ist ähnlich wie im Fall der Intervalle anschaulich klar, da zwischen zwei voneinander getrennten abgeschlossenen Mengen immer genügend Punkte liegen, auf denen die Funktion stetig von 0 nach 1 wachsen kann. Das Lemma von Urysohn spielt eine wichtige Rolle in der Funktionalanalysis (siehe Riesz und Banach).

Die Lösung zweier Hilbertscher Probleme
Emil Artin (3.3.1898–20.12.1962)

Mit Emil Artin begegnen wir einem weiteren Ästheten unter den Mathematikern. Ihm wurde die Liebe zum Schönen in die Wiege gelegt. Sein Vater war Kunsthändler und seine Mutter Opernsängerin. Von der Mutter übernahm er die Liebe zur Musik. Er spielte mehrere Instrumente konzertreif, darunter das Cembalo. Geboren in Wien wuchs Emil Artin in Reichenberg im Sudetenland auf, wo er keine besonders glückliche Schulzeit verbrachte. Nach eigenem Zeugnis verlebte er sein schönstes Schuljahr als Austauschschüler in Frankreich. Im Gegensatz zu vielen hier vorgestellten Fachkollegen war Emil Artin ein mathematischer Spätentwickler. Er entdeckte Neigung und Begabung zur Mathematik erst in seinen beiden letzten Schuljahren. Dann gab es allerdings kein Halten mehr. Nach dem Abitur nahm er 1916 mitten im ersten Weltkrieg an der Universität Wien das Studium der Mathematik auf, wurde aber bereits nach dem ersten Semester eingezogen und diente bis Kriegsende in der KuK Armee. Glücklicherweise überstand er den Krieg unverletzt und konnte Anfang 1919 sein Studium an der Universität Leipzig wieder aufnehmen. Hier machte er bereits zwei Jahre später seinen Doktor mit einer Arbeit, in der er die Theorie der quadratischen Erweiterungskörper (siehe Hilbert) auf Körper von rationalen Funktionen anwandte. Eine rationale Funktion ist ein Quotient von zwei Polynomen. Man kann solche Funktionen addieren, subtrahieren, miteinander multiplizieren und durcheinander dividieren und erhält immer eine rationale Funktion als Ergebnis, Da alle vom gewöhnlichen Zahlenrechnen bekannten Rechenregeln auch für das Rechnen mit rationalen Funktionen gelten, bilden diese ein weiteres Beispiel eines Körpers. Man kann dann nach der Lösung einer

Gleichung $f^2 = g$ fragen, wo g eine rationale Funktion ist und f eine unbekannte Funktion. In der Regel wird f keine rationale Funktion sein. Beispiel: $g(x) = x^2 + 1$. f ergibt sich dann als $f(x) = \sqrt{x^2 + 1}$. Man kann diese Funktion dem Körper der rationalen Funktionen adjungieren (hinzufügen), genauso wie man dem Körper der rationalen Zahlen $\sqrt{2}$ adjungiert (siehe Hilbert) und erhält einen Erweiterungskörper, in dem die Gleichung $f^2 = g$ lösbar ist. Artins Arbeit wies dadurch einen zusätzlichen Abstraktionsgrad auf, dass er nicht rationale Funktionen von reellen Zahlen behandelte, sondern solche, deren Argumente Elemente von endlichen Zahlkörpern sind (siehe Hilbert).

Nach seiner Promotion ging Artin für ein Jahr nach Göttingen und nahm 1922 eine Assistentenstelle in Hamburg an. Hier legte er 1923 seine Habilitationsschrift vor und erhielt die Lehrbefugnis als Privatdozent. 1925 wurde er zu außerordentlichem Professor ernannt und erhielt ein Jahr später – mit 28 Jahren – einen Lehrstuhl an der Universität Hamburg.

Die 1920er Jahre waren Artins produktivsten. Er brachte in rasantem Tempo weittragende Ergebnisse in einer ganzen Reihe mathematischer Disziplinen hervor. so löste er einige Grundsatzfragen im Bereich der Körpertheorie und fand eine spezielle Klasse von Körpern, die dem Körper der reellen Zahlen dadurch ähneln, dass es in ihnen keine Darstellung von -1 durch eine Summe von Quadraten gibt. Diese nennt er formal-reell. Wir wissen, dass es keine reelle Zahl r gibt, deren Quadrat -1 ist; $r^2 = -1$ ist im Bereich der reellen Zahlen unmöglich. Im Körper der komplexen Zahlen ist allerdings das Quadrat der imaginären Einheit i gleich -1 ($i^2 = -1$, , siehe Cardano, Euler), dieser ist also nicht formal-reell. Ebenso der Körper, der nur aus zwei Elementen 0 und 1 besteht (siehe Hilbert), hier ist $-1 = 1 = 1^2$. Die Theorie der formal-reellen Körper entwickelte Artin mit seinem Kollegen Schreier. Auf dieser Basis konnte er 1927 das 17. Hilbertsche Problem (siehe Hilbert) lösen.

Ebenfalls im Jahre 1927 bewies Artin ein allgemeines Reziprozitätsgesetz, das alle bis dahin bekannten Reziprozitätsgesetze umfasste. Gauß hatte das quadratische Reziprozitätsgesetz bewiesen (siehe Gauß, Legendre), Jacobi ein kubisches Reziprozitätsgesetz, und es gab inzwischen noch einige weitere, die Artin nun alle unter einen Hut brachte. Artin formulierte dieses Gesetz im Kontext der abstrakten Algebra. So erwies es sich als äußerst fruchtbar für den weiteren Ausbau der Körpertheorie.

Eine weitere wegweisende Arbeit Artins war seine Theorie der Zöpfe, im Allgemeinen mit dem englischen Begriff braid theory bezeichnet. Er führte das Flechten von Zöpfen auf Operationen zurück, die eine Gruppe bilden (sieh Cayley). Ähnlich wie die Knotentheorie Reidemeisters gehört auch die Zopftheorie zur Topologie und bildet ein weiteres Arbeitsgebiet, in dem man topologische Fragen mit gruppentheoretischen Methoden angeht.

Ähnlich Hardy hat auch Artin eine Reihe von Vermutungen formuliert, die die Kreativität nachfolgender Mathematiker herausgefordert und zu interessanten neuen Entdeckungen geführt haben.

Im Jahre 1929 heiratete Emil Artin Natalie Jasny, eine seiner Studentinnen. Nun konzentrierte er sich auf seine Familie und verbrachte viel Zeit mit seinen Kindern.

Die nationalsozialistische Machtergreifung brachte auch Artin in Bedrängnis. Er war zwar – in der Sprache der Machthaber – Arier, aber seine Frau war Jüdin. Mit einem 1937 erlassenen Gesetz konnten auch Arier mit jüdischen Ehepartnern keine Stellen im öffentlichen Dienst bekleiden. Für Emil Artin blieb damit nur das Exil. Er ging 1937 mit seiner Familie in die USA und lehrte dort an verschiedenen Universitäten, so an Notre Dame, an der Indiana University und von 1946 bis 1958 in Princeton. Artin erwarb sich bleibende Verdienste um die Ausbildung amerikanischer Mathematiker und veröffentlichte im Vergleich zu den 1920er Jahren wenig, aber sehr Bedeutsames. 1944 untersuchte er eine spezielle Klasse von Ringen (siehe Noether), die heute nach ihm Artinsche Ringe heißen. 1955 schrieb er zwei Abhandlungen über endliche Gruppen, die einen bedeutenden Beitrag zur Klassifikation der endlichen Gruppen lieferten.

Artins Bücher sind wie die von Hermann Weyl nicht nur von einer nicht mehr steigerungsfähigen mathematischen Klarheit, sondern bieten auch einen ästhetischen Lesegenuss, den man in der mathematischen Literatur nicht häufig findet. Artin war es gegeben, in seinem 1942 erschienenen Büchlein über Galois Theory dem Leser einen einfachen, auf den modernsten Erkenntnissen basierenden Zugang zu der großen Entdeckung von Evariste Galois (siehe dort) zu verschaffen.

Die Axiome der Wahrscheinlichkeitsrechnung
Andrei Nikolajewitsch Kolmogorow
(25.4.1903–20.10.1987)

Andrei Nikolajewitsch kam als uneheliches Kind in Tambow, Russland, zur Welt. Sein Vater Nikolai Katajew musste wegen revolutionärer Umtriebe das Land verlassen. Er kehrte nach der Oktoberrevolution zurück, wurde Abteilungsleiter im Landwirtschaftsministerium, fiel aber schon 1919 in den Kämpfen zwischen roter und weißer Armee. An der Erziehung des jungen Andrei hatte er nicht den geringsten Anteil. Andreis Mutter starb im Wochenbett, so dass Andrei praktisch als Waise aufwuchs, liebevoll betreut von seiner Tante Vera Jakowlena. Den Namen Kolmogorow erhielt er von seinem Großvater, einem Adligen, der in seinem Hause insgeheim antisowjetische Pamphlete druckte.

Nach seinem Schulabschluss arbeitete Andrei Nikolajewitsch einige Monate als Bahnschaffner und schrieb in seiner Freizeit eine Arbeit über Newtons Grundgesetze der Mechanik. Als er sein Studium an der Universität Moskau aufnahm, war er gerade 17 Jahre alt. Mathematik war nur eines der Fächer, die er studierte, neben Metallurgie und russischer Geschichte. Bald aber konzentrierte er sich unter dem Einfluss exzellenter Lehrer ganz auf die Mathematik. Zu den anregendsten Lehrern gehörte P. S. Alexandrow, der Freund des später tragisch verunglückten P.S. Urysohn, der 1920 noch in Moskau wirkte. Kolmogorow veröffentlichte schon vor seinem Examen eine Reihe von beachtlichen Arbeiten. Allein im Jahr seiner Graduierung, 1925, erschienen 8 Abhandlungen, die er alle noch vor seinem Abschlussexamen verfasst hatte. Sie zeigten eine große Spannweite seiner Interessen, die sich auf klassische Differential- und Integralrechnung, Maßtheorie (siehe Borel), Mengenlehre (siehe Cantor) und dann auch sein Lebensthema, die Wahrscheinlichkeitsrechnung erstreckten. 1929 erhielt Kolmogorow den Doktorgrad der Universität Moskau. Zu diesem Zeitpunkt hatte er bereits 18 Abhandlungen veröffentlicht, die sich durch originelle Ideen und gedankliche Tiefe auszeichneten, darunter auch eine über intuitionistische Logik (siehe Brouwer), die die Experten in diesem Gebiet beeindruckte.

1929 gewann Kolmogorow P.S. Alexandrow zum Freund. Die beiden unternahmen in den Sommerferien eine gemeinsame Tour zunächst mit dem Schiff die Wolga abwärts, dann über den Kaukasus nach Armenien. Dort arbeitete Alexandrow an einem Buch über Topologie, das er gemeinsam mit dem deutschen Mathematiker Hopf herausgab, während Kolmogorow Markowsche Prozesse (siehe Markow) untersuchte, die nicht schrittweise ablaufen, sondern kontinuierlich. Er veröffentlichte seine Resultate 1931 und gab damit den Startschuss für eine neue mathematische Disziplin, die Theorie der Diffusion.

Im Sommer 1931 unternahmen Alexandrow und Kolmogorow eine ausgedehnte Europareise, die sie nach Berlin, Göttingen, München und Paris führte. Trotz der traumatischen Erfahrung mit Urysohns Tod beim Baden im Meer stimmte Alexandrow einem gemeinsamen Seeurlaub mit Fréchet zu, der glücklicherweise unfallfrei verlief.

Nach diesem Urlaub wurde Kolmogorow zum Professor an der Universität Moskau ernannt und veröffentlichte bald sein wichtigstes Werk „Grundbegriffe der Wahrscheinlichkeitsrechnung", in dem er diese Theorie auf eine axiomatische Grundlage stellte. Die Wahrscheinlichkeitsrechnung ist seitdem ebenso streng aufgebaut wie die Geometrie des Euklid. Kolmogorow hat damit einen Teil des 6. Hilbertschen Problems gelöst. Mit dieser Aufgabenstellung forderte Hilbert eine axiomatische Begründung der Wissenschaften, in denen die Mathematik eine hervorragende Rolle spielt, er nannte ausdrücklich die Wahrscheinlichkeitsrechnung und die Mechanik.

Danach wendet sich Kolmogorow einer ganzen Reihe von neuen Problemen zu, etwa der Untersuchung turbulenter Strömungen, der Funktionalanalysis (siehe Riesz, Banach), den Grundlagen der Geometrie. 1938 erscheint seine wichtige Arbeit über Markowsche Zufallsprozesse, mit der er eine weitere Forschungsrichtung der modernen Mathematik begründet.

Alexandrow und Kolmogorow kauften sich 1935 gemeinsam eine Datscha in dem Dorf Komarowka vor den Toren von Moskau, in der sie viele bedeutende Mathematiker als Gäste empfingen, so Hadamard, Fréchet, Banach, Hopf, und zahlreiche andere. An Wochenenden luden sie ihre Studenten und Doktoranden dorthin ein und verschafften ihnen das große Erlebnis, ihre mathematischen Probleme mit Koryphäen des Fachs bei ausgedehnten Spaziergängen oder einem guten Essen zu besprechen.

In den 1950er Jahren beschäftigte sich Kolmogorow mit dynamischen Systemen und lotete die Grenzen der klassischen Mechanik aus. Aus diesen Arbeiten erwuchs die KAM Theorie der Dynamik, die nach den Anfangsbuchstaben der Namen Kolmogorow, Arnold und Moser so benannt ist. Kolomogorow hielt 1954 auf dem Internationalen Mathematikerkongress in Amsterdam ein Referat über „Die allgemeine Theorie dynamischer Systeme und die klassische Mechanik". 1957 löste Kolmogorow Hilberts 13. Problem. Hier geht es um die Unlösbarkeit der allgemeinen Gleichung 7. Grades durch ineinander geschachtelte Funktionen von zwei Argumenten. Das Ineinanderschachteln bedeutet, die für die beiden Argumente einer Funktion jeweils eine Funktion mit zwei Argumenten eingesetzt wird, für deren Argumente wiederum je eine Funktion mit zwei Argumenten und so fort, wobei die Anzahl der Schachtelungen endlich ist. Hilbert hatte unter anderem einen Beweis gefordert, dass man eine Funktion von drei Argumenten nicht durch solche endliche Schachtelung mit Funktionen zweier Argumente darstellen könne, und Kolmogorow wies überraschenderweise nach, dass Hilbert hier falsch lag.

Kolmogorows Interessen waren nicht auf die Mathematik beschränkt. Er beschäftigte sich intensiv mit den Werken des russischen Dichters Puschkin und suchte die Struktur seiner Verse aufzudecken. Auch engagierte er sich stark für begabte Kinder. Für sie richtete er Seminare an der Universität ein, schrieb Lehrbücher, unterrichtete selbst, und zwar nicht nur Mathematik, sondern er führte die Kinder auch in Literatur und Musik ein und unternahm mit ihnen Ausflüge und Exkursionen zu interessanten Sehenswürdigkeiten. Sein Ziel war dabei nicht, Nachwuchsmathematiker auszubilden, sondern vielseitig interessierte Menschen, die ihre Neugier ihr Leben lang behielten.

Kolmogorow erfuhr als einer der führenden Mathematiker des 20. Jahrhunderts viele Ehrungen. Er war Mitglied zahlreicher Akademien, darunter die Leopoldina in Halle, aber auch in der Royal Statistical Society, der Académie des Sciences, der National Academy of the United States, dem Indian Statistical Institute, der Niederländischen Akademie der Wissenschaften und auch der wichtigsten mathematischen Gesellschaften. Diese Mitgliedschaften waren über die Gräben des kalten Krieges hinweg möglich, was zeigt, dass die weltoffene Atmosphäre der Mathematik auch durch diktatorische Regime und Ideologien kaum unterdrückt werden kann.

Andrei Nikolajewitsch Kolmogorow wurde 84 Jahre alt. Er starb am 20. Oktober 1987 in Moskau.

Die Architektur des Computers
John von Neumann (28.12.1903–8.2.1957)

John von Neumann kam in Budapest als Janos Neumann zur Welt. Sein Vater war Bankdirektor und die Familie konnte sich Kindermädchen leisten, von denen Janos nebenbei Deutsch und Französisch lernte. Der kleine Janos präsentierte sich bald als Wunderkind, vor allem hatte er ein phänomenales Gedächtnis. Bei Gesellschaften im Hause Neumann wurde er oft vorgeführt. Er prägte sich dann eine Seite des Budapester Telefonbuches ein und konnte auf jede Frage hierzu, etwa, wem die Nummer 471112 gehört, präzise antworten. Mit sieben Jahren wurde Janos im lutherischen Gymnasium in Budapest eingeschult. Sein Mathematiklehrer erkannte sofort seine große Begabung für dieses Fach und sorgte für individuelle Förderung. Diese erhielt auch ein Schüler in der Klasse über Janos, Eugen Wigner, der spätere Nobelpreisträger in Physik. Beide trafen sich später in Göttingen und dann in Princeton wieder.

1913 kaufte sich Vater Max einen Adelstitel, was in Habsburgerreich möglich war, und fortan nannte man sich von Neumann. Der erste Weltkrieg verschonte Budapest weitgehend, aber nach der Aufspaltung des Habsburgerreiches kam in Ungarn 1919 eine kommunistische Regierung an die Macht. Für sie zählte die Familie von Neumann zu den kapitalistischen Ausbeutern. Sie floh nach Österreich, kehrte aber schon nach ein paar Monaten nach Budapest zurück, kurz danach stürzte das kommunistische Regime, nachdem es in wenigen Monaten schon großen Schaden angerichtet hatte. Entsprechend groß war die Empörung der Bevölkerung. Da der kommunistischen Regierung überproportional viele jüdische Minister angehört hatten, richtete sich der Volkszorn gegen die Juden, und damit kam die Familie von Neumann erneut in Bedrängnis, obwohl sie die kommunistische Regierung abgelehnt hatte, und zwar formell jüdisch war, sich eher dem liberalen Großbürgertum zugehörig fühlte. Aber auch diese Not überstand sie, so dass Janos 1921 seine Matura am lutherischen Gymnasium erwerben konnte. Er schrieb bald darauf seine erste mathematische Abhandlung, gemeinsam mit einem Assistenten an der Budapester Universität. Obwohl Studenten jüdischer Abkunft an der Universität Budapest nur sehr restriktiv zugelassen wurden, hatte Janos von Neumann mit seinem Abschlusszeugnis kein Problem, einen Studienplatz für Mathematik zu erhalten. Aber sein Vater hielt Mathematik offenbar für eine brotlose Kunst und stellte sich gegen die Entscheidung seines Sohnes, den er am liebsten als Geschäftsmann gesehen hätte. Man einigte sich schließlich auf einen Kompromiss: Janos studierte Chemie mit der Aussicht auf eine Karriere in der chemischen Industrie. Dieses Studium nahm er in Berlin auf, wechselte aber schon nach einem Jahr an die ETH (Eidgenössische Technische Hoc hschule) in Zürich. Hier lernte er Hermann Weyl (siehe dort) und den ungarischen Mathematiker György Polya kennen und hörte ihre Vorlesungen. Als Hermann Weyl einmal auf Reisen war, übernahm er sogar eine Vorlesung für ihn. Polya beeindruckte er durch seine enorme Schnelligkeit im Denken. Stellte Polya in seiner Vorlesung ein ungelöstes Problem vor, so konnte er sicher sein, dass von Neumann am Ende der Veranstaltung mit einem kleinen Zettel zu ihm kam, auf dem er die Lösung notiert hatte.

Mit 20 Jahren veröffentlichte von Neumann eine Definition der Ordinalzahlen (siehe Cantor), die heute zum Standard geworden ist. Er geht dabei aus von der leeren Menge, das ist die Menge, die kein Element enthält, und identifiziert sie mit der Zahl 0. Dann bildet er eine Menge, deren einziges Element die leere Menge ist und identifiziert sie mit der Zahl 1. Als nächstes bildet er eine Menge, deren Elemente die letztgenannte Menge und die leere Menge sind. Diese entspricht der Zahl 2. Mit den drei bis jetzt konstruierten Mengen als Elementen bildet er eine weitere Menge, der die Zahl 3 entspricht und so fort. In der üblichen Bezeichnungsweise, in der Mengen angegeben werden, indem man ihre Elemente in geschweiften Klammern aufführt, und mit dem Symbol {} für die leere Menge sieht die Konstruktion so aus:

MENGE	ZAHL	ALTERNATIV
{}	0	{}
{{}}	1	{0}
{{},{{}}}	2	{0,1}
{{},{{}},{{},{{}}}}	3	{0,1,2}
{{},{{}},{{},{{}}},{{},{{}},{{},{{}}}}}	4	{0,1,2,3}
	ω	{0,1,2,...}
	ω + 1	{0,1,2,..., ω}

Die rechte Spalte der Tabelle gibt die wesentlich übersichtlichere Schreibweise, bei der die Null sozusagen aus dem Nichts entsteht, die 1 der Menge entspricht, deren einziges Element die Null ist, die 2 der Menge, die die beiden ersten Zahlen, also 0 und 1, enthält, die Zahl 3 der Menge, die die ersten drei Zahlen enthält und so fort. Die erste transfinite Ordinalzahl ω entspricht wie bei Cantor der Menge aller natürlichen Zahlen in ihrer natürlichen Reihenfolge, und die zweite transfinite Ordinalzahl ω + 1 der Menge aller natürlichen Zahlen, der „am Ende" genau diese Menge als weiteres Element angefügt ist und so fort.

Es sei erwähnt, dass dieser Aufbau streng der Russellschen Typenlehre (siehe Russell) folgt, das heißt jede der konstruierten Mengen enthält als Elemente nur Mengen niedrigeren Typs. Sie ist genial einfach, stützt sich nur auf Grundbegriffe der Mengenlehre, und erlaubt den Aufbau des Gesamtsystems der Ordinalzahlen nach einem einheitlichen Schema: Die nächstfolgende Ordinalzahl wird immer dadurch gebildet, dass man der zuletzt gebildeten Menge diese selbst als weiteres Element hinzufügt.

1926 machte von Neumann sein Diplom als Chemieingenieur an der ETH und erhielt im gleichen Jahr den Doktorgrad in Mathematik von der Universität Budapest, an der er in der Zwischenzeit sein mathematisches Examen mit Auszeichnung bestanden hatte, ohne je eine Vorlesung besucht zu haben. Man stelle sich dieses junge Genie in der heutigen verschulten und bürokratisierten Hochschulwelt vor: Es müsste Vorlesungen besuchen, Übungsscheine machen, die erfolgreiche Teilnahme an Seminaren nachweisen, Zwischenprüfungen und eine Bachelorprüfung ablegen, sich zum Studium für den Mastertitel qualifizieren, die Masterprüfung ablegen und dürfte sich dann zur Promotion melden.

Hans von Neumann, wie er sich jetzt nannte, lehrte von 1926 bis 1929 als jüngster Privatdozent an der Universität Berlin, unterbrach aber für das Studienjahr 1926/27, für das er ein Rockefeller Stipendium zum Studium bei David Hilbert in Göttingen erhielt. Hier beschäftigte er sich mit mathematischer Logik und der Beweistheorie, der Hilbert seine letzte Schaffensphase gewidmet hatte. Auch faszinierten ihn die mathematischen Probleme der Heisenbergschen Quantenmechanik. Heisenberg hatte als Operatoren unendlich-dimensionale Matrizen (siehe Cayley, Riesz) benutzt, mit denen sich die Vertauschungsrelationen (siehe Riesz) nicht darstellen lassen. Von Neumann führte eine neue Klasse von Operatoren im Hilbertraum (siehe Hilbert, Riesz) ein, für die er eine komplette Theorie entwickelte. Mit diesen Operatoren konnte er zum ersten Mal eine mathematisch korrekte Fassung der Quantenmechanik vorlegen, mit der er bald weit über die Grenzen Deutschlands hinaus berühmt wurde. Während er 1929/20 an der Universität Hamburg lehrte, erhielt er eine Einladung an die Universität Princeton (New Jersey), um dort über Quantenmechanik zu lesen. Er nahm sie an, nachdem er noch schnell nach Budapest gefahren war, um sich mit seiner Verlobten Marietta Kovesi zu verehelichen. 1930 lehrte er als Gastprofessor in Princeton Quantenmechanik mit so großem Erfolg, dass er im nächsten Jahr einen Lehrstuhl erhielt. Dabei war er als Lehrer nur schwer zu genießen. Sein Gedankenfluss war so schnell, dass ihm nur ähnlich geniale Menschen folgen konnten. Auch hatte er die Angewohnheit, in hohem Tempo Formeln in eine kleine Ecke der Tafel zu schreiben, die er dann so schnell wieder auslöschte, dass niemand in der Lage war, sie mitzuschreiben. 1933 wechselte von Neumann an das neu gegründete Institute for Advanced Study, zu dessen Gründungsvätern er neben Hermann Weyl und Albert Einstein gehörte. Bis 1933 pendelte von Neumann noch zwischen USA und Deutschland, wo er noch einige Aufgaben im akademischen Betrieb übernahm; nach der nationalsozialistischen Machtergreifung gab er diese jedoch auf und entschied sich, für immer in den USA zu bleiben.

Hier ist anzumerken, dass John von Neumann oder Johnny, wie er sich in Amerika nannte, einer späteren Vertreibung durch die Nazis um einige Jahre zuvorgekommen ist. Seine Emigration in die USA war zunächst durch die fachlichen Herausforderungen und bessere Karrierechancen ausgelöst und wurde erst durch die politische Umwälzung in Deutschland zu einer Lebensentscheidung.

1936 erblickte Johnnys und Mariettas Tochter Marina das Licht der Welt, aber die Ehe hielt nur noch ein Jahr. Johnny heiratete bald darauf wiederum eine Ungarin, Klara Dan, die auf einer seiner Europareisen kennen gelernt hatte. Mit ihr teilte er die Vorliebe für Nightlife und Partys. Schon als junger Privatdozent hatte er das Berliner Nachtleben der späten 1920er Jahre mit seinen Kabaretts, Varietés und Revuen genossen. In Princeton erlangten die Partys im Hause von Neumann bald Kultstatus.

Die für einen Mathematiker ungewöhnliche Neigung zur Geselligkeit beeinträchtigte von Neumanns Kreativität nicht im Geringsten. Im Gegenteil, er konnte am besten nachdenken, wenn um ihn herum Getriebe war, ähnlich wie Stefan Banach, der Kaffeehäuser aufsuchte, um dort neue Ideen zu konzipieren oder zu diskutieren. In Princeton baute er die Theorie der Operatoren in einem Hilbertraum weiter aus und führte neue algebraische Strukturen ein, die er dann untersuchte, die nach ihm benannten von Neumann Algebren. Mit seinem Schulkamerad Wigner hatte er noch in Deutschland an gruppentheoretischen Methoden in der Quantenmechanik gearbeitet und ein Buch darüber veröffentlicht.

Von Neumann arbeitete aber auch über Maßtheorie (siehe Borel), reelle Funktionen, die von Harald Bohr (siehe Hardy und Bieberbach) entdeckten fastperiodischen Funktionen und zahlreiche andere Themen. Beim Studium der Arbeiten Borels stieß er auf dessen Einstieg in die Spieltheorie (siehe Borel). Er erkannte sofort das große Potential an offenen Fragen, die dieses Arbeitsgebiet anbot und beschäftigte sich intensiv damit. Die Ergebnisse kann man in dem Epoche-machenden Werk „Theory of Games and Economic Behaviour" (Theorie der Spiele und des wirtschaftlichen Verhaltens) nachlesen, das er 1944 gemeinsam mit dem in Görlitz geborenen Wirtschaftswissenschaftler und späteren Leiter des österreichischen Konjunkturforschungsinstituts Oskar Morgenstern verfasste, der nach dem Anschluss Österreichs an das Deutsche Reich auch in die USA emigriert war.

Wie der Computerpionier Howard Aiken stieß auch John von Neumann auf partielle Differentialgleichungen, die sich jeder analytischen Lösung zu entziehen scheinen, so dass er sich für Methoden der numerischen Lösung solcher Gleichungen zu interessieren begann. Dies war der Beginn einer intensiven Beschäftigung mit den Möglichkeiten elektronischer Rechenmaschinen, die von Neumann natürlich auf hohem mathematischem Niveau ausführte, indem er numerische Methoden, Automatentheorie und die Theorie elektrischer Schaltungen zusammenführte. Er ist damit neben Aiken einer der Begründer der Informatik.

1944 erhielt von Neumann von der US-Regierung den Auftrag, mit einer Arbeitsgruppe das Konzept eines Elektronenrechners zu entwerfen. 1945 legte er den „First Draft of a Report on the EDVAC" vor (Erster Entwurf eines Berichts über den EDVAC – EDVAC steht für Electronic Discrete Variable Automatic Computer, was man am einfachsten mit Elektronischer Universalrechner übersetzt). In diesem Papier wird die von-Neumann-Architektur beschrieben, die bis heute der Konstruktion von Computern zu Grunde liegt. Ein von-Neumann-Rechner ist programmierbar, wobei ein Programm aus einer Abfolge von einzelnen Anweisungen besteht, die mit Hilfe von Sprungbefehlen auch mehrmals durchlaufen werden können. Für die schrittweise Ausführung der Anweisungen ist ein Steuerwerk zuständig, die Ausführung jeder einzelnen Anweisung erfolgt in einem Rechenwerk (die „mill" von Babbage). Außerdem enthält der EDVAC einen internen Speicher, der sowohl die codierten Programme als auch die Daten aufnimmt. Ein solches Konzept hatte Aiken noch entschieden abgelehnt. Nach von Neumann werden Daten und Programme binär codiert, also nur mit zwei Symbolen, 0 und 1 (zum binären Zahlsystem siehe Leibniz). An den Computer sind über Datenleitungen oder so genannte Kanäle die Ein- und Ausgabemedien für Daten und Programme angeschlossen, in der damaligen Zeit Lochkartenleser und –stanzer, Drucker, Lochstreifenleser, später Magnetbandeinheiten, Magnetplatteneinheiten, Bildschirme, Tastaturen,

Eingänge und Ausgänge für Datenfernübertragung, Messgeräte und dergleichen mehr. Die Daten werden im von-Neumann-Rechner direkt in den internen Speicher eingelesen oder von diesem aus an die externen Medien übertragen. Dasselbe Konzept hatte in den 1930er Jahre schon der deutsche Ingenieur Konrad Zuse entwickelt und 1941 in einem Rechner namens Z3 mit Relaistechnologie realisiert, wie sie auch bei MARK I, dem ersten amerikanischen Computer angewandt wurde. Von Neumann kannte Zuses Arbeit wahrscheinlich nicht, aber Zuse hat später von Neumanns Konzept ausdrücklich gelobt, weil es auf einer soliden mathematischen Grundlage steht.

Ein Rechner EDVAC wurde wenig später von Eckert und Mauchly gebaut, die bereits den elektronischen Rechner ENIAC (Electronic Numerical Integrator and Computer- Elektronische numerische Integrationseinheit und Rechner) konstruiert hatten. Auch sie reklamieren für sich, zumindest Teile der von-Neumann-Architektur selbst entwickelt zu haben, weil sie hierfür Patente anstrebten. John von Neumann ging es dagegen um den wissenschaftlichen Fortschritt, er strebte mit seinem Konzept weder Ruhm noch materielle Vorteile an. Ab 1949 leitete von Neumann am Institute for Advanced Study sein eigenes Computerprojekt. Er entwickelte grundlegende Programmierkonzepte, führte Ablaufdiagramme für Programme ein, entwickelte eine gängige Methode zur Erzeugung von Zufallszahlen und einen effektiven Sortieralgorithmus. Von Neumanns Rechner in Princeton wurde überwiegend für militärische Zwecke eingesetzt, etwa die Berechnungen für die Entwicklung der Wasserstoffbombe. Von Neumann leistete aber auch Pionierarbeit auf dem Gebiet der numerischen Wettervorhersage. Er entwickelte ein Programm für eine 24 h- Vorhersage.

Während des zweiten Weltkriegs und danach war John von Neumann ein gefragter Berater der US-Streitkräfte, nicht nur wegen seiner überragenden fachlichen Qualitäten, sondern auch weil er völlig emotionslos über Waffensysteme und ihre Wirkungen diskutieren konnte. Er war entscheidend am Bau der Atombombe in Los Alamos beteiligt, für die er die Implosionsmethode zur Auslösung der Kettenreaktion durchrechnete und vorschlug. Auch die Entwicklung der Wasserstoffbombe unterstützte er mit seinen Berechnungen. 1955 berief ihn Präsident Eisenhower in die Atomic Energy Commission der USA (Komitee für Atomenergie) und 1956 erhielt er den Enrico Fermi Award (Auszeichnung von eben diesem Komitee). Zu diesem Zeitpunkt war er bereits unheilbar an Krebs erkrankt, den er sich wahrscheinlich bei der Teilnahme an Atombombentests zugezogen hatte. Die Aussicht, bald an einer unheilbaren Krankheit zu sterben, war für den lebenslustigen Johnny von Neumann unerträglich, weil das bedeutete, dass er aufhören würde zu denken. Die Situation verschlimmerte sich, als sich Metastasen in seinem Denkorgan ansiedelten und dieses zunehmend unbrauchbar machten. Da John von Neumann Geheimnisträger war, wurde eine Wache an sein Krankenzimmer gestellt, damit er nicht etwa in seiner nächtlichen Agonie ein Geheimnis preisgab. John von Neumann starb voller Verzweiflung am 08. Februar 1957 in einem Krankenhaus in Washington, D.C.

Die Gruppe Bourbaki
Henri Paul Cartan(8.7.1904–13.8.2008)

Henri Cartan ist der älteste Sohn von Élie Cartan (siehe dort). Er kam in Nancy zur Welt und verbrachte dort seine frühe Kindheit. Als er 5 Jahre alt war, erhielt sein Vater den Ruf an die Sorbonne, so dass Henri seine Schulzeit in Paris und in Versailles am Lycée Hoche verbrachte. Im Hause Cartan wurde viel musiziert, alle 4 Kinder lernten ein Instrument. Mathematik spielte dagegen nur eine untergeordnete Rolle im Familienleben, obwohl Élie Cartan einer der führenden Mathematiker des Jahrhunderts war. Er versuchte nicht, seine Kinder gezielt für sein Fach zu interessieren, und so wurde auch nur Henri Mathematiker, weil bei ihm Neigung und Talent zusammentrafen.

Nach seinem Baccalauréat studierte Henri an der École Normale Supérieure und an der Sorbonne bei Gaston Julia, einem Wegbereiter der fraktalen Geometrie, aber auch bei seinem Vater. Im Jahre 1928 promovierte er mit einer Arbeit aus der Funktionentheorie zum Docteur ès Sciences mathématiques. Er unterrichtete ein gutes Jahr am Lycée von Caen, bevor er eine Stelle als Dozent an der Universität Lille erhielt. Hier blieb er bis 1931.

Schon in der École Normale hatte sich Henri Cartan mit dem zwei Jahre jüngeren André Weil angefreundet. Dieser riet ihm nun, sich den analytischen Funktionen mehrerer komplexer Variabler zuzuwenden, deren Theorie noch in den Kinderschuhen steckte. Carathéodory hatte sich damit beschäftigt, und in Deutschland gab es die Schule von Heinrich Behnke in Münster, in der grundlegende Arbeiten geleistet wurden. Schon 1930 machte Henri Cartan mit der Arbeit „Les transformations analytiques des domaines cerclés les uns dans les autres" (Die analytischen Transformationen von kreisförmigen Gebieten in ebensolche) auf sich aufmerksam. Da er einige Ergebnisse von Behnke verallgemeinert hatte, lud dieser ihn zu einer Vorlesungsreihe nach Münster ein. Hier begann Henri Cartan eine fruchtbare Zusammenarbeit mit Behnkes Assistent Peter Thullen. Die beiden veröffentlichten 1932 eine gemeinsame Abhandlung „Zur Theorie der Singularitäten der Funktionen mehrerer komplexen Veränderlichen" (zum Begriff der Singularität siehe Hadamard, der diese systematisch bei Funktionen einer komplexen Veränderlichen untersucht hat). Die Zusammenarbeit mit Thullen endete jedoch abrupt nach der Machtergreifung der Nazionalsozialisten. Thullen, der kein Jude war, aber entschiedener Gegner des Nationalsozialismus, verließ Deutschland noch 1933. Er ging zunächst nach Rom und nahm 1935 eine Professur an der Universität von Quito, Ecuador, an. Später organisierte er für Ecuador und andere südamerikanische Länder die Sozialversicherung. Ab 1951 arbeitete er am internationalen Arbeitsamt in Genf. Hier wurde er 1955 Chefmathematiker. Nach seiner Pensionierung lehrte er noch als Professor an der Universität Freiburg im Uechtland in der Schweiz und beriet die Weltbank sowie auch die Regierungen von Luxemburg und Zypern bei der Reorganisation ihre Sozialversicherungssysteme.

1931 erschien die einzige Abhandlung, die Henri Cartan gemeinsam mit seinem Vater verfasste. Die beiden gingen in der Mathematik bewusst getrennte Wege, aber hier benötigte der Sohn einmal die Expertise seines Vaters im Bereich der Lie-Gruppen (siehe Élie Cartan), um sein eigenes Forschungsprojekt zum Erfolg zu führen. In demselben Jahr erhielt Henri Cartan den Ruf an die Universität Straßburg. Hier heiratete 1935 Nicole Antoinette Weiss, mit der er vier Kinder hatte, wie seine Eltern, nur waren es bei Henri zwei Söhne und zwei Töchter.

Im Jahr 1935 begann aber auch ein einzigartiges mathematisches Projekt. Am 14. Januar fand auf Initiative von André Weil das erste Treffen der Gruppe Bourbaki statt, in der sich einige Absolventen der École Normale Supérieure zusammenschlossen, um neue mathematische Lehrbücher herauszugeben, da sie die vorhandenen hoffnungslos veraltet fanden. Die Gründungsmitglieder, neben André Weil und Henri Cartan noch Claude Chevalley, Jean Delsarte, Jean Dieudonné beschlossen, die Mathematik nach streng formalistischer Methode auf der Grundlage der axiomatischen Mengenlehre aufzubauen und dabei insbesondere die abstrakte Algebra von Emmy Noether und Emil Artin und die Topologie zu Grunde zu legen. Der Name der Gruppe und gleichzeitig Autorenname ihrer Lehrbücher, geht der Legende nach auf einen Studentenulk an der École Normale Supérieure zurück. Hier soll im Jahr 1923 ein Student in Verkleidung und mit einem angeklebten Bart als schwedischer Professor Holmgren aufgetreten sein und in einer Juxvorlesung einen „Satz von Nicolas Bourbaki" bewiesen haben. Nach anderen Quellen geht der Name auf den General Charles Denis Bourbaki aus dem deutsch-französischen Krieg 1870/71 zurück, dessen Standbild man vor der Universität in Nancy bewundern kann. Die Gruppe diskutierte ihre Lehrbuchtexte in der Regel recht chaotisch. Bei jedem Treffen wurde ein Thema oder ein Kapitel eines Lehrbuchs behandelt und hierfür ein Redakteur gewählt. Dieser legte beim nächsten Treffen seinen Textentwurf vor, der dann allerdings wieder verworfen werden konnte. Die letzte Redaktion übernahm meistens Jean Dieudonné. 1939 erschien der erste Band. Bis 1983 erschienen 40 Bände, danach erlahmte die Gruppe spürbar. Natürlich wurde dieses umfassende Werk nicht von den Gründungsmitgliedern allein erarbeitet. Die Gruppe gab sich die Regel, dass Mitglieder im 50. Lebensjahr auszuscheiden hatten und nahm laufend jüngere Mathematiker auf. Die 40 Bände sind in (bisher) 9 Büchern zusammengefasst

I.   Mengenlehre
II. Algebra
III. Topologie
IV. Funktionen einer reellen Variablen
V.   Topologische Vektorräume
VI. Integration
VII. Kommutative Algebra
VIII. Lie-Gruppen
IX. Spektraltheorie

Damit sind die Grundlagen der modernen Mathematik weitgehend behandelt. Die Lektüre der Bücher ist anstrengend, da sie streng logisch aufgebaut sind und auf schmückendes Beiwerk völlig verzichtet wird. Es werden Begriffe definiert, anschließend Lehrsätze formuliert und bewiesen. Wozu das Ganze gut sein soll, erschließt sich nur dem kundigen Leser. Diese Art, Mathematik darzustellen, war in der zweiten Hälfte des 20. Jahrhunderts groß in Mode, ist aber inzwischen umstritten, einige Mathematiker meinen sogar, dass damit ein Verbrechen an den Studierenden verübt wird.

Die Mitarbeit in dieser Gruppe nahm auch Henri Cartan sehr in Anspruch, aber sie hinderte ihn nicht daran, seine Arbeit an der Funktionentheorie mehrerer komplexer Veränderlicher weiterzutreiben. 1939 traten aber die politischen Ereignisse in den Vordergrund. Mit Beginn des 2. Weltkriegs wurde die Universität Straßburg nach Clermont-Ferrand, die Hauptstadt der Auvergne im Massif Central, verlagert und mit ihr auch Henri Cartan. Er erhielt jedoch 1940 einen Ruf an die Sorbonne mit gleichzeitigem Lehrauftrag an der École Normale Supérieure. Diese Position hatte er bis 1969 inne, dann wechselte er noch einmal an die Université de Paris-Sud, an der er 1975 emeritiert wurde. Cartan hatte Straßburg offenbar in großer Eile verlassen, denn er hatte einige wichtige Aufzeichnungen in seiner Wohnung liegenlassen. Während des Krieges durfte er die Stadt nicht besuchen. Daher bot sich Heinrich Behnke an, die Papiere aus seiner Wohnung zu holen, was ihm im zweiten Anlauf auch gelang. Da er sie nicht direkt an Henri Cartan weitergeben konnte, brachte er sie in der Bibliothek der Universität Freiburg in Sicherheit, wo sie 1945 von französischen Offizieren aufgefunden und Henri Cartan zurückgegeben wurden.

Es muss hier daran erinnert werden (siehe Élie Cartan), dass Henris Bruder Louis für die Résistance arbeitete und von der Gestapo gefangen genommen wurde. Nach Kriegsende erfuhr die Familie die schreckliche Wahrheit: Louis war Ende 1943 enthauptet worden. Henri Cartan brach dennoch seine Kontakte nach Deutschland nicht ab. Er gehörte zu den ersten ausländischen Mathematikern, die nach dem Kriege das mathematische Forschungsinstitut in Oberwolfach im Schwarzwald besuchten, das noch 1944 von Freiburg aus eingerichtet wurde. Dort traf er im eiskalten November 1946 seinen Freund Heinrich Behnke, erneuerte die Kontakte zu anderen deutschen Mathematikern und spielte auf dem Steinway-Flügel des Forschungsinstituts.

Im Jahre 1942 hatte Henri Cartan darauf verzichtet, eine Einladung in die Vereinigten Staaten anzunehmen, da er bei seiner Familie bleiben und sich um seinen inzwischen betagten Vater kümmern wollte. Nach dem Kriege nahm er aber mehrere Einladungen an. Er traf seinen alten Freund André Weil, der inzwischen an der Universität Chicago lehrte und den jungen französischen Mathematiker Samuel Eilenberg, mit dem er ein grundlegendes Werk über homologische Algebra verfasste. In dieser Theorie geht es um die Anwendung algebraischer Methoden in der Topologie. Sie hat sich inzwischen zu einem lebendigen Teilgebiet der Mathematik entwickelt.

Schon 1947 besuchte Cartan auf Einladung Behnkes zum ersten Mal nach dem Kriege Münster. Bei einem weiteren Besuch Anfang der 1950er Jahre hielt er eine Reihe von Vorlesungen über Funktionentheorie mehrerer komplexer Veränderlicher, mit denen er zwei jungen deutschen Forschern, Hans Grauert und Reinhold Remmert, den entscheidenden Impuls gab, sich in diesem Gebiet zu engagieren.

Auf Anregung seines Schülers und Bourbaki-Mitglieds Jean-Pierre Serre ließ Henri Cartan die Berichte über seine Seminare an der École Normale Supérieure von 1948 bis 1964 veröffentlichen. Sie sind eine wichtige Quelle über seine umfangreichen Ergebnisse, die teilweise nur hier nachzulesen sind.

Im Pensionsalter engagierte sich Henri Cartan zunehmend für Menschenrechte. Als 1974 der russische Mathematiker Pliuschtsch wegen politischer Unzuverlässigkeit von den sowjetischen Behörden zwangsweise in eine psychiatrische Klinik eingewiesen wurde, sammelte Cartan auf dem Internationalen Mathematikerkongress 1974 in Vancouver über 1000 Unterschriften für eine Petition zur Freilassung von Pliuschtsch. Er gründete das Comité des Mathématiciens, das sich für politische verfolgte Mathematiker in aller Welt einsetzt, und als erste Aufgabe den Fall von Pliuschtsch übernahm. Es war erfolgreich, denn 1976 ließen die Sowjets Pliuschtsch wieder frei.

Henri Cartan wurde für seinen humanitären Einsatz ebenso wie für seine mathematische Lebensleistung mit Ehrungen geradezu überhäuft. Er erlebte bei voller geistiger Frische noch seinen 104. Geburtstag und starb am 13. August 2008 in Paris.

Die Unerschöpflichkeit der Mathematik
Kurt Gödel (28.4.1906–14.1.1978)

Kurt Gödel war ein äußerst scharfsinniger Denker. Er wies nach, dass Hilberts Traum einer axiomatischen Begründung der Mathematik nicht erfüllbar ist und brachte damit die Denkrichtung des Formalismus ins Wanken.

Als behütetes Kind in einem großbürgerlichen Elternhaus in Brünn (Brno) in Mähren. verlebte Kurt Gödel eine glückliche Kindheit. Sein Vater kam aus Wien und brachte es als Direktor und Miteigentümer einer Textilfabrik in Brünn zu Wohlstand. Die Familie seiner Mutter war ebenfalls in der Textilherstellung engagiert. Kurt war ein eher scheues, zurückgezogenes Kind; er hing sehr an seiner Mutter. Im Alter von 6 Jahren überstand er ein rheumatisches Fieber ohne bleibende Schäden. Wenig später fiel ihm ein medizinisches Lehrbuch in die Hände, dem er entnahm, dass seine Erkrankung in einzelnen Fällen eine dauernde Herzschwäche nach sich ziehen konnte. Er bildete sich ein, dass genau diese Komplikation bei ihm eingetreten war, obwohl sich objektive Hinweise hierfür nicht finden ließen. Von da ab machte er sich ständig Sorgen um seine Gesundheit.

Kurt besuchte das Gymnasium in Brünn und erhielt 1923 seine Matura. Zu diesem Zeitpunkt hieß Brünn bereits Brno und war eine wichtige Stadt in der neuen tschechisch-slowakischen Republik. Die Familie Gödel war von diesem Wechsel kaum betroffen, mehr machte ihr die Nachkriegsinflation zu schaffen. In der Schule interessierte Kurt sich für Mathematik, Physik und Sprachen. Besonders glänzte er in der lateinischen Sprache, die er einwandfrei beherrschte. Es hieß, er habe nie einen grammatischen Fehler gemacht. Nach dem Schulabschluss nahm er sein Studium der Mathematik und Physik an der Universität Wien auf. Wien war im ersten Drittel des 20. Jahrhunderts eine kulturell rege Stadt. Das Musikleben beherrschte die neue Wiener Schule um Arnold Schönberg, in der bildenden Kunst schuf Gustav Klimt seine Meisterwerke des Jugendstils, Siegmund Freud begründete die Psychoanalyse. Musil schrieb den „Mann ohne Eigenschaften". In der Wissenschaft wirkte der Einfluss von Ernst Mach nach – dem Namensgeber für die Einheit der Schallgeschwindigkeit „Mach". Mach bezweifelte lange vor Einstein die Newtonschen Konzepte des absoluten Raumes und der absoluten Zeit. Er vertrat einen konsequenten Empirismus, nachdem sich einmal entdeckte Naturgesetze immer wieder an der Erfahrung bewähren müssen, und im Zweifelsfall durch besser zutreffende ersetzt werden müssen. Genau dieses hat Einstein getan, indem er die Newtonsche Vorstellung des absoluten Raumes und der absoluten Zeit durch das von Minkowski mathematisch beschriebene Raum-Zeit-Kontinuum ersetzt hat, in dem sowohl die räumlichen Maße als auch der Ablauf der Zeit in verschiedenen Bezugssystemen unterschiedlich wahrgenommen werden, also nur relativ zu einem Bezugssystem einen Sinn haben, daher der Name Relativitätstheorie. Da die Relativitätstheorie die beobachteten physikalischen Phänomene im Weltraum besser erklärt als die Newtonsche Mechanik, musste diese der neuen Theorie weichen.

Anfang der 1920er Jahre bildete sich der Wiener Kreis aus Philosophen, Mathematikern und anderen Wissenschaftlern, dessen Leitfigur Ludwig Wittgenstein war (siehe Russell, Reidemeister). Dieser Kreis suchte die klassische Metaphysik abzuschaffen und strebte eine „Einheitswissenschaft" an, mit der die zunehmende Spezialisierung aufgehoben werden sollte. Die Diskussionen drehten sich dabei hauptsächlich um die Grundlagen der Logik und der Mathematik und die Methodik in den empirischen Wissenschaften wie Physik oder Biologie, weniger um die Gesellschaftswissenschaften. In diesen Kreis trat Kurt Gödel Ende der 1920er Jahre ein. Er verfolgte die Diskussionen meist schweigend und deutete lediglich Zustimmung oder Ablehnung durch Kopfbewegungen an. Der Wiener Kreis gab Gödel die entscheidenden Anstöße für seine Hinwendung zur mathematischen Logik. Die Logik war seit Frege, Peano und Russell (siehe dort) weiterentwickelt worden. 1928 erschienen die „Grundzüge der theoretischen Logik" von Hilbert und seinem Schüler Ackermann, in denen die neuesten Erkenntnisse zusammengefasst wurden. Das Buch behandelt sowohl die Aussagenlogik (siehe Leibniz, Boole), die die Wahrheitswerte von Aussagen untersucht, als auch die Prädikatenlogik, in der Sätze formuliert werden können, die sich auf alle oder einige Elemente einer Menge von Objekten beziehen und diesen zum Beispiel Eigenschaften zuordnen. Ein typischer Satz der Prädikatenlogik ist etwa „Alle Kühe sind weiß" (was bekanntlich nicht zutrifft). Nach dem Prinzip des ausgeschlossenen Dritten muss daher sein Gegenteil richtig sein. Dieses lautet keineswegs – wie manchmal vorschnell formuliert – „Alle Kühe sind schwarz", sondern viel vorsichtiger: „Es gibt mindestens eine Kuh, die nicht weiß ist". Letzteres trifft nach unserer Erfahrung tatsächlich zu. Für beide Gebiete der Logik lagen seit den Principia Mathematica von Russell und Whitehead Axiomensysteme vor. Man wusste auch, dass das Axiomensystem der Aussagenlogik vollständig ist in dem Sinne, dass sich jeder richtige Satz der Aussagenlogik durch formale Schlüsse aus den Axiomen herleiten lässt. Für den Prädikatenkalkül lieferte Gödel den entsprechenden Nachweis in seiner Doktorarbeit. Dieses Ergebnis wurde als Bestätigung des Hilbertschen Weges der formalen Begründung der Mathematik gesehen. Gödel wandte in seiner Beweisführung auch das Prinzip vom ausgeschlossenen Dritten auf unendliche Gesamtheiten an und stellte sich damit in Widerspruch zur intuitionistischen Auffassung (siehe Brouwer). (Anmerkung: Im obigen Falle der Kühe würde auch ein Intuitionist der Feststellung zustimmen, dass nur einer der beiden obigen Sätze richtig ist, weil es nach allem, was wir wissen, nur endlich viele Kühe gibt.)

Diesen Erfolg betrachtete Gödel nur als den Einstieg in die Probleme der mathematischen Logik. Als nächstes wandte er sich Hilberts 2. Problem zu (siehe Peano, Hilbert), dem Nachweis der Widerspruchsfreiheit der Axiome der Arithmetik. Hier kam ihm zugute, dass inzwischen der polnische Logiker Tarski (siehe Banach) eine Hierarchie der Sprachen eingeführt hatte, mit denen man Aussagen innerhalb eines formalen Systems formulieren kann. Aussagen, die sich direkt auf die Objekte des formalen Systems beziehen (in der Arithmetik zum Beispiel die Aussage $2 + 3 = 5$) werden einer Objektsprache zugeordnet. Nun muss man gelegentlich auch Aussagen über Aussagen der *Objektsprache* machen. Diese gehören einer *Metasprache* an. So ist etwa der Satz „$2 + 3 = 5$ ist wahr" ein Satz der Metasprache. In formalen Systemen ist es wichtig festzustellen, welche Sätze mit Hilfe der gegebenen Regeln aus den Axiomen abgeleitet werden können. Solche Sätze heißen *beweisbar*. Gödel fand nun heraus, dass man in jedem formalen System, das mindestens die Arithmetik enthält, Sätze formulieren kann, die unbestreitbar wahr sind, aber nicht beweisbar. Das heißt: ein solches System kann nicht vollständig sein. Leider gehört auch die Feststellung, dass das formale System widerspruchsfrei ist, zu den unentscheidbaren Sätzen. Damit war Hilberts zweites Problem in einer unerwarteten Weise erledigt. Um seinen Beweis zu führen, fand Gödel eine Methode, Aussagen der Metasprache, wie etwa „dieser Satz ist wahr", in der Objektsprache auszudrücken. Er ordnete jedem Symbol, jeder Formel und jeder Folge von Formeln (die in der Regel einen Beweis darstellt) in eindeutiger Weise eine natürliche Zahl zu, so dass er alle benötigten Aussagen mit Hilfe dieser Zahlen formulieren konnte. Diese Zahlen heißen nach ihm Gödelzahlen und die Methode Gödelisierung. Sie funktioniert so, dass man von jeder natürlichen Zahl feststellen kann, ob sie eine Gödelzahl ist. Wenn ja, kann aus ihr rückwärts das Symbol, die Formel oder Formelfolge ableiten, der sie zugeordnet ist. Mit dieser Methode konnte Gödel einen selbstbezüglichen Satz wie „Dieser Satz ist wahr" in seinem formalen System ausdrücken. Er zeigte sodann, dass dieser Satz zwar wahr, aber nicht aus den Axiomen ableitbar (beweisbar) ist. Die Idee hat etwas von dem Dorfbarbier, der alle Männer des Dorfes rasiert, die sich nicht selbst rasieren. Wer rasiert den Dorfbarbier?

Gödels Resultat bedeutet, dass die Mathematik prinzipiell unerschöpflich ist, also gerade nicht aus einer festgelegten kleinen Zahl von Axiomen abgeleitet werden kann. Diese Arbeit könnte man einem Computer überlassen. So ist mit Gödels Resultat auch die Unmöglichkeit begründet, die gesamte Mathematik mit einem Computer zu erzeugen. Diese Aussagen sind tröstliche Interpretationen, denn sie sichern auch nachfolgenden Generationen von Mathematikern eine sinnvolle Beschäftigung.

Gödel reichte seinen Unvollständigkeitssatz als Habilitationsschrift ein und wurde damit im März 1933 zum Privatdozenten an der Universität Wien ernannt. 1934 erhielt er eine Einladung nach Princeton, wo er Vorlesungen über „Unentscheidbare Sätze in formalen mathematischen Systemen" hielt. Obwohl seine Vorlesungsreihe sehr erfolgreich war, erlitt Gödel auf der Rückreise einen Nervenzusammenbruch, der in eine Depression mündete, die er mehrere Monate stationär behandeln lassen musste. Dennoch konnte er seine Forschungen weiterführen. Er wandte sich jetzt den Axiomen der Mengenlehre zu. Hier gab es in den wesentlichen zwei offenen Fragen: Die Kontinuumshypothese (siehe Cantor), Hilberts 1. Problem, und die Frage, ob das Auswahlaxiom mit den übrigen Axiomen der Mengenlehre verträglich ist. Das Auswahlaxiom besagt, dass es in jedem noch so umfassenden System von Mengen prinzipiell möglich ist, aus jeder Menge des Systems ein Element als Vertreter dieser Menge auszuwählen. Dieses Axiom ist unter anderen für den Beweis grundlegender Sätze in abstrakten Räumen (siehe Banach) erforderlich Die Intuitionisten lehnten es ab, weil es kein konstruktives Verfahren gibt, um die Auswahl zu treffen. Man kann zwei verschiedene Mengenlehren aufbauen, eine mit Auswahlaxiom und eine ohne. Hätte sich herausgestellt, dass das Auswahlaxiom im Widerspruch zu den übrigen Axiomen der Mengenlehre steht, so wäre die Mengenlehre mit Auswahlaxiom gegenstandslos, und damit ein großer Teil der modernen Mathematik unbrauchbar. Gödel machte aber 1935 große Fortschritte in

Die Unerschöpflichkeit der Mathematik   523

Richtung auf einen vollständigen Beweis der Verträglichkeit des Auswahlaxioms. Mit der Kontinuumshypothese beschäftigte er sich gegen Ende der 1930er Jahre. Sie besagt – zur Erinnerung –, dass es keine Menge gibt, die eine größere Mächtigkeit als die Menge der natürlichen Zahlen (abzählbar) und eine kleinere Mächtigkeit als die Menge der reellen Zahlen (kontinuierlich) besitzt. Gödel zeigte 1939, dass unter der Voraussetzung, dass die Mengenlehre mit Auswahlaxiom widerspruchsfrei ist, auch die um die Kontinuumshypothese erweiterte Mengenlehre keinen Widerspruch aufweist.

Als 1936 Gödels Lehrer Schlick, in dessen Seminar er sich zuerst mit der mathematischen Logik vertraut gemacht hatte, von einem nationalsozialistischen Studenten ermordet wurde, erlitt Gödel einen zweiten Zusammenbruch, von dem er sich nur langsam erholte. 1938 las er in Göttingen über seine mengentheoretischen Ergebnisse. Im gleichen Jahr heiratete er in Wien seine langjährige Gefährtin Adele Porkert, die seine Eltern als nicht standesgemäß abgelehnt hatten: Immerhin hatte sie als Garderobiere in einem Nachtclub gearbeitet. Aber Gödels Vater, ihr Hauptgegner, war verstorben und Kurt Gödel wollte seine Partnerschaft endlich legitimieren. Im Wintersemester 1938/39 besuchte Gödel das Institute of Advanced Study in Princeton. Im folgenden Sommer lehrte er an der katholischen Universität Notre Dame in Indiana. Österreich war inzwischen an das Deutsche Reich angeschlossen worden, und nach seiner Rückkehr bekam Gödel die Folgen zu spüren: er wurde in der Nähe seines Instituts von einer Bande nationalsozialistischer Jugendlicher angegriffen, die ihn für einen Juden hielten. Nur das beherzte Eingreifen seiner Frau Adele bewahrte ihn vor dem Schicksal vieler jüdischer Mitbürger, die auf offener Straße zusammengeschlagen wurden. Mit dem energischen Ruf „Haut ab, er ist gar kein Jud", konnte sie die Jugendlichen tatsächlich in die Flucht schlagen. Gödel betrieb von diesem Zeitpunkt an seine Emigration in die USA. Mit dem Beginn des Krieges am 01.09.1939 machte er sich zusätzlich Sorgen, er könne zur Wehrmacht einberufen werden, was er für völlig unverträglich mit seiner angeschlagenen Gesundheit hielt. Er intensivierte seine Bemühungen um ein US-Visum, das er Anfang 1940 schließlich erhielt. In Begleitung seiner Frau trat er die Reise sofort an. Wegen des U-Boot-Krieges im Atlantik musste er den beschwerlichen Weg durch Russland und Japan nehmen, die sich noch nicht im Kriegszustand befanden. In den Vereinigten Staaten angekommen, begab er sich nach Princeton, wo er bis an sein Lebensende am Institute for Advanced Study arbeitete. Er freundete sich mit Albert Einstein an, mit dem er lange Spaziergänge unternahm. Diese Freundschaft förderte sein Interesse an der Relativitätstheorie, die er mit eigenen Beiträgen bereicherte. Auch mit dem völlig gegensätzlichen John von Neumann verband ihn eine enge Freundschaft.

1948 erhielt Gödel, mit einigem Herzklopfen seines Freundes Einstein, die US-Staatsbürgerschaft. Einstein hatte Gödel eingeschärft, bei der Einbürgerungsprozedur keine Diskussionen zu beginnen, was dieser auch versprach. Gödel bereitete sich allerdings auf die Einbürgerung ebenso gründlich vor wie auf eine Vorlesung. Als die amerikanische Verfassung studierte, glaubte er ein Schlupfloch zu erkennen, durch das auch in den USA ein Diktator ähnlich wie in Deutschland die Macht ergreifen könne. Dummerweise sprach ihn der Richter, der die Einbürgerung vornahm, auf seinen deutschen Pass an, was Gödel veranlasste auf seine österreichische Staatsangehörigkeit zu verweisen. Der Richter meinte, dies sei doch alles dasselbe Nazisystem, worauf Gödel dann doch ausführte, was er aus der amerikanischen Verfassung herausgelesen hatte. Glücklicherweise ging der Richter darauf nicht ein, und Gödel ließ sich von seiner Frau und dem als Zeugen anwesenden Albert Einstein beschwichtigen, so dass seine Einbürgerung in Ruhe vollzogen werden konnte.

Gödels bedeutendste Veröffentlichung in den USA erschien bereits 1940: „Consistency of the axiom of choice and of the generalized continuum-hypothesis with the axioms of set theory" (Verträglichkeit des Auswahlaxioms und der verallgemeinertem Kontinuumshypothese mit den Axiomen der Mengenlehre). Er zeigte hier, dass in der Mengenlehre kein Widerspruch auftritt, wenn man das Auswahlaxiom und die Kontinuumshypothese als zusätzliche Axiome hinzufügt. Damit ist noch nicht nachgewiesen, dass Auswahlaxiom und Kontinuumshypothese von den übrigen Axiomen unabhängig sind. Diesen Nachweis erbrachte 1963 der junge amerikanische Mathematiker Paul Cohen, auf der Basis von Gödels Arbeiten. Er zeigte, dass sich auch kein Widerspruch ergibt, wenn man der Mengenlehre mit Auswahlxiom die Negation der Kontinuumshypothese als Axiome hinzufügt. Damit sind unterschiedliche Mengenlehren möglich: eine, in der die Kontinuumshypothese zutrifft und eine, in der das Gegenteil gilt. Dieser Ausgang des langen Ringens um die Kontinuumshypothese hätte Georg Cantor nicht befriedigt und er befriedigte auch viele Mathematiker des 20. Jahrhunderts nicht.

Mit zunehmendem Alter machte sich Gödel mehr und mehr Sorgen um seine Gesundheit. Nachdem er durch ein Geschwür im Zwölffingerdarm eine schwere Blutung erlitten hatte, hielt Gödel für den Rest seines Lebens eine äußerst strikte Diät ein, die ihn langsam, aber sicher verhungern ließ. Gegen Ende seines Lebens glaubte, vergiftet zu werden und aß überhaupt nichts mehr. Seine Frau Adele kümmerte sich aufopferungsvoll um seine

Phobien und versuchte, ausgleichend und beruhigend zu wirken, wo immer es ging. Aber auch ihre Gesundheit ließ nach. Nach zwei Schlaganfällen war sie nicht mehr in der Lage, ihren Mann zu pflegen. Kurt Gödel musste sich in ein Krankenhaus begeben, wo er am 14. Januar 1978 bis auf die Knochen abgemagert friedlich einschlief.

Stichwortverzeichnis

A

Abbildung, bijektive 329
Ableitung 80, 166, 170, 177, 187, 194, 206, 227
Algebra 27, 32, 37, 40, 47, 57, 62, 67, 71, 76, 79, 109, 112, 122, 124, 163, 220, 221, 224, 259, 263, 273, 274, 286, 304, 315, 325, 341, 366, 367, 373, 439, 440, 442, 455, 485, 498, 514–516
Algorithmus 17, 24, 34, 35, 40, 72, 80, 109
  euklidischer 17
Arithmetik 13, 49, 67, 95, 108, 216, 221, 333, 340, 341, 356, 359, 361, 363, 368, 369, 371, 400, 521
Assoziativgesetz 269, 295
Axiom 9, 13, 71, 165, 361, 479, 522, 524

B

Binärsystem 50, 171, 173
Binom 57, 58
Binomialkoeffizient 58, 76, 158, 159
Binomialverteilung 160, 222
bit 171, 173
Boolesche Algebra 274

C

Chinesischer Restsatz 33–35, 208
Cosinus 56, 186, 211, 249, 279, 350

D

Dedekindscher Schnitt 9, 314, 315, 328
Dezimalbruch 49, 125, 126, 457
Dezimalsystem 40, 49, 72, 81, 92, 171
difference engine 231–233, 286
Differentialform 390
Differentialgeometrie 198, 199, 249, 323, 390, 453, 456
Differentialgleichung 176, 191, 193, 300, 301, 352, 378
  partielle 190, 325, 351, 375, 509
Differentialrechnung 80, 161, 166, 170, 175, 177, 178, 180, 199, 403
Dirichlet-Reihe 253, 421

Dodekaeder 101, 137, 324
Dynamik 185, 190, 390, 503

E

Ellipse 10, 21, 138, 207, 221
Erweiterungskörper, algebraischer 367
Eulersche Polyederformel 188
Eulersche Zahl 187, 291, 301, 328
Exhaustionsmethode 10
Exponent 108, 171, 320
Exponentialfunktion 180, 186, 279

F

Fakultät 236, 369, 422, 453, 476, 478
Fermatsche Vermutung 52, 85, 150, 187, 251, 263, 440
Folge
   arithmetische 72
   geometrische 72, 281
formalistisch 371
Fortsetzung, analytische 281, 282
Fourierreihe 328, 411, 487
Funktion 52, 166, 170, 177, 178, 180, 186, 187, 206, 211, 227, 240, 248, 249, 253, 256, 257, 278–282, 300, 304, 308, 310–312, 328, 336, 345, 370, 374, 377, 410–412, 429, 430, 459, 466, 487, 494, 497, 503
   analytische 279, 336, 459
   elliptische 205, 207, 241, 247–249, 266, 277, 279, 282, 283, 300, 304, 319, 335, 346, 467, 473
   iterierte 248
   rationale 186, 497
   transzendente 279
Funktionalanalysis 291, 429, 431, 475–477, 479, 495, 502
Funktionaldeterminante 249
Funktionentheorie 223, 278, 280, 282, 305, 307, 310, 334–336, 344, 347, 374, 393, 434, 455, 459, 463, 489, 513, 515, 516

G

Gaußsche Zahlenebene 223, 228, 249
Geometrie
   analytische 8, 62, 68, 298
   euklidische 13
   hyperbolische 237
   nichteuklidische 14, 62, 68, 210, 223, 235–237, 244, 245, 298, 323, 344, 354
   projektive 29, 344, 325
Gesetz der großen Zahl 159, 176
Gleichung
   algebraische 27
   diophantische 28, 35, 328
   kubische 48, 118
   quadratische 123
Glockenkurve 221
Goldbachsche Vermutung 184
Goldener Schnitt 10, 82, 95, 196
Grenzwert 24, 186, 227, 278, 312, 412, 467, 477
Gruppe 271, 295–297, 319–321, 324, 326, 339, 354, 390, 403, 434, 456, 457, 460, 473, 482, 499
Gruppentheorie 267, 271, 274, 293, 296, 297, 319, 321, 323, 324, 456, 486

H

Haus der Weisheit 39, 44
Heronische Formel 23, 38
Himmelsmechanik 35, 103, 185, 196, 203, 205, 354, 355, 405, 449, 489, 491
homöomorph 384
Hydrodynamik 190, 253, 354, 404, 405
Hyperbel 10, 21, 68, 84

Hypotenuse 2

Ideal 261, 316, 386, 440, 441
Ikosaeder 101, 137, 324, 346
Imaginärteil 119
Induktion, vollständige 76, 361
Infinitesimalrechnung 19, 20, 62, 147, 163, 166, 167, 175, 185, 190, 199, 216, 217, 227, 232, 243, 247, 359
inkommensurabel 7
Institute for Advanced Study 443, 457, 490, 491, 508, 510, 523
Integral, elliptisches 207, 241, 248
Integralgleichung 370, 377, 378, 429, 455, 476, 477, 493
Integralrechnung 11
intuitionistisch 371, 462, 521
Irrationalzahl 16, 195, 305
Isomorphie 368

Kardinalzahl 330, 331, 334
Kathete 2
Kegelschnitt 10, 21, 157, 165, 325
Keplersche Gesetze 138
Kleinsche Flasche 347, 348
Knotentheorie 482, 499
Koeffizient 47, 123, 159
Kombinatorik 47
kommutativ 258, 270, 294, 297, 298, 331, 430
kongruent 7, 149, 207–209, 320
Kontinuumshypothese 331, 333, 334, 363, 369, 382, 457, 522, 524
Konvergenz 24, 170, 212, 227, 253, 328, 383, 426, 429, 477
Körper 165, 166, 194, 196, 205, 325, 367, 449, 497, 498
Kräfteparallelogramm 115, 360

Kryptografie 147
Kryptographie 233
Kubikzahl 51, 52

Lemniskate 205, 206, 354
Lie-Gruppe 326, 390, 434, 514, 515
Linie, geodätische 176
Logarithmus 107–109, 127–130, 138, 145, 171, 180, 186, 210, 279, 291, 309

Mächtigkeit 330–332, 369, 394, 523
Markowscher Prozess 502
Maß 126, 393, 394, 412, 450
Mechanik 62, 143, 163–167, 175, 183–185, 190, 193, 194, 203, 231, 243, 250, 253, 257, 373, 375, 377, 378, 389, 403–405, 413, 426, 427, 450, 501–503, 520
Menge, offene 383
Methode der kleinsten Quadrate 209, 221, 313
Metrik 8, 310
Minimalprinzip 62
Möbiusband 347, 348
Multiplikation, skalare 360

Napiers Knochen 128
n Fakultät 180
Normalverteilung 222
Nullstelle 47, 48, 80, 220, 221, 238, 312, 315, 336, 366

Oktaeder 101, 137, 188, 324

Operator 339, 370, 430, 442, 507, 508
  linearer 370
Ordinalzahl 331–333, 506, 507

P

Parabel 10, 21, 68
Parallelenpostulat 14, 62, 210, 223, 244
Pascalsches Dreieck 58
Pascalverteilung 160, 161
Pellsche Gleichung 28, 37, 195
Permutation 267–271, 295–297, 430
Perspektive 91, 99–101, 181, 440
Platonische Körper 101, 324
Polynom 47–49, 57, 75, 80, 121, 123, 180, 186, 220, 221, 231, 238, 252, 290, 291, 301, 305, 309, 315, 328, 366, 368, 386, 426, 429, 489, 497
Potenzrechnung 57, 107, 108, 270
Potenzreihe 179, 186, 278–282, 459
Primärideal 386
Primzahl 15
Primzahlsatz 205, 220, 291, 311, 416, 417, 421
Prinzip
  der vollständigen Induktion 59, 60, 361
  des ausgeschlossenen Dritten 16
Problem, isoperimetrisches 408

Q

Quadratwurzel 24, 279, 280, 308
Quaternion 258–260, 274, 282, 294–296, 430
Quersumme 73

R

Radikand 24
Raum
  metrischer 382, 384, 477
  topologischer 228, 382, 384, 494, 495
Realteil 119, 346
Rechenstab 128, 145
Reihe
  geometrische 164, 281
  hypergeometrische 261
  trigonometrische 211, 413
  unendliche 164, 278
Rekursionsformel 82, 84
Rest, quadratischer 205, 207, 208, 248
Riemannsche Fläche 308, 310, 311, 455
Riemannsche Mannigfaltigkeit 403
Riemannsches Integral 312
Ring 5, 295, 296, 315, 316, 366, 386, 441, 442
Royal Society 129, 164, 166, 170, 179, 215, 232, 263, 274, 275, 413, 418, 469

S

Satz
  des Archimedes 10
  des Pythagoras 7, 8, 15, 45
Sinus 51–53, 56, 161, 186, 211, 249, 279, 309, 350
Sinussatz 87, 92
Stammfunktion 178
Stellenwertsystem 49, 50
Stetigkeit 227, 426
Strahlensatz 2
System, binäres 171

T

Tangens 55, 56, 279
Teiler, größter gemeinsamer 17
Tensor 403
Tetraeder 101, 137, 188, 324
Thabit-Zahl 44

Thaleskreis 2
Theon von Alexandria 31, 91
Topologie 188, 310, 329, 347, 354, 381, 382, 384, 390, 394, 413, 427, 433–435, 481, 482, 493, 494, 499, 502, 514–516
Trägheitsprinzip 62
Trigonometrie 24, 51, 55, 66, 73, 87, 91, 92
   sphärische 55
Trinity College 163, 232, 255, 293, 415, 416, 469
Tschebyschow-Polynom 291
Typenlehre 399, 461, 462, 507

U

Umkreis 2

V

Variationsrechnung 185, 187, 193, 194, 196, 198, 217, 408, 410, 413, 452
Vektor 360, 390, 477
Vektorraum 360, 477

W

Wahrscheinlichkeitsrechnung 115, 119, 157, 158, 161, 201, 203, 204, 394, 501, 502
Waringproblem 417, 491
Weltbild
   geozentrisches 62, 100, 103, 104
   heliozentrisches 104
Würfel 101, 119, 137, 188, 324

Z

Zahl
   befreundete 44
   ideale 263, 315, 441
   komplexe 119, 220, 221, 259, 360
   natürliche 6, 7, 58, 59, 73, 75, 82, 85, 130, 150, 151, 170, 187, 188, 290, 304, 328, 330–334, 361, 369, 417, 507, 523
   natürliche 180
   perfekte 63
   rationale 6
   reelle 9, 10, 16, 52, 71, 108, 118, 119, 223, 248, 257, 260, 279, 280, 282, 296, 301, 304, 308, 314, 315, 328–330, 332, 340, 361, 362, 367, 369, 383, 394, 457, 477, 494, 498, 523
   transzendente 299, 301, 305
Zahlentheorie 13, 28, 32, 62, 63, 147, 150, 185, 187, 205, 207, 209, 210, 216, 218, 221, 251, 253, 262, 290, 300, 304, 315, 340, 355, 367, 368, 374, 417, 421, 457, 473, 481, 489, 492
   analytische 253, 422
Zeta-Funktion 187
Zykloid 100, 148

GPSR Compliance

The European Union's (EU) General Product Safety Regulation (GPSR) is a set of rules that requires consumer products to be safe and our obligations to ensure this.

If you have any concerns about our products, you can contact us on

ProductSafety@springernature.com

In case Publisher is established outside the EU, the EU authorized representative is:

Springer Nature Customer Service Center GmbH
Europaplatz 3
69115 Heidelberg, Germany

www.ingramcontent.com/pod-product-compliance
Lightning Source LLC
LaVergne TN
LVHW011009250326
834688LV00004B/150